普通高等教育"十一五"规划教材

数据库原理教程

范 明 叶阳东 邱保志 职为梅 编著

科学出版社

北 京

内 容 简 介

本书全面阐述了数据库系统的基本概念、理论、方法和技术。全书共分12章,包括数据库系统概述、实体-联系模型、关系数据模型、关系数据库标准语言 SQL、完整性与安全性、关系数据库的设计理论、数据库设计、查询处理与优化、事务与并发控制、数据库的恢复技术、XML 和 ODBC 编程。附录给出了实验和课程设计,用于配合课堂教学。

本书涵盖了数据库系统原理入门课程的基本内容,同时包含了 XML 和 ODBC 编程等实用的较新知识点。本书理论与实践兼顾。关系数据库设计理论的形式化证明,以章后附录的形式给出,既保证了理论的完整性,又可以使得关注技术的读者摆脱繁琐证明的困扰。

本书是为高等学校计算机、信息科学及其相关专业本科生和软件学院学生的第一门数据库课程编写的教材,也适合希望掌握数据库理论、方法和技术的工程技术人员阅读。

图书在版编目(CIP)数据

数据库原理教程/范明等编著. —北京:科学出版社,2008
普通高等教育"十一五"规划教材
ISBN 978-7-03-021217-7

Ⅰ. 数… Ⅱ. 范… Ⅲ. 数据库系统-高等学校-教材 Ⅳ. TP311.13

中国版本图书馆 CIP 数据核字(2008)第 027406 号

责任编辑:马长芳 潘继敏 / 责任校对:刘小梅
责任印制:徐晓晨 / 封面设计:陈 敬

科 学 出 版 社 出版
北京东黄城根北街 16 号
邮政编码:100717
http://www.sciencep.com

北京京华虎彩印刷有限公司印刷

科学出版社发行 各地新华书店经销

*

2008 年 4 月第 一 版 开本:B5(720×1000)
2017 年 8 月第九次印刷 印张:23 1/2
字数:459 000

定价:**69.00** 元
(如有印装质量问题,我社负责调换)

前　　言

数据库技术是现代信息处理的核心技术之一,数据库管理系统(DBMS)是使用最广泛的软件系统之一。因此,数据库系统原理已经成为计算机科学教育的一个必不可少的部分。本书是为本科生数据库课程编写的教科书,涵盖了数据库系统原理入门课程的基本内容。

数据库是计算机学科的主流领域之一。尽管数据库技术的内涵和外延都在不断扩展,新的学科分支还在迅速成长,但是作为入门知识的概念、原理和技术已经趋于稳定。这些入门知识包括数据库系统的三级模式和两级映像、实体-联系模型、关系数据模型、关系数据库设计理论、数据的完整性与安全性、查询处理与优化、事务处理、并发控制与恢复、SQL 语言等。

本书介绍数据库系统的一般概念和技术。书中的概念和算法基于商品化或实验数据库系统所采用的概念和算法,但并不与一个特定的数据库系统联系在一起。通过这些内容的学习,读者容易理解和掌握具体的数据库系统。

本书理论与实践兼顾。关系数据库的设计理论不仅体现了数据库研究的重要成果,同时也为设计好的关系模式提供了具体方法和技术。关系数据库设计理论的形式化证明从正文中分离,以章后附录的形式给出,这样既保证了理论的完整性,又可以使得关注技术的读者摆脱繁琐证明的困扰。除了数据库系统原理入门课程的基本内容外,本书还包括 XML 和 ODBC 编程等实用的较新知识点。对于实际应用和数据库应用系统的开发,这些内容是有用的。为了加强实践环节,本书还在书后附录提供了一些可供选择的实验和课程设计的参考选题。

本书由范明主持编写。叶阳东编写了第 9、10 章,邱保志编写了第 5、7、11 章,职为梅编写了第 4、12 章和附录,其余部分由范明编写。范明还对各章做了修改并最终定稿。

本书的组织

全书共分 12 章和一个附录:

第 1 章是数据库系统的一般综述,所涉及的内容将在之后各章进一步展开讨论。

第 2 章介绍实体-联系模型(E-R 模型)。E-R 模型概念简单,并具有很强的语义表达能力,广泛用于对现实世界建模。

第 3 章介绍数据库系统的关系数据模型,包括与之相关的抽象语言关系代数和关系演算。这些抽象语言是实际数据库系统语言(如 SQL)的基础。

第 4 章介绍广泛使用的关系语言 SQL。SQL 是事实上的关系数据库标准语言,几乎所有的 RDBMS 都支持 SQL 语言。SQL 的介绍主要基于 SQL-92,同时也包含 SQL-99 的部分特色。

第 5 章介绍数据库的完整性和安全性,包括 SQL 对完整性和安全性的支持。

第 6 章介绍关系数据库的设计理论,包括数据依赖和规范化。为了适应不同读者的需要,理论结果的证明从正文分离,在该章附录中给出。

第 7 章介绍数据库应用系统的设计,涵盖从需求分析到数据库的建立和维护整个过程。

第 8 章介绍查询处理与优化,包括基本运算算法和基于保持等价性的查询变换和查询优化方法。

第 9、10 章介绍事务处理。其中,第 9 章介绍事务的一般概念,讨论并发控制;第 10 章介绍在出现故障的情况下保证事务正确执行的数据库恢复技术。

第 11、12 章分别介绍两个相对较新的主题:XML 和 ODBC。XML 已经成为事实上的异构数据库数据交换的标准语言,并广泛用于复杂数据类型的处理。ODBC 建立了一组规范,并提供了一组访问数据库的标准应用程序接口。对于实际数据库应用系统开发,这些内容都是十分有用的。

附录提供了一些实验和课程设计选题,用于配合课堂教学,加深对数据库原理的理解。

致教师

通过适当剪裁,本书可以用于计算机科学与技术、信息科学及其相关专业和软件学院本科生的第一门数据库课程教学。

在本书出版之前,我们在郑州大学计算机科学与技术专业和软件学院的本科生教学中使用过本书的内容。根据我们的经验,第 1~5 章和第 9~10 章适用所有这些学生。对于计算机科学与技术专业的学生,第 6、8 章是必需的,其他几章可以根据学时选讲。对于软件学院的学生,第 6 章的重点放在函数依赖、范式和规范化方法上,可以讲述第 7、12 章,其他章节根据情况考虑。

实验和课程设计是数据库课程教学的必要环节。实验可以配合课堂教学进行。课程设计可以在第 7 章之后布置,期末完成;也可以利用学校安排的实习时间,集中两周完成。在我们的教学实践中,两种方法都采用过。

课件的 ppt 文档和其他教学辅助材料将在本书网站(www.dbdm.zzu.edu.cn)提供。部分习题的参考答案正在准备,将向使用本书的教师提供。本书的网站正在建设,在此之前,你也可以向我们索取有关教学辅助材料。

致读者

本书仅要求读者熟悉基本的数据结构和一种高级程序设计语言(如 C、Java 或 Pascal)。集合论和数理逻辑的知识(如离散数学中讲述的)有助于该书的理解。书中的概念都以直观的方式描述,并通过一些精心选择的例子加以解释。

本书是为高等学校计算机、信息科学及其相关专业本科生和软件学院学生的第一门数据库课程编写的教材,也适合希望比较完整地掌握数据库理论、方法和技术的工程技术人员阅读。

课件的 ppt 文档将在本书网站(www.dbdm.zzu.edu.cn)提供,其他辅助学习材料也正在准备,陆续在该网站提供。你也可以与我们联系,索取相关材料,提出你的意见和建议。

致谢

在近 20 年的数据库教学中,我们使用和参考过许多国内外优秀教材。这些教材不仅为我们过去的教学提供了方便和支持,也深深影响着本书的编写。我们在此向这些教材(见参考文献)的所有作者和译者表示敬意和感谢。

感谢郑州大学选修数据库系统原理课程的历届学生。在 20 年的教学相长过程中,他们的求知欲推动我们不断思考如何选择和组织教学内容,如何用简洁而又不失严谨的表述方式讲述数据库的基本概念和技术,最终形成这本教材。

感谢科学出版社的编辑们,感谢他们对出版本书的立项支持,感谢他们在我们几度拖延交稿时表现出的耐心。没有他们的支持、鼓励和辛勤工作,本书不可能这么快与读者见面。

希望读者喜欢这本书,希望本书能够帮助读者掌握数据库系统的基本概念、原理和技术,希望本书能够成为将来步入数据库领域的读者的垫脚石,为他们以后更好地工作打下坚实的基础。

书中的错误和不当之处,敬请同仁和读者朋友指正。意见和建议请发往 mfan @zzu.edu.cn,我们将不胜感激。

作者

2008 年 1 月于郑州大学

目　　录

第1章 数据库系统概述

数据库技术产生于20世纪60年代中期,经历了40余年的发展,已经成为计算机学科的重要分支。数据库技术是信息系统的核心和基础,它的出现极大地促进了计算机应用向各行各业的渗透。现在,数据库的建设规模、数据库信息量的大小和使用频度已成为衡量一个国家信息化程度的重要标志。

数据库管理系统(database management system, DBMS)是一种重要的程序设计系统,它由一个相互关联的数据集合和一组访问这些数据的程序组成。这个数据集合称为数据库,它包含了一个企业、政府部门或一个单位的全部信息。DBMS的基本目标是提供一个方便、有效地访问这些信息的环境。DBMS是最广泛使用的软件系统之一。为了设计和实现DBMS,已经建立了一些原理、方法和技术。理解这些原理、方法和技术对于有效地使用DBMS是至关重要的。

本章是数据库系统的概述,简要介绍数据库的一些基本概念。这些内容的进一步讨论遍及本书的其余章节。

1.1 引   言

今天,数据库已经无处不在。本节我们简略介绍DBMS产生的原因、DBMS的主要功能、什么是数据库和使用数据库的优点。

1.1.1 为什么需要数据库管理系统

"需要是发明之母"。数据库技术和数据库管理系统的产生和发展的直接动力源于数据管理的需要。

1. 数据管理的例子

几乎所有的行业和部门都存在并且不断产生大量数据。为了维持正常运作,这些行业和部门都需要持久地存储、维护和管理它们的数据。下面是数据管理的一些典型例子:
- 零售业:管理产品、客户和购买信息。
- 银行业:管理客户、账户和存贷款信息。
- 制造业:管理供应、订单、库存、销售等信息。
- 交通:例如,航空公司管理航班和订票信息,铁路部门管理火车票销售信息,公路交通部门管理班车和客车票销售信息。

·电信业:管理通信网络信息、存储通话记录、维护电话卡余额。

·图书馆:管理图书资料、读者和借阅信息。

·政府部门:例如,税务部门需要管理纳税人信息和纳税信息,交管部门需要管理车辆信息和驾驶员信息。

·学校:管理学生、教师、课程信息和学生成绩。

要将这些数据存储在计算机系统中,所面临的共同问题是,如何合理地组织数据、如何有效地访问数据。

2. 数据管理的基本操作

不同的应用涉及不同的数据。许多应用表面看来很不相同,似乎没有什么共同点。例如,超市存储的数据与银行存储的数据内容很不相同,用法也很不相同。然而,对于数据管理,所有的应用都需要如下基本操作:

(1) 数据查询:从计算机系统(暂且称它为数据库)中查找用户需要的信息。例如,查找图书,查阅学生成绩,查找商品价格等。

(2) 数据插入:将新的数据输入到数据库中。用数据库的术语,这种操作称作"插入"。例如,新产品的信息需要输入数据库,新的银行账户信息需要输入数据库,等等。

(3) 数据删除:从数据库删除不再需要的数据。例如,车辆报废,其相关信息要从数据库中删除;账户注销,其信息要从相关数据库中删除;等等。

(4) 数据修改:修改数据库中某些数据。例如,某种商品降价,修改它的价格。本质上,修改可以用删除 + 插入实现。然而,修改作为一种单独的操作是方便的。

数据的插入、删除和修改统称**数据更新**。几乎所有的更新操作都涉及隐含的查询。例如,订购 8 月 1 日从郑州到广州 CZ3971 航班的机票,本质上是导致该航班的机票数减 1。但是,我们必须首先查询是否有 8 月 1 日 CZ3971 航班;有的话,是否有剩余机票。

3. 实际应用对数据操作的要求

实际应用是在并发、充满故障和错误的环境下运行的。这对数据操作的实现提出了很高的要求。这些要求包括:

(1) 并发访问:允许多个用户同时对数据库中的数据进行访问。

(2) 面临故障:各种各样的故障都可能发生,必须确保数据在任何情况下都不被破坏。对于许多应用,这一点至关重要。例如,银行存款数据不能因突然停电而丢失或破坏。

(3) 数据的安全性:防止用户对数据进行未经授权的访问。例如,我们可以允许银行客户查看自己的存款,但不能允许他们修改。

(4) 数据的完整性:防止不符合语义的数据进入数据库。例如,我们不能将负数作为学生的成绩输入到数据库中。

(5) 数据的一致性:防止数据库进入不一致状态。有些操作必须作为一个整体(原子性)。例如,从账户 A 转 1000 元到账户 B,涉及将账户 A 的存款额减去 1000 元,将账户 B 的存款增加 1000 元。这两个操作要么都做,要么都不做。否则,数据库将进入不一致状态。故障可能导致两个操作中的一个完成,而另一个未完成。必须保证即使发生故障也不会影响数据库的一致性。

这些要求,加上查询条件的多样性和复杂性,使得数据查询和更新的实现很复杂。共同的需要值得开发专门的软件程序实现,不必每个应用都写类似的程序。开发专门的软件系统管理数据,提供数据的组织和基本操作是必要的。这种软件系统就是数据库管理系统,即 DBMS。

1.1.2　数据库管理系统与数据库

DBMS 是位于用户和计算机操作系统之间的数据管理软件,它提供如下功能:

(1) 数据定义:提供数据定义语言(data definition language, DDL),用于定义数据库中的数据对象和它们的结构。

(2) 数据操纵:提供数据操纵语言(data manipulation language, DML),用于操纵数据,实现对数据库的基本操作(查询、插入、删除和修改)。

(3) 事务管理和运行管理:统一管理数据、控制对数据的并发访问,保证数据的安全性、完整性,确保故障时数据库中数据不被破坏,并且能够恢复到一致状态。

(4) 数据存储和查询处理:确定数据的物理组织和存取方式,提供数据的持久存储和有效访问;确定查询处理方法,优化查询处理过程。

(5) 数据库的建立和维护:提供实用程序,完成数据库数据批量装载、数据库转储、介质故障恢复、数据库的重组和性能监测等。

(6) 其他功能:包括 DBMS 与其他软件通信、异构数据库之间数据转换和互操作等。

数据库(database, DB)是持久储存在计算机中有组织的、可共享的大量数据的集合。数据库中的数据按一定的数据模型组织、描述和存储,可以被各种用户共享,具有较小的冗余度、较高的数据独立性,并且易于扩展。

在数据库中,使用数据模型对数据建模,所产生设计结果称为**数据库模式**。数据库模式描述数据库的数据结构(型),具有相对稳定性。特定时刻数据库中的数据称为数据库的**实例**(值)。数据库的值是随时间推移不断变化的。

数据库系统由数据库、DBMS(及其开发工具)、应用系统和数据库管理员组成。使用数据库进行信息管理具有如下优点:

(1) 数据整体结构化:在数据库中,数据的组织面向整个机构、面向所有可能的应用,而不是某个具体部门或某个特定的应用。数据结构化是整体结构化,数据结构不仅描述现实世界的对象,而且描述对象之间的联系。

(2) 数据共享:数据库中的数据面向整个机构组织使得它能够更好地被多个用户、多个应用程序共享。不仅已有的应用可以共享数据库中的数据,而且新的应用也能对这些数据进行操作。共享的好处是节省存储空间,尽量避免同一数据不必要地重复存放(冗余)。从而在某种程度上避免了同一数据的不同副本具有不同值(数据的不一致性)。

(3) 数据独立性:数据独立性是指数据与应用程序相互独立,包括数据的物理独立性和数据的逻辑独立性。数据的结构用数据模型定义,无需程序定义和解释。数据库系统的三级模式和两级映像使得数据的存储结构和逻辑结构的改变不会影响应用程序(见1.3节)。

(4) 数据由 DBMS 统一管理和控制,使得系统能够为数据管理提供更多的支持。这些支持包括:

① 提供事务支持:事务是一个逻辑单元,包括一系列操作,这些操作要么都做,要么都不做,即便发生故障也如此(见第9章)。

② 增强安全性:DBMS 提供数据的安全性保护,使每个用户只能按指定方式使用和处理指定数据,保护数据以防止不合法的使用造成的数据的泄密和破坏(见第5章)。

③ 保持完整性:DBMS 提供数据的完整性检查,将数据控制在有效的范围内,保证数据之间满足一定的关系(见第5章)。

④ 平衡相互冲突的请求:并发控制对多用户的并发操作加以控制和协调,防止相互干扰而导致错误的结果(见第9章)。

⑤ 面对故障的弹性:当系统发生故障时,防止数据库的数据丢失,并将数据库从错误状态恢复到某种已知的正确状态(见第10章)。

(5) 标准化:使用数据库进行信息管理有利于制定部门标准、行业标准、工业标准、国家标准和国际标准,促进数据库管理系统和数据库开发工具的研制、开发,推动数据管理应用的健康发展。

1.2 数 据 模 型

数据模型是数据库技术的核心概念。所有的 DBMS 都基于某种数据模型实现,所有的数据库应用都建立在某种数据模型之上。**数据模型**是一种形式机制,用于数据建模,描述数据、数据之间的联系、数据的语义、数据上的操作和数据的完整性约束条件。一种好的数据模型要能准确地描述现实世界,容易理解和易于实现。

对数据建模的模型分成两个不同的层次:概念模型也称信息模型,按用户的观点来对现实世界进行数据建模。数据模型按计算机系统的观点对信息世界进行数据建模。

1.2.1 实体-联系模型

实体联系(entity-relationship, E-R)模型是一种广泛使用的概念模型,用于对现实世界建模。E-R 模型基于这样的认识:现实世界由一些称为实体的基本对象和这些对象之间的联系组成。

实体可以是实际存在的事物(如学生),也可以是抽象概念(如课程)。实体用一些称为属性的特征刻画。例如,学生可以用学号、姓名、性别、出生年月、专业等属性刻画;课程可以用课程号、课程名、学时、学分等属性刻画。具有相同属性的实体被汇集在一起,形成实体集。例如,所有的学生形成一个实体集,所有的课程也形成一个实体集。

联系是实体之间的关联。它反映了现实世界中实体之间客观存在的关联关系。例如,如果学生李明选修了数据库原理这门课程,李明与数据库原理之间就存在一种联系。同一类联系汇集在一起,形成联系集。例如,所有表明学生与课程之间选修关系的联系形成一个联系集"选修"。联系也可能需要属性刻画。例如,选修联系可以包含一个属性"成绩",描述特定的学生选修特定课程取得的成绩。

E-R 模型用一种称为 E-R 图的图形对现实世界建模。图 1.1 是一个 E-R 图示例。图中,矩形框代表实体集,椭圆代表属性,菱形框代表联系集,一些线段将属性与对应的实体集或联系相连接,而另一些将参与联系的实体集连接到联系集上。

E-R 模型的更多细节将在第 2 章给出。

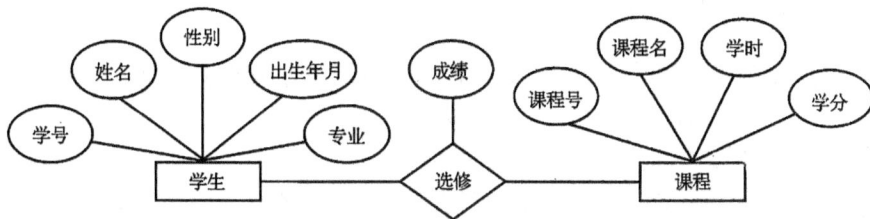

图 1.1　E-R 图示例

1.2.2 数据模型的三要素

数据模型是实际 DBMS 支持的模型。数据模型有数据结构、数据操作和完整性约束三个基本要素。

1. 数据结构

数据结构描述数据库中的对象和对象之间的联系,是对系统静态特性的描述。

数据结构定义基本数据项的类型,如何用基本数据项构造更大数据对象,如何表示数据对象之间联系,以及联系具有的类型等。

尽管不同的数据模型使用不同的术语,但是用基本数据项构造更大数据对象的方法是类似的——把描述现实世界同一对象的数据项组织成记录(关系模型称之为元组)。然而,对于描述对象之间的联系,不同的数据模型提供了不同的方法。例如,层次模型要求所有的记录型组织成一棵树,并且父节点记录型与子节点记录型之间的联系是一对多联系。网状模型则把记录型的组织放宽为有向无环图。而在关系模型中,对象本身和对象之间的联系都用关系表示,并且可以直接表示多对多联系。

数据结构刻画了数据模型最重要的方面。在数据库系统中,数据模型通常按它所使用数据结构来命名。例如,将数据按照树状结构加以组织的数据模型被称为层次模型,用有向无环图组织数据的数据模型被称为网状模型,而用关系组织数据的模型被称为关系模型。

2. 数据操作

数据操作定义数据库中各种数据对象的实例上允许执行的操作和操作规则,是对系统动态特性的描述。

数据库操作主要包括查询和更新(包括插入、删除、修改)两大类。数据模型定义这些操作的运算对象、运算符、运算的确切含义和运算规则(如优先级),并且提供实现这些操作的语言。

3. 数据的完整性约束条件

数据的完整性约束条件是一组规则,用以限定符合数据模型的数据库状态和状态的变化,保证数据的正确、有效和相容。

数据的完整性约束条件可以分通用的约束条件和与具体应用相关的专用约束条件。所谓**通用完整性约束条件**是指该模型下的所有数据库都必须满足的约束条件。例如,在关系模型中,任何关系必须满足实体完整性和参照完整性两个约束条件。而与具体应用相关的**专用完整性约束条件**取决于实际问题的语义。例如,零件的库存量必须是非负整数,学生的成绩必须在 0~100 取值。

通常,数据模型只明确规定该模型的通用完整性约束规则,而对专用完整性约束条件,由 DBMS 提供定义和检查机制。

1.2.3　关系模型

目前,关系模型是主流数据模型。几乎所有的 DBMS 都建立在关系模型上,或支持关系模型。长期以来,关系数据库也一直是数据库的研究与开发的重点。

关系模型具有坚实的数学基础、简洁的数据表示形式,并且支持易学易用的非过程化语言。所有这些都使关系模型具有其他数据模型无法比拟的优点。

关系模型只有一种数据结构——关系。现实世界中的对象和对象之间的联系都用关系表示。关系是元组的集合。从用户角度来看,关系是一张二维表。表的第一行称为表头,它列出关系的属性,刻画关系的模式;其余各行是关系的元组。

使用 E-R 模型的术语,实体集和联系集都用关系表示。如果关系表示实体集,则表的每一行(第一行除外,下同)代表一个实体,表的每一列代表刻画实体特征的一个属性。如果关系表示联系集,则表的每一行代表实体之间的一个联系,而表的列给出参与联系的实体的码属性和联系的属性。例如,图 1.1 的 E-R 模型可以用图 1.2 所示的三个表表示。

学生(Students)

学号	姓名	性别	出生年月	专业
200705001	王万里	男	1988.12	计算机科学与技术
⋮	⋮	⋮	⋮	⋮

课程(Courses)

课程号	课程名	学时	学分
CS101	计算科学导论	32	2
⋮	⋮	⋮	⋮

选修(SC)

学号	课程号	成绩
200705001	CS101	88
⋮	⋮	⋮

图 1.2　关系的二维表表示

关系模型要求关系必须是规范化的:关系的每个属性只能取原子值(不能再分的值)。换句话说,表中不能包含子表。图 1.3 就是一个非规范化的表,其中工资和扣除都是子表,可以划分成更小的数据项。

职工号	姓名	职称	工资			扣除			实发
			基本工资	岗位津贴	职务工资	所得税	医疗保险	失业保险	
05010	陈海华	讲师	1305	1200	50	298.35	127.5	127.5	2001.65
⋮	⋮	⋮	⋮	⋮	⋮	⋮	⋮	⋮	⋮

图 1.3　非规范化的表

在关系模型中,定义数据操作的方法有两种:关系代数和关系演算。

关系代数显式地定义了一些关系运算(如并、交、差、选择、投影、连接等)。关系运算的运算对象和运算结果都是关系,这使得我们可以将上一步的运算结果作为下一步的运算对象,通过运算的复合构造关系代数表达式。查询用关系代数表达式表示,而更新用关系代数表达式向关系变量的赋值表示。

关系演算并不显式定义基本运算,而是用一个逻辑公式表示查询结果必须满足的条件。关系演算又分元组关系演算和域关系演算,它们的主要区别是前者公式中的变元是元组变量,而后者公式中的变元是域变量。

关系模型的完整性约束包括实体完整性、参照完整性和用户定义的完整性。其中实体完整性和参照完整性是通用完整性约束,由关系模型明确定义。

关系模型是最重要的数据模型,也是本书的重点。本书的大部分内容都基于关系模型。关系模型的形式化讨论将在第 3 章给出。第 4 章介绍关系数据库的主流语言 SQL 语言。第 5 章讨论数据库的完整性和安全性,介绍 SQL 的完整性和安全性处理。第 6 章讨论如何设计好的关系数据库模式。第 8 章介绍关系数据库的查询处理和优化。

1.2.4 其他数据模型

层次数据模型和网状数据模型的出现先于关系模型。这两种数据模型曾经对数据库技术的发展具有重要影响。但是,这两种模型与底层实现的联系过于紧密,使得模型的构造和使用过于复杂。除了少数旧系统仍在使用外,它们已经很少使用。本书不讨论这两种模型。

面向对象的数据模型是基于面向对象的设计范型,这种范型目前广泛使用。关系模型的简单结构不支持某些复杂的数据库应用。复杂的应用需要更丰富的数据类型和定义在复杂数据类型上的专门操作。由于本书旨在为第一门数据库课程提供教材,这些问题的讨论已经超出本书范围。

对象-关系数据模型结合了关系模型和面向对象模型的特点。这种模型以关系作为数据存储的基础,并通过提供复杂对象的丰富数据类型和对象定位,扩充关系模型。对象-关系模型提供了一种平滑迁移关系数据库的方法,对数据库厂商和用户都更具有吸引力。SQL99 包含了许多面向对象的特征。

严格地说,XML(extensible markup language,可扩展标记语言)并不是一种数据模型,至少不是作为数据模型提出的。然而,XML 不仅能够表达文本信息(半结构化信息),而且提供了一种表达嵌套结构数据的途径,在数据结构化方面允许很大的灵活性。这对异构数据库系统的信息交换特别重要。XML 已经成为事实上的异构数据库信息交换标准语言,我们将在第 11 章详细介绍 XML。

1.3 数据库系统的结构

从用户角度看,数据库系统的外部结构可以分为单用户结构、主从式结构、分布式结构、客户/服务器结构、浏览器/应用服务器/数据库服务器结构等。从系统角度看,数据库系统的内部通常采用三级模式结构。

本节,我们简略介绍数据库系统的外部结构,重点讨论数据库系统的内部结构。

1.3.1　数据库系统的外部结构

(1) 最简单的结构是单用户数据库系统。在这种系统中,整个数据库系统(包括应用程序、DBMS、数据)都安装在一台计算机上,为一个用户所独占,不同机器之间不能共享数据。单用户系统是一种早期的数据库系统,目前已经不再流行。

(2) 主从式结构的数据库系统是一种一台主机带多个终端的多用户系统。数据库系统包括应用程序、DBMS 和数据,都集中存放在主机上。所有处理任务都由主机来完成。用户通过主机的终端并发地访问数据库,共享数据资源。

这种系统简单,数据易于管理和维护。但是,当终端用户数目增加到一定程度后,主机的任务就会过分繁重,成为瓶颈,导致系统性能大幅度下降。此外,这种系统的可靠性不高,当主机出现故障时,整个系统都不能使用。

(3) 在分布式结构的数据库系统中,数据在逻辑上是一个整体,但物理地分布在计算机网络的不同结点上。网络中的每个结点都可以独立处理本地数据库中的数据,执行局部应用;也可以同时存取和处理多个异地数据库中的数据,执行全局应用。

这种系统适应了地理上分散的公司、团体和组织对于数据库应用的需求,提高了系统的可靠性。但是,数据的分布存放给数据的处理、管理与维护带来一定困难。当用户需要经常访问远程数据时,系统效率会明显地受到网络交通的制约。

(4) 客户/服务器结构的数据库系统把 DBMS 功能和应用分开。网络中某些结点上的计算机专门用于执行 DBMS 功能,称为数据库服务器(简称服务器)。其他结点上的计算机安装 DBMS 的外围应用开发工具,支持用户的应用,称为客户机。

有两种客户/服务器结构:集中的服务器结构仅有一台数据库服务器,而客户机有多台;分布的服务器结构是客户/服务器与分布式数据库的结合,网络中有多台数据库服务器。

客户/服务器结构具有很多优点。首先,客户端的用户请求被传送到数据库服务器,数据库服务器进行处理后只将结果返回给用户,从而显著减少了数据传输量。其次,数据库更加开放。客户机与服务器一般都能在多种不同的硬件和软件平台上运行,可以使用不同厂商的数据库应用开发工具,应用程序具有更强的可移植性,同时也可以减少软件维护开销。此外,分布的服务器还使系统同时具有分布式系统的优点。

客户/服务器结构是广泛采用的数据库系统结构。大部分商品化的 DBMS 都支持这种结构。

1.3.2　数据库系统的三级模式结构

数据库系统内部广泛采用三级模式和两级映像结构,如图 1.4 所示。模式结构的最外层是外模式,中间层是模式,而最内层是内模式。应用程序基于特定的外模式编写,依赖于特定的外模式,但独立于数据库的模式和内模式。

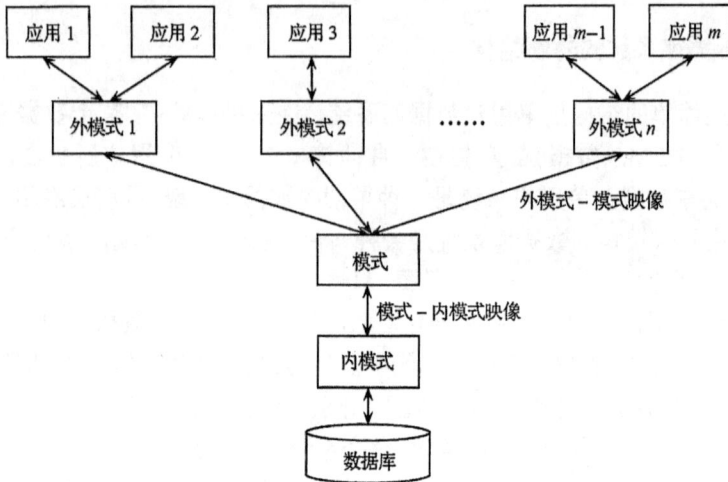

图 1.4　数据库系统的三级模式和两级映像

1．外模式

外模式(external schema)也称子模式或用户模式。外模式介于模式与应用之间，是特定数据库用户的数据视图，是与某一具体应用相关的数据局部逻辑结构的描述。

外模式面向具体的应用程序，定义在模式之上，但独立于存储模式和存储设备。通常，外模式是模式的子集。但是，在外模式中，同一数据对象的结构、类型、长度等都可以不同于模式。

一个数据库可以有多个外模式，反映不同的用户的应用需求和看待数据的方式。一个外模式可以被多个应用所使用，但是一个应用程序只能使用一个外模式。理想情况，所有的应用都建立在一个外模式上。但是实际上，DBMS 允许应用程序直接访问模式。

外模式与授权配合，限制用户只能访问所对应的外模式中的数据，可以提供一种保证数据库安全性的有力措施。外模式与外模式-模式映像配合，可以实现一定程度的数据的逻辑独立性。

外模式使用 DBMS 提供的子模式定义语言定义。

2．模式

模式(schema)也称逻辑模式。模式是数据库中全体数据的总体逻辑结构描述，是所有用户的公共数据视图。

模式综合了所有用户的数据需求，因此一个数据库只有一个模式。模式处于数据库系统模式结构的中间层，与数据的物理存储细节和硬件环境无关，与具体的应用程序、开发工具及高级程序设计语言无关。

模式是数据库的中心与关键,设计数据库结构时应首先确定数据库的模式。模式的定义不仅包括数据的逻辑结构(数据项的名字、类型、取值范围等),而且还包括数据之间的联系、数据有关的安全性和完整性要求。

3. 内模式

内模式(internal schema)也称存储模式或物理模式。内模式是数据物理结构和存储方式的描述,定义数据在数据库内部的表示方式。例如,文件记录的存储方式(顺序存储、按照 B 树结构存储、按 hash 方法存储)、索引的组织方式、数据是否压缩存储、数据是否加密、记录是否跨页等。

一个数据库只有一个内模式。内模式依赖于全局逻辑结构,但它既独立于数据库的用户视图(即外模式),也独立于具体的存储设备。内模式将全局逻辑结构中所定义的数据结构及其联系按照一定的物理存储策略进行组织,以达到较好的时间与空间效率。

内模式到物理存储器的映射可以由操作系统实现,或由 DBMS 实现。

1.3.3　二级映像与数据独立性

数据库系统的三级模式提供了三个层次的数据抽象。这样做的一个优点是可以隐蔽数据存储细节,从而隐蔽系统内部的复杂性,简化系统的用户界面;另一个优点是可以带来数据的独立性。

为了正确实现三层数据抽象之间的转换,系统提供了两级映像:外模式-模式映像和模式-内模式映像。

1. 外模式-模式映像

外模式-模式映像定义外模式与模式之间的对应关系。每一个外模式都有一个对应的外模式-模式映像,建立外模式中的数据对象与模式中的数据对象之间的对应关系。

外模式-模式映像可以保证外模式的相对稳定性。模式改变时,数据库管理员可以修改有关的外模式-模式映像,使外模式保持不变,从而为数据的逻辑独立性提供了保证。

通常,外模式-模式映像定义包含在每个外模式的定义中。

2. 模式-内模式映像

模式-内模式映像定义数据全局逻辑结构与存储结构之间的对应关系。例如,模式-内模式映像要说明逻辑记录和字段在内部是如何表示的。

由于一个数据库只有一个模式和一个内模式,因此数据库的模式-内模式映像是唯一的。

模式-内模式映像可以保证模式,进而保证外模式的相对稳定性。当数据的存储结构(内模式)改变时(例如,选用了另一种存储结构),数据库管理员可以修改模式-内模式映像,使得模式保持不变。这为数据的物理独立性提供了保证。

通常,模式-内模式映像定义包含在模式的定义中。

二级映像保证了数据库外模式的稳定性,从而从底层保证了应用程序的稳定性。除非应用需求本身发生变化,否则应用程序一般不会因数据的逻辑结构和物理结构的改变而修改。

3．数据独立性

所谓**数据独立性**是指数据与应用程序相互独立,分数据的逻辑独立性和数据的物理独立性两种。

数据的逻辑独立性是指应用程序与数据库的逻辑结构之间的相互独立性。当数据的逻辑结构改变时,通过修改外模式-模式映像,保持外模式不变,从而使得建立在外模式上的应用程序也可以不变。

数据的物理独立性是指应用程序与存储在磁盘上的数据库中数据之间的相互独立性。当数据的物理存储结构改变时,通过修改模式-内模式映像,保持模式不变。由于外模式是定义在模式上的,模式不变,则外模式不需要改变,从而使得建立在外模式上的应用程序也可以不变。

数据的独立性靠三级模式、两级映像实现。数据独立性使得数据的定义和描述可以从应用程序中分离出去,减少了数据逻辑结构和物理结构的变化对程序的影响。

1.4　数据库语言

数据库系统提供三种语言:数据定义语言用于定义数据库模式,数据操纵语言用于表达数据库的查询和更新,而数据控制语言用于定义用户对数据对象的访问权限。早期,这些语言是相对独立的。现在,这些语言被集成在一起,形成一个统一的数据库语言。

1.4.1　数据定义语言

数据库中的对象是持久对象,它们的结构(数据库模式)定义应当独立于程序。数据库模式由一种称为数据定义语言(data definition language, DDL)的特殊语言来定义。

例如,下面是用 SQL 语言定义的关系表 Students:

```
CREATE TABLE Students
```

```
(Sno CHAR(9) PRIMARY KEY,
Sname CHAR(8),
Ssex CHAR(2),
Sbirthday DATE,
Sspeciality CHAR(20));
```

这个语句的执行将产生一个名字为 Students 的基本表,它包含属性 Sno,
Sname, Ssex, Sbirthday 和 Sspeciality,其中 Sno 是主码,Sbirthday 是日期型,其余属
性都是字符型,CHAR 后括号中的整数给出字符串的长度。该语句的执行还将表
的定义信息存放到数据字典中。

数据字典是 DBMS 维护的一系列内部表,用来存放元数据。所谓元数据是关
于数据的数据。关系模式描述就是元数据的一个范例。所有的定义(数据对象的
定义、索引的定义、视图的定义、授权的定义等)都以元数据的形式存放在数据字典
中。在访问数据库时,DBMS 都要访问数据字典。其他元数据包括统计信息、审计
信息等。

DDL 不仅用来定义数据库的结构,而且提供数据完整性约束条件的定义机
制。每当数据库更新时,DBMS 都要检查这些约束。

DDL 还提供了对数据定义进行修改和删除的功能。

1.4.2　数据操纵语言

数据库的主要操作是查询和更新(插入、删除和修改)。用户可以使用数据操
纵语言,表达对按照某种数据模式组织起来的数据的访问。

通常,数据操纵语言可以分两类:**过程化 DML** 不仅要求用户指明需要什么数
据,而且要求用户描述如何获得这些数据的详细过程。**非过程化 DML**(陈述式
DML)只需要用户指明需要什么数据、所需数据的位置和满足的条件,而不必指明
如何获得这些数据。

早期的数据库系统,如层次和网状数据库系统,采用过程化数据操纵语言,这
增加了使用的难度。关系数据库系统通常采用非过程化的数据操纵语言,使得关
系数据库系统更加易学易用。SQL 就是这种非过程化 DML 的典型代表。

DML 中涉及数据查询(检索)的部分称为查询语言。

下面是一个 SQL 语言表达的查询,它要找出学号为 200705001 的学生的各科
成绩,所显示的结果是课程名和成绩。

```
SELECT Cname, Grade
FROM SC, Courses
WHERE Courses.Cno = SC.Cno AND Sno = ´200705001´;
```

其中 SC 和 Courses 是如图 1.2 所示的关系表,Cname 是课程名,Grade 是成绩,而

Sno 是学号。

1.4.3　数据控制语言

数据控制语言(data control language, DCL)用于定义用户对数据对象的访问权限和审计。为了保证数据的安全性,防止非法用户访问数据库,所有对数据库的访问都必须经过授权。例如,SQL 的授权语句

```
GRANT SELECT ON TABLE Students TO User1;
```

将查询关系表 Students 的权限授予用户 User1。User1 可以对表 Students 进行查询,但不能更新。该语句的执行只是将授权定义存放到数据字典中。当用户访问数据库时,DBMS 首先查看数据字典,确定用户是否具有相应的访问权限。如果有,访问将被执行,否则被拒绝。

DCL 还提供了回收授权和建立审计的语句。严格地说,审计并不限制对数据的访问,而是记录用户对数据的访问。这样做是为了监视合法用户,防止不诚信的行为。

第 4 章,我们将详细介绍 SQL 语言。SQL 语言将 DDL、DML 和 DCL 集成在一起,是广泛使用的关系数据库语言。

1.5　数据库管理员与数据库用户

除了数据库系统的设计和开发者外,使用数据库的人员可以分两类:数据库管理员和数据库用户。

1.5.1　数据库管理员

使用数据库可以对数据的访问进行集中控制。负责管理数据库,实施数据的集中控制的人称为数据库管理员(database administrator, DBA)。DBA 可以是一个人,也可以是一个小组。DBA 的主要职责包括:

(1) 决定数据库中的信息内容和数据的逻辑结构。DBA 要参与信息决策,确定数据库中需要存储哪些信息。与系统设计人员密切配合,搞好数据库的逻辑设计。

(2) 决定数据库的存储结构和存取策略。DBA 要综合应用需求,与数据库设计人员共同确定数据的存储结构和存取策略。

(3) 定义数据的安全性要求和完整性约束条件。DBA 的重要职责之一是确定数据的保密级别和完整性约束条件,并对不同的用户授予相应的权限。

(4) 数据库系统的日常维护。在数据库投入运行之后,DBA 负责维护数据库的日常运行并监控数据库的使用。主要工作包括:

① 周期性转储数据库,防止灾难发生导致数据库被破坏。

② 当系统故障发生时,重启系统并利用日志将数据库中的数据恢复到先前的

一致状态;当介质故障发生时,修复或更换存储介质,重启系统并利用转储和日志将数据库中的数据恢复到先前的一致状态。

③ 监视系统的运行,在系统性能下降时,调整物理存储结构、建立必要的索引,确保系统有效运行。

④ 设置必要的审计,监视审计文件。

(5) 数据库的重组和重构。在数据库运行时,随着大量数据的插入、删除和修改,磁盘上会出现大量碎片,导致系统性能下降。DBA要定期清除碎片,对数据库进行重组。此外,随着需求的改变和增加,DBA还要对系统进行较大的改造,修改部分设计(重构),以满足新的应用需求。

1.5.2 数据库用户

根据用户使用数据库的方式,可以把数据库用户分四类:初级用户、应用程序员、富有经验的用户和专业用户。

初级用户不必知道数据库的逻辑结构,而是通过预先编制的数据库系统应用软件或浏览器访问数据库。这种应用软件通常涵盖一个单位的日常事务处理,并且提供了友好的图形用户界面。用户只需要按照提示,输入少量信息,点击特定的命令按钮就可以访问数据库。

例如,超市的收银员只需要逐一扫描或输入顾客购买每件商品的条码,就可以访问数据库,得到商品的单价;点击"确定"按钮就能得到应收货款,打印顾客购物清单。所有这些工作都是由预先编制的应用程序完成的,但是收银员并不需要知道实现细节,甚至不必知道数据库的逻辑结构。

互联网的广泛使用使得普通用户可以更加方便地访问数据库。例如,用户可以通过浏览器访问文献资料数据库(或数字图书馆),查阅文献资料。

应用程序员是编写数据库应用程序的计算机专业人员。大部分应用程序员只需要知道数据库的外模式,有些高级程序员需要知道模式,但都不必知道内模式。应用程序员可以选择一些工具开发图形用户界面。还有一类语言,称为第四代语言,它将命令控制结构(如 for 循环、while 循环和 if-then-else 语句)和数据操纵语言结合在一起,支持应用程序的开发。

富有经验的用户可以直接使用数据库查询语言来表达他们的查询请求。查询被直接提交查询处理器解释执行。这类用户通常是数据分析人员。他们的任务是分析数据库中的数据,试图发现对决策有用的信息(知识)。联机分析处理(on-line analytical processing,OLAP)工具提供多粒度的多维数据交互分析,越来越多地用于数据库中数据的分析处理。数据挖掘工具提供了更复杂的数据分析方法,可以支持用户从数据库的数据中发现一些知识模式,用于支持决策。

专业用户主要使用数据库存储和管理他们的数据。由于数据的处理不同于传统的事务处理,他们需要编写专门的程序处理数据。这类程序包括计算机辅助设计系统、专家系统、多媒体系统等。

1.6　数据库技术的发展

从最早的商用计算机出现开始,数据处理就一直推动计算机应用的发展。经历近半个世纪的研究、开发和推广,以数据库为核心技术的数据处理技术已经成长为计算机的重要学科领域之一。图 1.5 概括了数据库技术的发展。该图取自

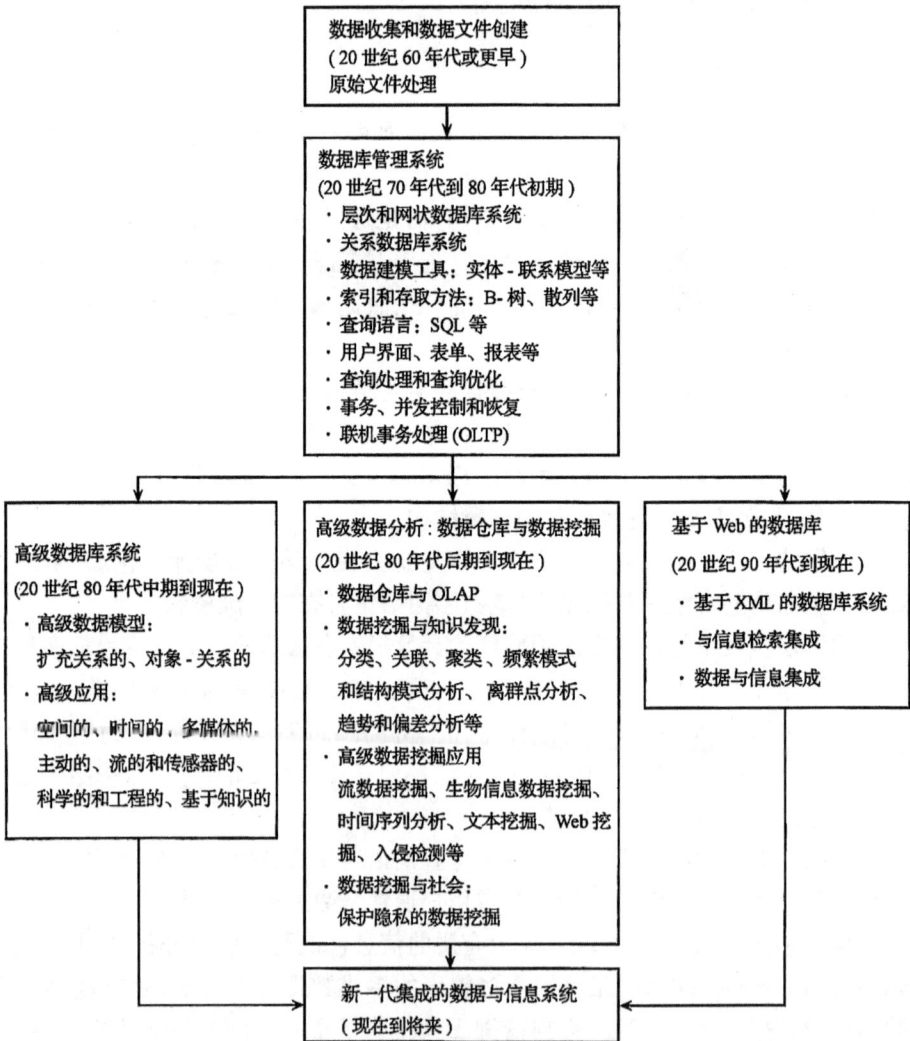

```
┌─────────────────────────────────┐
│ 数据收集和数据文件创建            │
│ (20 世纪 60 年代或更早)          │
│ 原始文件处理                     │
└─────────────────────────────────┘

┌─────────────────────────────────┐
│ 数据库管理系统                   │
│ (20 世纪 70 年代到 80 年代初期)  │
│ ·层次和网状数据库系统            │
│ ·关系数据库系统                  │
│ ·数据建模工具:实体 - 联系模型等  │
│ ·索引和存取方法:B- 树、散列等    │
│ ·查询语言:SQL 等                 │
│ ·用户界面、表单、报表等          │
│ ·查询处理和查询优化              │
│ ·事务、并发控制和恢复            │
│ ·联机事务处理 (OLTP)             │
└─────────────────────────────────┘
```

高级数据库系统
(20 世纪 80 年代中期到现在)
·高级数据模型:
　扩充关系的、对象 - 关系的
·高级应用:
　空间的、时间的、多媒体的、
　主动的、流的和传感器的、
　科学的和工程的、基于知识的

高级数据分析:数据仓库与数据挖掘
(20 世纪 80 年代后期到现在)
·数据仓库与 OLAP
·数据挖掘与知识发现:
　分类、关联、聚类、频繁模式
　和结构模式分析、离群点分析、
　趋势和偏差分析等
·高级数据挖掘应用
　流数据挖掘、生物信息数据挖掘、
　时间序列分析、文本挖掘、Web 挖
　掘、入侵检测等
·数据挖掘与社会:
　保护隐私的数据挖掘

基于 Web 的数据库
(20 世纪 90 年代到现在)
·基于 XML 的数据库系统
·与信息检索集成
·数据与信息集成

新一代集成的数据与信息系统
(现在到将来)

图 1.5　数据库技术的发展

Jiawei Han 和 Micheline Kamber 的 Data Mining：Concepts and Techniques（Second Edition）。

　　数据库技术一直是计算机学科最活跃的领域之一。本书作为数据库的入门教材,不准备全面深入地讨论数据库这个枝繁叶茂学科分支。然而,本书讲述的内容将为你能成为数据库设计、开发工程师提供必要的概念、理论、方法和技术,同时也为你步入数据库学科领域,从事更深入的研究提供必备的基础。

1.7　小　　结

　　（1）数据管理和数据库应用无处不在,这些应用需要很好地组织数据、有效地访问数据,并且需要共同的操作:查询、插入、删除和修改。这些导致了 DBMS 的研制与开发。

　　（2）DBMS 是一种重要的程序设计系统,它由一个相互关联的数据集合和一组访问这些数据的程序组成。DBMS 的主要功能包括数据定义、数据操纵、事务管理和运行管理、数据存储和查询处理、数据库维护等。

　　（3）数据库是持久储存在计算机中、有组织的、可共享的大量数据的集合。数据库中的数据按一定的数据模型组织、描述和存储,可以被各种用户共享,具有较小的冗余度、较高的数据独立性,并且易于扩展。

　　（4）数据库系统由数据库、DBMS（及其开发工具）、应用系统和数据库管理员组成。

　　（5）数据模型是一种形式机制,用于数据建模,描述数据与数据之间的联系、数据的语义、数据上的操作和数据的完整性约束条件。使用数据模型对数据建模,所产生设计结果称为数据库模式。

　　（6）E-R 模型是一种广泛使用的概念模型,用于对现实世界建模。E-R 模型把现实世界抽象为实体和实体之间的联系,并用 E-R 图建模。

　　（7）数据模型有数据结构、数据操作和数据的完整性约束三个基本要素。

　　（8）关系数据模型是最重要的一种数据模型,它具有坚实的数学基础,简洁的表示形式,并且支持非过程化的数据库语言。

　　（9）从用户角度,数据库系统的外部结构可以分为单用户结构、主从式结构、分布式结构、客户/服务器结构、浏览器/应用服务器/数据库服务器结构等。

　　（10）数据库系统广泛使用外模式、模式和内模式三级模式结构。三级模式提供了三个层次的数据抽象,隐藏了实现细节,简化了用户界面,并通过两级映像实现了数据独立性。

　　（11）数据独立性是指数据与应用程序之间的相互独立性,包括数据的逻辑独立性和数据的物理独立性。

(12) 数据库系统提供三种语言:DDL 用于定义数据库模式,DML 用于表达数据库的查询和更新,而 DCL 用于定义用户对数据对象的访问权限。这三种语言不是独立的,而是集成在一起,形成完整的数据库语言。

(13) 数据管理员(DBA)负责管理数据库,实施数据的集中控制。

习　　题

1.1　列举 2~5 个数据处理和数据库应用的例子。

1.2　解释下列术语:DBMS、数据库、数据库系统、数据模型、数据库模式、数据字典、元数据。

1.3　试述 DBMS 的主要功能。

1.4　使用数据库进行信息管理有哪些优点?

1.5　数据模型有哪三个基本要素? 概述关系数据模型的三要素。

1.6　试述数据库系统的三级模式结构。这种结构的优点是什么?

1.7　何谓数据独立性? 何谓数据的逻辑独立性? 何谓数据的物理独立性? 说明数据的逻辑独立性与物理独立性的区别。

1.8　数据库管理员的主要职责有哪些?

第2章 实体-联系模型

实体-联系(entity-relationship, E-R)模型是一种概念模型,用于对现实世界建模。在 E-R 模型下,现实世界由一些称为实体的基本对象和这些基本对象之间的联系组成。E-R 模型概念简单,并具有很强的语义表达能力。E-R 模型用 E-R 图描述现实世界,构造概念模型。E-R 图描述清晰,易于用户理解,是数据库设计人员与用户之间交流、沟通的有效工具。此外,E-R 模型容易转换成实际数据库管理系统支持的数据模型(如关系模型),从而易于在计算机上最终实现。因此,E-R 模型一直是最广泛使用的对现实世界进行建模的工具。

2.1 节介绍 E-R 模型的基本概念;2.2 节介绍 E-R 图;2.3 节用一个简化的实际例子解释如何从实际问题建立 E-R 模型、构造 E-R 图;2.4 节讨论弱实体集。E-R 模型是 Peter Chen 于 1976 年提出的。在此之后,Chen 和其他许多人对它做了一些修改和扩充。2.5 节介绍其中最常见的一些扩充的特性。

2.1 基 本 概 念

E-R 数据模型的最重要的基本概念是实体、属性和联系。

2.1.1 实体

1. 实体和属性

实体是客观存在并且可以相互区分的任何事物。实体可以是人,也可以是物;可以是实际对象,也可以是抽象概念。例如,一个职工、一个学生、一辆汽车、一个部门、一张订单、一门课程等都可以看作一个实体。

属性是实体所代表的事物具有的某种特性。每个实体都可以用一组属性来刻画。例如,我们可以用职工号、职工姓名、性别、出生年月、部门、住址、电话号码等属性来刻画职工实体。而对于学生实体,我们可以用学号、学生姓名、性别、出生年月、院系、专业等属性来刻画。对于同一个实体,刻画它的属性集可以有不同的选择。选择哪些属性来刻画一个实体取决于数据管理的实际需要。

每个属性都有一定的取值范围,称为该属性的**值域**。最常见的属性值域是整数、实数或字符串的集合。例如,学号的值域可以是长度为 9 的数字字符串的集合,姓名的值域可以是长度不超过 4 个汉字的字符串的集合。

2．实体集和码

实体集是具有相同属性的实体的集合。这样,实体的属性也就是它所在的实体集的属性。从映射的观点看,每个属性都是一个函数,它将实体集中的每个实体映射到该属性值域上的一个具体值。通常,我们对实体集命名,以便引用。命名的方法是任意的,但是采用助记忆的名称有助于理解。例如,我们可以用"学生"或 Students 表示所有学生的集合,用"职工"或 Employees 表示所有职工实体的集合。

实体和实体集都具有型和值。实体和实体集的**型**都用其属性名的列表表示。例如,学生实体(集)的型可以用(学号,学生姓名,性别,出生年月,院系,专业)表示。**实体的值**是该实体诸属性值的列表。例如,(200505198,江涛,男,1987.4,信息工程学院,软件工程)就是一个名叫江涛的学生。**实体集的值**是该实体集中所有实体值的集合。在提到实体或实体集时,是指型还是指值,应当从上下文理解。

其值可以唯一确定实体集中每个实体的属性集称为该实体集的**超码**。例如,对于学生实体集,⌐学号⌐和⌐学号,姓名⌐都是超码。容易明白,如果 K 是超码,则 K 的任意超集(即包含 K 的集合)也是超码。因此,超码可能包含一些无关紧要的属性。

通常,我们只关注那些其真子集都不是超码的极小超码,并称之为**候选码**。例如,对于部门实体集,⌐部门号⌐和⌐部门名称⌐都是超码,并且也都是候选码,因为它们都是极小的。

所谓**主码**是指数据库的设计者选中的,用来区分同一实体集中不同实体的候选码。例如,对于部门实体集,我们可以选择⌐部门号⌐为主码。在不需要特别强调主码时,本书将使用"码"表示主码或候选码,而超码是码的超集。

在数据库的文献上,对于单个属性的集合,常常不使用集合记法,而直接用属性名。例如,习惯上,我们说学生实体集的码是学号。原则上讲,每个实体集都有一个码,因为实体是可以相互区分的,而 E-R 模型正是用实体的码值区分实体。

需要指出的是,码是语义概念,是实体集的性质,因此一个属性集是否能够成为实体集的码,需要根据现实世界的实际情况来确定。例如,如果能够保证所有职工都不同名同姓,那么职工姓名就可以作为职工实体集的码;否则,即便职工实体集的当前值中不含同名同姓的职工,我们也不能用职工姓名作为职工实体集的码。

3．属性分类

前面谈到的属性大部分都是简单的、单值的、基本的。一个属性是**简单的**,如果它不能划分成更小的部分;一个属性是**单值的**,如果一个特定的实体在该属性上只能取单个值;一个属性是**基本的**,如果它的值不能通过其他属性的值推导出来(即它的值必须存储在系统中)。E-R 模型还允许更复杂的属性,包括复合属性、多值属性和派生属性。

与简单属性相对应的是复合属性。**复合属性**是可以划分成更小部分的属性（即可以分成一些其他属性）。例如，供应商地址就是一个复合属性，它可以划分成省（市）、城市（县）、街道和邮政编码等部分（称为**成分属性**）。如果实际应用既需要将供应商地址作为整体处理（如显示供应商的详细地址），也需要考虑供应商地址的一部分时（如询问供应商所在城市），允许复合属性是方便的。复合属性将相关属性聚集起来，使得模型更清晰。

与单值属性相对应的是多值属性。**多值属性**是特定的实体在该属性上可以取多个值的属性。例如，如果一个供应商可以有多部电话（手机、家庭电话和多部办公电话），那么供应商电话号码就是一个多值属性。

与基本属性相对应的是派生属性。**派生属性**的值可以从其他相关属性或实体计算得到，因此派生属性又称**计算属性**。正因为如此，派生属性的值可以不存储。例如，职工的实发工资可以从该职工的应发工资（包括基本工资、职务工资等）减去扣除部分（包括个人所得税、医疗保险、公积金等）得到。银行客户的贷款总额可以通过对该客户各笔贷款金额求和得到。尽管派生属性的值不存储在数据库中，但这种属性是用户关注的，在建立概念模型时应该体现。

2.1.2　联系

在现实世界中，事物之间常常是有联系的。例如，学生对课程的选修就是学生与课程之间的联系，而经理对部门的管理则是经理与部门之间的联系。最常见的联系是两个实体之间的联系（二元联系），但是联系也可能存在于多个对象之间，供应商、产品和客户之间的供应联系就是一个典型的例子。此外，不仅不同类型的对象之间存在联系，而且相同类型的不同对象之间也可能存在联系。例如，职工内部上下级之间的领导关系就是同一类型的不同对象之间的联系。

1. 联系与联系集

在 E-R 模型中，现实世界对象之间的联系可以抽象为实体之间的联系。**联系**是多个实体之间的相互关联。**联系集**是相同类型联系的集合。形式地说，设 E_1，E_2，$\cdots$，E_n 是 n（$n \geqslant 2$）个实体集，它们不必互不相同。联系集 R 是 $\{(e_1, e_2, \cdots, e_n) \mid e_1 \in E_1, e_2 \in E_2, \cdots, e_n \in E_n\}$ 的一个子集，其中 $(e_1, e_2, \cdots, e_n) \in R$ 是一个联系，并称 e_i（$1 \leqslant i \leqslant n$）是该联系的参与者，$n$ 是联系的度（元）。联系集 R 的型可以用 $(E_1, E_2, \cdots, E_n)$ 表示，它也是联系 $(e_1, e_2, \cdots, e_n) \in R$ 的型。

实践中最常见的联系是二元联系，但是三个实体集之间的联系也会遇到。然而，三个以上实体集之间的联系实践中很少见。

例 2.1　让我们考虑实体集 Students（学生）和实体集 Courses（课程）。学生和

课程之间的一个联系是"选修"联系,它的型是(Students, Courses)。"选修"联系集 SC 是 $\{(s, c)|s \in \text{Students} \wedge c \in \text{Courses}\}$ 的子集,仅包含 $s \in \text{Students}, c \in \text{Courses}$,并且学生 s 选修了课程 c 的二元组 (s, c)。　　　　　　　　　　　□

在数据库的文献中,术语"联系"有时表示一个具体的联系,有时表示联系集,有时表示联系(集)的型,这需要从上下文区分。

实体在联系中的作用称为实体的**角色**。如果参与联系的实体来自不同的实体集,则实体的角色是不言而喻的。但是,联系也可以是同一实体集诸实体之间的联系。当参与联系的多个实体来自同一个实体集时,就需要解释每个实体的角色。例如,我们可以在实体集职工 Employees 的实体之间定义"工作"联系 Works_ for,它的类型是实体集的有序列表(Employees, Employees)。Works_ for 的二元组 (e_1, e_2) 可以解释为 e_1 是"工作人员",e_2 是"经理"。即 e_1 的角色是"工作人员",而 e_2 的角色是"经理"。

联系的重要约束是联系的类型和实体的参与类型。下面的讨论针对二元联系,但不难推广到 n 元联系。

2. 联系的类型

联系的类型又称**联系的函数性**或**映射基数**。两个实体集 E_1 和 E_2 之间联系必然是如下四种类型之一:一对一、一对多、多对一和多对多。

一对一联系(1∶1 联系):如果 E_1 中的每个实体最多与 E_2 中的一个实体相关联,并且 E_2 中的每个实体也最多与 E_1 中的一个实体相关联,则称 E_1 和 E_2 之间联系为一对一联系。

注意:"最多"意味着 E_1 中的某些实体可以不与 E_2 中的任何实体相关联,E_2 中的某些实体也可以不与 E_1 中的任何实体相关联(下同)。E_1 和 E_2 之间的一对一联系 R 可以看作 E_1 到 E_2 的部分映射(或相反)。

例如,实体集"部门"和"经理"之间的联系"管理"可以是一对一联系。这意味着每个部门只能有一个经理,并且每个经理都不能管理两个或两个以上部门。但是,可能某个部门目前尚无经理,也可能有人被任命为经理,但眼下尚未安排到具体部门。

一对多联系(1∶n 联系):如果 E_1 中的每个实体都可以与 E_2 中任意多个实体相关联,而 E_2 中的每个实体最多与 E_1 中一个实体相关联,则称这种联系为 E_1 到 E_2 的一对多联系。

多对一联系(n∶1 联系):如果 E_1 中的每个实体最多与 E_2 中的一个实体相关联,而 E_2 中的每个实体都可以与 E_1 中任意多个实体相关联,则称这种联系为 E_1 到 E_2 的多对一联系。E_1 到 E_2 的多对一联系 R 可以看作 E_1 到 E_2 的部分映射。

从一对多和多对一联系的定义可以看出,联系 R 是 E_1 到 E_2 的一对多联系,当且仅当 R 是 E_2 到 E_1 的多对一联系。

例如,实体集"职工"到实体集"部门"的联系"属于"就可以是多对一联系,意味每个职工只能属于一个部门,而每个部门可以有多个职工。但是,可能有些职工(如公司总裁)并不属于任何部门,也可能存在刚成立的部门,还没有职工。

多对多联系($m:n$ 联系):如果 E_1 中的每个实体都可以与 E_2 中任意多个实体相关联,并且 E_2 中的每个实体也可以与 E_1 中任意多个实体相关联,则称 E_1 和 E_2 之间联系为多对多联系。

例如,学生和课程之间的联系"选修"就是多对多联系,因为每个学生都可以选修多门课程,而每门课程都可以被多个学生选修。

多对多联系是最一般的联系,并且多对一(一对多)联系可以看作它的特例。类似地,一对一联系也可以看作多对一(一对多)联系的特例。之所以区分它们是因为特例可以使用更简单的方法处理。

上述概念都可以推广到多个实体集之间的联系。例如,我们可以把多对一联系推广到多个实体集。设 R 是实体集 E_1, E_2, $\cdots$, $E_k(k>2)$ 之间的联系。如果对于 E_1, $\cdots$, E_{i-1}, E_{i+1}, $\cdots$, E_k 中给定的一组实体,最多存在 E_i 中的一个实体与它们相关联,而 E_i 中每个实体都可以与 E_1, $\cdots$, E_{i-1}, E_{i+1}, $\cdots$, E_k 中任意多组实体相关联,则称 R 为 E_1, $\cdots$, E_{i-1}, E_{i+1}, $\cdots$, E_k 到 E_i 的多对一联系。

需要指出,一个联系到底属于哪种类型,只能通过考察实际问题的语义来确定。例如,客户和贷款之间的联系"借贷"到底属于哪种类型,完全取决于银行的信贷规定。有的银行规定一笔贷款只能属于一个客户,但允许一个客户有多笔贷款。在这种情况下,信贷就是多对一联系。然而,有的银行还允许一笔贷款属于多个客户(商业伙伴)。在这种情况下,借贷就是多对多联系。

3. 实体的参与类型

设 R 是一个联系,涉及实体集 E。实体集 E 中的实体参与联系 R 可以是强制的或随意的。如果实体集 E 中的每个实体都必须参与联系 R,则称 E 对联系 R 的参与是**强制的**,或**全部参与**。否则,E 对联系 R 的参与是**随意的**,或**部分参与**。

例如,考虑客户和贷款之间的联系"借贷"。因为每笔贷款必须是某个客户的贷款,因此"贷款"对联系"借贷"的参与是强制的(全部参与)。但是,一个人无论是否贷款都可以是银行的客户(可能是存款客户),因此"客户"对联系"借贷"的参与可以是随意的(部分参与)。

有些应用还需要进一步考虑实体集 E 参与联系 R 的程度。例如,许多学校都限定了每个学生每学期选修的课程数,如不少于 4 门,不多于 7 门。这一规定可以用实体集"学生"对联系"选修"的参与度刻画:每个学生至少参与出现在联系集"选修"中出现 4 次,但最多出现 7 次。一般地,实体集 E 对联系集 R 的**参与度**用 E 中每个实体必须在联系集 R 中出现的最小次数和最大次数刻画:$min..max$,其中

min 是最小次数,max 是最大次数。当 max 为"$*$"时,对参与的最大次数没有限制。例如,贷款对借贷的参与度为 $1..1$,客户对借贷的参与度为 $0..*$,而学生对选修的参与度为 $4..7$。

4. 联系的属性

联系也可以包含属性,这种情况经常出现在多对多联系中。通常,这种属性与参与联系的实体都相关。例如,考虑前面提到的实体集 Students 和 Courses 之间的联系 SC。$(s, c) \in$ SC 表示学生 s 选修了课程 c。事实上,我们不仅关心学生 s 对课程 c 的选修,而且关心学生 s 选修课程 c 取得的成绩。成绩既与学生相关,也与课程相关。但是,成绩不能作为 Students 的属性,因为一个学生可能选修多门课程。根据同样的理由,成绩也不能是 Courses 的属性。由于成绩是与联系集 SC 的特定元组(s, c)相关联的,因此应当将成绩作为 SC 的属性。

注意:一对一和多对一(一对多)联系的属性可以直接作为"一端"实体集的属性。

2.2　实体-联系图

实体-联系模型用实体-联系图(E-R 图)对现实世界建立概念模型。E-R 模型概念简单、表达能力强,以及 E-R 图这种图形表示的清晰性是 E-R 模型被广泛使用的重要原因。

E-R 图包含如下成分:

(1) 椭圆框表示属性,属性名写在框内。多值属性用双边椭圆,派生属性用虚边椭圆,其他属性都用单实边椭圆,并用无向边将复合属性与它的成分属性连接起来。通常,主属性用下横线标识。

(2) 矩形框表示实体集,实体集名写在框内,并用无向边把实体集和它的属性连接起来。图 2.1 给出了一个客户实体集,它包含复合属性(地址)、多值属性(电话号码)和派生属性(年龄)。

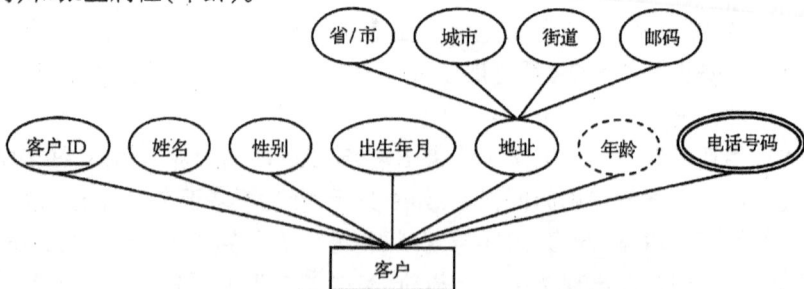

图 2.1　供应商实体和它的属性

(3) 菱形框表示联系,联系名写在框内。如果联系具有属性,则用无向边将联系和它的属性连接起来。联系和参与联系诸实体集之间也用无向边连接,并按以下方法在无向边旁标明联系的类型:

① 如果联系 R 是一对一的,则每条无向边旁均用 1 标记。图 2.2(a)显示了实体集经理和部门之间的一对一联系"管理"。为了简单起见,在这个例子和接下来的几个例子中,我们略去了实体集的属性。

② 如果联系 R 是实体集 E_2,…, E_k 到实体集 E_1 的多对一联系,则 R 与 E_1 之间的无向边用 1 标记,其余的无向边用小写字母 m, n, p 等标记,或都用" $*$ "号标记。图 2.2(b)显示了实体集职工到部门的多对一联系"属于"。图 2.3 显示了实体集职工诸实体之间的一对多联系"领导",其中无向边旁的"经理"和"职员"表示角色。即参与联系"一端"的职工的角色是经理,而"多端"的职工的角色是职员。

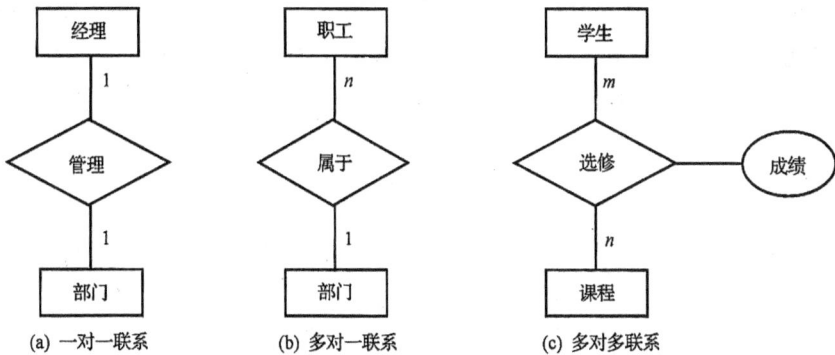

图 2.2 两个实体集之间的联系

③ 如果联系 R 是多对多的,则每条无向边都用小写字母 m, n, p 等标记,或都用" $*$ "号标记。图 2.2(c)显示了实体集学生和课程之间的多对多联系"选修",其中成绩是联系"选修"的属性。图 2.4 显示了三个实体集供应商、零件和工程之间的多对多联系"供应",其中"供应量"是联系"供应"的属性。

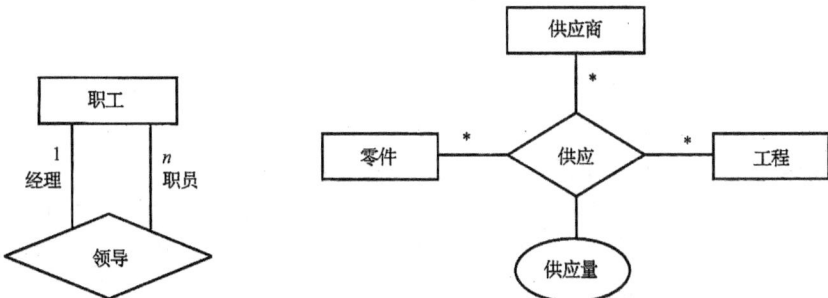

图 2.3 实体集内部的联系   图 2.4 三个实体集之间的多对多联系

在数据库文献中,另一种标识联系类型的方法是在联系的"一端"使用有向边,而在联系的"多端"使用无向边。具体地说:

① 如果联系 R 是一对一的,涉及实体集 E,则存在一条从 R 到 E 的有向边。

② 如果联系 R 是实体集 E_2, …, E_k 到实体集 E_1 的多对一联系,则存在一条从 R 到 E_1 的有向边,并且在 R 与 E_2, …, E_k 之间都存在一条无向边。

③ 如果联系 R 是多对多的,涉及实体集 E,则 R 与 E 之间存在一条无向边。

读者容易将图 2.2~图 2.4 中的联系用这种方式表示。本书的其余地方将主要使用这种方式表示联系的类型。

还可以在 E-R 图中标明实体对联系的参与和参与度。如果实体集 E 的实体全部参与联系 R,则 E 与 R 之间用双线连接(有向或无向边,下同),否则用单线连接。为表示参与度,只需要将实体的参与度标在实体与联系的连线旁即可。例如,图 2.5 中给出了实体集"贷款"到"客户"的多对一联系"借贷",并标明了参与度。该图表明,每笔贷款必须参与借贷联系,但是每个客户不一定参与借贷联系。此外,一个客户可以有零到多笔贷款,而每笔贷款必须并且仅与一个客户相关联。

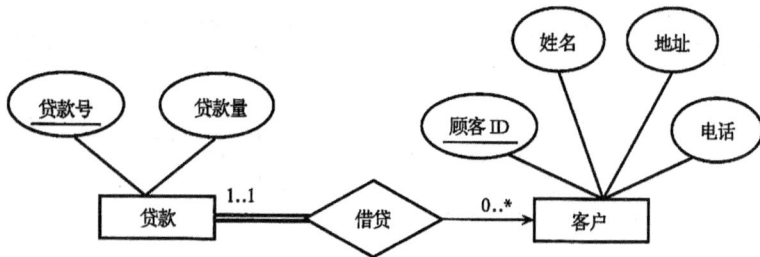

图 2.5　联系集上的实体参与度约束

注意:不要将客户与借贷之间参与度"0..*"曲解为客户在联系的"多端"。相反,客户恰在联系的"一端"(我们使用"→"清楚地表明了这一点)。

2.3　一个例子

本节,我们看一个例子。该例子是一个实际系统的简化形式。尽管如此,它还是综合了前两节的主要概念,向我们展示如何从实际问题抽象实体和联系,选择刻画实体和联系的属性,最后用 E-R 图建立概念模型。

例 2.2　某学校准备设计一个数据库系统,用于存放学校的教务信息,管理本科生教学。学校将这一工作委托软件学院完成。经过认真调研后,数据库设计小组(DBG)得到如下分析:

(1) 教务活动涉及的最重要的实体是教师、学生和课程。因此,DBG 决定建立 3 个实体集:教师、学生和课程。

（2）教学活动的组织是按院系组织的，教师和学生也都按院系组织。这样，还需要一个代表院系的实体集"院系"。

当然，教学管理还涉及教材、教室、实验室、教学设备、教学研究立项等。在这个简化的例子中，我们只考虑以上 4 个实体集。

确定实体集后，需要确定描述实体的属性和实体集之间的联系。我们首先考虑实体的属性。同样，刻画实体的属性可能很多，并且许多属性都与教学管理相关。在这个简化的例子中，我们只考虑最重要的部分属性。经过认真分析，DBG 认为：

（1）实体集"院系"包括院系名、院系主任和联系电话等属性。由于一个院系一般有多部电话，在不同的办公室，因此电话是多值复合属性，包括联系人、电话号码等成分属性。

（2）实体集"教师"包括职工号、姓名、性别、出生年月和职称等属性。

（3）实体集"学生"包括学号、姓名、性别、出生年月、入校年份、专业等属性。

（4）实体集"课程"包括课程号、课程名、学时、学分等属性。

接下来，我们考虑实体集之间的联系。DBG 有如下分析：

（1）学校院系主任都是由教师担任，并且每个院系只有一位主任（不考虑副主任），而一位教师只能在一个院系担任主任职务。因此，DBG 决定建立教师和院系之间的一对一联系"管理"。

（2）每位教师都在一个院系工作，而每个院系可以有多位教师。因此，需要建立一个联系来反映这一实际情况。DBG 决定建立教师到院系的多对一联系"工作"。

（3）类似地，每位学生都在一个院系学习，而一个院系可以有很多学生。DBG 决定建立学生到院系的多对一联系"学习"。

（4）系和课程也有联系，反映课程由哪些院系开设。但是，这种联系在实际教学管理中不经常使用，并且可以通过其他方法得到所需信息（例如，找到承担课程的教师，通过教师所在院系得到开设课程的院系）。因此，DBG 决定不考虑系和课程之间的联系。

（5）学校规定每位教师可以讲授多门课程，并且一门课程可以由多位教师讲授（因为同一年级、同一专业的学生人数很多），因此 DBG 把教师与课程之间的联系"讲授"看作多对多联系。由于学校开展评教活动，需要记录每位教师讲授每门课程的教学效果。因此，该联系具有属性"教学效果"。教学效果是一个派生属性，它由听课教师的评分和学生评教评分加权计算。在这个简化的例子中，我们假定它取学生评教分的平均值。

（6）类似地，每位学生可以选修多门课程，并且每门课程都可以被多位学生选修，因此学生和课程之间存在多对多联系"选修"。此外，我们需要记录每位学生选修每门课程取得的成绩，因此选修应当具有属性"成绩"。

(7) 本科生与教师之间的联系主要通过课程间接表示。但是考虑评教的需要,DBG 认为需要建立教师、课程和学生三者之间的联系"评教"。这是一个多对多联系,因为每位学生可以对多位任课教师和多门课程进行评教,每门课程被多位教师讲授并可以被多位学生评教,而每位教师讲授多门课程并被多位学生评教。此外,该联系还具有属性"评教分"记录每位学生对每位教师讲授的每门课程的评教结果。

基于上述分析,DBG 建立了教务系统的概念模型,其 E-R 图如图 2.6 所示。

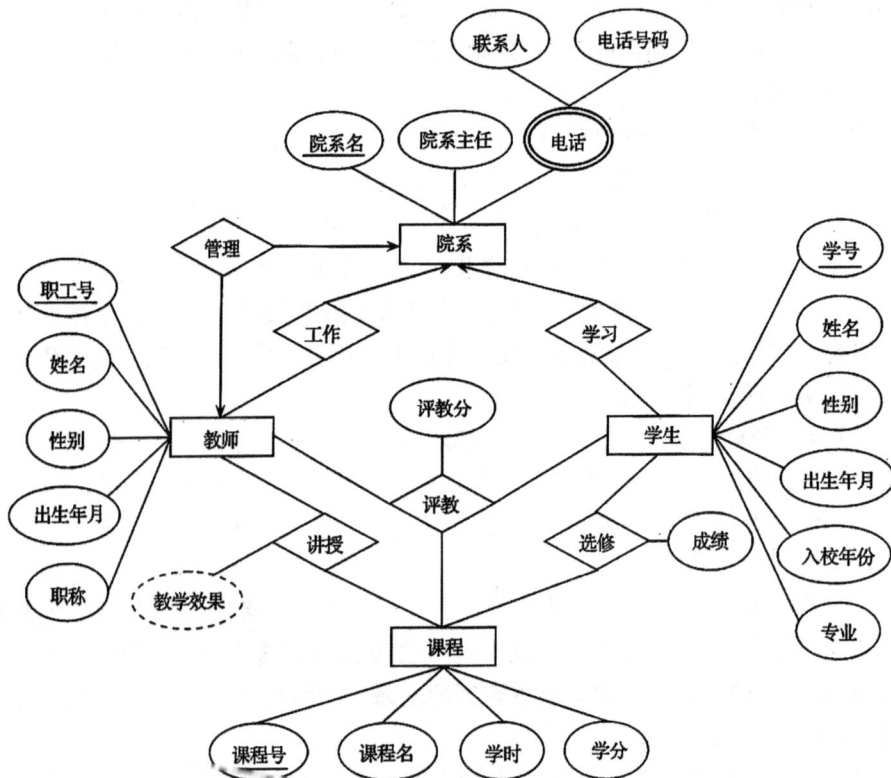

图 2.6 某学校教务管理系统的 E-R 图

2.4 弱实体集

前面我们讨论的实体都有一个码值,将该实体与其他同类实体相区别。然而,现实世界中还存在另一类实体,它们是客观存在的,可相互区分的,但是并不存在一个自然的码来区分它们。

例 2.3 考虑某公司的人事管理。由于公司将向职工的配偶和未成年子女(家属)提供一定的福利(如医疗保险等),因此公司的人事部门不仅需要管理每位职工,而且还要管理职工的家属。由于对职工和家属的管理不相同,因此需要两个实体集:职工和家属。实体集职工包括如下属性:职工号、职工姓名、性别、出生年月、住址、进公司时间、工资等。实体集家属包括如下属性:家属姓名、性别、出生年月、与职工关系等。

对于这两个实体集中的任何一个,姓名都不适合作为码,因为既不能确保职工,也不能确保家属不会同姓同名。通常,公司赋予每位职工一个唯一的职工号,它可以用作职工的码。但是,公司一般不对家属赋予唯一编号(即使编号,也是对每位职工的家属都简单地从 1 开始顺序编号)。这样,家属实体集就没有码。我们把它称作"弱实体集"。   □

一般地,如果一个实体集的任何属性集都不足以形成该实体集的码,则称该实体集为**弱实体集**。与此相对,存在码的实体集称为**强实体集**。

弱实体集有一个不同于强实体集的特点:弱实体集中的任何实体(简称弱实体)都不能独立地存在于系统中。换言之,每个弱实体必须**存在依赖于**一个强实体。例如,每个家属就必须存在依赖于一个特定的职工(只有如此,他/她才被公司视为家属)。当一位职工离开公司,他/她的配偶和未成年子女都不再被公司视为家属。

这样,弱实体集必须与另一个称作**标识实体集**或**属主实体集**的强实体集相关联才有意义。我们称标识实体集拥有它所标识的弱实体集,将弱实体集与其标识实体集相关联的联系称为**标识性联系**。标识性联系是从弱实体集到标识实体集的多对一联系,并且弱实体集对该联系的参与是全部参与。

虽然不存在唯一确定弱实体集中的每个弱实体的码,但是存在依赖于同一个强实体的弱实体之间还是可以区分的。例如,尽管家属姓名不能唯一区分公司的所有家属,但是它能很好地区分一个特定职工的配偶和未成年子女,因为我们可以合理地假定家庭内部的人姓名不会完全相同。在弱实体集中,如果它的一个属性集可以唯一确定存在依赖于同一个强实体的弱实体,则称该属性集为弱实体集的**分辨符**。弱实体集的标识实体集的码和该弱实体集的分辨符共同形成弱实体集的码。正因为如此,弱实体集的分辨符又称弱实体集的**部分码**。例如,家属姓名就是弱实体集家属的分辨符,而它的码是{职工号,家属姓名}。

在 E-R 图中,弱实体集用双边矩形框标识,而弱实体集与其标识实体集之间的标识性联系用双边菱形框表示。图 2.7 显示了弱实体集家属与其标识实体集职工的标识性联系"属于"。图中,弱实体集的分辨符下加虚线。

注意:强实体集的码并未显式地放在弱实体集中,因为它不是弱实体集的属性,并且已经蕴涵在标识联系中。

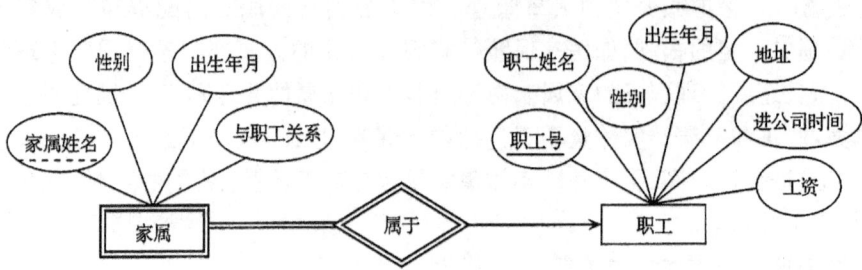

图 2.7　具有弱实体集的 E-R 图

弱实体必须参与标识性联系。但是,除了参与标识性联系之外,弱实体集还可以参与其他联系。例如,如果保险计划是一个实体集,则家属还可以参与保险计划相关联的联系。有的弱实体集还可以与多个标识实体集关联。此时,该弱实体集的码是来自诸标识实体集的码和弱实体集的分辨符的组合。

在设计时,还有另一种处理弱实体集的方法:不是把它作为实体集,而是把它作为其标识实体集的一个多值复合属性。在我们的例子中,可以把家属作为职工的一个属性,它是多值的,并且具有成分属性家属姓名、家属性别、家属出生年月和与职工关系。(注意:为了避免与职工的性别和出生年月混淆,我们明确地使用家属性别和家属出生年月。)当弱实体集不参与其他联系,并且其属性较少时,将弱实体集处理成其标识实体集的多值复合属性是一种选择。否则,将其用弱实体集建模更简洁、更清晰。

有的设计者愿意将弱实体集的标识实体集的码添加到弱实体集的属性集中,将弱实体集转化成强实体集。这不是一种好的设计方法。实体集的属性是实体所代表的事物具有的某种特性。如果将弱实体集的标识实体集的码添加到弱实体集的属性集中,则结果实体集就包含一个属性,它并非刻画该实体集的特性,并且这个属性是冗余的,因为事实上它已经蕴涵在标识联系中。

*2.5　扩展的 E-R 图

E-R 模型是 1976 年提出的,早于面向对象的设计思想。实际上,E-R 模型体现了诸多面向对象的设计思想和理念。随着面向对象的设计思想日趋流行,更多的面向对象概念被用来扩充基本 E-R 模型。本节,我们讨论扩展的 E-R 特性,包括特殊化和一般化、属性继承、一般化约束和聚集。尽管这些扩展特征对于大多数数据库应用系统建模不是必需的,但是使用它们可以使某些表达更恰当。

2.5.1　特殊化和一般化

有时,实体集中的某些子集可能还需要更多的属性来刻画。扩展的 E-R 模型允许我们将这些子集抽象成新的实体集。

例 2.4　考虑银行贷款客户组成的实体集,包含客户号、客户名、贷款额度等属性。客户可以是个人、合伙人或公司。个人客户还需要登记身份证号、住址等信息;合伙人客户还需要登记负责人姓名、住址、营业执照号等信息;公司客户还需要登记公司法人、经办人、营业执照号等信息。如果把所有需要登记的信息都添加到客户的属性集中,则客户包含的某些属性在有些情况下是没有意义的,因而不可能有值。　　　　　　　　　　　　　　　　　　　　　　　　　　　　□

一种更好的做法是定义三个子类实体集:个人客户、合伙人客户和公司客户。它们都是客户实体集的子集,并分别包含如下附加的属性:

个人客户:客户住址、身份证号;

合伙人客户:负责人姓名、负责人住址、营业执照号;

公司客户:公司法人、经办人、营业执照号。

这种在实体集内部进行分组的过程称为**特殊化**。被分组的实体集称为**高层实体集**或**超类**,而分组产生的实体集称为**低层实体集**或**子类**。例如,在我们的例子中,客户是高层实体集,而个人客户、合伙人客户和公司客户都是低层实体集。

低层实体集和它对应的高层实体集之间存在 **ISA 联系**。这里 ISA 意为 is a,表明低层实体集中的每个实体都是其对应的高层实体集的一个实体。例如,在我们的例子中,每个合伙人客户都是客户。ISA 联系又称**超类-子类联系**。

在扩展的 E-R 图中,ISA 联系用倒立的三角框表示,高层实体集和低层实体集都用矩形框表示。图 2.8 显示了个人客户、合伙人客户、公司客户与客户的 ISA联系。

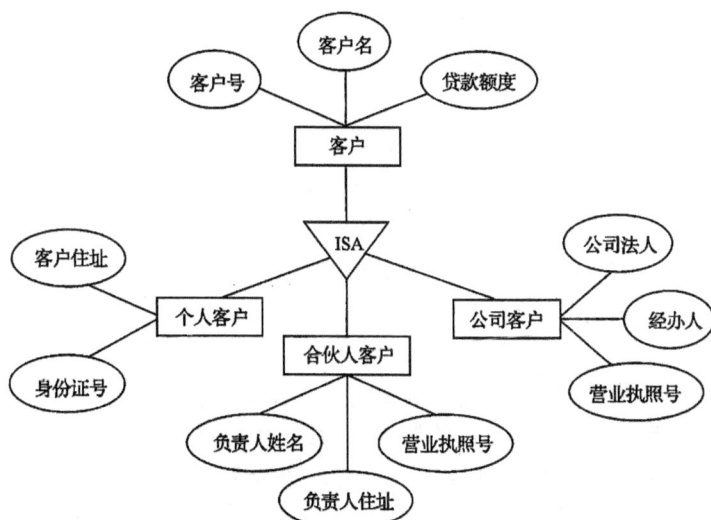

图 2.8　特殊化和一般化

特殊化出现在自顶向下设计过程中。特殊化从单一实体集出发,逐步求精,创建不同的低层实体集。这种逐步求精过程还可以对低层实体集继续,产生一个特殊化分层结构。

一般化是特殊化的逆过程,出现在自底向上设计过程中。**一般化**将具有一些公共特征的实体集合并成高层实体集。例如,如果我们自底向上设计,我们可能首先识别出个人客户、合伙人客户和公司客户三个实体集;然后根据它们具有共同特征,把它们综合成一个高层实体集"客户"。

对于实际应用,一般化和特殊化互为逆过程,其主要区别是出发点和目标不同。一般化是自底向上设计,合并具有共同特征的实体集,强调低层实体集之间的共性,并隐藏它们的差异。而特殊化是自顶向下设计,将需要不同属性描述的实体分组,强调同一实体集中的不同子集之间的差异。在为实际应用设计 E-R 模型时,我们将配合使用这两个过程。在 E-R 图中,我们对特殊化和一般化不加区分。对于 E-R 图的给定部分,无论它是通过特殊化,还是通过一般化得到的,其结果都是一样的。例如,图 2.8 也可以看作是对个人客户、合伙人客户、公司客户一般化的结果。

2.5.2　属性继承

由一般化或特殊化产生的低层实体集中的每个实体都是高层实体集中的实体。因此,高层实体集的所有属性都被低层实体集**继承**。例如,个人客户、合伙人客户和公司客户都继承了客户的属性。因此,个人客户用属性客户号、客户名、贷款额度,以及附加的属性客户住址、身份证号来描述;合伙人客户用属性客户号、客户名、贷款额度,以及附加的属性负责人姓名、负责人住址、营业执照号来描述;公司客户用属性客户号、客户名、贷款额度,以及附加的属性公司法人、经办人、营业执照号来描述。

如果一个实体集作为低层实体集只参与一个 ISA 联系,则它只能继承其高层实体集的属性其高层实体集继承的属性。这种继承称为**单继承**。一个实体集还可以作为低层实体集参与多个 ISA 联系,此时其高层实体集可以有多个,并且它继承所有高层实体集的属性。这种继承称为**多继承**。

低层实体集还继承地参与其高层实体集参与的那些联系。例如,假设贷款是一个实体集,借贷是实体集贷款到客户的多对一联系。由于高层实体客户参与借贷联系,因此个人客户、合伙人客户和公司客户都继承地参与借贷联系。

低层实体集不仅可以有自己的属性,而且还可以参与不同于高层实体集参与的某些联系。例如,个人客户不仅可以由自己的属性,而且还可以作为活期存款客户参与"存款"联系,而合伙人客户和公司客户可能并不参与该联系。

2.5.3　一般化约束

为了更准确地对现实世界建模,数据库的设计者可能选择对特定的一般化(或特殊化,以下均称一般化)设置某些约束。约束可以是成员资格约束、互斥性约束和完备性约束,分别讨论如下。

1. 成员资格约束

成员资格约束是指确定低层实体集成员的方式,可以是条件定义的或用户指定的。

在**条件定义的约束**中,低层实体集的成员资格的确定基于实体是否满足一个显式的条件或谓词。例如,将教师分组成教授、副教授、讲师和助教 4 个低层实体集。这 4 个低层实体集的成员资格可以根据职称确定。这种一般化也称**属性定义的**。

在**用户指定的约束**中,由用户将实体指派到低层实体中。例如,学校足球队由学生组成,可以在学生实体集中定义一个低层实体集"足球队",其成员必须由用户逐一指定。

2. 互斥性约束

互斥性约束是指在同一个一般化中,一个实体是否可以属于多个低层实体集。**不相交的约束**要求一个实体最多属于一个低层实体集。例如,将客户划分成个人客户、合伙人客户和公司客户就满足不相交约束。将教师划分成教授、副教授、讲师和助教也满足不相交约束。

在**有重叠的**一般化中,一个实体可以属于同一个一般化的多个低层实体集。例如,将教师按硕士生导师、博士生导师分组就会导致有重叠的特殊化。因为有些教师可能既是硕士生导师,也是博士生导师。

3. 完备性约束

完备性约束是指在一般化中,每个高层实体是否必须至少属于一个低层实体集。

全部一般化(特殊化) 要求每个高层实体必须至少属于一个低层实体集。例如,将客户划分成个人客户、合伙人客户和公司客户就全部特殊化。

部分一般化(特殊化) 允许某些高层实体不属于任何低层实体集。例如,将学生按参加的社团分组就是部分一般化,因为有些学生不参加任何社团,从而不出现在任何低层实体集中。

不同的一般化约束将导致实体插入实体集或从实体集删除时需要作不同的处

理。例如,如果一般化是不相交的和全部的,则一个新实体进入系统时,必须同时插入高层实体集和一个相应的低层实体集。

2.5.4 聚集

在 E-R 模型中,联系只能是实体集之间的联系。基本 E-R 模型的一个局限性是不能表达实体集与联系集之间的联系。

为了说明这种结构的必要性,我们看一个例子。考虑实体集教师、课程和教材。由于每位教师可以讲授多门课程,并且每门课程可以由多位教师讲授,因此,教师与课程之间存在多对多联系"讲授"。此外,我们希望记录每位教师讲授每门课程所使用的教材,我们需要建立教师、课程和教材三者之间的联系"使用"。一般地,"使用"是教师和课程到教材的多对一联系。其结果 E-R 图如图 2.9 所示。

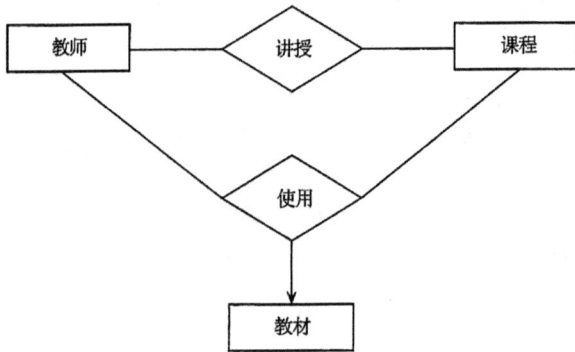

图 2.9　具有冗余联系的 E-R 图

注意,不能把二元"讲授"联系合并到三元"使用"联系中,因为可能有些教师在讲授某门课程(如研究生的选课)时并未使用任何教材。由于教材是实体,而不是属性,因此我们也不能取消三元联系"使用"。

然而,这种设计存在许多冗余——对于三元联系"使用"的任意三元组,二元联系"讲授"中都存在对应的二元组。例如,设 (t, c, b) 是"使用"中一个任意三元组,其中 t 是一位教师,c 是一门课程,而 b 是一种教材。二元组 (t, c) 一定在二元联系"讲授"中。

对于上述情况,可以使用扩展的 E-R 模型提供的聚集进行建模。**聚集**是一种抽象,它将联系和联系涉及的实体集聚在一起;通过这种抽象,联系可以看作一个高层实体集,并且可以像对待一般的实体集一样对待它。在我们的例子中,我们可以将二元联系"讲授"和它所涉及的实体集教师和课程看作一个称作"讲授"的高层实体集,它的码由教师和课程的码组合而成。这样我们就可以建立教材与讲授之间的二元联系"使用"。结果如图 2.10 所示。

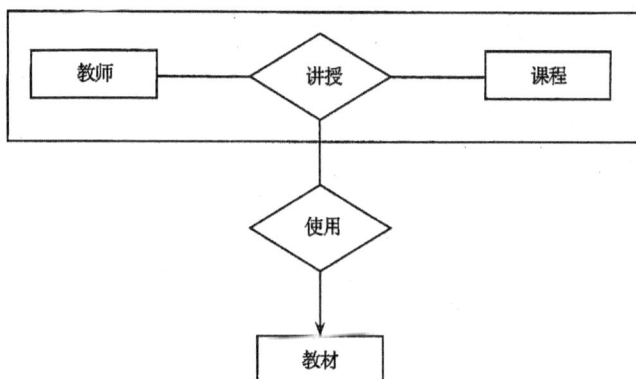

图 2.10 带有聚集的 E-R 图

2.6 小 结

(1) E-R 数据模型用于对现实世界建模。在 E-R 模型下,现实世界由一些称为实体的基本对象和这些基本对象之间的联系组成。

(2) 实体是客观存在并且可以相互区分的任何事物。实体用一些称作属性的特性来刻画。具有相同属性的实体形成实体集。

(3) 属性可以按多种方式分类,可以是简单属性或复合属性、单值属性或多值属性、基本属性或派生属性。

(4) 超码是实体集的语义性质,它是可以唯一确定实体集中每个实体的属性集。候选码是具有极小性的超码;而被数据库设计者选中,用于区分实体的候选码称为主码。

(5) 联系是多个实体之间的关联。联系也可能需要属性描述,这出现在多对多的联系中。相同类型的联系形成联系集。

(6) 联系的类型(映射基数)可以是一对一的、一对多的、多对一的或多对多的。实体对联系的参与可以是强制的(全部参与)或随意的(部分参与),而参与度进一步刻画实体对联系的参与程度。

(7) E-R 模型用 E-R 图表示。在基本 E-R 图中,实体集用矩形框表示,属性用椭圆框表示,联系用菱形框表示。

(8) 弱实体集存在依赖于其他实体集,它的任何属性集都不足以形成码。而有码的实体集称作强实体集。

(9) 特殊化和一般化定义了一个高层实体集与多个低层实体集之间的 ISA 联系。低层实体集继承高层实体集的属性,并继承地参与高层实体集参与的联系。

(10) 聚集是一种抽象,它将一个联系和该联系涉及的实体集抽象为一个高层实体集,从而可以表示联系集与实体集之间的联系。

习　题

2.1　解释下列术语:

(1) 实体、实体集、联系、联系集。

(2) 简单属性、复合属性、单值属性、多值属性、基本属性、派生属性。

(3) 码、主码、候选码、超码。

(4) 一对一联系、一对多联系、多对一联系、多对多联系。

2.2　实体用一些属性刻画,然而,用哪些属性刻画取决于实际数据管理的需要。假设你为超市设计数据库,商品应当包含哪些属性? 说明你的理由。

2.3　举出几个实际问题的例子,其中实体集之间具有一对一、多对一和多对多联系。说明你的理由。进一步,对于你的例子,说明实体对联系的参与。

2.4　按照以下要求各举一个实际例子:(1)三个实体集两两之间都存在多对多联系(在你的例子中,三个实体集之间是否还存在有意义的联系)。

(2) 三个实体集之间存在多对多联系(在你的例子中,其中两个实体集之间还存在有意义的联系)。

2.5　一个弱实体集总可以通过将其标识实体集的码添加到它的属性集中来转换成强实体集。这样做的缺点是什么?

2.6　忽略属性和边的方向,E-R 图可以看作一个无向图。如果该图是非连通的,这意味着什么? 如果无环,这又意味着什么? (提示:考虑实体集之间的直接和间接联系。)

2.7　为汽车保险公司设计一个 E-R 图。每个客户拥有一辆或多辆汽车。每辆汽车可能发生 0 次或多次交通事故。客户需要登记的信息包括客户 ID(如身份证号)、姓名、住址、电话等信息。车辆需要登记车辆编号、车型、出厂年份等信息。事故需要登记事故编号、事故发生日期、发生地点、损坏估计等信息。

2.8　工商银行有许多支行,每个具有唯一的名称,拥有一定的资产,坐落在某个城市的某条街道上。银行要记录每位客户的客户标识(如身份证号)、客户名、客户地址、联系电话等信息。银行的主要业务是办理客户的存款和贷款。每位客户可以有多个存款账户,并可以多次存取款;存款账户需要存放账号和存款余额等信息;每次存取款需要登记日期和存取款金额。一位客户可以多次贷款,但每笔贷款只能贷给一个客户。每笔贷款还与特定的支行相关联。每笔贷款需要登记贷款号、贷款日期和贷款金额。根据这些信息,为工商银行设计一个 E-R 图。

2.9　继续习题2.8。每笔贷款都可以分期多次偿还,每次记录偿还日期和偿还金额。为记录这些信息,有多种处理方法。列举一些可能的方法,比较它们的相对优缺点。你更愿意采用哪种方法？为什么？

　　2.10　某公司有若干个部门；每个部门有若干职工、项目和办公室。每个职工都有工作经历,记录该职工做过的每项工作的起止年月和工资。每个办公室有若干部电话。对于部门,需要记录部门号(唯一)、部门名称、预算费和部门领导的职工号。对于职工,除工作经历外,还需要记录职工号(唯一)、职工姓名、家庭住址、当前参加的项目、所在办公室、电话等信息。对于项目,需要记录项目号(唯一)、项目名称和预算。对于办公室,需要记录办公室名称(唯一)、位置、电话。根据这些信息,为该公司的数据库设计 E-R 模型(用 E-R 图表示)。必要时,你可以做一些合理假设。

第3章 关系数据模型

尽管关系数据模型不是 DBMS 采用的第一种数据模型,但是自 1970 年 E.F. Codd 提出以来,它已变得日趋重要,成为 20 世纪 80 年代中期以来 DBMS 广泛支持的数据模型。关系数据模型之所以成为主流数据库模型,主要因为它具有坚实的数学基础、简洁的数据表示形式和支持说明性语言,并且具有很强的数据建模能力,能够满足事务处理建模需要。

本章,我们学习关系数据模型的基础知识。3.1 节介绍关系模型的数据结构。在介绍关系的数学定义的同时,我们还讨论关系数据库对关系的限制和诸如属性、码等语义概念。3.2 节给出将 E-R 模型转换为关系模型的方法。3.3 节讨论关系数据模型的完整性约束。接下去的两节介绍三种关系数据库查询语言:3.4 节介绍关系代数,3.5 节介绍元组关系演算和域关系演算。这些抽象语言不是用户友好的,但是它们是所有实际 RDBMS 支持的、用户友好的查询语言的共同基础。最后,3.6 节简略讨论关系数据库的更新。

3.1 关系数据库的结构

关系模型只包含单一的数据结构——关系。现实世界中的实体集和联系集都用关系表示。而从用户角度来看,关系的逻辑结构就是一张"展平"的二维表。

3.1.1 关系

关系的概念源于数学中的集合论关系。数据库引入关系作为数据模型的基本结构时需要做一些调整。

域是具有相同类型的值的集合。域可以是有限集,也可以是无穷集。如果域 D 为有限集时,则称 D 中元素的个数为 D 的**基数**,记作 $|D|$。

例如,整数的集合、实数的集合、字符串的集合、长度不超过 20 的字符串的集合和集合 $\{0,1\}$ 等都是域。

给定 n 个域 D_1, D_2, $\cdots$, D_n(它们不必互不相同)上的**笛卡儿积**记作 $D_1 \times D_2 \times \cdots \times D_n$,定义为 $\{(d_1, d_2, \cdots, d_n) \mid d_1 \in D_1 \wedge d_2 \in D_2 \wedge \cdots \wedge d_n \in D_n\}$。其中,每个元素 $(d_1, d_2, \cdots, d_n)$ 称为一个 **n-元组**(简称元组),而 d_i 为元组的第 i 个**分量**。若 D_1, D_2, $\cdots$, D_n 均为有限集,则 $D_1 \times D_2 \times \cdots \times D_n$ 也是有限集,其基数为 $|D_1| \times |D_2| \times \cdots \times |D_n|$。

例如,如果 $D_1 = \{0, 1\}$,$D_2 = \{a, b, c\}$,则 $D_1 \times D_2 = \{(0, a), (0, b), (0, c), (1, a), (1, b), (1, c)\}$,其基数为 $|D_1| \times |D_2| = 6$。

域 D_1, D_2, $\cdots$, D_n 上的**关系** r 是笛卡儿积 $D_1 \times D_2 \times \cdots \times D_n$ 的任意子集。n 个域上的关系称为 n-元关系。"元"又称**目**或**度**。

例如,$\{(0, a), (1, b), (1, c)\}$ 是上面提到的笛卡儿积 $D_1 \times D_2$ 的一个子集,它可以看作域 D_1 和 D_2 上的一个二元关系。

在关系数据库中,我们用关系表示现实世界的实体集和联系集,这些实体集和联系集将以关系的形式存储在数据库中,并且关系的每个元组都代表一个实体或联系。这样,我们需要对关系附加一些语义和限制。

在关系数据库中,关系通常用关系名命名,并被看作一个二维**表**。表有一个唯一的名字,对应于关系名。表的每一列对应于一个分量。列通常是命名的,称为**属性**。表的第一行是**表头**,给出各列的属性名,其余每行对应于一个元组。在数据库文献中,术语"表"常常被用作"关系"的同义词。本书,我们也这样做,但是在大部分时候,我们更愿意使用术语"关系"。

关系的这种直观表示允许我们对关系附加一些语义。例如,我们可以通过属性名解释关系元组的语义,可以通过属性的语义定义关系的码,定义关系的完整性约束。

例3.1 图 3.1 用二维表形式给出了一个关系 Students,它包含 4 个属性(列)Sno, Sname, Sex 和 Birthday,分别表示学生的学号、姓名、性别和出生年月。表的第一行是表头,列出每个属性的属性名。表给出了 5 个元组,每个元组代表一个学生。例如,元组(200705001,张华,男,1988.12)表示一个名字为张华的学生,他的学号为 200705001,男生,1988 年 12 月出生。   □

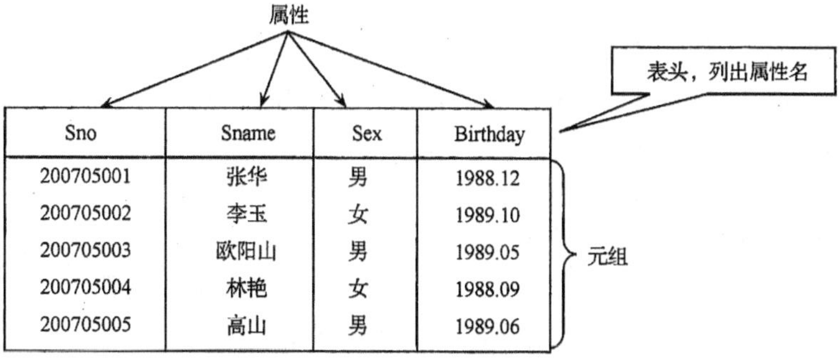

图 3.1 Students 关系的二维表

注意,由于关系是笛卡儿积的子集,因此在我们采用二维表表示关系时,行的次序是不重要的。但是,关系(表)中不能包含两个相同的元组(行)。

此外,用二维表表示关系使得我们可以以任意列次序显示关系。这是因为二维表的列用属性名命名,交换一个表的两个列,得到的新表与原来的表包含相同的信息。例如,交换图 3.1 中 Students 关系的第 3 列和第 4 列,结果表仍然记录了相同的学生信息(见图 3.2)。这种性质通常被表述为"关系的列次序是不重要的"。

Sno	Sname	Sex	Birthday
200705001	张华	男	1988.12
200705002	李玉	女	1989.10
200705003	欧阳山	男	1989.05
200705004	林艳	女	1988.09
200705005	高山	男	1989.06

Sno	Sname	Birthday	Sex
200705001	张华	1988.12	男
200705002	李玉	1989.10	女
200705003	欧阳山	1989.05	男
200705004	林艳	1988.09	女
200705005	高山	1989.06	男

图 3.2 Students 关系的两种二维表表示

在关系数据库中,任何有意义的关系都需要满足一定的约束条件。这些约束都是语义约束,包括关系的完整性约束和数据依赖。除了语义约束外,对关系的限制主要有两点:第一,在关系数据库中,我们只考虑有限关系(笛卡儿积的有限子集),因为无限关系既不能显式存储,也不能有效地显示;第二,关系的每个属性都必须是**原子的**,即每个属性只能取原子值。一个值是原子的,如果它被看作是不可再分的。在关系数据库中,原子值是数据访问的最小单位。属性的原子性要求是规范化关系的基本要求。

例如,字符串通常可以看作是原子的,因为尽管它由多个字符组成,但是我们通常以整个字符串为最小访问单位。然而,集合值不是原子的,因为它包含多个元素,每个元素都可以单独访问。类似地,由多个分量组成的复合值也不是原子的。

3.1.2 关系模式

在数据库中,我们必须区分"型"和"值"。

粗略地说,**关系模式**概念对应于程序设计语言中的类型概念,它是型,定义关系的结构。严格地说,关系模式用关系模式名、关系模式的诸属性和属性对应的域,以及属性间的数据依赖集定义。属性对应的域定义了属性的取值范围。当我们用 DBMS 提供数据定义语言定义关系时我们才关心每个属性域的精确定义。属性间的数据依赖集定义了关系模式的合法关系必须满足的约束条件,它对关系模式的设计具有重要影响。我们将在第 6 章详细考察数据依赖。

在不需要详细考虑属性的域和属性之间的数据依赖时,我们把关系模式简记为

$$R(A_1, A_2, \cdots, A_n)$$

其中 R 是关系模式名,$A_1, A_2, \cdots, A_n$ 是属性名。

把关系模式看作"类型",关系就是具有特定类型的"变量"。作为变量,关系有

"型"和"值",并且其值可以改变。关系的型用关系模式刻画,关系的值即关系在某一时刻的快照,又称关系**实例**。然而,关系变量不同于程序设计语言中的变量。程序设计语言的变量只在程序中存在,而"关系变量"是持久对象,它独立于具体的程序,并且其值持久地存放在数据库中。

在数据库的文献中,人们常常把关系模式和关系都笼统地称为关系。有时,术语"关系"还被看作关系值的同义词。本书,在需要强调"型"时,我们使用术语"关系模式",在其他情况下,我们使用术语"关系",并把它看作是具有"型"和"值"的变量。

例如,我们可以定义一个关系模式 Students (Sno, Sname, Sex, Birthday),图 3.1给出的 Students 关系就是该关系模式的一个关系值。

关系数据库也有型和值之分。在关系模型中,实体集和联系集都用关系表示。这样,**关系数据库模式**由若干域的定义和一组定义在这些域上的关系模式组成,而**关系数据库的值**就是这些关系模式对应的关系在某一时刻的值。

一般来说,关系模式和关系数据库模式是相对稳定的,一般不随时间变化。关系和关系数据库的值是现实世界某一时刻状态的反映,随时间推移而变化。因此,人们常把关系模式看作关系数据库的结构、框架或内涵,而把关系看作关系模式的实例或外延。

3.1.3 关系的码

第 2 章讨论的超码、码、候选码和主码的概念也适用于关系模型。下面我们用关系的术语重新给出这些概念。

关系 R 的属性集 X 是它的**超码**,如果 R 的所有可能实例都不包含两个不同的元组,它们在 X 的所有属性上都具有相同的值。关系 R 的属性集 K 是它的**码**,如果 K 是 R 的超码,并且 K 的任何真子集都不是 R 的超码(即 K 是极小超码)。

设 X 是 R 的属性集,t 是 R 的元组,记号 $t[X]$ 表示元组 t 在属性集 X 上的那些分量。使用这种记号,上述码的定义可以表述为:X 是关系 R 的超码,如果 t_1 和 t_2 是 R 的任意实例中的元组,并且 $t_1[X] = t_2[X]$,则 $t_1 = t_2$。

例 3.2 考虑职工关系,其模式如下:

EMPS (Eno, Ename, Esex, Eage, Eaddress, Dname, Esalary)

其中属性 Eno, Ename, Esex, Eage, Eaddress, Dname, Esalary 分别表示职工的编号、姓名、性别、年龄、家庭住址、所属部门和工资。由于每位职工都有唯一的编号,因此 Eno[1] 是 EMPS 关系的候选码。显然,{Eno, Ename}也能唯一地确定每位职工,但是它包含多余的属性,不是极小的,因此它是 EMPS 的超码,而不是码。 □

---

[1] 对于单属性集,我们简单地使用属性名,而不用集合记号。这是数据库文献中的习惯用法。

　　必须注意,码的选择依赖于关系模式(或者说,依赖于实际问题的语义),而不是关系的当前值。这样,只要原则上没有理由要求所有职工都不同名同姓,我们就不能仅仅因为当前没有两位职工的姓名相同,就把 Ename 作为 EMPS 的码。

　　一个关系可能有多个码。例如,在例 3.2 中,如果我们认为家庭住址相同的两位职工不可能同名同姓,则{Ename, Eaddress}也是 EMPS 的码。当然,实践中是否把 Eno 和{Ename, Eaddress}都看作 EMPS 的码,完全取决于设计者。如果决定把它们都看作 EMPS 的码,则必须确保 EMPS 的关系实例中的任何两个不同的元组既不能在 Eno 上具有相同的值,也不能在{Ename, Eaddress}上具有相同的值。

　　通常,当一个关系具有多个码时,应当选择其中的一个作为唯一识别关系元组的码。术语**主码**用于表示由多个码中选出的作为唯一识别关系元组的码,而所有的码又称**候选码**。码中的属性称为**主属性**,而不在任何码中出现的属性称为**非主属性**。

　　与码有关的另一个概念是外码。形式地,如果 FK 是关系 R 的属性集,并且不是 R 的码,但是 FK 与关系 R' 的主码 K' 对应,则称 FK 是关系 R 的**外码**。其中 R 是**参照关系**,R' 是**被参照关系**(R 与 R' 不一定是不同的关系),并称 FK 参照 R' 的主码 K'。

　　注意,这里所谓"FK 与关系 R' 的码 K' 对应"是指属性集 FK 就是关系 R' 的码 K',或者 FK 和关系 R' 的码 K' 包含实质上相同的属性。

　　例如,假定 Dname 是关系 Department 的码。在例 3.2 的 EMPS 中,Dname(所属部门)不是 EMPS 的码,但是它是关系 Department 的码,因此 Dname 是 EMPS 的外码。

　　外码也是一个非常重要的概念。关系的参照完整性实际上就是对外码取值的约束。我们稍后将讨论该问题。

3.2　从 E-R 模型到关系模型

　　E-R 模型和关系模型都是现实世界抽象的逻辑表示。不同在于 E-R 模型并不被 DBMS 直接支持,更适合对现实世界建模;而关系模型则是 DBMS 直接支持的数据模型。由于两种模型采用了类似的设计原则,我们容易将 E-R 模型转换成关系模型。

　　本节,我们介绍将 E-R 模型转换成关系模型的方法。我们首先考虑基本 E-R 图的转换,然后再处理 E-R 图的扩展成分。

3.2.1　基本 E-R 图的转换

　　基本 E-R 图中的实体集(包括弱实体集)和联系集都可以转换成关系。但是,我们需要小心地处理属性。

1. 属性处理

关系模型要求关系的所有属性都是原子的。然而,E-R 模型中的复合属性和多值属性并不是原子的。此外,E-R 模型中允许出现派生属性。这三种属性需要特殊处理。

(1) 派生属性。派生属性的值可以通过计算得到,它的值不在数据库中存储,因此在转换时我们忽略派生属性。派生属性将在应用程序中实现。

(2) 复合属性。复合属性的处理采用"展平"技术:忽略复合属性本身,而直接考虑它的成分属性。如果某个成分属性仍然是复合的,用类似方法处理。

例如,考虑实体集职工复合属性"家庭住址",它包含成分属性省、城市、街道和邮政编码。在将该实体集转换成关系模式时,我们忽略复合属性"家庭住址",而直接使用成分属性省、城市、街道和邮政编码作为关系模式的属性。

(3) 多值属性。多值属性的处理要麻烦一些,我们必须为每个多值属性 M 创建一个关系 R_M。

① 如果多值属性 M 是实体集 E 的属性,K 是 E 的主码,则关系 R_M 的属性由 M 和 K 组成。

② 如果多值属性 M 是联系集 R 的属性,并且 R 涉及实体集 E_1, …, E_n,它们的主码分别是 K_1, …, K_n,则关系 R_M 的属性由 M 和 K_1, …, K_n 组成。

注意:如果 M 还是复合属性,我们需要按复合属性的处理方法对 M 做"展平"处理。关系 R_M 的码需要根据实际问题的语义确定。此外,一旦为多值属性创建了关系,在以后的处理中就不再考虑多值属性。

例3.3　在图 3.3 中,Phones 是实体集 Departments 的多值属性。我们为它创建一个关系。由于 Phones 还是复合属性,我们需要对它做"展平"处理:直接使用它的成分属性 Office 和 Phone♯。实体集 Departments 的码是 Dno。这样,由多值属性 Phones 得到的关系模式为

$$\text{Phones (}\underline{\text{Phone♯}}\text{, Dno, Office)}$$

这里,我们假定每部电话都在一个院系的一个办公室,因此 Phone♯ 可以作为 Phones 的码。

注意,我们把为多值属性 Phones 创建的关系用 Phones 命名。原则上,如何命名并没有规定,但是采用助记忆的名字有助于理解,并且当多值属性是复合属性时,直接使用多值属性名作为关系名是方便的。　　　　□

2. 将基本 E-R 图转换成关系模式

为了将联系转换成关系模式,我们要求参与同一联系的任何两个不同的实体

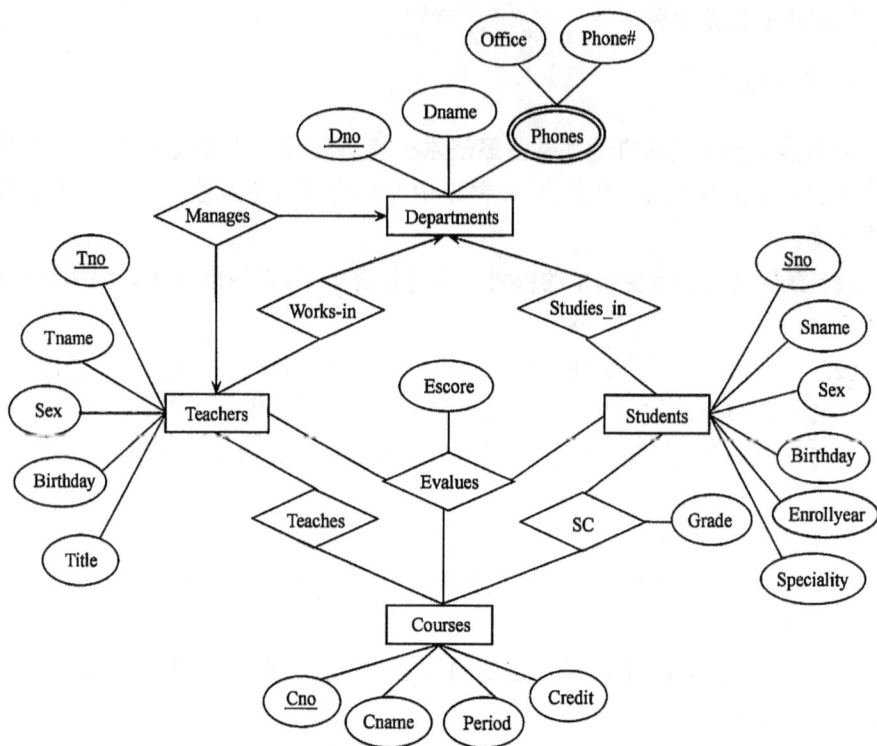

图 3.3　某高校教学管理系统的 E-R 图

集的主码都不包含相同的属性。这一点容易做到，因为属性是局部于实体集的，必要时可以对某些属性重新命名。下面，我们假定复合属性已经"展平"，多值属性已按上面介绍的方法创建了对应的关系。因此我们忽略派生属性和多值属性。

将 E-R 模型转换成关系模式的方法如下：

(1) 每个强实体集用一个关系表示。实体集名可以作为关系名，实体集的全部属性构成关系的属性(复合属性按前面介绍的方法"展平")，实体集的码作为关系的码。

(2) 每个弱实体集用一个关系表示。弱实体集名可以作为关系名，弱实体集存在依赖的标识实体集的主码和弱实体集的全部属性构成关系的属性(复合属性按前面介绍的方法"展平")，标识实体集的码和弱实体集的分辨符组合成关系的码。

(3) 每个联系集用一个关系表示，但是弱实体集与其标识实体集之间的存在依赖联系将被忽略。联系集名可以作为关系名，参与联系的诸实体集的主码和联系集的属性(复合属性按前面介绍的方法"展平")形成关系的属性。关系的码根据联系的类型，按如下方法确定：

① 如果联系是一对一的,则每个实体集的码都是关系的码。

② 如果联系是一对多(多对一)的,则"多端"实体集的码组合成关系的码。

③ 如果联系是多对多的,则参与联系的所有实体集的码组合成关系的码。

(4) 如果两个关系具有相同的码,则可以合并它们。

第(4)步不是必须的,但是合并具有相同码的关系可以减少码重复存放的空间开销,并使涉及两个关系的查询可以更有效地求值。然而,两个被合并的关系可能包含名称相同但含义不同的属性,因此在合并时需要解决命名冲突。解决的办法是根据属性的实际意义对某些属性重新命名。现在,我们用两个例子解释上述转换规则。

例 3.4 考虑图 2.7 所示 E-R 图(见 2.3 节)。"家属"是弱实体集,可以转换成如下关系模式:

家属(职工号,家属姓名,性别,出生年月,与职工关系)

其中"职工号"取自存在依赖的标识实体集"职工",并与家属的分辨符"家属姓名"一起形成转换后关系的码。注意,关系属性的排列次序是任意的,但是我们习惯把主码属性放在其他属性前面。 □

例 3.5 作为一个综合例子,我们将图 3.3 所示的 E-R 模型转换成关系模式。该图与图 2.6 是一样的,唯一的不同是我们用英文和英文缩写给实体集、联系集和属性重新命名,并省略了派生属性"教学效果"。该 E-R 图中的多值复合属性 Phones 已经在例 3.3 中转换成如下关系模式:

Phones (Phone#,Dno,Office)

该图没有弱实体集,而由强实体集得到如下关系模式:

Departments (Dno, Dname)

Teachers (Tno, Tname, Sex, Birthday, Title)

Students (Sno, Sname, Sex, Birthday, Enrollyear, Speciality)

Courses (Cno, Cname, Period, Credit)

其中,每个关系模式都源于同名实体集,码用下横线标记。多值属性 Phones 不包含在关系模式 Departments 中,我们已经将它转换成关系模式。

由 6 个联系集得到如下关系模式:

Manages (Dno, Tno)

Works_in (Tno, Dno)

Studies_in (Sno,Dno)

Teaches (Tno, Cno)

SC (Sno, Cno, Grade)

Evalues (Sno, Tno, Cno, Escore)

其中,每个关系模式都源于同名联系集,码用下横线标记。Manages 和 Works_in

包含相同的属性,但它们的含义不同。前者 Tno 表示作为系主任的教师对特定的
"系"(用 Dno 表示)的管理,而后者表示每位教师在一个特定的系工作。

下一步,我们合并具有相同码的关系模式。Manages 既可以与 Departments 合
并,也可以与 Teachers 合并。Manages 与 Departments 合并有利于回答"某系的主
任是谁"之类的问题,而与 Teachers 合并有利于回答"某教师的系主任是谁"之类
的问题。由于前一类问题更经常出现,我们将 Manages 合并到 Departments 中,得
到关系模式:

Departments (<u>Dno</u>, Dname, Dheadno)

注意,在合并后的关系模式中,我们把表示系主任的职工号的属性名 Tno 改为
Dheadno,使得属性的语义更清楚。

还有两对关系具有相同的码,它们是 Teachers 和 Works-in,Students 和 Stud-
ies-in。它们都可以直接合并。最后,我们得到图 3.3 所示 E-R 模型的一组关系
模式:

Departments (<u>Dno</u>, Dname, Dheadno)

Teachers (<u>Tno</u>, Tname, Sex, Birthday, Title, Dno)

Students (<u>Sno</u>, Sname, Sex, Birthday, Enrollyear, Speciality, Dno)

Courses (<u>Cno</u>, Cname, Period, Credit)

Teaches (<u>Tno, Cno</u>)

SC (<u>Sno, Cno</u>, Grade)

Evalues (<u>Sno, Tno, Cno</u>, Escore)

Phones (<u>Phone#</u>, Dno, Office)

*3.2.2　转换扩展的 E-R 图

1. 用关系模式表示一般化/特殊化

对于一般化,通常有两种处理方法:将高层实体集和低层实体集都转换成关
系;只将每个低层实体集转换成一个关系。我们分别讨论这两种方法。

(1) 将高层实体集和低层实体集都转换成关系。

高层实体集转换成的关系只包含高层实体集的属性,关系的码是高层实体集
的码;而低层实体集转换成的关系不但包含低层实体集的所有属性,而且还包含高
层实体集的码,关系的码是高层实体集的码。

无论一般化约束是何种类型,都可以使用这种方法。例如,考虑学生实体集。
学生组织了许多不同的社团,如图灵学社、邹韬奋新闻学社、华罗庚数学学社等。
每个学社都可以看作一个低层实体集,包含入社时间、学社任职等附加信息。每个
学社还可以与另一个实体集"社团活动"相关联。这样,除了将学生实体集转换成
一个关系外,我们还将每个学生社团转换成一个关系,它包含学号(学生实体集的

码)和社团的附加属性。例如,对于图灵学社,我们有如下关系模式:

图灵学社(<u>学号</u>,入社时间,学社任职)

尽管这种方法可以处理所有情况,但是如果一般化是全部的和不相交的,这种方法并非最好的方法。因为要得到低层实体的完整信息,需要涉及两个关系。

(2) 只将每个低层实体集转换成一个关系。

每个低层实体集转换成一个关系。该关系的属性包括低层实体集本身的属性和由高层实体集继承的属性,关系的码就是高层实体集的码。

如果一般化是不相交的和全部的,则每个高层实体一定属于并且仅属于一个低层实体集。在这种情况下,使用这种方法更合适。

例如,在2.4节,我们把银行客户划分成个人客户、合伙人客户和公司客户(见图2.8)。这种特殊化是不相交的和全部的,因为一个客户要么是个人客户,要么是合伙人客户,要么是公司客户。这样,我们只需要对三个低层实体集产生如下关系模式:

个人客户(<u>客户号</u>,客户名,贷款额度,客户住址,身份证号)

合伙人客户(<u>客户号</u>,客户名,贷款额度,负责人姓名,负责人住址,营业执照号)

个人客户(<u>客户号</u>,客户名,贷款额度,公司法人,经办人,营业执照号)

如果一般化不是全部的,这种方法可能遗漏某些高层实体。如果一般化是重叠的,这种方法可能导致部分实体不必要地重复存放。

无论采用哪种方法处理一般化,ISA 联系都不再转换为关系模式,因为它已经蕴涵在低层实体集转换的关系模式中。

2. 用关系模式表示聚集

转换包含聚集的 E-R 图是直截了当的。高层实体集是聚集,它是一个联系集,涉及多个实体集。这些实体集和联系集按前面介绍的方法转换成对应的关系。设联系集已经转换成关系,其码为 K。涉及高层实体集的联系集也转换成一个关系,它的属性包括 K,联系集所涉及的其他实体集的码和联系集的属性,其中 K 和联系所涉及的其他实体集的码组合成关系的码。

例如,考虑图2.10(见2.4节)。设教师的码是教师号,课程的码是课程号,而教材的码是教材号。三个实体集教师、课程和教材都按通常的方法转换成相应的关系模式。联系集"讲授"按通常的方法转换一个关系,对应于高层实体集,它的码是{教师号,课程号}。涉及高层实体集的联系集"使用"转换成如下关系:

使用(<u>教师号,课程号</u>,教材号)

3.3　关系的完整性约束

关系模型的完整性约束有三类:实体完整性、参照完整性和用户定义的完整性。其中,实体完整性和参照完整性是任何关系数据库都必须满足的完整性约束,应当由 DBMS 自动支持。在详细讨论完整性之前,我们先介绍一个概念——空值。

空值意指"缺失的值",它是目前尚不知道的值,通常用 NULL 表示。尽管存在争议,但是允许元组在某些属性上取空值是方便的,并且商品化 DBMS 也都支持空值。例如,在关系 Teachers 中,代表某教师的元组在属性 Dno 上可能取空值,表示该教师尚未安排到具体院系(他可能是校长或新来的教师)。

需要注意的是,空值是未知的值,它不能参与运算,即便是两个空值比较,其结果也只能是"不知道"。例如,假设两个人在"性别"属性上都取空值。如果我们问这两个人的性别是否相同,则合理的答案应当是"不知道"。然而,对于空值,我们可以问"元组 t 在属性 A 上值是空值吗?"这类问题可以有确定的回答("是"或"否")。

许多文献都把关系分成基本关系(实关系,实表)和视图(虚关系,虚表),并强调关系完整性约束是针对基本关系的约束。**基本关系**是其值存储在数据库中的关系。而**视图**是用查询定义的,其值一般不存储在数据库中。事实上,关系完整性约束是语义概念。是否考虑语义,完全取决于实际应用的需要。通常,我们只考虑基本关系的语义。从这种意义上说,关系的完整性约束可以看作是对基本关系的约束。

3.3.1　实体完整性

实体完整性约束是对关系主码取值的基本限制。考虑例 3.5 中的关系模式 SC (Sno, Cno, Grade),它的主码是{Sno, Cno}。SC 的任何关系实例的所有元组在{Sno, Cno}上的值必须唯一,否则某个给定的学生在给定的课程上将有两个成绩。SC 的所有关系实例的任何元组都不能在 Sno 上取空值,否则我们记录的成绩不知道是哪位学生的成绩。类似地,SC 的所有关系实例的任何元组也不能在 Cno 上取空值。一般地,我们有如下规则:

实体完整性规则　关系 R 的所有元组在主码上的值必须唯一,并且在主码的任何属性上都不能取空值。

关系 R 主码上的值唯一(即所有元组在主码上的值互不相同)是主码定义的要求,又称码约束。关系 R 的元组 t 在主码的某个属性上取空值意味元组 t 的主码值目前尚不知道,从而元组 t 不能通过主码值来识别。然而,在关系数据库中,主码是用户选作唯一识别关系每个元组的候选码。因此,关系 R 中不能存在不能通过主码值来识别的元组,即 R 的所有元组在主码的任何属性上都不能取空值。

该约束之所以称为实体完整性约束是因为在关系数据库中,关系通常代表实体集,关系的元组对应于实体,关系的主码对应于实体集的主码。在现实世界中,实体是可以区分的,并且用实体主码值来区分。因此关系主码必须是非空、唯一的。

3.3.2　参照完整性

参照完整性是对外码取值的限制。在 3.1.3 节,我们介绍了外码的概念。在关系数据库中,外码建立了参照关系和被参照关系之间的联系。我们看一个例子。

例 3.6　在例 3.5 中,我们从 E-R 模型得到如下关系模式:

Departments (Dno, Dname, Dheadno)

Teachers (Tno, Tname, Sex, Birthday, Title, Dno)

Students (Sno, Sname, Sex, Birthday, Enrollyear, Speciality, Dno)

Courses (Cno, Cname, Period, Credit)

Teaches (Tno, Cno)

SC (Sno, Cno, Grade)

Evalues (Sno, Tno, Cno, Escore)

图 3.4 给出了该数据库的**模式图**。图中,每个关系用一个矩形框表示,矩形内列出属性,主码在横线上方。外码依赖用从参照关系外码属性到被参照关系的主码的箭头表示。许多 DBMS 或开发工具都支持这种图形用户界面设计工具。

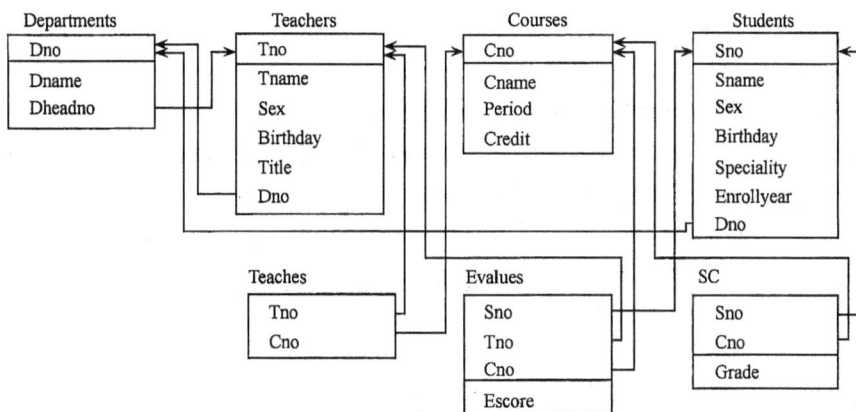

图 3.4　教学管理系统数据库模式图

从模式图我们可以看出,Dno 是 Teachers 的外码,参照 Departments 的主码Dno。设 t 是 Teachers 的任意元组,它代表一位教师。如果该教师尚未分配到具体的院系,则 t 在属性 Dno 上取空值;如果该教师已经分派到一个具体的院系,则他/她一定分派到一个存在的院系,即 Departments 中记录的院系。这时,t 在属性 Dno 上只能取 Departments 当前关系中某个元组 Dno 上的值。

该模式图还显示 Dheadno 是 Departments 的外码,它参照 Teachers 的主码 Tno。尽管 Dheadno 与 Tno 具有不同的属性名,它们代表实质上相同的属性。类似地,Dheadno 要么取空值,要么取 Teachers 某个元组 Tno 上的值。   □

一般地,我们有如下参照完整性规则:

参照完整性规则 如果属性集 FK 是关系 R 的外码,它参照关系 S 的主码 Ks,则 R 的任何元组在 FK 上的值或者等于 S 的某个元组在主码 Ks 上的值,或者为空值。

简单地说,参照完整性要求被参照的对象必须存在。当某元组在外码上取空值时表示不参照。是否允许不参照还要取决于实际问题的语义。在例 3.6 中,我们看到 Teachers 的外码 Dno 可以不参照。但我们也可以要求它必须参照,即 Teachers 的外码 Dno 不能取空值。这意味我们在登记一位教师的信息时,他/她必须已经分配到一个院系。图 3.4 的模式图还显示,Sno 是 SC 的外码,它参照关系 Students 的主码 Sno。由于 Sno 还是 SC 的主码属性,实体完整性要求 Sno 不能取空值。这样,SC 的外码 Sno 就必须参照,SC 的任何元组在 Sno 上必须取 Students 某元组 Sno 上的值。类似地,Cno 也是 SC 的外码,并且是 SC 的主码属性,SC 的任何元组在 Cno 上必须取 Courses 某元组 Cno 上的值。

3.3.3 用户定义的完整性

用户定义的完整性反映特定的数据库所涉及的数据必须满足的语义约束条件。由于不存在一般性规则,这些约束条件必须由用户根据实际问题的语义指定。

例如,在教务管理数据库中,我们可以定义如下约束条件:学生的成绩必须是 0 到 100 之间的整数;学生的累积不及格课程不得超过 5 门;性别的取值只能是男、女和空值;教师和学生的姓名都不能取空值等。

通常,DBMS 提供定义和检查用户定义的完整性的机制,由用户自己根据实际问题定义特定的语义约束条件,并由系统根据用户定义进行检查,确保用户定义的语义约束能够满足。

3.4 关 系 代 数

关系代数是过程化查询语言,包括一系列严格定义的运算。这些运算以一个或两个关系为运算对象,并产生一个新的关系作为运算结果。关系代数的一些运算,如并、差、交和笛卡儿积,是沿用集合论关系的传统运算;另一些运算,如选择、投影、连接等,是为了满足数据库查询需要引进的。

本节,我们首先介绍关系代数的基本运算,然后介绍附加的关系代数运算。附加的运算并不增加语言的表达能力,但可以简化关系代数表达式的书写。接着,我们用一些例子说明如何用关系代数表达式表示查询。关系代数的运算有许多扩展。本节最后,我们将讨论其中一些扩展。

3.4.1 基本运算

基本的关系运算有五种,包括选择、投影、并、差和笛卡儿积。其中并、差和笛卡儿积是传统的集合运算,而选择和投影是为了满足数据库查询需要而引进的运算。这些运算之所以称为基本的,因为其中任何运算都不能用其他运算表示。有些文献还引入了"更名"运算,并把它也看作基本运算。本节,我们也介绍更名运算。

所有的基本运算的定义都可以不依赖属性名。但是,直接使用属性名是方便的,并且使得运算的含义更直观。本书,我们对所有的运算定义都使用关系的属性名,但容易将它们转换成关系的列序号。

1. 选择运算

选择是一元运算,它从给定的关系中选取满足一定条件的元组。

设 R 是一个关系,F 是一个公式,涉及①运算对象,它们是常量或属性名;②算术比较运算符 $<$、$\leqslant$、$=$、$\geqslant$、$>$ 和 $\neq$;③逻辑运算符 $\wedge$、$\vee$ 和 $\neg$。**选择** $\sigma_F(R)$ 是 R 中使得公式 F 为真的元组 t 的集合。元组 t 使得公式 F 为真意指当我们将 F 中所有的属性名用 t 的对应属性值替换时,公式 F 为真。用 $F(t)$ 表示元组 t 使得公式 F 为真,则

$$\sigma_F(R) = \{t \mid t \in R \wedge F(t)\}$$

注意:选择的结果形成一个新的关系,它与 R 具有相同的属性。

选择是行运算,它从表中选择满足给定条件的行。图 3.5 图示了一个选择操作 $\sigma_{B='b'}(R)$。

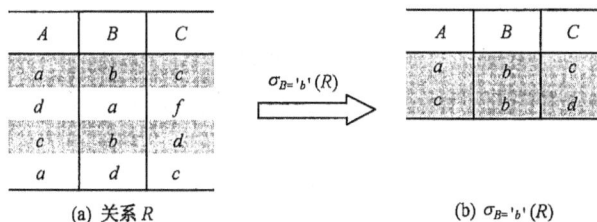

图 3.5 选择操作

2. 投影运算

投影也是一元运算,它基于这样的想法:给定一个关系 R,去掉其中一些属

性,重新排列剩下的属性,形成一个新关系。

设 R 是一个 n 元关系,$A_1, \cdots, A_k(k \le n)$ 都是 R 的属性。关系 R 在属性 A_1,$\cdots, A_k$ 上的**投影**记作 $\pi_{A_1, \cdots, A_k}(R)$,它是满足如下条件的 k-元组 $(a_1, \cdots, a_k)$ 的集合:存在 R 中的元组 u,对于 $1 \le i \le k, u$ 在属性 A_i 上的值等于 a_i。设 u 是 R 的元组,$u[A_1, \cdots, A_k]$ 表示 u 在属性 $A_1, \cdots, A_k$ 上的值形成的 k 元组,则

$$\pi_{A_1, \cdots, A_k}(R) = \{t \mid (\exists u)(u \in R \wedge t = u[A_1, \cdots, A_k])\}$$

投影是列运算,它从表中删除某些列,但它可能导致删除运算结果的重复行。图 3.6 显示了一个投影运算 $\pi_{A,C}(R)$ 的结果,其中重复行已经删除。

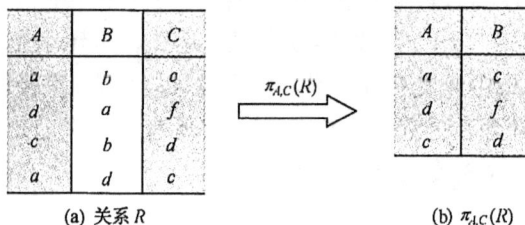

(a) 关系 R　　　　　　　　(b) $\pi_{A,C}(R)$

图 3.6　投影操作

3. 并运算

并和差都是传统的集合运算,只要求参与运算的两个关系具有相同的元,对应分量取自相同的域。结果关系的属性名可以任意给定。使用更名运算,我们可以对关系的属性重新命名。不失一般性,我们假定参与并和差运算的两个关系具有相同的属性。

设 R 和 S 是具有相同属性的关系。关系 R 和 S 的**并**记作 $R \cup S$,它是属于 R,或属于 S,或属于二者的所有元组的集合。采用集合论的记号,我们有

$$R \cup S = \{t \mid t \in R \vee t \in S\}$$

4. 差运算

设 R 和 S 是具有相同属性的关系。关系 R 和 S 的**差**记作 $R - S$,它是属于 R 但不属于 S 的所有元组的集合。采用集合论的记号,我们有

$$R - S = \{t \mid t \in R \wedge t \notin S\}$$

5. 笛卡儿积运算

设 R 和 S 分别为 n 元和 m 元关系。R 和 S 的(广义)**笛卡儿积**记作 $R \times S$,它是一个 $(n+m)$-元关系,其每个元组的前 n 个分量是关系 R 的一个元组,后 m 个分量是关系 S 的一个元组。注意,$R \times S$ 的前 n 个属性来自 R,后 m 个属性来自 S。如

果属性 A 同时出现在 R 和 S 中,则 $R \times S$ 中分别用 $R.A$ 和 $S.A$ 表示。设 $u = (u_1, \cdots, u_n)$, $v = (v_1, \cdots, v_m)$。u 和 v 的串接记作 $\widehat{uv}$,定义为

$$\widehat{uv} = (u_1, \cdots, u_n, v_1, \cdots, v_m)$$

于是,

$$R \times S = \{t \mid (\exists u)(\exists v)(u \in R \wedge v \in S \wedge t = \widehat{uv}\}$$

*6. 更名运算

前面介绍的基本运算有一个共同的特点:运算对象是关系,运算的结果也是关系。这些运算结果可以作为下一步运算的运算对象。这样,就像我们使用算术运算(如 +、-、×、÷ 等)组成算术表达式一样,也可以使用这些关系运算组成关系代数表达式。

关系代数表达式的结果是一个关系,但是它不像数据库中的基本关系,没有名字可供引用。尽管不少必须的,但是引进更名运算是方便的。

设 E 是关系代数表达式,其运算结果是 n 元关系。**更名**运算

$$\rho_{R(A_1, \cdots, A_n)}(E)$$

返回表达式 E 的结果关系,并用 R 对该关系命名,用 $A_1, \cdots, A_n$ 对该关系的 n 个属性重新命名。当 $(A_1, \cdots, A_n)$ 省略时,只对结果关系命名。

3.4.2　附加的关系运算

一些有用的关系上的运算都可以用基本运算表示,但是引入它们可以简化关系代数表达式的书写。

1. 交运算

交是传统的集合运算,它对运算对象的要求与并和差运算相同。

设 R 和 S 是具有相同属性的关系。关系 R 和 S 的**交运算**记作 $R \cap S$,它是既属于 R,又属于 S 的所有元组的集合。$R \cap S$ 相当于 $R - (R - S)$ 的缩写。

2. 除运算

除可以看作笛卡儿积的逆运算。

设 R 是 n 元关系,S 是 m 元关系,其中 $n > m$,并且 $S \neq \varnothing$[①]。进一步,设 S 的所有属性都在 R 中。不失一般性,设 R 的属性为 $A_1, \cdots, A_{n-m}, A_{n-m+1}, \cdots, A_n$, S 的属性为 $A_{n-m+1}, \cdots, A_n$。关系 R 和 S 的**除运算**记作 $R \div S$,其结果是

---

① 条件 $S \neq \varnothing$ 可以去掉。此时,$R \div S$ 退化为 R 在属性 $A_1, \cdots, A_{n-m}$ 上的投影。

A_1, $\cdots$, A_{n-m}上的关系。关系$R \div S$是$\pi_{A_1, \cdots, A_{n-m}}(R)$中满足如下条件的$(n-m)$-元组$(a_1, \cdots, a_{n-m})$的集合:对于$S$中的每个元组$(a_{n-m+1}, \cdots, a_n)$,元组$(a_1, \cdots, a_{n-m}, a_{n-m+1}, \cdots, a_n)$在$R$中。

$R \div S$可以用五种基本运算表示,但表达式稍微有点复杂。为便于理解,我们逐步推导它。

令$T = \pi_{A_1, \cdots, A_{n-m}}(R)$,则$(T \times S) - R$是这样的$n$-元组的集合,其中每个元组都不在$R$中,但是其前$n-m$个分量取自$R$,后$m$个分量取自$S$。

将$(T \times S) - R$投影到属性A_1, $\cdots$, A_{n-m}上,得到$V = \pi_{A_1, \cdots, A_{n-m}}((T \times S) - R)$。$V$是形如$(a_1, \cdots, a_{n-m})$的$(n-m)$-元组的集合,其中每个元组都是$R$的某个元组的前$n-m$个分量,并且存在$S$中的元组$(a_{n-m+1}, \cdots, a_n)$使得$(a_1, \cdots, a_{n-m}, a_{n-m+1}, \cdots, a_n)$不在$R$中。因此,$T - V$就是$R \div S$。用相应的表达式替换$T$和$V$,我们得到

$$R \div S = \pi_{A_1, \cdots, A_{n-m}}(R) - \pi_{A_1, \cdots, A_{n-m}}((\pi_{A_1, \cdots, A_{n-m}}(R) \times S) - R)$$

例3.7 设R和S是图3.7(a)和(b)所示的关系。$R \div S$是$\pi_{A, B}(R) = \{(a, b), (b, c), (e, d)\}$的子集。$(a, b)$在$R \div S$中,因为它与$S$的两个元组的串接$(a, b, c, d)$和$(a, b, e, f)$都在$R$中。根据同样的理由,$(e, d)$也在$R \div S$中。但是,$(b, c)$不在$R \div S$中,因为它与$S$的第一个元组的串接$(b, c, c, d)$不在$R$中。$R \div S$的结果如图3.7(c)所示。 □

A	B	C	D
a	b	c	d
a	b	e	f
b	c	e	f
e	d	c	d
e	d	e	f
a	b	d	e

C	D
c	d
e	f

A	B
a	b
e	d

(a) 关系R (b) 关系S (c) $R \div S$

图3.7 除运算的例子

3. 连接运算

设A是关系R的属性,B是关系S的属性,θ是算术比较运算符($<$、$\leqslant$、$\geqslant$、$>$或$\neq$)。关系R和S在属性A和B上的θ-连接记作$R \underset{R.A\theta S.B}{\bowtie} S$(如果$A$仅为$R$的属性,$B$仅为$S$的属性,$R.A\theta S.B$可以简写为$A\theta B$),它是满足如下条件的元组$t$的集合:存在$u \in R, v \in S$使得$u[A]$和$v[B]$满足算术比较关系$\theta$,并且$t = \widehat{uv}$。容易明白,

$$R \underset{R.A\theta S.B}{\bowtie} S = \sigma_{R.A\theta S.B}(R \times S)$$

其中 $R.A\theta S.B$ 是连接条件。当 θ 为等号(=)时,我们称它为**等值连接**。图 3.8 给出了一个 θ-连接运算的例子。

A	B	C
1	2	3
4	5	6
7	8	9

(a) 关系 R

D	E
3	1
6	2

(b) 关系 S

A	B	C	D	E
1	2	3	3	1
1	2	3	6	2
4	5	6	6	2

(c) $R\underset{B<D}{\bowtie}S$

图 3.8 θ-连接的例子

θ-连接有多种推广形式。一般地,我们可以用一个任意逻辑公式 F 作为连接条件,并有

$$R\bowtie_F S = \sigma_F(R \times S)$$

4. 自然连接运算

关系 R 和 S 的**自然连接**记作 $R\bowtie S$,它可以看作在 R 和 S 的所有共同属性上做等值连接,然后再投影去掉重复属性。设 R 和 S 的共同属性为 C_1,$\cdots$,C_k,R 的其他属性为 A_1,$\cdots$,A_i,S 的其他属性为 B_1,$\cdots$,B_j,则

$$R\bowtie S = \pi_{A_1,\cdots,A_i,B_1,\cdots,B_j,R.C_1,\cdots,R.C_k}(\sigma_{R.C_1=S.C_1\wedge\cdots\wedge R.C_k=S.C_k}(R \times S))$$

注意:① 自然连接是唯一依赖于关系属性名的运算。尽管我们定义其他运算也使用属性名,但是这样做主要是为了更加直观易懂,它们都可以使用列序号。

② 当 R 和 S 不含共同属性时,自然连接就退化为笛卡儿积。

③ 尽管自然连接和等值连接都是根据属性值相等进行连接,但它们有明显区别。自然连接在相同属性上进行相等比较,并投影去掉重复属性;等值连接并不要求一定在相同属性上进行相等比较,也不删除重复属性。

图 3.9 给出了一个自然连接运算的例子。

A	B	C
a	b	c
d	b	c
b	b	f
c	a	d

(a) 关系 R

B	C	D
b	c	d
b	c	e
a	d	b

(b) 关系 S

A	B	C	D
a	b	c	d
a	b	c	e
d	b	c	d
d	b	c	e
c	a	d	b

(c) $R\bowtie S$

图 3.9 自然连接的例子

3.4.3 用关系代数表达式表示查询

在关系数据库中,查询可以用关系代数表达式表示。**关系代数表达式**形式地

定义如下：

(1) 数据库中的关系和常量关系(显式给出的元组集合)是关系代数表达式。

(2) 如果 E 是关系代数表达式，则 $\sigma_F(E)$ 也是，其中 F 是选择条件。

(3) 如果 E 是关系代数表达式，X 是 E 中的属性列表，则 $\pi_X(E)$ 是关系代数表达式。

(4) 如果 E_1 和 E_2 是关系代数表达式，则 $E_1 \cup E_2$、$E_1 - E_2$、$E_1 \times E_2$、$E_1 \cap E_2$、$E_1 \div E_2$、$E_1 \underset{F}{\bowtie} E_2$ 和 $E_1 \bowtie E_2$ 都是关系代数表达式。

所有的关系代数表达式都可以用以上规则产生。

在我们给出的所有关系运算中，最常用的运算是选择、投影和自然连接。选择使得我们可以找出我们关心的元组，而投影使得我们可以列出我们想要的属性。当查询涉及多个关系时，虽然笛卡儿积和 θ-连接都可以将多个关系的元组串接成更长的元组，但是要得到有实际意义的串接，更"自然"的方法还是使用自然连接。

下面，我们用一些例子说明如何用关系代数表达式表示查询。对于这些例子涉及的关系，我们仅给出关系模式，因为在表示查询时，我们并不关心关系的当前值。这些关系取自例 3.5，只是将属性 Birthday 改为 Age，并在 Teaches 中增加了一个属性 TCscore，表示教学评估得分。

> Departments (<u>Dno</u>, Dname, Dheadno)
>
> Teachers (<u>Tno</u>, Tname, Sex, Age, Title, Dno)
>
> Students (<u>Sno</u>, Sname, Sex, Age, Speciality, Dno)
>
> Courses (<u>Cno</u>, Cname, Period, Credit)
>
> Teaches (<u>Tno</u>, <u>Cno</u>, TCscore)
>
> SC (<u>Sno</u>, <u>Cno</u>, Grade)

例 3.8 一些简单的查询只涉及单个关系。通常，这类查询大部分都可以用选择、投影运算实现。

(1) 列出系编号为 MA(数学系)的所有学生的详细信息。

学生的详细信息在 Students 中，因此回答该查询需要从 Students 中选择数学系的学生：

$$\sigma_{Dno = 'MA'}(\text{Students})$$

(2) 列出所有课程的课程号、课程名和学分。

这是无条件查询。课程号、课程名和学分都是 Courses 的属性，因此回答该查询只需要将 Courses 投影到这些属性上：

$$\pi_{Cno, Cname, Credit}(\text{Courses})$$

(3) 列出年龄不超过 45 岁的所有副教授的姓名、性别和年龄。

为了回答该查询，我们需要首先按查询条件"年龄不超过 45 岁"和"职称为副教授"对 Teachers 进行选择，然后投影到所需要的属性上：

$$\pi_{\text{Tname, Sex, Age}}(\sigma_{\text{Age}\leqslant45\wedge\text{Title}=\text{'副教授'}}(\text{Teachers}))$$

(4) 列出选修了课程号为 CS201 的课程的所有学生的学号。

类似于(3)，我们有

$$\pi_{\text{Sno}}(\sigma_{\text{Cno}=\text{'CS201'}}(\text{SC})) \qquad\qquad \square$$

例 3.9　较复杂的查询常常涉及多个数据库关系。当查询涉及的属性(包括查询条件)在多个关系中时，最简单的方法是先对这些关系做自然连接。自然连接的结果是单个关系，可以用类似于上例的方法处理。

(1) 列出选修了课程号为 CS201 的课程的所有学生的学号和姓名。

该查询与例 3.8 (4)唯一的不同是需要显示学生的姓名。该查询涉及 SC 和 Students 两个关系，我们可以先做 SC 和 Students 的自然连接，然后用类似于例 3.8 (4)的方法处理：

$$\pi_{\text{Sno, Sname}}(\sigma_{\text{Cno}=\text{'CS201'}}(\text{SC}\bowtie\text{Students}))$$

但这不是有效的解。选择条件 Cno = 'CS201'只涉及关系 SC，我们可以在自然连接之前做选择。Students 包含许多属性，与查询和自然连接无关，可以先投影去掉它们。注意：公共属性做自然连接是需要的属性，在做自然连接之前不能去掉。这样，我们有

$$\pi_{\text{Sno, Sname}}(\sigma_{\text{Cno}=\text{'CS201'}}(\text{SC})\bowtie\pi_{\text{Sno, Sname}}(\text{Students}))$$

该表达式比前面的复杂一点，但更有效。其实，还可以自然连接之前将 $\sigma_{\text{Cno}=\text{'CS201'}}$ (SC)投影到 Sno 上。

(2) 列出每个学生选修的每门课程的成绩，要求列出学号、姓名、课程名和成绩。

该查询是无条件查询，但涉及 Students、SC 和 Courses 三个关系。我们可以先做这三个关系的自然连接，然后投影到查询要求的属性上：

$$\pi_{\text{Sno, Sname, Cname, Grade}}(\text{Students}\bowtie\text{SC}\bowtie\text{Courses})$$

类似于(1)，我们也可以先对这三个关系投影，去掉与查询和自然连接无关的属性；然后再做自然连接。

(3) 求评估得分高于 90 分的教师所在院系名称、教师姓名、课程名和评估得分(TCscore)。

院系名称、教师姓名、课程名和评估得分分别是 Departments、Teachers、Courses 和 Teaches 的属性。因此，该查询涉及上述 4 个关系。最简单的方法是首先求上述 4 个关系的自然连接，然后选择 TCscore>90 的元组，最后投影到查询所需要的属性上：

$$\pi_{\text{Dname, Tname, Cname, TCscore}}(\sigma_{\text{TCscore}>90}(\text{Departments}\bowtie\text{Teachers}\bowtie\text{Teaches}\bowtie\text{Courses}))$$

然而，这不是一种好的解法。其实，选择条件 TCscore>90 只涉及 Teaches，我们可以在自然连接之前进行选择。这可以大幅度减少中间结果的元组个数，使得其后

的运算更有效。另外,4 个关系都有许多属性,其中一些属性既不是回答查询所需要的属性,也不是自然连接的公共属性。因此,我们可以在自然连接之前投影去掉这些不相关属性。这样做的好处是可以减少自然连接结果的属性数目。这样,我们可以将前面的表达式改写为

$$\pi_{\text{Dname, Tname, Cname, TCscore}}(\pi_{\text{Dno, Dname}}(\text{Departments}) \bowtie \pi_{\text{Tno, Tname, Dno}}(\text{Teachers})$$
$$\bowtie \pi_{\text{Tno, Cno, TCscore}}(\sigma_{\text{TCscore}>90}(\text{Teaches}) \bowtie \pi_{\text{Cno, Cname}}(\text{Courses}))$$

这个表达式虽然比前一个长,但更有效。　　　　　　　　　　　　　　□

例 3.10　除运算 $R \div S$ 适合于包含短语"S 中全部(所有)"的查询。

(1) 列出所有选修了 CS101 和 CS202 课程的学生的学号。可以分别求选修了 CS101 课程的学生学号和 CS202 课程的学生学号,然后求它们的交:

$$\pi_{\text{Sno}}(\sigma_{\text{Cno}='\text{CS101}'}(\text{SC})) \cap \pi_{\text{Sno}}(\sigma_{\text{Cno}='\text{CS202}'}(\text{SC}))$$

解决该问题的另一种做法是使用一个定义在 Cno 上的常量关系{CS101, CS202}。该查询等价于"求选修了{CS101, CS202}中全部课程的学生的学号"。用除运算:

$$\pi_{\text{Sno, Cno}}(\text{SC}) \div \{\text{CS101, CS202}\}$$

根据除运算的定义,上式是找出这样的学号 x,使得元组(x, CS101)和(x, CS202)都在 SC 中。这正是选修了 CS101 和 CS202 课程的学生的学号。这种解法比第一种好。当问及的课程更多时,它比第一种表达简洁。此外,第二种解法有利于诱导出更一般问题的解(见下例)。

(2) 列出所有选修了全部课程的学生的学号和姓名。

事实上,全部的课程号为 $\pi_{\text{Cno}}(\text{Courses})$。从(1)的第二种解法,我们相信

$$\pi_{\text{Sno, Cno}}(\text{SC}) \div \pi_{\text{Cno}}(\text{Courses})$$

便可以得到选修了全部课程的所有学生的学号。为了得到学生的姓名,我们需要把上式与 Students 做自然连接,然后再投影到 Sno 和 Sname 上

$$\pi_{\text{Sno, Sname}}((\pi_{\text{Sno, Cno}}(\text{SC}) \div \pi_{\text{Cno}}(\text{Courses})) \bowtie \text{Students})$$

或者,用下面的表达式更有效:

$$(\pi_{\text{Sno, Cno}}(\text{SC}) \div \pi_{\text{Cno}}(\text{Courses})) \bowtie \pi_{\text{Sno, Sname}}(\text{Students})$$　□

关系代数能够表示常见的查询,但不能表达任意查询。例如,假设职工关系 EMPS 中存放了每位职工的直接领导。因为一位职工的领导的领导也是该职工的领导。若求某职工的所有领导,除非我们知道准确领导层次,否则我们不能写出正确的关系表达式。

*3.4.4　扩展的关系运算

关系代数有许多扩展。简单的扩展是允许算术运算作为投影的一部分。一种重要的扩展是允许聚集运算,如计算集合中元素的和与平均值。另一种重要的扩展是外连接,它可以看作自然连接的扩展。

1. 广义投影运算

广义投影运算允许投影列表中使用算术表达式。**广义投影**的形式为

$$\pi_{F_1, \cdots, F_k}(R)$$

其中 R 是关系，F_1，…，F_k 都是涉及常量和 R 的属性的算术表达式。特殊地，属性和常量都是算术表达式。

例如，假设整型函数 year(day) 将返回日期 day 中的年份，并且我们有关系模式

Teachers (Tno, Tname, Sex, Birthday, Title, Dno)

又设当前年份为 2008 年，则广义投影

$$\pi_{\text{Tno, Tname, (2008-year(Birthday) as Age), Title}}(\text{Teachers})$$

将列出每位教师的编号、姓名、年龄和职称。其中 2008-year(Birthday) 是一个算术表达式，它是投影的第 3 列，它被属性更名"as Age"更名为 Age。

2. 聚集函数与分组聚集运算

聚集函数作用于一个多重集，返回单个值。所谓**多重集**是允许元素重复出现的"集合"。如 $\{1, 1, 3, 4, 4\}$ 就是一个多重集，其中 1 和 4 都出现两次。聚集函数对于计算某些常用的统计量是有用的。这些聚集函数包括 count（计数）、sum（求和）、avg（求平均值）、min（求最小值）和 max（求最大值）。例如，sum($\{1, 1, 3, 4, 4\}$) 返回 13，min($\{1, 1, 3, 4, 4\}$) 返回 1，count($\{1, 1, 3, 4, 4\}$) 返回 5。

如果想去掉多重集中的重复值，则可以将带连字符的"distinct"放在聚集函数名后。例如，count-distinct($\{1, 1, 3, 4, 4\}$) 返回 3。

分组聚集运算 g 作用于一个关系 R，将关系 R 的元组按照给定的属性分组，并对每一组在指定的属性值上进行聚集运算。**分组聚集运算**具有以下一般形式：

$$_{G_1, \cdots, G_k} g_{f_1(A_1), \cdots, f_j(A_j)}(R)$$

其中 G_1，…，G_k 是分组属性，A_1，…，A_j 是聚集属性，它们都是 R 的属性，f_1，…，f_j 是聚集函数。该运算的含义是：首先将关系 R 的元组分组，使得同一组中的元组在分组属性 G_1，…，G_k 上具有相同值，而不同组中的元组在分组属性 G_1，…，G_k 上具有不同值。然后将聚集函数 $F_i(1 \leqslant i \leqslant j)$ 作用于每组的聚集属性 A_i 上的多重集。该运算显示分组属性在每一组上的值和聚集函数返回的值。如果省略分组属性 G_1，…，G_k，则 R 的所有元组都在同一组。

例如，$_{\text{Sno}} g_{\text{avg(Grade)}}(\text{SC})$ 将对 SC 的元组按学号相同分组，求每组的平均成绩。这导致显示每个学生的学号和平均成绩。类似地，$_{\text{Cno}} g_{\text{avg(Grade)}}(\text{SC})$ 显示每门课程的课程号和平均成绩。$g_{\text{avg(Grade)}}(\text{SC})$ 将求出所有学生的所有课程的平均成绩，而 $g_{\text{count-distinct(Sno)}}(\text{SC})$ 对 SC 中不同的学号计数，产生选修了课程的学生人数。

3. 外连接运算

在计算自然连接 $R \bowtie S$ 时,如果 R 的元组 t 在 R 和 S 的共同属性上与 S 的任何元组都不相等(t 称为 R 的不满足连接条件的元组,又称悬挂元组),则元组 t 所包含的信息不会出现在 $R \bowtie S$ 的结果中。在有些情况下,这被认为导致信息丢失。对于 S 的不满足连接条件的元组也有类似问题。

外连接是自然连接的扩展,旨在避免这种信息丢失。外连接有三种:左外连接、右外连接和全外连接。它们都是在自然连接的结果之上,按如下规则将参与连接的关系的不满足连接条件的元组添加到结果关系中:

左外连接 $R \bowtie S$　如果 t 是 R 的不满足连接条件的元组,则 t 出现在结果关系中,对应元组在 S 的其他属性上取值 NULL;如果 t' 是 S 的不满足连接条件的元组,则 t' 被丢弃。

右外连接 $R \bowtie S$　如果 t 是 R 的不满足连接条件的元组,则 t 被丢弃;如果 t' 是 S 的不满足连接条件的元组,则 t' 出现在结果关系中,对应元组在 R 的其他属性上取值 NULL。

全外连接 $R \bowtie S$　如果 t 是 R 的不满足连接条件的元组,则 t 出现在结果关系中,对应元组在 S 的其他属性上取值 NULL;如果 t' 是 S 的不满足连接条件的元组,则 t' 也出现在结果关系中,对应元组在 R 的其他属性上取值 NULL。

例如,对于图 3.10(a)和(b)所示的关系 R 和 S,图 2.10(c)～(f)分别给出了的自然连接、左外连接、右外连接和全外连接的结果。

A	B	C
a	b	c
d	b	c
b	b	f
c	a	d

(a) 关系 R

B	C	D
b	c	d
b	c	e
a	d	b
a	c	d

(b) 关系 S

A	B	C	D
a	b	c	d
a	b	c	e
d	b	c	d
d	b	c	e
c	a	d	b

(c) $R \bowtie S$

A	B	C	D
a	b	c	d
a	b	c	e
d	b	c	d
d	b	c	e
c	a	d	b
b	b	f	null

(d) $R \bowtie S$

A	B	C	D
a	b	c	d
a	b	c	e
d	b	c	d
d	b	c	e
c	a	d	b
null	a	c	d

(e) $R \bowtie S$

A	B	C	D
a	b	c	d
a	b	c	e
d	b	c	d
d	b	c	e
c	a	d	b
b	b	f	null
null	a	c	d

(f) $R \bowtie S$

图 3.10　关系 R 和 S 的自然连接和外连接

与其他扩展的关系代数运算不同,外连接运算可以用基本关系代数运算表示。例如,对于左外连接,我们有

$$R \mathbin{⟕} S = (R \mathbin{⋈} S) \cup (R - \pi_R(R \mathbin{⋈} S)) \times \{(\text{null}, \cdots, \text{null})\}$$

其中 $\pi_R(R \mathbin{⋈} S)$ 表示自然连接 $R \mathbin{⋈} S$ 的结果在 R 的属性上投影,常量关系 $\{(\text{null}, \cdots, \text{null})\}$ 限制在 S 的不在 R 的属性上。

其他外连接也可以用基本关系运算表示。我们把它们作为习题留给读者。

3.5　关系演算

关系演算的基础是一阶谓词逻辑。有两种形式的关系演算:元组关系演算和域关系演算。两种形式非常相似,其主要差别是:前者公式中的变量是元组变量,而后者公式中的变量是域变量。

3.5.1　元组关系演算

在元组关系演算中,查询用如下形式的表达式表示:

$$\{t \mid \varphi(t)\}$$

其中 $\varphi(t)$ 是公式,t 是元组变量,它是 $\varphi(t)$ 中唯一的自由变元。该查询是求使得 $\varphi(t)$ 为真的元组 t 的集合。

元组关系演算公式与谓词演算公式的定义类似。但是,元组关系演算公式中的变元必须是元组变量,这体现在对原子公式(命题)形式和量词变元的限制上。

1. 元组关系演算公式

在元组关系演算中,原子公式有如下三种形式:

(1) $R(t)$ 是原子公式,其中 R 是关系名,t 是元组变量。$R(t)$ 表示这样的命题:t 是关系 R 的元组。

(2) $t[i]\theta s[j]$ 是原子公式,其中 t 和 s 是元组变量,θ 是算术比较运算符($<$、$\leqslant$、$=$、$\geqslant$、$>$ 和 $\neq$)。$t[i]\theta s[j]$ 表示这样的命题:元组 t 的第 i 个分量与元组 s 的第 j 个分量满足比较关系 θ。

(3) $t[i]\theta c$ 或 $c\theta t[i]$ 是原子公式,其中 t 是元组变量,c 是常量,θ 是算术比较运算符。$t[i]\theta c$(或 $c\theta t[i]$)表示这样的命题:元组 t 的第 i 个分量与常量 c(或常量 c 与元组 t 第 i 个分量)满足比较关系 θ。

注意:由于元组变量代表某关系的元组,因此在元组变量代表的关系的属性名已知时,我们可以直接使用属性名。例如,如果 A 是元组 t 的第 i 个属性,则可以将 $t[i]$ 写成 $t[A]$。

元组关系演算公式可以递归地定义如下:

(1) 每个原子公式是公式。

(2) 如果 φ 是公式,则 $\neg\varphi$ 是公式。$\neg\varphi$ 为真当且仅当 φ 为假。

(3) 如果 φ_1 和 φ_2 是公式,则 $\varphi_1 \wedge \varphi_2$ 和 $\varphi_1 \vee \varphi_2$ 都是公式。$\varphi_1 \wedge \varphi_2$ 为真当且仅当 φ_1 和 φ_2 均为真;而 $\varphi_1 \vee \varphi_2$ 为真当且仅当 φ_1 和 φ_2 至少有一个为真。

(4) 如果 φ 是公式,则 $(\exists t)(\varphi(t))$ 和 $(\forall t)(\varphi(t))$ 都是公式。$(\exists t)(\varphi(t))$ 为真当且仅当存在一个元组 t 使得 $\varphi(t)$ 为真;$(\forall t)(\varphi(t))$ 为真当且仅当对于任意元组 t,$\varphi(t)$ 均为真。

在元组关系演算公式中,各种运算符的优先级如下:

(1) 算术比较运算符的优先级最高;

(2) 量词次之,且 $\exists$ 高于 $\forall$;

(3) 逻辑运算符最低,且有如下次序(由高到低):$\neg$、$\wedge$、$\vee$;

(4) 括号中运算优先。

2. 用元组关系演算表示查询

例 3.11　用元组关系演算表达式表示关系代数的五种基本运算。

并　　　　　　　　　　　$R \cup S = \{t \mid R(t) \vee S(t)\}$

差　　　　　　　　　　　$R - S = \{t \mid R(t) \wedge \neg S(t)\}$

笛卡儿积:设 R 是 n 元关系,S 是 m 元关系,则

$$R \times S = \{t^{(n+m)} \mid (\exists u)(\exists v)(R(u) \wedge S(v) \wedge t[1]$$
$$= u[1] \wedge \cdots \wedge t[n]$$
$$= u[n] \wedge t[n+1] = v[1] \wedge \cdots \wedge t[n+m] = v[m])\}$$

注意:当我们需要指明元组 t 是 k-元组时,我们使用形如 $t^{(k)}$ 的记号。

投影

$$\pi_{A_1, \cdots, A_k}(R) = \{t^{(k)} \mid (\exists u)(R(u) \wedge t[1] = u[A_1] \wedge \cdots \wedge t[k] = u[A_k])\}$$

选择:$\sigma_F(R) = \{t \mid R(t) \wedge F'\}$,其中 F' 是将 F 中的属性名 A 用 $t[A]$ 替换得到的逻辑公式。　　　　　　　　　　　　　　　　　　　　□

由于任何关系代数表达式都可以用五种基本运算表达,由上例对关系代数表达式中的运算符个数进行归纳,可以证明:关系代数表达式表示的任何查询都可以用元组关系演算表示。

在数据库文献中,一种查询语言被称为**关系完备的**,如果它能表示关系代数表达式所能表示的任意查询。显然,元组关系演算是关系完备的。

作为例子,我们用元组演算重做例 3.8~3.10。

例 3.12　(1) 列出系编号为 MA(数学系)的所有学生的详细信息。

　　　　$\{t \mid \text{Students}(t) \wedge t[\text{Dno}] = \text{'MA'}\}$

(2) 列出所有课程的课程号、课程名和学分。

$$\{t^{(3)} \mid (\exists u)(\text{Courses}(u) \wedge t[\text{Cno}] = u[\text{Cno}] \wedge t[\text{Cname}] = u[\text{Cname}] \wedge$$
$$t[\text{Credit}] = u[\text{Credit}])\}$$

（3）列出年龄不超过 45 岁的所有副教授的姓名、性别和年龄。

$$\{t^{(3)} \mid (\exists u)(\text{Teachers}(u) \wedge u[\text{Title}] = \text{'副教授'} \wedge u[\text{Age}] \leqslant 45 \wedge$$
$$t[\text{Tname}] = u[\text{Tname}] \wedge t[\text{Sex}] = u[\text{Sex}] \wedge t[\text{Age}] = u[\text{Age}])\}$$

（4）列出选修了课程号为 CS201 的课程的所有学生的学号。

$$\{t^{(1)} \mid (\exists u)(\text{SC}(u) \wedge u[\text{Cno}] = \text{'CS201'} \wedge t[\text{Sno}] = u[\text{Sno}])\} \qquad\qquad \square$$

例 3.13　（1）列出选修了课程号为 CS201 的课程的所有学生的学号和姓名。

$$\{t^{(2)} \mid (\exists u)(\exists v)(\text{SC}(u) \wedge \text{Students}(v) \wedge u[\text{Cno}] = \text{'CS201'} \wedge u[\text{Sno}] =$$
$$v[\text{Sno}] \wedge t[\text{Sno}] = v[\text{Sno}] \wedge t[\text{Sname}] = v[\text{Sname}])\}$$

注意：条件 $u[\text{Sno}] = v[\text{Sno}]$ 相当于自然连接条件。下面的例子也有类似的连接条件。

（2）列出每个学生选修的每门课程的成绩，要求列出的学号、姓名、课程名和成绩。

$$\{t^{(4)} \mid (\exists u)(\exists v)(\exists w)(\text{Students}(u) \wedge \text{SC}(v) \wedge \text{Courses}(w) \wedge u[\text{Sno}] =$$
$$v[\text{Sno}] \wedge v[\text{Cno}] = w[\text{Cno}] \wedge t[\text{Sno}] = u[\text{Sno}] \wedge t[\text{Sname}] =$$
$$u[\text{Sname}] \wedge t[\text{Cname}] = w[\text{Cname}] \wedge t[\text{Grade}] = v[\text{Grade}])\}$$

（3）求评估得分高于 90 分的教师所在院系名称、教师姓名、课程名和评估得分。

$$\{t^{(4)} \mid (\exists t_1)(\exists t_2)(\exists t_3)(\exists t_4)(\text{Departments}(t_1) \wedge \text{Teachers}(t_2) \wedge$$
$$\text{Teaches}(t_3) \wedge \text{Courses}(t_4) \wedge t_3[\text{TCscore}] > 90 \wedge$$
$$t_1[\text{Dno}] = t_2[\text{Dno}] \wedge t_2[\text{Tno}] = t_3[\text{Tno}] \wedge t_3[\text{Cno}] = t_4[\text{Cno}] \wedge$$
$$t[\text{Dname}] = t_1[\text{Dname}] \wedge t[\text{Tname}] = t_2[\text{Tname}] \wedge$$
$$t[\text{Cname}] = t_4[\text{Cname}] \wedge t[\text{TCscore}] = t_3[\text{TCscore}])\}$$

例 3.14　（1）列出选修了 CS101 和 CS202 课程的所有学生的学号。

我们给出的解法对应于例 3.10(1) 的第一种。对应于第二种解法是下面例子的特例。

$$\{t^{(1)} \mid (\exists u)(\exists v)(\text{SC}(u) \wedge \text{SC}(v) \wedge u[\text{Cno}] = \text{'CS101'} \wedge v[\text{Cno}] = \text{'CS202'} \wedge$$
$$u[\text{Sno}] = v[\text{Sno}] \wedge t[\text{Sno}] = u[\text{Sno}])\}$$

（2）列出选修了全部课程的所有学生的学号和姓名。

也就是说，我们需要找这样的学生 u，对于任意课程 v，都存在一个选课记录 w 使得 w 是学生 u 和课程 v 的选课纪录。如果使用逻辑蕴涵，该查询的表达易于理解：

$$\{t^{(2)} \mid (\exists u)(\text{Students}(u) \wedge t[\text{Sno}] = u[\text{Sno}] \wedge t[\text{Sname}] = u[\text{Sname}] \wedge$$
$$(\forall v)(\text{Courses}(v) \rightarrow (\exists w)(\text{SC}(w) \wedge u[\text{Sno}] = w[\text{Sno}] \wedge v[\text{Cno}] =$$
$$w[\text{Cno}])))\}$$

但是,元组关系演算不使用逻辑蕴涵连接词→,并且从效率上考虑,实际系统也不用全称量词。这样,我们需要用

$$A \rightarrow B \Leftrightarrow \neg A \vee B, \ \neg(A \vee B) \Leftrightarrow \neg A \wedge \neg B, \ (\forall x)A(x) \Leftrightarrow \neg(\exists x)\neg A(x)$$

对上式进行变换,得到

$$\{t^{(2)} \mid (\exists u)(\text{Students}(u) \wedge t[\text{Sno}] = u[\text{Sno}] \wedge t[\text{Sname}] = u[\text{Sname}] \wedge$$
$$\neg(\exists v)(\text{Courses}(v)$$
$$\wedge \neg(\exists w)(\text{SC}(w) \wedge u[\text{Sno}] = w[\text{Sno}] \wedge v[\text{Cno}] = w[\text{Cno}])))\}$$

上式可以这样理解:求这样的学生 u,不存在课程 v 他未选修。而 u 未选修课程 v 是指,不存在选课记录 w,w 是学生 u 和课程 v 的选课记录。　　　　□

3. 元组关系演算的安全性

可以证明,只要参加运算的关系都是有限的,则任何关系代数表达式的运算结果也是有限关系。

然而,即使 $\varphi(t)$ 中涉及的关系都是有限关系,元组关系演算 $\{t \mid \varphi(t)\}$ 也可能导致无限关系。例如,设 R 是 n 元关系,则表达式 $\{t \mid \neg R(t)\}$ 表示"求不在 R 中的 n 元组的集合"。只要 R 的一个属性定义在无限域上,就存在无限多个不在 R 中的 n 元组,其中大部分元组某些分量的值甚至根本不在数据库中出现。类似地,像 $\{t^{(2)} \mid t[1] > 2 \wedge (\exists u)(R(u) \wedge (t[2] = u[2]))\}$ 这样的表达式也将产生无限关系。由于我们无法列出无限多个元组,并且这些导致无限关系的查询看来也没有把注意力集中在数据库的数据上,因此,我们应当排除这些无意义的表达式。解决该问题的通常做法是限制表达式 $\{t \mid \varphi(t)\}$ 是安全的。

我们可以定义不产生无限关系的查询表达式是安全的。然而,该定义不具有可操作性。为了给出安全的表达式可操作性定义,我们对每个表达式 $\varphi(t)$ 定义一个符号集 $\text{DOM}(\varphi)$。$\text{DOM}(\varphi)$ 包括 φ 中出现的常量符号,以及 φ 涉及的关系的所有元组中出现的符号。由于 φ 涉及的关系都是有限关系(数据库中不讨论无限关系),因此 $\text{DOM}(\varphi)$ 总是有限的。例如,设 $R(A, B)$ 是二元关系。如果 $\varphi(t)$ 是 $R(t) \wedge t[A] = a$,则 $\text{DOM}(\varphi) = \{a\} \cup \pi_A(R) \cup \pi_B(R)$。

元组关系演算表达式 $\{t \mid \varphi(t)\}$ 是安全的:

(1) 只要 t 满足 φ,则 t 的每个分量都在 $\text{DOM}(\varphi)$ 中。

(2) 对于 φ 中的每个形如 $(\exists u)(w(u))$ 的子公式,如果 $w(u)$ 为真,则 u 的每个分量都在 $\text{DOM}(w)$ 中。

(3) 对于 φ 中的每个形如 $(\forall u)(w(u))$ 的子公式,如果 $w(u)$ 为假,则 u 的每个分量都在 $\text{DOM}(w)$ 中。换言之,如果 u 的某个分量不在 $\text{DOM}(w)$ 中,则 $w(u)$ 为真。

后两点确保在判定 $(\exists u)(w(u))$ 或 $(\forall u)(w(u))$ 的真假时,只需要考虑

DOM(w)中符号构成的 u,从而避免测试无限多种可能性。

条件(3)不太直观。注意($\forall u$)($w(u)$)等价于$\neg(\exists u)(\neg w(u))$。因此对子公式($\forall u$)($w(u)$)的要求可以转化为对子公式($\exists u$)($\neg w(u)$)的要求。由(2),这种要求为:如果$\neg w(u)$为真,则 u 的每个分量都在 DOM($\neg w$)中;如果$w(u)$为假,则 u 的每个分量都在 DOM($\neg w$)中。由于 DOM($\neg w$) = DOM(w),因此我们得到(3)中的条件。

确定哪些元组关系演算表达式是安全的并非一件容易的事。然而,我们可以给出一些元组关系演算形式,它们是安全的,并且这些形式对于我们正确地使用元组关系演算表示查询是有用的。

例 3.15　设 $\varphi(t)$是一个公式,它的形如($\exists u$)($w(u)$)和($\forall u$)($w(u)$)的子公式都满足安全性条件(2)和(3)。

(1) 形如$\{t \mid R(t) \wedge \varphi(t)\}$的表达式都是安全的。因为如果元组 t 满足$R(t) \wedge \varphi(t)$,则 t 在 R 中,因而 t 的每个分量都在 DOM($R(t) \wedge \varphi(t)$)中。特殊地,$R - S = \{t \mid R(t) \wedge \neg S(t)\}$和 $\sigma_F = \{t \mid R(t) \wedge F'\}$都是安全的。

(2) 形如$\{t \mid (R_1(t) \vee \cdots \vee R_k(t)) \wedge \varphi(t)\}$的表达式也是安全的。因为如果元组 t 满足$(R_1(t) \vee \cdots \vee R_k(t)) \wedge \varphi(t)$,则存在 R_j 使得 t 是 R_j 的元组。因而 t 的每个分量都在 DOM($(R_1(t) \vee \cdots \vee R_k(t)) \wedge \varphi(t)$)中。作为特例,$R \cup S = \{t \mid R(t) \vee S(t)\}$是安全的。

(3) 另一种常见的安全表达式形如

$$\{t^{(n)} \mid (\exists u_1) \cdots (\exists u_k)(R_1(u_1) \wedge \cdots \wedge R_k(u_k) \wedge t[1] = u_{i_1}[j_1] \wedge \cdots \wedge t[n]$$
$$= u_{i_n}[j_n] \wedge \varphi(t, u_1, \cdots, u_k))\}$$

由于 t 的第 l 个分量$t[l]$被限制为 R_{i_l} 某元组的第 j_l 个分量,因此上式是安全的。作为特例,例 3.11 中投影和笛卡儿积的元组关系演算表达式都是安全的。　　□

例 3.11 和例 3.15 表明,关系代数的五种基本运算都可以用安全的元组关系演算表达式表示。此外,不难验证,例 3.12～第 3.14 给出的元组关系演算表达式都是安全的。

3.5.2　域关系演算

域关系演算与元组关系演算类似,其主要区别在于表达式中的变量是域变量,而不是元组变量。

在域关系演算中,我们用如下形式的域关系演算表达式表示查询:

$$\{(x_1, \cdots, x_n) \mid \varphi(x_1, \cdots, x_n)\}$$

其中,$x_1, \cdots, x_n$ 是域变量,$\varphi(x_1, \cdots, x_n)$是以 $x_1, \cdots, x_n$ 为自由变元的公式。该查询是求使得 $\varphi(x_1, \cdots, x_n)$为真的元组$(x_1, \cdots, x_n)$的集合。

域关系演算的原子公式具有如下形式:

(1) $R(x_1, \cdots, x_n)$。其中 R 是 n 元关系，$x_1, \cdots, x_n$ 是域变量或常量。$R(x_1, \cdots, x_n)$ 表示这样的命题，$(x_1, \cdots, x_n)$ 是 R 的元组。

(2) $x\theta y$。其中 x 和 y 是域变量或常量，θ 是算术比较运算符。$x\theta y$ 表示这样的命题：x 和 y 满足比较关系 θ。

域关系演算的公式可以用类似于元组关系演算公式的方法定义，唯一的不同是在使用量词时，被约束变元是域变量，而不是元组变量。我们把域关系演算公式的定义留给读者。

类似于元组关系演算，对于每个域关系演算公式 $\varphi(x_1, \cdots, x_n)$，我们定义一个符号集 $DOM(\varphi)$。我们说 $\{(x_1, \cdots, x_n) \mid \varphi(x_1, \cdots, x_n)\}$ 是安全的：

(1) 如果 $\varphi(x_1, \cdots, x_n)$ 为真，则 $x_i (1 \leqslant i \leqslant n)$ 在 $DOM(\varphi)$ 中。

(2) 对于 φ 中的每个形如 $(\exists x)(w(x))$ 的子公式，如果 $w(x)$ 为真，则 x 在 $DOM(w)$ 中。

(3) 对于 φ 中的每个形如 $(\forall x)(w(x))$ 的子公式，如果 $w(x)$ 为假，则 x 在 $DOM(w)$ 中。换言之，若 x 不在 $DOM(w)$ 中，则 $w(x)$ 为真。

给定一个元组关系演算表达式 $\{t \mid \varphi(t)\}$，将它转换成等价的域关系演算表达式的方法是直截了当的：如果 t 是 n 元的，则引进 n 个新的域变量 $x_1, \cdots, x_n$，并用表达式

$$\{(x_1, \cdots, x_n) \mid \varphi'(x_1, \cdots, x_n)\}$$

替代 $\{t \mid \varphi(t)\}$。其中 φ' 由 φ 按以下方法得到：

(1) 对于每个形如 $R(t)$ 的原子公式，若 R 是 k 元关系，则用 $R(x_1, \cdots, x_k)$ 替换 $R(t)$，而对于每个 $t[i]$ 用 x_i 替换。注意：如果中有量词 $(\exists t)$ 或 $(\forall t)$，则 t 的某些出现可能是被约束的。这样的 t 可以看作不同的元组，因而不做上述替换。

(2) 对于每个形如 $(\exists u)$ 或 $(\forall u)$ 的量词，如果 u 是 m 元的，则引入 m 个新的域变量 $y_1, \cdots, y_m$，并在量词的辖域内用 y_i 替换 $u[i]$，用 $R(y_1, \cdots, y_m)$ 替换 $R(u)$。然后，用 $(\exists y_1) \cdots (\exists y_m)$ 替换 $(\exists u)$，用 $(\forall y_1) \cdots (\forall y_m)$ 替换 $(\forall u)$。

容易证明，$\{(x_1, \cdots, x_n) \mid \varphi'(x_1, \cdots, x_n)\}$ 与 $\{t \mid \varphi(t)\}$ 等价，并且如果 $\{t \mid \varphi(t)\}$ 是安全的，则 $\{(x_1, \cdots, x_n) \mid \varphi'(x_1, \cdots, x_n)\}$ 也是安全的。

容易将例 3.12～3.14 用域关系演算的形式给出。我们把它们作为习题留给读者。

3.5.3 关系语言的表达能力

迄今为止，我们介绍了关系数据库的三种抽象查询语言：关系代数、安全的元组关系演算和安全的域关系演算。这三种抽象语言具有相同的表达能力：

(1) 每个用关系代数表示的查询都可以用一个安全的元组关系演算表达式表示。

(2) 每个用安全的元组关系演算表达式表示的查询都可以用一个安全的域关系演算表达式表示。

(3) 每个用安全的域关系演算表达式表示的查询都可以用一个关系代数表达式表示。

注意:扩展的关系代数运算(如分组聚集)具有更强的表达能力。但是,我们也能够扩展关系演算,使之能够处理分组聚集。

在例 3.11 和其后的讨论中,我们给出了结论(1)的证明方法。在 3.5.2 节,我们展示了如何用域关系演算表示元组关系演算表示的查询。

结论(3)的证明有些繁琐,需要对公式 $\varphi(x_1, \cdots, x_n)$ 中的逻辑运算符和量词个数进行归纳。可以假定 $\varphi(x_1, \cdots, x_n)$ 中出现的逻辑运算符和量词符号只有 ¬、∧ 和 ∃。详细证明本书从略。

*3.6 关系数据库的更新

在前面两节讨论关系代数和关系演算时,我们只考虑了关系数据库的查询。把关系看作取元组集合值的变量,我们可以使用赋值运算对关系进行更新(插入、删除和修改)。一般地,关系更新也是集合运算:插入到关系中的是元组的集合,从关系中删除的是元组的集合,被修改的也是元组的集合。

本节,我们以关系代数为例,讨论关系数据库的更新。这些不难用关系演算表示。

3.6.1 插入

为了将一个新的数据元组插入数据库关系 R,我们可以构造一个包含要插入的元组常量关系,取它与 R 的并,然后向 R 赋值。例如,

Students ← Students∪{(200705199, 江涛, 男, 1988.09, 计算机科学与技术)}

其中"←"是赋值运算,它将右端表达式的运算结果赋给左端的关系变量。该赋值语句将把学生江涛的信息插入到关系 Students 中。

更一般地,可以将一个查询的结果插入到数据库关系 R 中。设 E 是一个查询表达式,它产生的结果关系与 R 具有对应的模式(都是 n 元的,并且对应属性的类型赋值相容),赋值语句

R←R∪E

将把 E 的查询结果插入到关系 R 中。

例如,设存放就餐卡登记信息关系 Cardinf 具有如下模式:

Cardinf (Card-no, Name, Balance)

其中 Card-no 为持卡人编号,Name 为持卡者姓名,而 Balance 为卡中余额。假设信

息工程学院要为本院每位教师办理一个校内就餐卡,直接用教师号作为持卡人编号,并预存 100 元。可以用如下赋值语句插入新的就餐卡信息:

$$Cardinf \leftarrow Cardinf \bigcup (\pi_{Tno, Tname}(\sigma_{Dno = 'IE'}(Teachers)) \times \{(100)\})$$

其中 $\pi_{Tno, Tname}(\sigma_{Dno = 'IE'}(Teachers))$ 得到信息工程学院教师的教师号和姓名,它与关系常量 $\{(100)\}$ 的笛卡儿积将产生插入到 Cardinf 中的元组。

3.6.2　删除

删除本质上是找出关系 R 中需要删除的关系元组,不是将它们提交给用户,而是把它们从关系 R 中删除。设关系代数表达式 E 找出关系 R 中需要删除的元组,下面的关系赋值将删除这些元组:

$$R \leftarrow R - E$$

例如,下面的语句将删除学号为 200705191 的学生元组:

$$Students \leftarrow Students - \sigma_{Sno = '200705191'}(Students)$$

要删除学号为 200705191 的学生的所有选课记录,可以用

$$SC \leftarrow SC - \sigma_{Sno = '200705191'}(SC)$$

尽管一次只能从一个关系中删除元组,但是删除条件却可以涉及多个关系。例如,考虑删除"数据库系统原理"这门课程的所有成绩。成绩在关系 SC 中,但 SC 并不包含课程名属性。因此,这个删除操作是从 SC 中删除元组,但删除条件还涉及关系 Course。该删除可以用如下语句表达:

$$SC \leftarrow SC - \pi_{Sno, Cno, Grade}(\sigma_{Cname = '数据库系统原理'}(SC \bowtie Course))$$

3.6.3　修改

有时,我们希望修改关系 R 某些属性上的值。这可以广义投影运算来实现

$$R \leftarrow \pi_{F_1, \cdots, F_k}(R)$$

其中 F_i 是表达式。当第 i 个属性不需要修改时,F_i 就是 R 的第 i 个属性;而需要修改时,该表达式计算 R 的第 i 个属性的新值。

例如,设 Account(Account-no, Branch, Balance)登记银行账户信息,其中 Account-no 是账号,Branch 是支行,Balance 是存款余额。为了给所有账户支付 2.5% 的利息,可以用如下赋值:

$$Account \leftarrow \pi_{Account-no, Branch, Balance * 1.025}(Account)$$

如果想对关系 R 中满足某种条件 F 的元组修改某些属性上的值,可以用

$$R \leftarrow \pi_{F_1, \cdots, F_k}(\sigma_F(R)) \bigcup (R - \sigma_F(R))$$

例如,对"大学路"支行的所有账户支付 2.5% 的利息,可以用如下赋值:

$$Account \leftarrow \pi_{Account-no, Branch, Balance * 1.025}(\sigma_{Branch = '大学路'}(Account)) \bigcup$$

$$(\text{Account} - \sigma_{\text{Branch}='大学路'}(\text{Account}))$$

类似于删除,我们也只能一次对一个关系的元组进行修改,但修改条件可以涉及多个关系。例如,考虑把"数据库系统原理"这门课程成绩在 55~59 分的成绩修改为 60 分。这个修改不仅涉及被修改的关系 SC,而且涉及关系 Course。读者不难写出它的修改语句。

3.7　小　　结

(1) 关系数据模型建立在集合论关系的基础上。关系数据模型的唯一结构是关系。关系可以用二维表表示。

(2) 使用属性名对表的列命名使得关系的元组可以具有直观的语义解释。此外,通过属性的语义可以定义关系的码和关系的完整性约束。

(3) 容易将 E-R 模型转换为关系模型。实体集和联系集都可以转换为对应的关系。合并具有相同码的关系模式不是必需的,但合并可以减少结果关系模式的个数,并且使得某些涉及多个关系的查询更有效。

(4) 关系的完整性约束包括实体完整性、参照完整性和用户定义的完整性。

(5) 关系上的查询操作可以用关系代数和关系演算表示。其中关系演算又分元组关系演算和域关系演算。

(6) 关系代数定义了一系列运算,并用这些运算构造关系代数表达式来表示查询。这些运算包括基本运算、附加的运算和扩展的运算。其中并、交、差和笛卡儿积是传统的集合论关系运算,其他运算是专门为数据库操作引进的。

(7) 关系演算的数学基础是一阶谓词逻辑。关系演算是一种非过程语言,它使用公式定义查询结果满足的条件。元组关系演算和域关系演算具有类似的形式,唯一的区别是公式中的变元分别是元组变量和域变量。

(8) 不加限制,元组关系演算和域关系演算都可能导致无限关系。解决该问题的基本方法是限制元组关系演算和域关系演算表达式必须是安全的。

(9) 关系代数、安全的元组关系演算和安全的域关系演算具有相同的表达能力。

(10) 把关系看作取元组集合值的变量,可以使用赋值运算对关系进行更新。

习　　题

3.1　解释下列术语:

(1) 域、笛卡儿积、关系、元组、属性。

（2）关系的码、候选码、主码、外码。

（3）关系模式、关系数据库模式。

3.2 试述关系模型的实体完整性和参照完整性规则。

3.3 除了语义约束之外,关系数据库对关系有哪些主要限制?

3.4 为什么外部码属性的值也可以为空? 假定所有关系模式都是 E-R 图转换后产生的,说明外部码属性的值什么情况下不能为空,什么情况下可以为空?

3.5 讨论等值连接和自然连接的异同。

3.6 图 3.11 是某批发商店数据库的 E-R 图。其中 ReltoEmp 是 Relationship to Employee 的缩写,表示与职工的关系。将该 E-R 图转换为关系模式。在合并具有相同主码的关系模式时,如果具有多种选择,请说明你选择的理由。

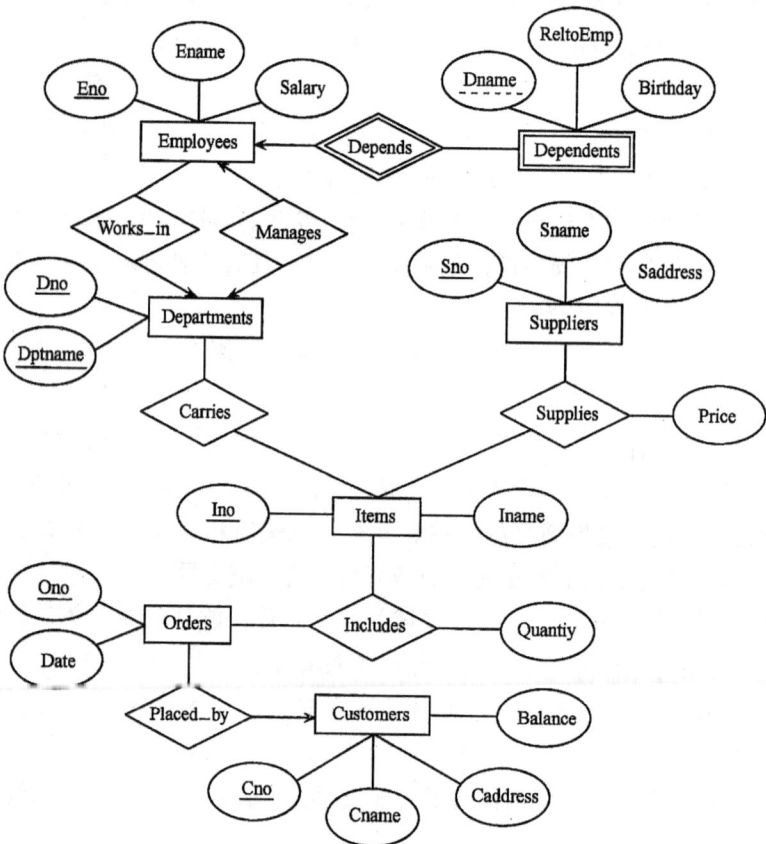

图 3.11 某批发商店数据库的 E-R 图

3.7 继续习题 3.6,绘制你得到的关系模式的模式图

3.8 将习题 2.7 中你设计的汽车保险公司的 E-R 图转换为关系模式。

3.9 将习题 2.8 中你设计的工商银行的 E-R 图转换为关系模式。

3.10 将习题 2.10 中你设计的某公司的 E-R 图转换为关系模式。

3.11 设供应商-工程-零件数据库包含如下关系：

Suppliers (Sno, Sname, Status, Scity)

Parts (Pno, Pname, Color, Weight)

Projects (Jno, Jname, Jcity)

SPJ (Sno, Pno, Jno, Quantity)

其中,各关系的主码用下横线标示。Sno, Sname, Status, Scity 分别表示供应商的编号、名称、状态和所在城市；Pno, Pname, Color, Weight 分别表示零件的编号、名称、颜色和重量；Jno, Jname, Jcity 分别表示工程的编号、名称和所在城市；SPJ 是供应关系,Quantity 是特定供应商一次向特定工程供应的特定零件的数量。用关系代数表示如下查询：

(1) 求上海的所有供应商的信息。

(2) 求位于郑州的所有工程的信息。

(3) 求数量在 100～150 的供应。

(4) 求为工程 J1 提供零件的供应商号。

(5) 求供应工程 J1 红色零件的供应商号。

(6) 求至少提供一种红色零件的供应商名称。

(7) 求不提供零件 P2 的供应商名称。

(8) 求没有使用天津供应商生产的红色零件的工程号。

(9) 求使用了本地供应商提供的零件的工程号和工程名称。

(10) 求未使用本地供应商提供的零件的工程号和工程名称。

(11) 求至少用了供应商 S1 所供应的全部零件的工程号。

(12) 求提供所有零件的供应商名称。

3.12 对于供应商-工程-零件数据库,用元组/域关系演算表示习题 3.11 中的查询。

3.13 用域关系演算完成例 3.12 和例 3.13 中的查询。

3.14 对于供应商-工程-零件数据库,用扩展的关系代数运算表示如下查询：

(1) 求提供了零件的供应商的个数。

(2) 求所有零件的平均重量。

(3) 求供应商 S1 提供的每种零件的总数量。

(4) 求供应商 S1 供应工程 J1 的每种零件的总重量。

3.15 用关系代数的五种基本运算表示右外连接和全外连接。

3.16 对于习题 3.6 得到的关系模式,完成如下更新操作：

(1) 将 Cno、Cname、Caddress 和 Balance 分别为 C0199、李华、郑州市大学北路 46 号、6000 的客户信息插入 Customers。

(2) 从 Dependents(家属)中删除 1979 年前出生的子女(ReltoEmp = '子女')。

(3) 将销售部门(Dname = '销售')的职工工资(Salary)提高 4%。

第4章　关系数据库标准语言 SQL

第3章介绍了关系数据模型的两种形式化查询语言:关系代数和关系演算。这些形式化语言是实际数据库系统语言的实现基础。然而,商品化的数据库系统需要一种对用户更加友好的数据库语言。本章,我们介绍 SQL。SQL 是最有影响、使用最广泛的关系数据库语言,是事实上的关系数据库标准语言。几乎所有的 RDBMS 都支持 SQL 语言。

本章的目的不是提供 SQL 的完整用户手册,而是介绍 SQL 的基本功能和概念。具体系统实现的 SQL 在细节上可能存在差异,有些系统可能只实现了 SQL 语言的一个子集。

4.1 节简略概述 SQL 的背景、功能和特点。4.2 节介绍 SQL 语言的数据定义功能,包括 SQL 语言支持的数据类型、定义基本表、定义索引和定义模式。4.3 节介绍如何用 SQL 语言表示各种数据库查询。为了便于读者理解和掌握,我们使用大量例子,由浅入深地解释 SQL 语言查询语句的结构和用法。4.4 节涵盖数据库更新,介绍 SQL 语言数据库更新语句。4.5 节介绍视图的定义和使用。最后,在4.6 节,我们介绍嵌入式 SQL,并使用一些小例子展示如何在 C 语言程序中使用 SQL 语句操纵数据库。SQL 语言的其他功能,如安全性、完整性,将在第 5 章讨论。

4.1　引　　言

SQL(structured query language)是结构化查询语言的简称。然而,SQL 是一种完整的数据库语言,它的功能涵盖数据定义、数据操纵(包括查询和更新)和数据控制,而不仅仅是查询。

在讨论 SQL 的细节之前,本节简要介绍 SQL 的背景、主要功能和特点。

4.1.1　背景

SQL 语言最早称为 Sequel,是 Boyce 和 Chamberlin1974 年提出的。1975～1979 年 IBM 公司的 San Jose 研究实验室(现为 Almaden 研究中心)研制的关系数据库管理系统原型系统 System R 实现了这种语言。此后,Sequel 不断发展,并更名为 SQL。由于 SQL 功能丰富,语言简洁,使用灵活,备受用户和业界欢迎,被众多计算机公司和软件公司所采用。例如,20 世纪 70 年代后期,IBM 开发的商品软件 SQL/DS 和关系型软件公司(Oracle 公司的前身)开发的 Oracle 都采用 SQL 作为数据库语言。随后,越来越多的 DBMS 产品对 SQL 提供了支持。

SQL 语言得到业界的认可后,美国国家标准局(ANSI)的数据库委员会批准了 SQL 作为关系数据库语言的美国标准,并于 1986 年公布了 SQL 标准文本 SQL-86。1987 年国际标准化组织(ISO)也通过了这一标准。此后 ISO 和 ANSI 不断修改和完善 SQL 标准,并于 1989 年发布 SQL-89,1992 年发布 SQL-92(又称 SQL2),1999 年发布 SQL-99(又称 SQL3),2003 年发布 SQL2003。

SQL 成为国际标准之后,在一段时间内,SQL 标准的制定者和 DBMS 开发商在标准制定和标准实现方面呈现出很好的良性互动:SQL 标准指导 DBMS 开发商开发支持 SQL 标准的 DBMS 产品,而不同 DBMS 产品中的好的特色又不断地被吸纳到新的 SQL 标准中。这种良性互动使得众多 DBMS 开发公司从中受益,使得 SQL 日益流行,成为关系数据库系统的标准语言,同时也使得用户有更多、更好的 DBMS 软件系统可供选择。

SQL 标准对数据库以外的领域也产生了很大影响。有不少软件产品将 SQL 语言的数据查询功能与图形功能、软件工程工具、软件开发工具、人工智能程序结合起来。

自 SQL-92 以来,SQL 标准的规模开始变大(SQL-89 标准大约 120 页,SQL-92 标准超过 620 页,而 SQL-99 标准多达 1700 页)。目前,大多数商品化 DBMS 支持 SQL-92 主要部分(初级标准和部分中、高级的标准),并在其他方面有一些扩展。SQL-99 扩充太快,过于庞大,DBMS 开发商对实现 SQL-99 似乎不太积极。

本书关于 SQL 的介绍主要基于 SQL-92。

4.1.2　SQL 概述

SQL 是一种完整的数据库语言,它提供了如下功能:

(1) SQL 的数据定义语言(DDL)提供了模式定义、修改和删除,基本表定义、修改和删除,域定义、修改和删除。

(2) SQL 的数据操纵语言(DML)提供了数据查询子语言。SQL 的数据查询子语言是关系完备的,并且具有关系代数和关系演算的双重特征。

(3) SQL DML 不仅包括数据查询,而且包括数据更新(数据插入、删除和修改)语句,允许用户更新数据库。

(4) SQL DDL 还允许用户定义视图,并且 SQL DML 允许用户对视图进行查询和受限的更新操作。

(5) SQL DDL 允许用户定义各种完整性约束条件,并在数据库访问时自动检查,确保数据库操作不会破坏完整性约束条件。

(6) SQL DDL 还包括授权定义,用来定义用户对数据库对象(基本表、视图等)的访问权限,防止非法访问,确保数据库的安全性。

(7) SQL 还支持事务,提供了定义事务开始和结束的语句。

从使用方法讲,SQL 有两种使用方式:独立使用和嵌入到通用程序设计语言中。独立使用时,用户可以直接在终端上键入 SQL 语句,对数据库进行操作。作为一种嵌入式语言,SQL 语句可以嵌入到通用程序设计语言(如 C、Java 等)的源程序中,并允许用户在程序运行时动态组建 SQL 语句。这使得开发者可以使用通用程序设计语言编写更加实用、更加用户友好的数据库应用系统,同时可以使用SQL 语句实现对数据库的有效访问。

在 SQL 中,关系称为表。SQL 的表有两类:基本表(base table)和导出表(derived table)。基本表或者是持久基本表(persistent base table),或者是全局临时表(global temporary table),或者是局部临时表(local temporary table)。导出表通过查询表达式求值,直接或间接从一个或多个基本表导出。视图表是命名的导出表,用创建视图定义。

4.1.3　SQL 语言的特点

SQL 语言之所以能够被业界和用户广泛接受,成为关系数据库的标准语言,不仅因为它功能强大,而且它还具有一些其他语言没有的特点,这些特点使它成为最具竞争力的语言。SQL 语言的主要特点如下。

1. 集多种数据库语言于一体

非关系模型的数据库语言一般分为:模式定义语言(模式 DDL)、外模式定义语言(外模式 DDL)、数据存储描述语言(DSDL)和数据操纵语言(DML),分别用来定义模式、外模式、内模式和进行数据操纵。

SQL 语言集数据定义、数据操纵和数据控制(DCL)功能于一体,语言简洁、风格统一,使用 SQL 就可以独立完成数据管理的核心操作。

2. 高度非过程化

传统的程序设计语言和非关系模型的数据操纵语言都是过程化语言。使用这些语言编程,用户必须详细描述计算过程。SQL 是一种高度非过程化语言。在使用 SQL 语言时,用户只需要说明做什么,而不必指出怎么做。例如,使用 SQL 语言表达查询时,用户只需要正确地表达需要哪些信息,这些信息在哪些关系中,结果元组应当满足什么条件,而无须描述得到查询的过程,更不必考虑如何做更有效。系统将考察多种执行方案,选择并运行一个最优的执行方案得到结果。这不但大大减轻了用户负担,而且有利于提高数据的独立性。

3．面向集合的操作方式

传统的程序设计语言和非关系数据模型的语言都是面向记录的：一次处理一个记录。而 SQL 语言采用集合操作方式，其运算对象、运算结果均是元组的集合。不仅查询的对象和查询的结果是元组的集合，而且插入、删除和修改操作的对象也可以是元组的集合。

4．一种语法两种使用方式

SQL 既可以作为一种自含式语言独立使用，也可以作为一种嵌入式语言与通用程序设计语言配合使用。在两种使用方式下，SQL 语言的语法结构基本一致。这为使用者提供了极大的方便性和灵活性。

5．功能强大，语言简洁

SQL 是一种完整地数据库语言，其功能涵盖数据定义、数据操纵、数据控制等数据管理的主要需求。但 SQL 语言相对比较简洁，其核心动词只有 9 个。另外，SQL 语言的语法简单，与英语口语的风格类似，易学易用。

4.2　数　据　定　义

SQL 的数据定义语言 DDL 包括定义模式、域、关系（SQL 称之为基本表）、视图、索引、断言、授权等。本节介绍如何定义基本表、索引和模式，4.5 节将介绍如何定义和使用视图，而域、断言和授权定义将在第 5 章讨论。

4.2.1　SQL 的数据类型

SQL 支持许多内置的数据类型，并且允许用户定义新的域（数据）类型。SQL 支持的数据类型包括：CHARACTER, CHARACTER VARYING, BIT, BIT VARYING, INTEGER, SMALLINT, NUMERIC, DECIMAL, FLOAT, REAL, DOUBLE PRECISION, DATE, TIME, TIMESTAMP 和 INTERVAL。

CHAR(n)：定长字符串，长度 n 由用户指定。省略（n）时，长度为 1。CHAR 的全称是 CHARACTER。

VARCHAR(n)：变长字符串，最大长度 n 由用户指定。VARCHAR 的全称是 CHARACTER VARYING。定长和变长字符串的差别主要表现在前者需要固定长度的空间，而后者占用的空间在最大长度范围内是可改变的。

BIT(n)：定长二进位串，长度 n 由用户指定。省略（n）时，长度为 1。

BIT VARYING(n)：变长二进位串，最大长度 n 由用户指定。

INT:整数,其值域依赖于具体实现。INT 的全称是 INTEGER。

SMALLINT:小整数,其值域依赖于具体实现,但小于 INT 的值域。

NUMERIC(p, d):p 位有效数字的定点数,其中小数点右边占 d 位。

DEC(p, d):p 位有效数字的定点数,其中小数点右边占 d 位。DEC 的全称是 DECIMAL。

FLOAT(n):精度至少为 n 位数字的浮点数,其值域依赖于实现。

REAL:实数,精度依赖于实现。

DOUBLE PRECISION:双精度实数,精度依赖于实现,但精度比 REAL 高。

DATE:日期,包括年、月、日,格式为 YYYY-MM-DD。

TIME:时间,包括时、分、秒,格式为 HH:MM:SS。TIME(n)可以表示比秒更小的单位,秒后取 n 位。

TIMESTAMP:时间戳,是 DATE 和 TIME 的结合,包括年、月、日、时、分、秒。TIMESTAMP(n) 可以表示比秒更小的单位,秒后取 n 位。

INTERVAL:时间间隔。SQL 允许对 DATE、TIME 和 INTERVAL 类型的值进行计算。例如,如果 x 和 y 都是 DATE 类型,则 $x - y$ 为 INTERVAL 类型,其值为 x 和 y 之间的天数。在 DATE 或 TIME 类型的值上加减一个 INTERVAL 类型的值将得到新的 DATE 或 TIME 类型的值。

SQL 提供 ETRACT($field$ FROM Var),从 DATE、TIME 和 TIMESTAMP 类型变量 Var 从提取字段 $field$。其中,对于 DATE 类型的变量,$field$ 可以是 YEAR、MONTH 和 DAY;对于 TIME 类型的变量,$field$ 可以是 HOUR、MINUTE 和 SECOND;而对于 TIMESTAMP 类型 $field$ 可以是 YEAR、MONTH、DAY、HOUR、MINUTE 和 SECOND。例如,如果 d 是 DATE 类型,则 ETRACT(YEAR FROM d)返回 d 中的年份。

与其他程序设计语言一样,SQL 允许类型兼容(compatible)量之间进行算术运算和比较。例如,小整数和整数都是整数,它们可以进行比较,并在比较时自动进行强制类型转换(小整数转换成整数)。数值类型是兼容的,不同长度的字符串也是类型兼容的。

4.2.2 定义、修改和删除基本表

在 SQL 中,关系称为表,属性称为列。本章,我们将"表"和"关系"视为同义词(尽管它们实际上有差别),将"属性"、"属性列"和"列"视为同义词,并且也使用"元组"或"记录"表示表的行。

SQL 的表有三类:基本表(base table)、视图表(viewed table)和导出表(derived table)。基本表或者是持久基本表(persistent base table),或者是全局临时表(global temporary table),或者是局部临时表(local temporary table)。导出表通过查询表达

式求值,直接或间接从一个或多个其他表导出。视图表是命名的导出表,用创建视图定义(见 4.5 节)。

在本书中,术语"基本表"主要用于表示持久基本表,而"表"泛指基本表和导出表(包括视图)。

为了简洁,我们使用如下符号约定:

尖括号、方括号、花括号和"|"不是 SQL 语言的符号,用于解释语言成分。

<X>表示 X 是需要进一步定义或说明的语言成分。

[X]表示 X 可以缺省或出现一次。

{X}表示 X 可以出现一次。

X | Y 表示或者 X 出现,或者 Y 出现,但二者不能同时出现。

SQL 语言的保留字(如 CREATE)不区分大小写。为醒目起见,对于 SQL 语句中的 SQL 的保留字,我们使用大写。

SQL 语句用分号结束。一个 SQL 语句可以写在一行或多行中,各种空白符号用于分隔不同的词。良好的语句的书写风格使得程序赏心悦目、易于阅读。

1. 创建基本表

创建一个基本表要对基本表命名,定义表的每个列,并定义表的完整性约束条件。SQL 语言使用 CREATE TABLE 语句创建基本表,其基本格式如下:

> CREATE TABLE <表名>
> (<列定义>, …, <列定义>
> [, <表约束定义>, …, <表约束定义>]);

其中,<表名>是标识符,对定义的基本表命名;圆括号中包括一个或多个<列定义>,零个或多个<表约束定义>,中间用逗号隔开。

<列定义>定义每个属性(列)的名称、类型、缺省值和列上的约束条件,格式如下:

<列名> <类型> [DEFAULT <缺省值>] [<列约束定义>, …, <列约束定义>]

其中,<列名>是标识符,对定义的列命名;<类型>定义列的取值类型,它可以是 4.2.1 节介绍的任意类型,也可以是用户定义的域类型(见 5.3 节);可选短语"DEFAULT <缺省值>"定义列上的缺省值,<缺省值>是<类型>中的一个特定值或空值(NULL);每个列上可以定义零个或多个约束条件,约束列的取值。

列约束定义格式如下:

> [CONSTRAINT <约束名>] <列约束>

其中,可选短语"CONSTRAINT <约束名>"为列约束命名。常用的列约束包括:

NOT NULL:不允许该列取空值;不加 NOT NULL 限制时,该列可以取空值。

PRIMARY KEY:指明该列是主码,其值非空、唯一。

UNIQUE：该列上的值必须唯一。这相当于说明该列为候选码。

CHECK（＜条件＞）：指明该列的值必须满足的条件，其中＜条件＞是一个涉及该列的布尔表达式。

一个表可以包含零个或多个＜表约束定义＞，用于定义主码、其他候选码、外码和表上的其他约束。表约束定义形式如下：

[CONSTRAINT＜约束名＞] ＜表约束＞

其中可选短语"CONSTRAINT ＜约束名＞"为表约束命名。常用的表约束包括：

PRIMARY KEY（A_1，…，A_k）：说明属性列 A_1，…，A_k 构成该关系的主码。当主码只包含一个属性时，也可以用列约束定义主码。

UNIQUE（A_1，…，A_k）：说明属性列 A_1，…，A_k 上的值必须唯一，这相当于说明 A_1，…，A_k 构成该关系的候选码。当候选码只包含一个属性时，也可以用列约束定义候选码。

CHECK（＜条件＞）：说明该表上的一个完整性约束条件。通常，＜条件＞是一个涉及该表一个或多个列的布尔表达式。

外码比较复杂，它具有如下形式：

FOREIGN KEY（A_1，…，A_k）REFERENCES ＜外表名＞（＜外表主码＞）

[＜参照触发动作＞]

它说明属性 A_1，…，A_k 是关系(表)的外码，＜外表名＞给出被参照关系的表名，＜外表主码＞给出被参照关系的主码，而＜参照触发动作＞说明违反参照完整性时需要采取的措施(见第 5 章)。

下面以第 3 章的例 3.5 为例给出相关表的创建语句。

例 4.1　下面的语句创建教师表 Teachers：

```
CREATE TABLE Teachers
(Tno          CHAR (7) PRIMARY KEY,
Tname        CHAR (10) NOT NULL,
Sex          CHAR (2) CHECK (Sex = '男' OR Sex = '女'),
Birthday DATE,
Title        CHAR (6),
Dno          CHAR (4),
FOREIGN KEY (Dno) REFERENCES Departments (Dno));
```

这里，我们定义 Tno 为 Teachers 的主码，Tname 不能取空值，而用 CHECK 短语限定 Sex 的值只能是"男"或"女"。最后一行定义 Dno 为关系 Teachers 的外码，它参照 Departments 的主码 Dno。

创建选课表 SC 用如下语句：

```
CREATE TABLE SC
    (Sno          CHAR (9),
```

```
Cno          CHAR (5),
Grade        SMALLINT CHECK (Grade> = 0 AND Grade< = 100),
PRIMARY KEY (Sno, Cno),
FOREIGN KEY (Sno) REFERENCES Students (Sno),
FOREIGN KEY (Cno) REFERENCES Courses (Cno));
```

由于 SC 的主码包括两个属性,我们必须用表约束定义它。注意,由于 Sno 和 Cno 是主属性,我们无须在列定义中说明它们非空。类似地,CHECK 短语限制 Grade 的取值必须在 0 到 100 之间。SC 有两个外码,分别在最后两行说明它们。

教务管理的其他几个表定义如下:

```
CREATE TABLE Departments
   (Dno         CHAR(4) PRIMARY KEY,
   Dname        CHAR (10),
   Dheadno      CHAR (7),
   FOREIGN KEY (Dheadno) REFERENCES Teachers(Tno));
CREATE TABLE Students
   (Sno         CHAR(9) PRIMARY KEY,
   Sname        CHAR(10) NOT NULL,
   Sex          CHAR (2) CHECK (Sex = ´男´ OR Sex = ´女´),
   Birthday     DATE,
   Enrollyear CHAR(4),
   Speciality CHAR(20),
   Dno          CHAR (3),
   FOREIGN KEY (Dno) REFERENCES Department (Dno));
CREATE TABLE Courses
   (Cno         CHAR(5) PRIMARY KEY,
   Cname        CHAR(20) NOT NULL,
   Period       SMALLINT,
   Credit       SMALLINT);
CREATE TABLE Teaches
   (Tno         CHAR (7),
   Cno          CHAR (5),
   TCscore      SMALLINT,
   PRIMARY KEY (Tno, Cno),
   FOREIGN KEY (Tno) REFERENCES Teachers (Tno),
   FOREIGN KEY (Cno) REFERENCES Courses (Cno));
```

2. 修改基本表

基本表创建好以后,在某些情况下需要修改它的结构。可以对基本表添加列定义、修改或删除列的缺省值、删除列、添加表约束和删除表约束。SQL 语言使用 ALTER TABLE 语句修改基本表。

(1) 向基本表添加新的列

```
ALTER TABLE <表名> ADD [COLUMN] <列定义>
```

其中 COLUMN 可以省略(下同);<列定义>和创建基本表相同,但是新添加的列一般不允许用 NOT NULL 说明。

(2) 对于已经存在的列,SQL-92 只允许修改或删除列的缺省值,语句形式为

```
ALTER TABLE <表名>
ALTER [COLUMN] <列名> |SET DEFAULT <缺省值> | DROP DEFAULT|
```

(3) 删除已存在的列

```
ALTER TABLE <表名> DROP [ COLUMN ] <列名> |CASCADE | RESTRICT|
```

其中 CASCADE 表示级联,删除将成功,并且依赖于该列的数据库对象(如涉及该列的视图)也一并删除。RESTRICT 表示受限,仅当没有依赖于该列的数据库对象时删除才能成功。

(4) 添加表约束

```
ALTER TABLE <表名> ADD <表约束定义>
```

其中<表约束定义>与创建基本表相同。

(5) 删除表约束

```
ALTER TABLE <表名> DROP CONSTRAINT <约束名>
|CASCADE | RESTRICT|
```

其中被删除的约束一定是命名的约束,给出约束名。CASCADE 导致删除约束并且同时删除依赖于该约束的数据库对象,而 RESTRICT 仅当不存在依赖于该约束的数据库对象时才删除该约束。

例 4.2　　在 Courses 中增加一个新列 Pno,表示课程的先行课的课程号,可以用

```
ALTER TABLE Courses ADD Pno CHAR (5);
```

在 Students 的 Sex 列设置缺省值"女"可以减少大约一半学生性别的输入。可以用如下语句来设置缺省值:

```
ALTER TABLE Students ALTER Sex SET DEFAULT '女';
```

而删除 Sex 上的缺省值可以用

```
ALTER TABLE Students ALTER Sex DROP DEFAULT;
```

删除 Courses 中的 Pno 列可以用

```
ALTER TABLE Courses DROP Pno;
```

　　　　　　　　　　　　　　　　　　　　　　　　　　　　　　　□

3. 删除基本表

当不需要某个基本表时,可以使用 DROP TABLE 语句将它删除。语句格

式为

> DROP TABLE ＜表名＞ {CASCADE|RESTRICT}

其中 CASCADE 表示级联删除,依赖于表的数据对象(最常见的是视图)也将一同被删除。RESTRICT 表示受限删除,如果基于该表定义有视图,或者有其他表引用该表(如 CHECK、FOREIGN KEY 等约束),或者该表有触发器、存储过程或函数等,则不能删除。

删除基本表导致存放在表中的数据和表定义都将被彻底删除。

例 4.3　如果用如下语句删除 SC 表:

> DROP TABLE SC RESTRICT;

则仅当没有依赖于 SC 的任何数据库对象删除才能成功。然而,如果用

> DROP TABLE SC CASCADE;

则表 SC 和依赖它的数据库对象都被彻底删除。注意:基本表一旦被删除,这种删除是永久的,不可恢复的。基本表中的数据及在该表上建立的视图、索引将全部被删除掉。因此执行删除基本表的操作时要格外小心。　　　　　　　　　　□

4.2.3　建立和删除索引

索引类似于书的目录。利用目录可以快速找到想阅读的章节。同样,使用索引可以避免扫描整个表,很快得到相关的记录。索引也可以加快表之间的连接速度,加快表的排序和分组工作。

索引属于物理存储的路径概念,而不是逻辑的概念。一个基本表可以根据需要建立多个索引,以提供多种存取路径,加快数据查询速度。索引既可以建立在一个属性上,也可以建立在多个属性(即属性组)上。

索引由 DBA 或表的属主负责建立和删除,其他用户不能随意建立和删除索引。索引由 DBMS 自动选择和维护。也就是说,DBMS 将根据数据操作的需要自动选择合适的索引。用户不必也不能显式地选择索引,也不需要用户对索引进行维护。这些工作都由 DBMS 自动完成。

索引通常分为唯一性索引(每一个索引值对应一个数据行)和非唯一性索引,也可以分为聚族索引和非聚族索引。聚族索引使基本表中数据的物理顺序与索引项的排列顺序一致。用户只需要使用 DBMS 提供的接口定义索引,至于索引的具体实现是由 DBMS 决定的。有的 DBMS 采用 B+树实现,有的采用动态 HASH 实现。B+树索引具有动态平衡的特点,HASH 索引查找速度快。

1. 创建索引

通常,DBMS 自动为主码建立索引,其他索引需要用 CREATE INDEX 语句创建。创建索引的语句格式为

```
CREATE [UNIQUE] [CLUSTER] INDEX <索引名>
    ON <表名>(<列名>[<次序>],…,<列名>[<次序>])
```

其中, <索引名>为建立的索引命名; <表名>是要建立索引的基本表的名字; 索引可以建在该表的一列或多列上, 各列名间用逗号分隔; 每个<列名>后可以用<次序>指定索引值的排列次序, 包括 ASC(升序)和 DESC(降序)两种, 缺省值为ASC。

UNIQUE 表示该索引为唯一性索引。UNIQUE 缺省时, 创建的索引为非唯一性索引。

CLUSTER 表示建立的索引是聚簇索引, 缺省时为非聚簇索引。

创建索引不仅创建索引结构, 而且将索引的定义存储在数据字典中。

聚簇索引比非聚簇索引的查询效率高, 但是建立聚簇索引后, 在更新索引列数据时, 会导致表中记录的物理顺序的变化, 因此维护代价较大。一个基本表上最多只能建立一个聚簇索引。

例 4.4　在 Students 的 Dno 上创建一个名为 Student_Dept 的索引可以用

```
CREATE INDEX Student_Dept ON Students(Dno);
```

而在 Teachers 上的 Dno 创建一个名为 Teacher-Dept 的聚簇索引可以用

```
CREATE CLUSTER INDEX Teacher_Dept ON Teachers(Dno);
```

注意: 学生流动性比较大, Students 更新频繁, 不适合创建聚簇索引; 而教师相对稳定, 可以考虑按所在院系在 Teachers 上创建聚簇索引。　　　　　　□

2. 删除索引

索引一旦建立, 就由系统来选择和维护, 无需用户干预, 但删除一些不必要的索引时, 可用下列语句来实现:

```
DROP INDEX <索引名>
```

删除索引时, 系统将删除索引结构, 并同时从数据字典中删去有关该索引的定义。

例 4.5　删除索引 Student_Dept。

```
DROP INDEX Student_Dept;
```
　　　　　　□

4.2.4　模式的定义和删除

支持 SQL 的 DBMS 提供了一个 SQL 环境(SQL-environment)。SQL 环境包括零个或多个目录、零个或多个用户标识符(称作授权标识符)、零个或多个模块和目录中的模式描述的 SQL 数据。

DBMS 为关系的命名提供了一个三级层次结构。该层次结构的顶层由目录(catalog)组成, 每个目录中包含一些模式(schema), 而 SQL 对象(关系、视图等)都包含在模式内。SQL 环境中的目录不能重名,同一目录下的模式不能重名,同一模式下的关系不能重名。一个关系由目录名、模式名和关系名唯一确定,例如

　　　　　Catalog2.Supply-schema.Suppliers

确定 Catalog2 目录下 Supply-schema 模式中的 Suppliers 关系。如果关系在默认目录的默认模式中,则可以省略目录名和模式名前缀。

为了进行数据库操作,首先必须连接到数据库。当用户(程序)连接到数据库时,系统为该连接建立一个默认的目录和模式。

目录的创建、设置和删除依赖于具体实现,不包含在 SQL 标准中。但是,可以用 CREATE SCHEMA 和 DROP SCHEMA 创建和删除模式。

1. 创建模式

谁有权创建模式依赖于实现。通常,DBMS 规定只有 DBA 和或经 DBA 授权创建模式的用户才能创建模式。创建模式的语句格式为

　　　　　CREATE SCHEMA <模式名> [<模式元素>…]

或

　　　　　CREATE SCHEMA [<模式名>] AUTHORIZATION <用户名>
　　　　　　　　　　[<模式元素>…]

第一种格式创建一个以<模式名>命名的模式,并可以在创建模式的同时为该模式创建或不创建模式元素。<模式元素>可以是表定义、视图定义、断言定义、授权定义等。这种格式没有授权其他用户访问创建的模式,以后可以用授权语句授权。

第二种格式与第一种的区别在于它将创建的模式授权予<用户名>指定的用户。当<模式名>缺省时,用<用户名>作为模式名。

实际上,创建一个模式就相当于创建一个数据库(微软的 SQL Server 用 CREATE DATABSE)。

例 4.6　为 WangQiang 创建一个名为 Supply_schema 的模式,可以用

　　　　　CREATE SCHEMA Supply_schema AUTHORIZATION WangQiang;

所创建的模式在当前目录下,并为 WangQiang 所拥有。如果用

　　　　　CREATE SCHEMA Supply_schema;

则创建一个名为 Supply_schema 的模式,但未向任何用户授权。如果用

　　　　　CREATE SCHEMA AUTHORIZATION WangQiang;

则为 WangQiang 创建一个模式,并用 WangQiang 命名。

还可以在创建模式的同时创建该模式中的对象。例如

　　　　　CREATE SCHEMA Supply_schema

　　　　　　　CREATE TABLE Suppliers

```
(Sno        CHAR(5) PRIMARY KEY,
Sname       CHAR(20) NOT NULL,
Status      SMALLINT,
Address     CHAR(30),
Phone   CHAR(10));
```

在创建模式 Supply‑schema 的同时,还在该模式中定义了一个基本表 Suppli‑
ers。　　　　　　　　　　　　　　　　　　　　　　　　　　　　　　　　　　□

2. 删除模式

DBA 和模式的拥有者可以用 DROP SCHEMA 删除模式。删除模式的语句格
式为

　　　　DROP SCHEMA <模式名> CASCADE|RESTRICT

其中 CASCADE 和 RESTRICT 两者必须选择其一。如果选 CASCADE(级联),则
该语句删除<模式名>指定的模式,并同时删除该模式中的所有数据库对象(基本
表、视图、断言等)。如果选 RESTRICT(限制),则仅当<模式名>指定的模式不
包含任何数据库对象时才删除指定的模式,否则拒绝删除。

例 4.7　语句

　　　　DROP SCHEMA Supply‑schema RESTRICT

仅当模式 Supply‑schema 中不包含任何数据库对象时, 才删除模式 Supply‑
schema,否则什么也不做。而

　　　　DROP SCHEMA Supply‑schema CASCADE

将直接删除模式 Supply‑schema,并同时删除该模式中所有的数据库对象。　　　□

4.3　数据查询

查询是数据库的最重要的操作。在 SQL 中,所有查询都用 SELECT 语句实
现。查询在一个或多个关系(基本表或视图)上进行,其结果是一个关系。

4.3.1　SELECT 语句的一般形式

SELECT 语句的一般形式如下:

```
SELECT [ALL | DISTINCT] <选择序列>
    FROM <表引用>, …, <表引用>
    [WHERE <查询条件>]
    [GROUP BY <分组列>, …, <分组列>[HAVING <分组选择条件>]]
    [ORDER BY <排序列> [ASC | DESC], …, <排序列> [ASC | DESC]]
```

SELECT 语句包含 5 个子句:SELECT 子句、FROM 子句、WHERE 子句、

GROUP BY 子句和 ORDER BY 子句。其中最基本的结构是 SELECT-FROM-WHERE,并且 SELECT 子句和 FROM 子句是必需的,其他子句都是可选的。我们先介绍 SELECT 语句的基本结构,稍后再详细介绍 GROUP BY 子句和 ORDER BY 子句。

1. SELECT 子句

SELECT 子句相当于关系代数的投影运算(更准确地说,相当于广义投影),用来列出查询结果表的诸列。SELECT 后可以使用集合量词 ALL 或 DISTINCT,缺省时为 ALL。ALL 不删除结果的重复行,而 DISTINCT 将删除结果中的重复行。

<选择序列>可以是" * ",表示查询结果包含 FROM 子句指定的基本表或导出表(以下简称表或关系)的所有属性。通常,<选择序列>列举查询结果的每个列。结果列的次序可以任意指定,结果列之间用逗号隔开。每个结果列具有如下形式:

　　　　<值表达式> [[AS] <列名>]
其中,<值表达式>是任意可求值的表达式;可选短语"AS <列名>"(可省略 AS)用<列名>对结果列重新命名,缺省时结果列名为<值表达式>。<列名>在SELECT-FROM-WHERE 结构中有效。<值表达式>最常见形式为

　　　　[<表名>.]<列名>
其中,<列名>必须出现在 FROM 子句指定的表中。在不会引起混淆(即<列名>只出现在一个表中)时,<列名>前的可选前缀"<表名>."可以缺省。<表名>是<列名>所在表的名字或别名(见 FROM 子句)。

2. FROM 子句

FROM 子句相当于关系代数的笛卡儿积运算,用来列出查询需要扫描的基本表或导出表。FROM 子句中可以有一个或多个<表引用>,中间用逗号隔开。<表引用>的最常见形式是

　　　　<表名> [[AS] <表别名>]
其中,<表名>是合法的表名;可选短语"AS <表别名>"(可省略 AS)用来对表起别名(在 SELECT-FROM-WHERE 结构中有效)。当同一个表在 SELECT-FROM-WHERE 结构中重复出现时,使用别名可以很好地区分它们的不同出现。当列名前需要带表名前缀时,使用较短的别名也可以简化语句书写。

3. WHERE 子句

WHERE 子句相当于关系代数中的选择运算,<查询条件>是作用于 FROM 子句中的表和视图的选择谓词。WHERE 子句缺省时等价于 WHERE TRUE(即

查询条件为恒真条件)。<查询条件>可以非常复杂。在下面的几小节,我们将通过一些例子介绍<查询条件>的一些常见形式。

基本 SELECT 语句的执行相当于:首先求 FROM 子句指定的基本表或导出表的笛卡儿积,然后根据 WHERE 子句的查询条件从中选择满足查询条件的元组,最后投影到 SELECT 子句的结果列上,得到查询的回答。

4.3.2　不带 WHERE 子句的简单查询

最简单的 SELECT 语句是只包括 SELECT 和 FROM 子句。这种语句只能完成对单个表的投影运算。

例 4.8　查询所有课程的信息可以用

```
SELECT Cno, Cname, Period, Credit
FROM Courses;
```

或简单地用

```
SELECT *
FROM Courses;
```

注意:用"＊"来表示所有的属性列时,得到的查询表的属性次序将和表定义的属性次序一致。然而,如果用第一种形式,属性的次序不必与表属性的定义次序一致,并且允许只显示我们感兴趣的某些属性。例如,下面的语句将显示每门课程的课程号和学分:

```
SELECT Cno, Credit
FROM Courses;                                                      □
```

SELECT 子句中的列可以是表达式,如下面的例子所示。

例 4.9　假定当前年份为 2007,并且假设我们定义了一个函数 $year(d)$(在后面的例子中,我们也使用这个函数),它返回 DATE 类型的参数 d 中的年份。下面的语句将显示每位学生的年龄:

```
SELECT 2007-year(Birthday) AS Age
FROM Students;
```

AS Age(可以省略 AS)用 Age 对表达式 2007-$year$(Birthday)重新命名,导致结果为单个属性 Age 的表。如果去掉 AS Age,则查询结果的列名为 2007-$year$(Birthday)。该查询将显示每位学生的年龄。由于学生的人数众多,这可能是一个很长的年龄列表,其中几乎每个值都重复出现很多次。SQL 允许我们用 DISTINCT 短语强制删除重复元组。下面的语句将显示所有学生的不同年龄:

```
SELECT DISTINCT 2007-year(Birthday) Age
FROM Students;                                                     □
```

4.3.3　带 WHERE 子句的查询

稍微复杂一点的查询都需要 WHERE 子句,用来说明一个查询条件。一般地,查询条件是一个布尔表达式。布尔表达式是由基本布尔表达式用圆括号和逻辑运算符(NOT、AND 和 OR)构成的表达式。其中,基本布尔表达式可以是逻辑常量(TRUE 和 FALSE)、比较表达式、BETWEEN 表达式、IN 表达式、LIKE 表达式、NULL 表达式、量化比较表达式、存在表达式、唯一表达式或匹配表达式①。下面,我们将通过一些例子介绍前几种基本布尔表达式的用法。后几种基本布尔表达式主要与子查询配合使用,我们将在 4.3.6 节详细讨论。

1. 比较表达式

比较表达式的常见形式如下:

$$<值表达式 1> θ <值表达式 2>$$

其中 θ 是比较运算符($<$、$<=$、$>$、$>=$、$=$、$<>$或$!=$),$<$值表达式 1$>$和$<$值表达式 2$>$都是可求值的表达式,并且它们的值可以进行比较。通常,这些值表达式是常量、属性和函数。比较表达式根据比较关系是否成立产生真假值。

例 4.10　(1)查询职称(Title)为讲师的全体教师的姓名和性别。

```
SELECT Tname, Sex
FROM Teachers
WHERE Title = '讲师';
```

(2)查询考试成绩不及格的学生的学号。

```
SELECT DISTINCT Sno
FROM SC
WHERE Grade<60;
```

其中 DISTIINCT 使得不及格课程超过一门次的学生学号只显示一次。　　　　□

2. BETWEEN 表达式

BETWEEN 表达式判定一个给定的值是否在给定的闭区间,其最常见形式是

$$<值表达式> [NOT] BETWEEN <下界> AND <上界>$$

其中$<$值表达式$>$、$<$下界$>$和$<$上界$>$都是可求值的表达式,其值是序数类型,并且$<$下界$>$的值小于或等于$<$上界$>$。当且仅当$<$值表达式$>$的值在$<$下界$>$和$<$上界$>$确定的闭区间时,$<$值表达式$>$ BETWEEN $<$下界$>$ AND $<$上界$>$为真,而$<$值表达式$>$ NOT BETWEEN $<$下界$>$ AND $<$上界$>$为假。

---

①　SQL 称这些表达式为谓词,如比较谓词、BETWEEN 谓词、IN 谓词等。

例 4.11 (1) 查询查询出生年份在 1987~1990 年的学生的姓名和专业。

```
SELECT Sname, Speciality
FROM Students
WHERE year(Birthday) BETWEEN 1987 AND 1990;
```

(2) 查询查询出生年份不在 1987~1990 年的学生的姓名和专业。

```
SELECT Sname, Speciality
FROM Students
WHERE year(Birthday) NOT BETWEEN 1987 AND 1990;
```

BETWEEN-AND 和 NOT BETWEEN-AND 表示的条件一般都可以用 AND 或 OR 连接的多重比较表示。例如,查询(1)可以用

```
SELECT Sname, Speciality
FROM Students
WHERE year(Birthday) > = 1987 AND year(Birthday) < = 1990;
```

而查询(2)可以用

```
SELECT Sname, Speciality
FROM Students
WHERE year(Birthday) < 1987 OR year(Birthday) > 1990;
```
□

3. IN 表达式

IN 表达式判定一个给定的元素是否在给定的集合中。IN 表达式有两种形式:

```
<值表达式> [NOT] IN (<值表达式列表>)
<元组> | [NOT] IN <子查询>
```

我们先讨论第一种形式,后一种形式稍后讨论。在第一种形式中,<值表达式>是可求值的表达式(通常是属性),而<值表达式列表>包括一个或多个可求值的表达式(通常是字面值,如 45,′教授′等),中间用逗号隔开。当且仅当<值表达式>的值出现在<值表达式列表>中,<值表达式> IN (<值表达式列表>)为真,而<值表达式> NOT IN (<值表达式列表>)为假。

例 4.12 (1) 查询计算机科学与技术和软件工程专业的学生的学号和姓名。

```
SELECT Sno, Sname
FROM Students
WHERE Speciality IN (′计算机科学与技术′, ′软件工程′)
```

(2) 查询既不是计算机科学与技术,也不是软件工程专业的学生的学号和姓名。

```
SELECT Sno, Sname
FROM Students
```

　　　　WHERE Speciality NOT IN ('计算机科学与技术', '软件工程');　　　　　　　　　　□

　　当<值表达式列表>很小时,IN 和 NOT IN 表示的查询条件都容易用多重比较表示。然而,当<值表达式列表>较大时,使用 IN 表达式更简洁。

　　4. LIKE 表达式

　　使用比较运算符,两个字符串可以在字典序下进行比较。但是这种比较是精确比较,不能解决诸如"查找课程名的前两个汉字是'数据'的课程"这类模糊查询。LIKE 表达式允许我们表示这类查询。LIKE 表达式的一般形式为

　　　　<匹配值> [NOT] LIKE <模式> [ESCAPE '<换码字符>']

其中<匹配值>和<模式>都是字符串表达式,它们的值是可比较的。通常,<匹配值>是属性,<模式>是给定的字符串常量。<模式>中允许使用通配符。有两种通配符:"_"(下横线)可以与任意单个字符匹配,而"%"可以与零个或多个任意字符匹配。ESCAPE '<换码字符>'通常的形式是 ESCAPE '\'。它定义"\"为转义字符,将紧随其后的一个字符转义。如果<模式>中的_或%紧跟在 \ 之后,则这个_或%就失去了通配符的意义,而取其字面意义。

　　当且仅当<匹配值>与<模式>匹配时,<匹配值> LIKE <模式>为真,而<匹配值> NOT LIKE <模式>为假。

　　例 4.13　　(1) 查询所有以"数据"开头的课程名。

　　　　SELECT Cname
　　　　FROM Courses
　　　　WHERE Cname LIKE '数据%';

　　(2) 查询姓李并且姓名只有两个汉字的学生的学号和姓名。

　　　　SELECT Sno, Sname
　　　　FROM Students
　　　　WHERE Sname LIKE '李__';　　/*注意:一个汉字占两个字符位置

　　(3) 查询以 C_打头的课程的详细信息。

　　由于通配符"_"出现在模式中,我们需要使用转义字符将它转义。该查询可以用如下语句实现:

　　　　SELECT *
　　　　FROM Courses
　　　　WHERE Cname LIKE 'C \ _ %' ESCAPE '\';

其中,ESCAPE 短语定义"\"为转义字符,模式'C \ _%'中的"_"被转义,不再取通配符含义,而是取字面意义。注意:'C \ _%'中的"%"仍然是通配符,因为转义字符只对紧随其后的一个字符转义。　　　　　　　　　　　　　　　　　　　　　　　　□

5. NULL 表达式

SQL 允许元组在某些属性上取空值(NULL)。空值代表未知的值,不能与其他值进行比较。NULL 表达式允许我们判定给定的值是否为空值。NULL 表达式的常见形式如下:

　　　　<值表达式>|<子查询>IS[NOT]NULL

NULL 表达式可以判定一个特定的值或子查询结果是否为空值。通常,<值表达式>是属性。例如,如果 A 是属性,则 A IS NULL 为真当且仅当属性 A 上取空值。

例4.14　查询成绩为空的学生的学号和课程号。

```
SELECT Sno, Cno
FROM SC
WHERE Grade IS NULL;
```

4.3.4　排序和分组

1. 将查询结果排序

通常,查询结果的显示次序是任意的。有时,查询的结果按一定的次序显示更便于观察。例如,将运动员的成绩由高到低排列,容易看出谁得到了金、银、铜牌。ORDER BY 子句可以将查询的结果按一定次序显示。ORDER BY 子句可以按多个结果列将查询结果排序,其一般形式如下:

　　　　ORDER BY <排序列> [ASC | DESC] {,<排序列> [ASC | DESC]}

其中,<排序列>是属性名或属性的别名,必须出现在 SELECT 子句中。ORDER BY 后可以有一个或多个<排序列>,中间用逗号隔开。每个<排序列>都可以独立指定按升序(ASC)还是按降序(DESC)排序,缺省时为升序。如果指定多个<排序列>,则查询结果按指定的次序,首先按第一个<排序列>的值排序,第一个<排序列>值相同的结果元组按第二个<排序列>的值排序,如此下去。

例4.15　(1) 查询每位学生 CS202 课程的成绩,并将查询结果按成绩降序排序。

```
SELECT *
FROM SC
WHERE Cno = ´CS202´
ORDER BY Grade DESC;
```

(2) 查询每位学生的每门课程的成绩,并将查询结果按课程号升序、成绩降序排序。

```
SELECT *
```

```
FROM SC
ORDER BY Cno, Grade DESC;                                              □
```

2. 聚集函数

在实际应用中,常常需要计算一些统计量。例如,统计学生的总人数、女生的人数、学生的平均成绩等。SQL 语言提供了一些聚集函数,使用这些聚集函数可以方便的进行各种统计查询。

SQL 的聚集函数可以单独使用,也可以配合 GROUP BY(分组)子句使用。单独使用时,聚集函数作用于整个查询结果;而与 GROUP BY 子句配合使用时,聚集函数作用于查询结果的每个分组。聚集函数单独使用时,可以认为整个查询结果形成一个分组。

SQL 的聚集函数具有如下形式:

```
COUNT ([ALL | DISTINCT] * )
```

或

```
<聚集函数>([ALL | DISTINCT] <值表达式>)
```

第一种情况比较简单:COUNT (*)或 COUNT (ALL *)返回每个分组中的元组个数;而 COUNT (DISTINCT *)返回每个分组中不同元组的个数。

对于第二种情况,<聚集函数>可以是 COUNT(计数)、SUM(和)、AVG(平均值)、MAX(最大值)或 MIN(最小值);<值表达式>是可求值的表达式,通常是属性。短语 ALL 或 DISTINCT 是可选的,缺省时为 ALL。

设 f 是聚集函数,e 是值表达式。$f(ALL\ e)$ 或 $f(e)$ 对每个分组,首先对该分组中每个元组计算 e,得到 e 值的多重集①;然后,将 f 作用于该多重集得到聚集函数值。而 $f(DISTINCT\ e)$ 与 $f(e)$ 的唯一不同是,$f(DISTINCT\ e)$ 在得到函数值之前要删除多重集中的重复元素。

例如,设 A 是属性。SUM(DISTINCT A)将对每个分组中的元组,在属性 A 的不同值上求和;而 SUM(A)将简单地对每个分组中的元组,在属性 A 上求和。

例 4.16 (1) 查询选修了 CS302 课程的学生的人数。

因为每个选修了 CS302 课程的学生在 SC 中都恰有一个记录,因此该查询相当于统计 SC 中 Cno='CS302'的元组个数。该查询可以用如下语句实现:

```
SELECT COUNT ( * )
FROM SC
WHERE Cno = 'CS302';
```

(2) 查询 CS302 课程成绩最低分、平均分和最高分。

---

① 多重集是允许元素重复出现的"集合"(见 3.4.4 节)。

```
SELECT MIN (Grade), AVG (Grade), MAX (Grade)
FROM SC
WHERE Cno = ´CS302´;
```
□

3. 分组

如果查询每个学生的平均成绩,或者查询每门课程的平均成绩,单纯使用聚集函数很难表达。因为这种查询需要先对 SC 表中的元组按学生或课程进行分组,然后再应用聚集函数。SQL 语言提供了 GROUP BY 子句,其一般形式如下:

GROUP BY ＜分组列＞ |,＜分组列＞| [HAVING ＜分组选择条件＞]

其中,＜分组列＞是属性(可以带表名前缀),它所在的表出现在 FROM 子句中。可选的 HAVING 子句用来过滤掉不满足＜分组选择条件＞的分组,缺省时等价于 HAVING TRUE。＜分组选择条件＞类似于 WHERE 子句的查询条件,但其中允许出现聚集函数。

对于带 GROUP BY 子句的 SELECT 语句,SELECT 子句中的结果列必须是 GROUP BY 子句中的＜分组列＞或聚集函数。

带 GROUP BY 子句的 SELECT 语句的执行效果相当于:首先对 FROM 子句中的表计算笛卡儿积,再根据 WHERE 子句的查询条件从中选择满足查询条件的元组,得到查询的中间结果。然后,按照 GROUP BY 子句指定的一个或多个列对中间结果分组,在这些列上的值相等的元组分为一组;计算聚集函数(如果 SELECT 子句或 HAVING 短语包含聚集函数的话),并按照 HAVING 短语中的分组选择条件过滤掉不满足条件的分组。最后,投影到 SELECT 子句的结果列上,得到查询的回答。

例 4.17 查询每个学生的平均成绩,输出学生的学号和平均成绩。

学生的成绩都在 SC 中。为了得到每个学生的平均成绩,我们需要对 SC 中的元组按学号分组,计算每个组的诸元组 Grade 的平均值。这可以用如下语句实现:

```
SELECT Sno, AVG (Grade)
FROM SC
GROUP BY Sno;
```
□

例 4.18 查询每个学生的平均成绩,并输出平均成绩大于 85 的学生学号和平均成绩。

该例与例 4.17 的唯一不同是:我们需要去掉平均成绩小于或等于 85 的分组。这可以使用 HAVING 短语,用如下语句实现:

```
SELECT Sno, AVG (Grade)
FROM SC
GROUP BY Sno HAVING AVG (Grade)>85;
```
□

4.3.5　连接查询

前面的例子都是单表查询,然而查询需要的信息和查询条件涉及的属性常常分布在多个表中。SQL 支持多表查询,允许 FROM 子句中包括多个表。注意:当FROM 子句中包含多个表时,相当于求这些表的笛卡儿积。一般地,将来自不同表的任意元组串接在一起所形成的元组并没有实际意义。我们需要的是自然连接和其他连接。

SQL 允许 FROM 子句中包含各种连接的表。例如, T1 NATURAL JOIN T2产生表 T1 和 T2 的自然连接,可以作为一个表引用出现在 FROM 子句中。但是,许多商品化的 DBMS 并不能很好地支持这些功能。然而,我们可以在 WHERE 子句中说明连接条件,并通过 SELECT 子句选取所需要的属性来实现各种连接。在这种意义下,涉及多个表的查询通常称为连接查询。

例 4.19　查询学号为 200605098 的学生的各科成绩,对每门课程显示课程名和成绩。

学生的所有成绩都在表 SC 中,但是 SC 中只有课程号,而没有课程名。课程名在表 Courses 中。该查询可以用如下语句实现:

```
SELECT Cname, Grade
FROM SC, Courses
WHERE SC.Cno = Courses.Cno AND Sno = ′200605098′;
```

其中 SC.Cno = Courses.Cno 是连接条件,相当于求 SC 和 Courses 的自然连接;而Sno = ′200605098′是该查询的选择条件。注意:Cno 既是表 SC 的属性,也是Courses 的属性。为了避免二义性,我们必须在 Cno 前加前缀"SC."或"Courses."。其实,任何属性前都可以加前缀。但是,当 A 只是 FROM 子句中一个表的属性时,前缀可以省略。　　　　　　　　　　　　　　　　　　　　　　　　　□

例 4.20　查询选修 CS202 课程,并且成绩在 90 分以上的所有学生的学号、姓名和成绩。

```
SELECT Students.Sno, Sname, Grade
FROM Students, SC
WHERE Students.Sno = SC.Sno AND Cno = ′CS202′ AND Grade>90;
```
　　　　　　　　　　　　　　　　　　　　　　　　　　　　　　□

例 4.21　查询每个学生选修的每门课程的成绩,要求列出学号、姓名、课程名和成绩。

该查询没有选择条件,但是涉及 Students、SC 和 Courses 三个表。WHERE 子句需要给出这三个表的连接条件。该查询可以用如下语句实现:

```
SELECT Student.Sno, Sname, Cname, Grade
FROM Students, SC, Courses
```

```
WHERE Students.Sno = SC. Sno AND SC.Cno = Courses. Cno;                □
```

例 4.22　查询每个学生的平均成绩,并输出平均成绩大于 85 的学生学号、姓名和平均成绩。

该例与例 4.18 唯一的不同是需要显示学生的姓名。这使得显示的结果更加用户友好。

```
SELECT Student.Sno, Sname, AVG (Grade)
FROM SC, Students
WHERE Students.Sno = SC. Sno
GROUP BY Students.Sno, Sname
HAVING AVG (Grade)>85;
```

注意:对于带 GROUP BY 子句的查询,SELECT 子句中的结果列只能是分组属性和聚集函数。由于查询要求显示学生的姓名,因此在该查询中,我们按学生的学号和姓名分组。按学生的学号和姓名分组与按学号分组的效果是一样的。　　　□

自身连接是一个表和它自己进行连接,通常情况下使用的不多,但是对于一些特定的查询,自身连接查询非常有效。

例 4.23　查询和王丽丽出生年月相同的学生的姓名。

```
SELECT S2.Sname
FROM Students S1, Students S2
WHERE S1.Birthday = S2.Birthday AND
      S1.Sname = ´王丽丽´AND
      S2.Sname< >´王丽丽´;
```

这里,表 Students 在 FROM 子句中出现两次,我们分别对它们使用别名 S1 和 S2。这种别名可以看作元组变量。该查询的执行相当于:对于 Students 的每个元组 S1,考察 Students 的每个元组 S2,如果它们满足 WHERE 子句中的条件,则显示元组 S2 的 Sname 属性值。条件 S2.Sname< >´王丽丽´使得显示的结果不包括王丽丽本人。　　　□

实际上,不仅可以把表别名看作元组变量,而且也可以将表名看作该表的元组变量。例如,例 4.19 可以解释为,对于 SC 的每个元组 SC,考虑 Courses 的每个元组 Courses,如果它们满足条件 SC.Cno = Courses.Cno AND Sno = ´200605098´,则显示元组 Courses 的 Cname 属性和元组 SC 的 Grade 属性的值。

4.3.6　嵌套查询

SQL 是一种结构化查询语言,它允许将一个查询作为子查询嵌套在另一个 SELECT 语句中。最常见的嵌套是将子查询嵌套在 WHERE 子句或 HAVING 短语的条件中。我们将一个查询嵌套在另一个查询中的查询称为**嵌套查询**,并称前者为**子查询(内层查询)**,后者为**父查询(外层查询)**。子查询中不能使用 ORDER

BY 子句。

嵌套查询可以分两类:**不相关子查询**的子查询的条件不依赖于父查询;而**相关子查询**的子查询的查询条件依赖于父查询。

使用子查询可以对集合的成员资格、集合比较和集合基数进行检查,可以引进子查询的表达式包括 IN 表达式、存在表达式、NULL 表达式和唯一表达式等。

1. IN 引出的子查询

在 4.3.3 节,我们介绍了 IN 表达式的第一种形式,用于判定一个给定的值是否在给定的集合中,IN 表达式的第二种形式可以更一般地判定集合成员资格,其形式如下:

<元组> [NOT] IN <子查询>

其中<元组>形如(<值表达式>,…,<值表达式>),并且当元组只有一个分量时,可以省略圆括号。当且仅当<元组>出现在<子查询>的结果中,<元组> IN <子查询>为真,而<元组> NOT IN <子查询>为假。

例 4.24　查询和王丽丽在同一个专业学习的女同学的学号和姓名。

为了解决该问题,我们首先需要知道王丽丽所在的专业。这可以用如下语句得到:

```
SELECT Speciality
FROM Students
WHERE Sname = '王丽丽';
```

将它作为子查询,我们得到该查询的 SQL 语句:

```
SELECT Sno, Sname
FROM Students
WHERE Sex = '女' AND Speciality IN
    (SELECT Speciality
    FROM Students
    WHERE Sname = '王丽丽');
```

这是一个不相关子查询。系统先执行子查询,得到王丽丽所在的专业。一般地,这是专业的集合(王丽丽可能不止一个)。然后,外层查询选择专业在该集合中的女生,并显示她们的学号和姓名。如果王丽丽只有一个,则子查询的结果是单个值。此时,可以将"Speciality IN"用"Speciality ="替代。使用类似于例 4.23 的方法,该查询也可以用连接查询实现。　　　　　　　　　　　　　　　　　　　　　□

在上面的例子中,表 Students 出现在父查询和子查询中。这不会引起混淆。与程序设计语言变量类似,子查询的 FROM 子句中的表(包括它的属性,下同)仅在子查询中存在并起作用,而父查询 FROM 子句中的表在父查询和子查询都存在,但是当子查询的 FROM 子句包含相同的表时,其作用域不包含子查询。然而,我们可以对父查询中的表起别名,并在子查询中引用它的属性。当子查询中还包含子查询时,解释类似。

2. 集合的比较引出的子查询

SQL 允许将一个元素与子查询的结果集进行比较。这种量化比较表达式的常用形式是

　　　　<值表达式> θ ALL | SOME | ANY <子查询>

其中<值表达式>通常是属性,θ 是比较运算符(= 、< > 、! = 、< 、> 、> = 、< =)。SOME 和 ANY 的含义相同。早期只有 ANY,但容易与英语中的 any 一词在语言上混淆,现在更多地使用 SOME。当<子查询>的结果为单个值时,ALL、SOME 和 ANY 可以省略。

设 v 是<值表达式>的值,S 是<子查询>的查询结果,它是元组(值)的集合。$v θ$ ALL S 为真,当且仅当 v 与 S 中的每个值都满足比较关系 θ。$v θ$ SOME S(或 $v θ$ ANYS)为真,当且仅当 v 与 S 中的某个值满足比较关系 θ。例如,当 v 大于 S 中每个值时,$v >$ ALL S 为真;而当 v 不等于 S 中的某个值时,$v <$ > SOME S 为真。注意: = SOME 等价于 IN,但是< > SOME 并不等价于 NOT IN。

例 4.25　查询比软件工程专业所有学生都小的其他专业的学生的学号、姓名、专业和出生日期。

下面的语句将得到软件工程专业所有学生的出生日期:

```
SELECT Birthday
FROM Students
WHERE Speciality = ′软件工程′;
```

将它作为子查询,我们得到该查询的 SQL 语句:

```
SELECT Sno, Sname, Speciality, Birthday
FROM Students
WHERE Speciality < >′软件工程′ AND
        Birthday > ALL (SELECT Birthday
                        FROM Students
                        WHERE Speciality = ′软件工程′);
```

事实上,为了回答该查询,我们可以找出比软件工程专业年龄最小的学生还小的其他专业的学生。这可以使用聚集函数实现:

```
SELECT Sno, Sname, Speciality, Birthday
FROM Students
WHERE Speciality < >′软件工程′ AND
```

```
Birthday > (SELECT MAX (Birthday)
              FROM Students
              WHERE Speciality = '软件工程');
```
其中子查询返回单个值,是软件工程专业学生的最小年龄。　　　　　　　　□

事实上,用集函数实现子查询通常比直接用 SOME 或 ALL 查询效率要高。SOME 和 ALL 与集函数的对应关系如表 4.1 所示。

表 4.1　SOME、ALL 谓词与集函数及 IN 谓词的等价转换关系

	=	! = 或< >	<	< =	>	> =
SOME	IN	—	< MAX	< = MAX	> MIN	> = MIN
ALL	—	NOT IN	< MIN	< = MIN	> MAX	> = MAX

例 4.26　查询平均成绩最高的课程的课程号和平均成绩。

下面的语句将产生每门课程的平均成绩:

```
SELECT AVG(Grade)
FROM SC
GROUP BY Cno;
```

我们只需要找出这样的课程,其平均成绩大于或等于这些平均成绩中的每一个。因此,该查询可以用如下语句实现:

```
SELECT Cno, AVG(Grade)
FROM SC
GROUP BY Cno
HAVING AVG(Grade) > = ALL (SELECT AVG(Grade)
                            FROM SC
                            GROUP BY Cno);
```

注意:SQL 中的聚集函数不允许复合,形如 MAX(AVG(…))的写法是不允许的。

　　　　　　　　　　　　　　　　　　　　　　　　　　　　　　　　□

3. 存在量词引出的子查询

SQL 的存在表达式可以测试子查询的结果是否为空,其一般形式如下:

```
EXISTS <子查询>
```
其中<子查询>的 SELECT 子句的形式为:SELECT ＊ 。EXISTS <子查询>为真,当且仅当<子查询>的结果非空(至少包含一个元组)。

例 4.27　查询所有选修了 CS403 课程的学生的学号和姓名。

该查询涉及 Students 和 SC 关系。我们可以依次取 Students 中的每个元组 S,检查 SC 关系;如果 SC 中存在这样的元组,它在属性 Sno 上的值与元组 S 在属性 Sno 上的值相相等,并且在属性 Cno 上的值等于'CS403',则显示元组 S 在属性 Sno

和 Sname 上的值。根据上述分析,该查询可以用如下语句实现:

```
SELECT Sno, Sname
FROM Students S
WHERE EXISTS
      (SELECT *
       FROM SC
       WHERE Sno = S.Sno AND Cno = 'CS403');
```

这是一个相关子查询:子查询的条件涉及父查询一个特定元组 S 在属性 Sno 上的值。该查询容易用连接查询实现:

```
SELECT Sno, Sname
FROM Students S, SC
WHERE Sno = S.Sno AND Cno = 'CS403';
```

但是,如果"查询所有未选修 CS403 课程的学生的学号和姓名",我们就很难用连接查询实现。然而,我们只需要将第一种解法中的 EXISTS 改为 NOT EXISTS 就能实现该查询。　　　　　　　　　　　　　　　　　　　　　　　　□

例 4.28　查询选修了全部课程的学生的学号和姓名。

也就是说,找这样的学生 S,不存在课程 C,S 未选修 C。而 S 未选修 C 意味:不存在选课记录 SC,它是学生 S 关于课程 C 的选课记录(即 SC.Sno = S.Sno **AND** SC.Cno = C.Cno)。根据上述分析,该查询可以用如下语句实现:

```
SELECT Sno, Sname
FROM Students S
WHERE NOT EXISTS
      (SELECT *
       FROM Courses C
       WHERE NOT EXISTS
            (SELECT *
             FROM SC
             WHERE SC.Sno = S.Sno AND SC.Cno = C.Cno));
```
　　　　　　　　　　　　　　　　　　　　　　　　　　　　　□

一个与上例类似,但稍微复杂一点的例子如下:

例 4.29　查询至少选修了学号为 200515122 的学生选修的全部课程的学生的学号和姓名。

也就是说,找这样的学生 S,不存在一个选课记录 SC1,它是学号为 200515122 的学生的选课记录,S 未选修课程号为 SC1.Cno 的课程。而 S 未选修课程号为 SC1.Cno 的课程意味着,不存在选课记录 SC2,它是学生 S 关于课程 SC1.Cno 的选课记录。根据上述分析,该查询可以用如下语句实现:

```
SELECT Sno, Sname
```

```
FROM Students S
WHERE NOT EXISTS
    (SELECT *
    FROM SC SC1
    WHERE SC1.Sno = ´200515122´ AND
            NOT EXISTS
            (SELECT *
            FROM SC SC2
            WHERE SC2.Sno = S.Sno AND SC2.Cno = SC1.Cno));
```
　　　　　　　　□

4. 检测子查询结果中的重复元组

SQL 允许使用如下形式的唯一表达式检查子查询结果是否包含重复元组:

　　　　UNIQUE <子查询>

该表达式为真,当且仅当<子查询>的结果中不存在两个完全相同的元组。

　　例 4.30　查询只讲授一门课程的教师的姓名和职称。

　　关系 Teaches(Tno, Cno, TCscore)记录了教师号为 Tno 的教师承担课程号为 Cno 课程的教学评估得分 TCscore。我们可以依次取 Teachers 中的每个元组 T,检查 Teaches;如果只有一个 Teaches 元组 TC,它在属性 Tno 值与元组 T 在属性 Tno 上的值相等,则显示元组 T 在属性 Tname 和 Title 上的值。根据上述分析,该查询可以用如下语句实现:

```
SELECT Tname, Title
FROM Teachers T
WHERE UNIQUE
    (SELECT Tno
    FROM Teaches TC
    WHERE T.Tno = TC.Tno);
```
　　　　　　　　□

*4.3.7　子查询导出的表

　　在前面的例子中,我们看到子查询可以嵌套在 WHERE 子句和 HAVING 短语中。尽管一些商品化的 DBMS 不能很好支持,但是 SQL-92 允许在 FROM 子句中使用子查询导出的表。其格式如下:

　　　　<子查询> AS <表名> (<列名>, …, <列名>)

其中<表名>对<子查询>的结果表命名,而<列名>对结果的各列命名。这些名字都可以在 SELECT 语句的其他地方使用,并且局部于 SELECT 语句。

　　例 4.31　查询平均成绩高于 85 分的课程的课程号。

　　下面的语句将找出每门课程的课程号和平均成绩:

```
SELECT Cno, AVG(Grade)
FROM SC
GROUP BY Cno
```

如果我们用 Course_avg_grade (Cno, Avg_grade)对该查询结果命名,则我们很容易从中选择平均成绩高于 85 分的课程。这样,该查询可以用如下语句实现:

```
SELECT Cno, Avg_grade
FROM (SELECT Cno, AVG (Grade)
          FROM SC
          GROUP BY Cno) AS Course_avg_grade (Cno, Avg_grade)
      WHERE Avg_grade>85;                                        □
```

对于上面的例子,我们可以直接在 GROUP BY 子句中使用 HAVING AVG (Grade)>85,而不必在 FROM 子句中使用子查询导出的表。然而,使用子查询导出的表,我们能够更简单地写出例 4.26 的查询语句。

例 4.32　重做例 4.26,即查询平均成绩最高的课程的课程号和平均成绩。

```
SELECT Cno, MAX(Avg_grade)
FROM (SELECT Cno, AVG (Grade)
          FROM SC
          GROUP BY Cno) AS Course_avg_grade (Cno, Avg_grade);   □
```

4.3.8　集合运算

SQL 语言也支持传统的集合运算,包括并(UNION)、交(INTERSECT)、差(EXCEPT)。集合运算的常见形式为:

　　　　　　<元组集表达式> <集合运算符> [ALL] <元组集表达式>

其中<元组集表达式>产生元组的集合,通常是 SELECT 查询或集合运算的结果;<集合运算符>是 UNION、INTERSECT 或 EXCEPT。与 SELECT 语句不同,集合运算将自动删除结果中的重复元组。可选的 ALL 可以用来保留运算结果中的重复元组。

与关系代数一样,SQL 的集合运算要求参与运算的元组集的列数必须相同,对应列的数据类型也必须相同。

集合运算都可以用 SELECT 查询实现。下面我们看几个例子。

例 4.33　查询选修了 CS301 号课程或者选修了 CS306 号课程的学生的学号。

可以用两个 SELECT 查询分别得到选修了 CS301 课程的学生的学号和选修了 CS306 课程的学生的学号,然后求它们的并:

```
SELECT Sno
FROM SC
```

```
WHERE Cno = ´CS301´
UNION
SELECT Sno
FROM SC
WHERE Cno = ´CS306´;
```

这等价于

```
SELECT DISTINCT Sno
FROM SC
WHERE Cno = ´CS301´ OR Cno = ´CS306´;
```
☐

例 4.34　查询既选修了 CS301 号课程，又选修了 CS306 号课程的学生的学号。

类似于上例，但使用交运算：

```
SELECT Sno
FROM SC
WHERE Cno = ´CS301´
INTERSECT
SELECT Sno
FROM SC
WHERE Cno = ´CS306´;
```

这等价于

```
SELECT DISTINCT Sno
FROM SC
WHERE Cno = ´CS301´ AND
    Sno IN (SELECT Sno
        FROM SC
        WHERE Cno = ´CS306´);
```
☐

例 4.35　查询选修了 CS301 号课程，但未选修 CS306 号课程的学生的学号。

类似于上例，但使用差运算：

```
SELECT Sno
FROM SC
WHERE Cno = ´CS301´
EXCEPT
SELECT Sno
FROM SC
WHERE Cno = ´CS306´;
```

这等价于

```
SELECT DISTINCT Sno
```

```
FROM SC
WHERE Cno = ´CS301´ AND
      Sno NOT IN (SELECT Sno
                  FROM SC
                  WHERE Cno = ´CS306´);
```

4.4　数 据 更 新

数据更新包括插入、删除和修改,对应的 SQL 语句分别为:INSERT、DELETE 和 UPDATE 语句。下面分别介绍这三种语句。

4.4.1　插入

INSERT 语句有两种使用形式:一种是向基本表插入单个元组;另一种是将查询的结果(多个元组)插入基本表。

1. 插入单个元组

插入单个元组的 INSERT 语句的格式为

```
INSERT INTO T [(A₁,…, Aₖ)]
VALUES (c₁, …, cₖ)
```

其中 T 通常是基本表,也可以是视图(见 4.5 节),$A_1,\cdots, A_k$ 是 T 的属性,$c_1,\cdots, c_k$ 是常量。

该语句的功能是:将 VALUES 子句给出的新元组$(c_1, \cdots, c_k)$插入 INSERT INTO 指定的基本表 T 中。$(A_1,\cdots, A_k)$缺省时,VALUES 子句必须按基本表属性的定义次序提供新元组每个属性上的值。否则,$(A_1, \cdots, A_k)$中属性的次序可以是任意次序,并且可以仅列举基本表的部分属性。此时,VALUES 子句中的常量个数与属性的个数相等,并且 c_i 是新元组在属性A_i上的值$(i = 1, \cdots, k)$;在除 $A_1, \cdots, A_k$ 之外的其他属性上,新元组取缺省值(如果定义了缺省值的话)或空值 NULL。

与查询不同,新插入的元组可能违反实体完整性和用户定义的完整性约束。我们将在第 5 章进一步讨论该问题。

例 4.36　将学号为 200616010、姓名为司马相如、性别为男、生日为 1985-01-28、入校年份为 2006 年、专业为计算数学、所在院系为 MATH 的学生元组插入到 Students 表中。

```
INSERT INTO Students
VALUES (´200616010´, ´司马相如´, ´男´, 1985-01-28, ´2006´, ´计算数学´, ´MATH´)
```

这个语句是对的,因为表 Students 的属性定义次序为 Sno, Sname, Sex, Birthday, Speciality, Dno。更好的做法是显式列举表的属性。这样,我们不必记住属性的定义次序,并且不会因为基本表 T 增加了一个属性就导致出错。上面的语句可以改写为

```
INSERT INTO Students (Sno, Sname, Sex, Birthday, Enrollyear, Speciality, Dno)
VALUES ('200616010', '司马相如', '男', 1985-01-28, '2006', '计算数学', 'MATH');
```

　　　　　　　　　　　　　　　　　　　　　　　　　　　　　　　　□

例 4.37　　向表 SC 中插入一个选课记录,登记一个学号为 200616010 的学生选修了课程号为 MA302 的课程。

```
INSERT INTO SC (Sno, Cno)
VALUES ('200616010', 'MA302');
```

我们没有为 Grade 提供值,并且 Grade 上没有定义缺省值,因此新插入的元组在 Grade 上取空值 NULL。　　　　　　　　　　　　　　　　　　　　　□

2. 插入查询结果

插入单个元组的 INSERT 语句主要用于数据输入。SQL 还允许将查询结果插入到一个基本表中。插入查询结果的语句格式为

```
INSERT INTO T [(A₁, …, Aₖ)]
    <查询表达式>
```

其中 T 通常是基本表,也可以是视图,A_1, …, A_k 是 T 的属性,它们的进一步解释同上;<查询表达式>通常是一个 SELECT 语句。该语句对查询表达式求值,并将结果元组集插入到基本表 T 中。

例 4.38　　设存放就餐卡登记信息关系 Cardinf 具有如下模式:

```
Cardinf (Card-no, Name, Balance)
```

其中 Card-no 为持卡人编号,Name 为持卡者姓名,而 Balance 为卡中余额。假设信息工程学院要为本院每位教师办理一个校内就餐卡,直接用教师号作为持卡人编号,并预存 100 元。可以用如下 INSERT 语句插入新的就餐卡信息:

```
INSERT INTO Cardinf (Card-no, Name, Balance)
SELECT Tno, Tname, 100.00
FROM Teachers
WHERE Dno = 'IE';
```

注意:常量 100.00 出现在 SELECT 子句中。这使得查询结果的每个元组的第 3 列均取常量值 100.00。查询结果的前两列分别是信息工程学院教师的职工号和姓名。　　　　　　　　　　　　　　　　　　　　　　　　　　　　□

4.4.2 删除

当关系表中的某些记录数据不再需要时,可以使用 DELETE 语句进行删除。DELETE 语句格式为

```
DELETE FROM T
    [ WHERE <删除条件> ]
```

其中 T 通常是基本表,但也可以是某些视图(见 4.5 节);<删条件>与SELECT语句中的查询条件类似。事实上,除了只能从一个表删除元组之外,删除与查询的主要差别是:删除将满足条件的元组从数据库中物理地删除,而查询将满足条件的元组显示给用户。

DELETE 语句的功能是从指定的表 T 中删除满足<删除条件>的所有元组。WHERE 子句缺省时,则删除表 T 中全部元组(剩下一个空表 T)。

删除也可能导致违反完整性约束,我们将在第 5 章讨论。

例 4.39 删除学号为 200624010 的学生记录可以用:

```
DELETE FROM Students
WHERE Sno ='200624010';
```

而删除所有学生的记录可以用:

```
DELETE FROM Students;                                                  □
```

尽管 DELETE 语句只能从一个表删除元组,但是删除条件可以涉及多个表。

例 4.40 删除计算机软件与理论专业的所有学生的选课记录。

表 SC 中登记的是学号、课程号和成绩,并不包含学生所在专业的信息。学生所在专业的信息在表 Students 中。我们可以用如下语句得到计算机软件与理论专业所有学生的学号:

```
SELECT Sno
FROM Students
WHERE Speciality ='计算机软件与理论';
```

这样,下面的语句将删除计算机软件与理论专业的所有学生的选课记录:

```
DELETE FROM SC
WHERE Sno IN
    (SELECT Sno
    FROM Students
    WHERE Speciality ='计算机软件与理论');                              □
```

4.4.3 修改

使用 UPDATE 语句可以修改表中某些元组指定属性上的值。UPDATE 语句格式为

```
UPDATE T
SET A₁ = e₁, ⋯, Aₖ = eₖ
[WHERE <修改条件> ]
```

其中 T 通常是基本表,但也可以是某些视图(见 4.5 节);$A_1, \cdots, A_k$ 是 T 的属性,而 $e_1, \cdots, e_k$ 是表达式;<删除条件>与 SELECT 语句中的查询条件类似。

该语句的功能是:修改表 T 满足<修改条件>的元组。更具体地说,对于表 T 中每个满足<修改条件>的元组 t,求表达式 e_i 的值,并将它赋予元组 t 的属性 A_i,其中 $i = 1, 2, \cdots, k$。WHERE 子句缺省时,修改表 T 的所有元组。

修改也可能导致违反完整性约束。我们将在第 5 章进一步讨论。

例 4.41　将职工号为 B050041 的教师的职称修改为副教授。

```
UPDATE Teachers
SET Title = ´副教授´
WHERE Tno = ´B050041´;                                       □
```

UPDATE 语句只能修改一个表的元组。但是,修改条件中可以包含涉及其他表的子查询。

例 4.42　将软件工程课程成绩低于 60 分的所有学生的软件工程成绩提高 5 分。

与例 4.39 类似,我们需要得到软件工程的课程号。这可以用如下语句实现:

```
SELECT Cno
FROM Courses
WHERE Cname = ´软件工程´;
```

而修改软件工程成绩可以用如下语句实现:

```
UPDATE SC
SET Grade = Grade + 5
WHERE Grade< 60 AND
      Cno IN (SELECT Cno
          FROM Courses
          WHERE Cname = ´软件工程´);              □
```

4.5　视　　图

视图是一种命名的导出表,是从一个或几个基本表(或视图)导出的表。但与基本表不同,视图的数据并不物理地存储在数据库中(物化视图除外)。查询时,凡是能够出现基本表的地方,都允许出现视图。但是,只有可更新的视图才允许更新。

本节讨论视图的创建、删除、操作、视图的优点和作用。

4.5.1　定义视图和删除视图

创建和删除视图属于数据定义。

1. 定义视图

使用 CREATE VIEW 语句可以创建视图,其语句格式为

```
CREATE VIEW <视图名> [ (<列名> , …, <列名>)]
AS <查询表达式>
[WITH CHECK OPTION]
```

其中<视图名>是标识符,对定义的视图命名;圆括号中包括一个或多个<列名>,中间用逗号隔开,为<查询表达式>结果的诸列命名。<查询表达式>通常是一个 SELECT 查询,其中不包含 DISTINCT 短语和 ORDER BY 子句。当 SELECT 子句中的结果列都是属性名时,(<列名> , …, <列名>)可以缺省,并用 SE-LECT 子句的结果列作为视图表的属性。当视图定义中包含可选短语 WITH CHECK OPTION 时,该视图应当是可更新的,并且在更新时考虑<查询表达式>的查询条件。

　　CREATE VIEW 是说明语句,它创建一个视图,并将视图的定义存放在数据字典中,而定义中的<查询表达式>并不立即执行。

　　例 4.43　建立软件工程专业学生的视图 SE‐Students,它包含 Students 中除 Speciality 之外的所有属性和软件工程专业所有学生的信息。

```
CREATE VIEW SE‐Students
AS SELECT Sno, Sname, Sex, Birthday, Dno
    FROM Students
    WHERE Speciality = ´软件工程´
    WITH CHECK OPTION;
```

SE‐Students 是通过单个表 Students 上的选择和投影定义的视图,包含 Students 的码。通常,这种视图称为行列子集视图。行列子集视图是可更新的,因此我们使用了短语 WITH CHECK OPTION,以便通过该视图插入学生元组时自动将属性 Speciality 上的值设置为"软件工程"。SELECT 子句中的结果列都是属性,它们成为视图表的属性。　　　　　　　　　　　　　　　　　　　　　　　　　　□

　　例 4.44　建立信息工程学院学生选课视图 EI‐SC,它与 SC 具有相同的属性,但只包含信息工程学院学生的选课记录。

```
CREATE VIEW EI‐SC(Sno, Cno, Grade)
AS SELECT *
  FROM SC
  WHERE Sno IN(SELECT Sno
```

```
        FROM Students
        WHERE Dno = ´IE´);                                    □
```
视图还可以基于多个表定义。

例 4.45　　建立学生成绩视图 Student－Grades,它包含如下属性:学号、学生姓名、课程名和成绩。

这个视图能够以更加友好的方式向我们提供学生的成绩,而不是像 SC 那样只提供学号、课程号和成绩。该视图定义如下:

```
    CREATE VIEW Student－Grades (Sno, Sname, Cname, Grade)
    AS SELECT S.Sno, Sname, Cname, Grade
      FROM Students S, SC, Courses C
      WHERE S.Sno = SC.Sno AND C.Cno = SC.Cno;               □
```
SQL 还允许定义基于视图的视图,即利用已经定义的视图定义新的视图。

例 4.46　　建立计算机科学与技术专业学生成绩视图 CS－Student－Grades,它包含如下属性:学号、学生姓名、课程名和成绩。

在前面的例子中,我们已经定义了学生成绩视图 Student－Grades。我们可以利用它和 Students 来创建视图 CS－Student－Grades:

```
    CREATE VIEW CS－Student－Grades (Sno, Sname, Cname, Grade)
    AS SELECT S.Sno, Sname, Cname, Grade
      FROM Students S, Student－Grades SG
      WHERE S.Sno = SG.Sno AND Speciality = '计算机科学与技术';   □
```
在定义视图的查询表达式中还可以使用聚集函数,这样定义的视图称为聚集视图。

例 4.47　　定义学生平均成绩视图 Student－Avg－Grades,它包括如下属性:学生的学号、姓名和平均成绩(Avg－Grade)。

```
    CREATE VIEW Student－Avg－Grades (Sno, Sname, Avg－Grade)
    AS SELECT S.Sno, Sname, AVG (Grade)
        FROM Students S, SC
        WHERE S.Sno = SC.Sno
        GROUP BY S.Sno, Sname;                               □
```

2. 删除视图

视图的删除语句的格式为

```
    DROP VIEW <视图名> [ CASCADE | RESTRICT ]
```
删除视图就是把视图的定义从数据字典中删除。CASCADE 或 RESTRICT 是可选的,缺省时为 RESTRICT。CASCADE 导致级联删除,即同时删除基于该视图定义的视图,并继续该过程;而 RESTRICT 将限制删除,仅当没有其他成分依赖于该视图时才删除(参见删除基本表)。

例如,

> DROP VIEW Student_Grades 或 DROP VIEW Student_Grades RESTRICT

不能删除例 4.45 定义的视图 Student_Grades,因为视图 CS_Student_Grades 的定义依赖于它。然而,

> DROP VIEW Student_Grades CASCADE

将删除视图 Student_Grades,并且级联地删除视图 CS_Student_Grades。

4.5.2 基于视图的查询

从用户角度讲,查询时使用视图与使用基本表并无区别。事实上,我们在例 4.46 定义视图 CS_Student_Grades 的 SELECT 查询中就使用了视图。下面再看两个例子:

例 4.48 查询软件工程专业的男生。

在例 4.43 中,我们定义了软件工程专业的学生视图 SE_Students,我们可以直接使用它。

```
SELECT *
FROM SE_Students
WHERE Sex = ´男´;
```

该查询导致定义视图 SE_Students 的 SELECT 查询执行,得到软件工程专业的所有学生,并从查询结果中选择 Sex = ´男´的元组。定义视图 SE_Students 的 SELECT 查询直到引用该视图时才执行。这样做是为了保证视图数据的当前性。

至于系统如何实现基于视图的查询,一般用户不必关心。其实,视图是命名的导出表。在 4.3.7 节,我们看到可以在 FROM 子句中使用临时的导出表。上面的查询等价于

```
SELECT *
FROM (SELECT Sno, Sname, Sex, Birthday, Dno
        FROM Students
        WHERE Speciality = ´软件工程´)
        AS SE_Students (Sno, Sname, Sex, Birthday, Dno)
WHERE Sex = ´男´;                                                    □
```

使用视图可以使一些查询表达更加简洁。

例 4.49 查询学号为 200605108 的学生的各科成绩。要求显示学生姓名、课程名和成绩。

这个查询涉及三个表 Students、SC 和 Courses。然而,使用例 4.45 定义的学生成绩视图 Student_Grades,我们可以简单地用如下语句表示该查询:

```
SELECT Sname, Cname, Grade
FROM Student_Grades
WHERE Sno = '200605108';                                         □
```

4.5.3 基于视图的更新

所有视图都是直接或间接由基本表定义的。基于视图的更新最终要转换成对定义视图的基本表的更新。然而,对于某些视图,不能将更新唯一地转换成对定义它的基本表的更新。这种视图称为不可更新的视图,而其他视图称为可更新的视图。为了防止用户在更新视图时,有意或无意破坏基本表中的数据,可以在定义视图时加上 WITH CHECK OPTION 子句,这样,系统在更新视图时会自动检查视图定义中的条件,不满足条件则拒绝更新。

例如,在例 4.47 中,我们定义的视图 Student_Avg_Grades 就是不可更新的视图。因为学生的平均成绩是该生的多门课程的平均值,从视图中插入和删除学生的平均成绩没有意义,而将一个学生的平均成绩从 80 修改为 82 存在许多种修改学生单科成绩的方法。

我们知道,使用聚集函数定义的视图是不可更新的,而行列子集视图是可更新的。但是,二者之间的准确边界并不清楚。不同的系统对允许更新的视图的限制不同,读者需要阅读具体系统的规定。注意:具体系统允许更新的视图是可更新视图的一个子集。下面的讨论针对可更新视图,但只适合具体系统的允许更新的视图。

例 4.50 向软件工程专业学生的视图 SE_Students(见例 4.43)中插入一个新的记录,学号为 200605109,姓名为吴畅,出生年月 1987-05-04,女性,所在院系 EI。

```
INSERT INTO SE_Students (Sno, Sname, Birthday, Sex, Dno)
VALUES ('200605109', '吴畅', 1987-05-04, '女', 'EI');
```
上面的语句显式列出了视图的属性,只需要保证 VALUES 子句按列举的属性次序为诸属性提供值。系统会自动的将上述操作转换为对基本表的插入,等价于执行如下语句:
```
INSERT INTO Students (Sno, Sname, Birthday, Sex, Dno, Speciality)
VALUES ('200605109', '吴畅', 1987-05-04, '女', 'EI', '软件工程');
```
也就是说,实际向表 Students 插入元组时,考虑了定义视图 SE_Students 的查询语句中的查询条件 Speciality = '软件工程',自动地在插入的新元组的 Speciality 属性上添加值"软件工程"。   □

类似地,对视图的删除和修改也要转换成对相应基本表的删除和修改。

例 4.51 (1)删除软件工程专业学号为 200705201 的学生。

```
DELETE FROM SE_Students
WHERE Sno = ´200705201´;
```

等价于

```
DELETE FROM Students
WHERE Sno = ´200705201´ AND Speciality = ´软件工程´;
```

即从表 Students 删除时,自动增加 Speciality = ´软件工程´为删除条件。注意:Sno 是码,它唯一确定被删除的元组。但是,条件 Speciality = ´软件工程´保证不会因为提供错误的学号导致删除其他专业的学生元组。

(2) 将软件工程专业学号为 200705268 的学生姓名改为"李岩":

```
UPDATE SE_Students
SET Sname = ´李岩´
WHERE Sno = ´200705268´;
```

如果学号为 200705268 的学生不是软件工程专业的学生,该语句不会修改任何元组。 □

4.5.4 视图的作用

视图有许多作用。使用视图可以简化查询表达式、提供一定程度的数据独立性、安全性,并使得用户可以从不同角度看待相同的数据。下面,我们简要讨论视图的作用。

1. 使用视图可以使一些查询表达更加简洁

视图是命名的导出表,可以用很复杂的查询定义,但却可以像基本表一样使用。这样,使用视图就屏蔽了实现细节,可以简化查询表达式。对于知道视图定义的用户,视图名是定义视图的表达式的缩写。对仅知道视图存在的用户,视图像基本表一样使用。

例如,以更加用户友好的方式显示学生成绩(显示学生姓名、课程名和成绩,而不是学号和课程号)的查询涉及三个表 Students、Courses 和 SC。通过定义视图 Student_Grades(见例 4.44),使得这类查询可以很容易地表达(见例 4.49)。

2. 视图提供了一定程度的逻辑独立性

使用视图可以定义外模式,而应用程序可以建立在外模式上。这样,当模式(即基本表)发生变化时,可以定义新的视图或修改视图的定义,通过视图屏蔽表的变化,从而保持建立在外模式上的应用程序不需要修改。

尽管外模式可以完全用视图定义,但在实践中,用户常常直接在应用程序中访问基本表。这样,外模式就不是完全由视图定义。此外,基于视图的更新受到一定限制。因此,视图只能在一定程度上实现数据的逻辑独立性。

3．视图的安全保护作用

视图与授权(见第 5 章)配合使用,可以在某种程度上对数据库起到保护作用。我们可以对不同用户定义不同视图,并利用授权将不同视图上的访问权限授予不同的用户,而不允许他们访问定义视图的基本表。这样,每个用户只能看到他有权看到的数据,从而实现对机密数据的保护。

例如,如果我们希望信息工程学院的教务员只能处理本学院学生的成绩,则我们可以建立信息工程学院学生选课视图 EI＿SC(见例 4.44),并将相应的访问权限赋予信息工程学院的教务员,而不允许他们访问 SC。

4．视图使得用户能够以不同角度看待相同的数据

从用户角度,视图就是表。这使得在相同的数据库模式下,用户透过不同的视图可以看到不同的数据组织形式。此外,在定义视图时还可以对属性重新命名,对不同的用户使用不同的属性名。对于数据共享,这种灵活性是重要的。

4.6　嵌入式 SQL

前面,我们介绍了 SQL 作为一种自含式语言的使用。由于 SQL 缺乏控制结构,不是计算完备的[①],因此在开发数据库应用系统时,我们需要将 SQL 与某种通用程序设计语言配合使用,将 SQL 语句嵌入到通用程序设计语言的源程序中。这种 SQL 语句称为嵌入式 SQL。本节,我们讨论嵌入式 SQL。

4.6.1　概述

SQL 是一种非过程语言,用 SQL 语言表达查询比用通用的程序设计语言编码简单得多。然而,至少有两条理由,使得我们在开发数据库应用系统时需要使用通用程序设计语言访问数据库:

(1) SQL 能够表达常见的查询,但是不能表达所有查询。例如,假设数据库中只记录了每位职工的直接领导。如果我们要查询职工李华的所有领导,则我们不能简单地用 SQL 语句表达,因为我们不知道李华上面有多少领导层。

(2) 一些非数据库操作,如打印报表、将查询结果送到图形用户界面中,都不能用 SQL 语句实现。一个应用程序通常包括多个组件,查询、更新只是一个组件,

---

① 　SQL 标准已经将 SQL 扩展成为计算完备的程序设计语言,但是商品化 DBMS 系统并不支持这样做。引进过程化成分使得 SQL 语言过于庞大,可能使得查询优化更加难以处理。

而许多其他组件都需要用通用编程语言实现。

SQL 标准允许将 SQL 语句嵌入到 C、PL/1、COBOL、Fortran、Pascal、Java 等高级程序设计语言(我们称之为主语言)的源程序中使用,利用通用程序设计语言编写数据库应用程序,而在涉及数据库操作时使用 SQL 语句。

将 C 语言和 SQL 语言混合使用进行编程,使得我们可以编写任何应用程序,并且使用 SQL 语句可以简化我们的编程,有效地实现数据库访问。然而,我们需要解决如下三个问题:① 如何区分和处理两种语言的语句;② 两种语言的语句如何交换信息(通信);③如何连接数据库。下面,我们分别讨论这些问题。

1. SQL 语句的识别与处理

当主语言源程序中嵌入 SQL 语句时,这种源程序已经不是纯的主语言源程序,通常的主语言(如 C 语言)编译系统不能处理这种源程序。解决这一问题的方法有两种:① 扩充主语言编译系统,使之能处理 SQL 语句;② 预处理:在编译前先扫描源程序,将 SQL 语句翻译成目标(或主语言程序)过程代码,并将 SQL 执行翻译成主语言的过程调用。预处理后的源程序再提交主语言的编译系统处理。

通常,商品化 DBMS 采用预处理方法,预处理程序由 DBMS 开发商提供。例如,微软的 SQL Server™ 2000 提供的预处理程序 nsqlprep.exe 可以对嵌入 C 语言源程序中的 SQL 语句进行预处理。

为了能够区分源程序中的 SQL 语句和主语言语句,SQL 规定:所有嵌入式 SQL 语句都必须加前缀 EXEC SQL。SQL 语句的结束标志则因主语言的不同而异。例如,当主语言是 PL/1 和 C 语言时,SQL 语句以分号(;)为结束标记,而当主语言为 COBOL 语言时,SQL 语句以 END-EXEC 为结束标记。这样,当主语言是 C 语言时,嵌入式 SQL 语句的一般形式为

```
EXEC SQL <SQL 语句>;
```

2. 与主语言通信

SQL 语句和主语言语句之间的信息交换(通信)可以通过 SQLCODE、主语言变量和游标。

(1) SQLCODE。

每个 SQL 语句执行之后需要反馈一些状态信息,指出该 SQL 是成功执行还是出现异常;如果查询执行成功,是否得到数据等。SQL 语句执行之后,系统将这些状态信息存入 SQLCODE 中。主语言语句可以访问 SQLCODE,了解 SQL 语句的执行结果,根据结果采取相应的动作。

SQLCODE 是一个整型变量。如果 SQL 语句成功执行,则 SQLCODE = 0;如果执行结果无数据(例如,没有满足查询条件的元组),则 SQLCODE = 100;其他情

况为异常,SQLCODE 取负值,其具体值依赖于实现。

每个嵌入式 SQL 语句执行之后,主语言程序应当先检测 SQLCODE 的值,然后决定下一步的处理。

SQL-92 建议用 SQLSTATE 存放 SQL 语句执行后的状态反馈信息,但仍保留 SQLCODE,以便与以前的标准兼容。

(2) 主语言变量。

SQL 语句与主语言语句交换信息的另一种途径是使用主语言变量。在一般情况下,主语言程序定义的变量不能在 SQL 语句中使用。但是,使用如下形式说明的主语言变量在主语言语句和 SQL 语句都能使用:

```
EXEC SQL BEGIN DECLARE SECTION;
主语言变量说明;
EXEC SQL END DECLARE SECTION;
```

在嵌入式 SQL 语句中,凡是允许表达式出现的地方都允许主语言变量出现。由于数据库对象(关系、属性等)和主语言变量都用标识符表示,主语言变量可能与关系或属性同名。为了区别 SQL 语句中的数据库对象和主语言变量,SQL 规定:SQL 语句中出现的主语言变量之前必须加冒号(:)。

SQL 语句与主语言语句可以通过主语言变量交换信息:主语言语句可以提前对 SQL 语句使用的主语言变量赋值,将特定的值传递给 SQL 语句;SQL 语句也可以将查询结果存放到主语言变量中,供主语言语句使用。这种主语言变量简称主变量。

SQL 支持空值(NULL),但是主语言并无对应概念。当 SQL 语句产生的某个结果为 NULL 时,这个值不能传递给主变量。为了解决这一问题,嵌入式 SQL 引进了指示变量(indicator variable)概念。指示变量是主语言的整型变量,不能单独在 SQL 语句中使用。但是,每个可能被 SQL 语句赋予空值的主变量都可以后随一个指示变量,用来指示对应的主变量是否为空值。在 SQL 语句执行结束时,如果指示变量的值小于 0,则其对应的主变量并未被赋值(可以视为空值)。

(3) 游标。

通常,主语言是面向记录的过程式语言,而 SQL 是面向集合的非过程式语言。这就存在矛盾:一个 SQL 语句得到的结果可能是多个记录,而主语言没有办法一次处理多个记录。解决该问题的方法是使用游标。游标其实就是一个数据缓冲区,暂时存放 SQL 语句的执行结果,以便主语言可以逐一获取记录,进行处理。

使用游标需要预先说明游标,在使用前打开游标,通过专门的 SQL 语句逐一提取记录,并在使用完之后关闭游标。我们将在 4.6.3 节详细讨论。

3．建立数据库连接

在使用主语言编写的应用程序中,访问数据库前必须先建立数据库连接。SQL 提供了建立和关闭数据库连接语句。

建立数据库连接的语句形式为

> EXEC SQL CONNECT TO <SQL 服务器>
>
> 　[AS <连接名>] [USER <用户名>];

或

> EXEC SQL CONNECT TO DEFAULT;

对于第一种情况,<SQL 服务器>是要连接的数据库服务器。它可以是服务器标识串,形如<dbname>@<hostname>:<port>。AS <连接名>为建立的连接命名,当整个程序只建立一个数据库连接时可以省略;USER <用户>指明建立连接的用户名,缺省时为当前用户。第二种情况建立到当前服务器的默认连接。

关闭数据库连接的语句形式为

> EXEC SQL DISCONNECT<连接名>;

4.6.2　不使用游标的 SQL 语句

并不是所有的 SQL 语句都需要使用游标,不使用游标的语句包括说明性语句、数据定义语句、数据控制语句、查询结果为单个记录的 SELECT 语句和非交互形式的更新语句。所有的说明性语句、数据定义语句和数据控制语句都可以在语句前加上前缀 EXEC SQL 直接嵌入到主语言的源程序中。下面我们讨论、查询结果为单个记录的 SELECT 语句和非交互形式的更新语句。

1．查询结果为单个记录的 SELECT 语句

如果查询结果是单个元组,可以使用带 INTO 子句的 SELECT 语句将查询结果存放到主变量中。这种语句的一般形式为

> EXEC SQL SELECT <选择序列>
>
> 　　INTO <选择目标序列>
>
> 　其他子句

其中,<选择目标序列>和<选择序列>包含相同个数的元素。<选择目标序列>中的每个元素形如:

> :<主变量> [:<指示变量>]

其中,<主变量>和可选的<指示变量>都是主语言变量。<主变量>的类型与对应结果列的类型赋值兼容,而<指示变量>是整型变量。<主变量>用于存放 SELECT 子句中对应结果列的值,<指示变量>用于指示对应的<主变量>是否

为空值。

查询结果的每个结果列的值赋予对应的主变量,详细解释如下:

(1) 查询不成功。SQLCODE≠0,而是等于返回的错误码,主变量和指示变量均未赋值(因而不能使用)。除了 I/O 错误之外,有两种情况导致查询不成功。第一种情况是查询结果实际上并不是单条记录,而是多条记录;第二种情况是满足查询条件的元组不存在。

(2) 查询成功。SQLCODE = 0。如果结果列的值非空,则其值赋予对应的主变量,(如果有的话)对应的指示变量的值非负;否则对应的主变量未赋值(因而不能使用),对应的指示变量的值为负。

主语言程序在引用查询结果时,首先需要判断 SQLCODE 的值,确保查询已经成功执行;然后,检查指示变量的值,当指示变量的值小于 0 时,对应主变量的值应视为 NULL。

例 4.52　查询给定学生的给定课程的成绩。

假设学生的学号已经赋予主变量 Hsno,课程号已经赋予主变量 Hcno,则下面的语句将检索相应的成绩,并将结果赋予主变量 Hgrade:

```
EXEC SQL SELECT Grade
    INTO :Hgrade :igrade
    FROM SC
    WHERE Sno = :Hsno AND Cno = :Hcno;
```

其中 igrade 是指示变量,用于指示其前面的主变量 Hgrade 是否被正确赋值。　□

2. 非交互的更新

前面介绍数据库更新操作都可以嵌入到主语言程序中,并且可以使用主语言变量。这使得我们可以写出更通用的程序段。

例 4.53　某学生新选修了某门课程尚无成绩,将有关记录插入 SC 表中。假设插入的学号已赋给主变量 Hsno, 课程号已赋给主变量 Hcno,插入可以用如下语句实现:

```
EXEC SQL INSERT
    INTO SC (Sno, Cno, Grade)
    VALUES (:Hsno, :Hcno, NULL);
```

这个语句更通用:将不同的学号和课程号分别赋予变量 Hsno 和 Hcno,它可以插入不同学生的不同课程的选课记录。　□

例 4.54　某学生退学,需要删除他/她在 Students 中的登记和他/她的所有选课记录。假设该学生的学号已经赋予主变量 Hsno,以下两个语句可以完成删除工作:

```
EXEC SQL DELETE FROM SC
    WHERE Sno = :Hsno;
EXEC SQL DELETE FROM Students
    WHERE Sno = :Hsno;                                                    □
```

例 4.55 假设学生的学号已经赋予主变量 Hsno,学生的新专业已经赋予主变量 Hspeciality。当学生的专业改变时,下面的程序可以修改学生的专业:

```
EXEC SQL UPDATE Students
    SET Speciality = :Hspeciality
    WHERE Sno = :Hsno;                                                    □
```

4.6.3 使用游标的 SQL 语句

当查询的结果为多个记录时必须使用游标。此外,利用游标进行修改和删除还允许用户与系统交互,决定满足某种条件的每个元组是否需要修改或删除。

1.游标的说明与使用

所有使用游标的 SQL 语句都必须先通过说明定义游标;在使用前打开游标;然后,后复推进游标指针并取当前记录进行处理;最后,当所有记录都处理完之后,关闭游标。下面我们分别介绍这些步骤。

(1) 说明游标。

说明游标使用 DECLARE 语句,其格式如下:

```
EXEC SQL DECLARE<游标名>CURSOR
FOR<SELECT 语句>
[<可更新性子句>]
```

该语句定义一个游标,并用<游标名>对其命名。游标也是一种导出表,其内容由打开游标时执行定义游标的<SELECT 语句>决定。有一个与游标相关联的指针,它指向游标定义的表的某一行。可选的<可更新性子句>是如下两种形式之一:

```
FOR READ ONLY
FOR UPDATE [ OF <列名>, …, <列名> ]
```

第一种形式定义只读游标,而第二种形式定义可更新游标,缺省时为只读。第二种形式可以用 OF <列名>, …, <列名>进一步限定可更新的列,缺省时所有列都可以更新。

注意:对于可更新游标,可以使用 CURRENT 形式的 UPDATE 和 DELETE 语句进行更新。对游标的更新要转换成对定义游标的基本表的更新——可以唯一地转换成对基本表的更新。因此,SELECT 语句定义的表必须是可更新的,其 SELECT 语句不能使用 ORDER BY 子句和 UNION 运算。

　　　游标有两种状态：关闭状态和打开状态。初始，游标处于关闭状态。使用打开游标操作可以使它进入打开状态；此时，其元组可以通过游标指针访问。关闭游标操作可以关闭处于打开状态的游标。

　　（2）打开游标。

　　打开游标的语句格式如下：

　　　　EXEC SQL OPEN ＜游标名＞;

　　打开游标实际上是执行相应的 SELECT 语句，并用查询结果形成导出表 T，使游标处于打开状态，游标指针指向表 T 的第一条记录之前。

　　（3）推进游标指针并取当前记录。

　　使用 FETCH 语句可以推进游标指针，并取出指针指向的记录。FETCH 语句的格式如下：

　　　　EXEC SQL FETCH [[＜推进方向＞] FROM] ＜游标名＞

　　　　INTO :＜主变量＞[:＜指示变量＞],…, :＜主变量＞[:＜指示变量＞];

其中，＜推进方向＞可以是 NEXT(向前推进一个记录)、PRIOR(向后推进一个记录)、FIRST(推进到第一个记录) 或 LAST(推进到最后一个记录)；缺省值为NEXT。INTO 子句中的主变量必须与说明游标中的 SELECT 语句中的目标列表达式具有一一对应关系。

　　该语句首先按＜推进方向＞推进游标指针，然后取出游标指针指向的元组，把它的每个分量依次赋予 INTO 子句中的主变量(如果指示变量为负，则对应的主变量未赋值)。如果推进指针后指针指空，则该语句失败，SQLCODE≠′SUCCESS′。

　　通常，FETCH 语句在循环体中使用，逐一取出结果集中的元组进行处理。

　　（4）关闭游标。

　　关闭游标的语句格式如下：

　　　　EXEC SQL CLOSE ＜游标名＞;

　　该语句关闭＜游标名＞命名的游标，释放游标占用的所有资源，使游标处于关闭状态。被关闭的游标可以再次被打开，但与定义游标的查询语句的重新执行结果相关联。

　　2．使用游标的查询

　　当查询结果为多个记录需要提交主语言程序处理时，可以查询语句说明一个只读游标。打开游标就导致查询语句的执行。主语言程序可以使用 FETCH 语句推进游标指针，取出每个查询结果进行处理。最后，关闭游标。

　　例 4.56　　假设我们定义了一个如下视图：

　　　　CREATE VIEW AverageGrade (Sno, Sname, Avegrade)

　　　　AS SELECT S.Sno, Sname, AVG(Grade)

```
    FROM Students S, SC
    WHERE S.Sno = SC.Sno AND Enrollyear = :Henrollyear AND Speciality = :Hspecial-
ity
    GROUP BY S.Sno, Sname
```

　　将学生的入校年份和专业分别赋予主变量 Henrollyear 和 Hspeciality, 我们容易查询给定年级、给定专业所有学生的学号、姓名和平均成绩。但是,如果查询给定年级、给定专业平均成绩前十名的学生的学号、姓名和平均成绩,则并不容易实现。然而,我们可以使用游标和主语言程序实现该查询。下面是实现该查询的程序段:

```
/* 定义在 SQL 语句中使用的主语言变量 */
EXEC SQL BEGIN DECLARE SECTION;
  char Herollyear[4];
  char Hspeciality[20];
  char Hsno[9];
  char Hsname[8];
  int Haveragegrade;
EXEC SQL END DECLARE SECTION;
/* 说明游标 TOP10 */
EXEC SQL DECLARE TOP10 CURSOR FOR
    SELECT Sno, Sname, Avegrade
    FROM AverageGrade
    ORDER BY Avegrade DESC;
/* 主变量 Henrollyear 和 Hspeciality 赋值 */
Henrollyear = ´2002´;
Hspeciality = ´计算机科学与技术´;
/* 打开游标 */
EXEC SQL OPEN TOP10;
/* 显示前十行 */
for (i = 1; i < = 10; i + +) {
  EXEC SQL FETCH TOP10
    INTO :Hsno, :Hsname, :Haveragegrade;
  printf (´%s %s %d \n´, Hsno, Hsname, Haveragegrade);
}
/* 关闭游标 */
EXEC SQL CLOSE TOP10;                                               □
```

3. 使用游标的更新

　　在 4.6.2 节我们看到,当更新条件很明确时,容易在主语言程序中使用 SQL

的更新语句。然而,有时更新条件并不容易明确表述,需要人工干预。

例如,假设学生李明退学,我们需要删除他在 Students 和 SC 中的记录,但是我们不知道李明的学号。我们不能直接删除 Sname = '李明' 的 Students 记录,因为李明是一个常见的名字,叫李明的学生可能不止一位。然而,我们可以通过观察学生得更多信息(不易表述),决定哪位李明是退学的李明。借助于可更新游标,我们可以完成这一任务。

一般地,当一个可更新游标被打开之后,我们可以取出它的每个元组进行观察,确定是否需要更新,并在需要更新时,使用带 CURRENT 形式的 DELETE 或 UPDATE 语句对游标指针指示的行进行删除或修改。

带 CURRENT 形式的 DELETE 语句格式如下:

```
DELETE FROM T
WHERE CURRENT OF <游标>
```

其中 T 是基本表,游标定义在基本表 T 上,并且是可更新的。该语句从表 T 中删除游标指针指向的对应行。

带 CURRENT 形式的 UPDATE 语句格式如下:

```
UPDATE T
SET A₁ = e₁, ···, Aₖ = eₖ
WHERE CURRENT OF <游标名>
```

其中 T 是基本表,游标定义在基本表 T 上,并且是可更新的;$A_1, \cdots, A_k$ 是 T 的属性,而 $e_1, \cdots, e_k$ 是表达式。该语句用表达式 $e_1, \cdots, e_k$ 的值,修改表 T 中游标指针指向的对应行属性 $A_1, \cdots, A_k$ 的值。

例 4.57 从 Students 和 SC 中删除某学生的记录的程序段如下:

```
char YN;       // 变量 YN 不在 SQL 语句中使用
/* 定义在 SQL 语句中使用的主语言变量 */
EXEC SQL BEGIN DECLARE SECTION;
    char Givenname[8];
    char Hsno[9];
    char Hsname[8];
    char Hsex[2];
    char Henrollyear[4];
    char Hspeciality[20];
    char Hdno[4];
EXEC SQL END DECLARE SECTION;
/* 说明游标 Student_Cursor */
EXEC SQL DECLARE Student_Cursor CURSOR FOR
    SELECT Sno, Sname, Sex, Enrollyear, Speciality, Dno
```

```
    FROM Students
    WHER Sname = :Givenname
     FOR UPDATE;
```
/* 主变量 Givenname 赋值,可以改成从键盘输入向 Givenname 赋值 */
```
Givenname = ´李明´;
```
/* 打开游标 */
```
EXEC SQL OPEN Student_Cursor;
```
/* 取出第一个学生的信息 */
```
EXEC SQL FETCH Student_Cursor
    INTO :Hsno, :Hsname, :Hsex, :Henrollyear, Hspeciality, :Hdno;
while (SQLCODE = = 0) |
```
    /* 显示一个学生的信息 */
```
    printf ("\ %s %s %s %s %s %s \ n", Hsno, Hsname, Hsex, Henrollyear,
        Hspeciality, Hdno);
```
    /* 是否删除 */
```
    printf("delete? (Y—delete, N—not delete): ");
    scanf(" %c \ n", &YN);
    if (YN = = ´y´ || YN = = ´Y´) |
```
      /* 删除 SC 元组,不用游标 */
```
      EXEC SQL DELETE FROM SC
        WHERE Sno = :Hsno;
```
      /* 删除 Students 元组,使用游标 */
```
      EXEC SQL DELETE FROM Students
        WHERE CURRENT OF Student_Cursor;
```
      /* 完成,退出 */
```
      break;
    |
```
    /* 取出下一位学生的信息 */
```
    EXEC SQL FETCH Student_Cursor
      INTO :Hsno, :Hsname, :Hsex, :Henrollyear, Hspeciality, :Hdno;
|
```
/* 关闭游标 */
```
EXEC SQL CLOSE Student_Cursor;                                    □
```

例 4.58 在输入一门课程的成绩之后,需要核对输入的成绩,并对输入错误进行修改。下面的程序段演示了这一过程:
```
    char YN;        // 变量 YN 不在 SQL 语句中使用
```
/* 定义在 SQL 语句中使用的主语言变量 */
```
EXEC SQL BEGIN DECLARE SECTION;
```

```
        char sno[9];
        char cno[5];
        int grade, igrade;
EXEC SQL END DECLARE SECTION;
/* 说明游标 SC_Cursor */
EXEC SQL DECLARE SC_Cursor FOR
        SELECT Sno, Grade
        FROM SC
        WHERE Cno = :cno
        FOR UPDATE OF Grade;
/* 输入课程号 */
printf("Input the number of course:");
scanf("%s", cno);
/* 打开游标 */
EXEC SQL OPEN SC_Cursor;
while () {
        /* 取出一个学生的成绩 */
        EXEC SQL FECTH SC_Cursor INTO :sno, :grade :igrade;
        if (SQLCODE! = 0) break;   // 已经处理完所有学生的成绩
        /* 显示学生的学号和成绩 */
        if (igrade<0) printf("%s\n", sno);   // 成绩为空值
        else printf("%s %d\n", sno, grade);
        /* 是否修改 */
        printf("update?");
        scanf("%c", &YN);
        if (YN = = 'y'||YN = = 'Y') {
           /* 输入正确的成绩
           printf("Input grade:");
           scanf("%d", &grade);
           /* 修改
           EXEC SQL UPDATE SC
           SET Grade = :grade
           WHERE CURRENT OF SC_Cursor;
        }
}
/* 关闭游标 */
EXEC SQL CLOSE SC_Cursor;
```

4.6.4 动态 SQL

前面两小节介绍的嵌入式 SQL 语句是静态嵌入式 SQL 语句。这些语句可以嵌入主语言源程序中。由于可以使用主语言变量,与主语言结合使用,使得我们可以编写更通用的程序模块。由于这些 SQL 语句是在编译之前就确定了,我们称之为静态 SQL。

静态嵌入式 SQL 允许我们将常用的查询和数据更新编写成模块,进而组成应用程序。然而,有些应用可能要到执行时才能够确定要提交的 SQL 语句和查询条件。动态嵌入式 SQL 允许在程序运行过程中临时"组装"SQL 语句,并提交系统立即运行。这为用户和应用系统开发者带来了更多方便。动态 SQL 支持动态组装 SQL 语句和动态参数两种方式。

1. 使用主变量组装 SQL 语句

动态 SQL 允许将一个完整的 SQL 以字符串形式赋予主语言变量,然后使用立即执行语句执行主语言变量中的 SQL 语句。立即执行语句具有如下格式:

```
EXEC SQL EXECUTE IMMEDIATE :< SQL 语句变量>
```

其中＜SQL 语句变量＞是字符串变量,存放一个 SQL 语句。立即执行语句导致＜SQL 语句变量＞中的 SQL 语句执行。

例 4.59 将所有的账户的存款余额(Balance)增加 4%。

```
/* 说明在 SQL 语句中使用的主变量 */
EXEC SQL BEGIN DECLARE SECTION;
   char * sqlprog;
EXEC SQL END DECLARE SECTION;
/* 将一个 SQL 语句作为字符串赋予变量 sqlprog */
sqlprog = "UPDATE Accounts SET Balance = 1.04 * Balance";
/* 立即执行 sqlprog 中的 SQL 语句 */
EXEC SQL EXECUTE IMMEDIATE :sqlprog;
```

2. 动态参数

动态 SQL 还允许组装的 SQL 语句中包含动态参数。动态参数用问号(?),表示该位置上的数据在运行时设定。动态参数与主变量不同,主变量是在编译时绑定的,而动态参数是在运行时绑定的。当组装的 SQL 语句中包含动态参数时,需要使用 PREPARE 语句为组装的语句作运行准备,然后使用 EXECUTE 语句运行。

PREPARE 语句的形式如下:

```
EXEC SQL PREPARE <语句名> FROM <SQL 语句变量>;
```

该语句分析<SQL 语句变量>内容,建立语句中包含的动态参数的内部描述符,并用<语句名>标识它。之后 EXECUTE 语句直接使用<语句名>运行准备好的 SQL 语句。

EXECUTE 语句的形式如下:

```
EXEC SQL EXECUTE <语句名> USING <参数>, …, <参数>;
```

其中<参数>是表达式,向<语句名>标识的准备好的 SQL 语句提供参数值。该语句用这些参数值取代准备好的 SQL 语句中的"?",并执行该语句。准备好的 SQL 语句可以使用不同的参数值,多次执行。

例 4.60 将某些账户的存款余额增加 2%。

```
/* 说明在 SQL 语句中使用的主变量 */
EXEC SQL BEGIN DECLARE SECTION;
  char * sqlprog;
EXEC SQL END DECLARE SECTION;
/* 将一个 SQL 语句作为字符串赋予变量 sqlprog */
sqlprog = "UPDATE Accounts SET Balance = 1.02 * Balance WHERE AccountNo = ?";
/* 准备 sqlprog 中的 SQL 语句
EXEC SQL PREPARE myprog FROM :sqlprog;
……
/* 执行语句 myprog,修改账号 176983411008 中的存款余额 */
EXEC SQL EXECUTE myprog USING 176983411008;
/* 执行语句 myprog,修改账号 176983411019 中的存款余额 */
EXEC SQL EXECUTE myprog USING 176983411019;
```

4.7 小　结

(1) SQL 产生于 20 世纪 70 年代,现在已经成为关系数据库系统的标准语言,几乎所有的商品化 RDBMS 都支持 SQL 语言。SQL 是一种完整的数据库语言,它集 DDL、DML 和 DCL 于一体,并提供了独立和嵌入式两种使用方式。

(2) SQL 支持一些内置的数据类型,包括字符型、各种数值类型、日期和时间类型等。SQL 还允许用户定义新的域类型。

(3) SQL 的 DDL 可以创建、修改和删除基本表。在创建基本表时,可以定义表的每个列的类型、缺省值和列上的约束条件,还可以定义主码、外码和其他表级完整性约束。

(4) SQL 环境下可以有多个目录,每个目录下可以创建多个模式,每个模式下可以创建多个基本表和视图等数据库对象。SQL DDL 提供了模式创建、删除语句。

(5) 在 SQL 中,查询通过 SELECT 语句实现。SELECT 语句的基本形式是 SELECT-FROM-WHERE 结构。GROUP BY 子句与聚集函数使用可以产生分组统计值,ORDER BY 子句允许将查询结果以有序形式显示。

(6) 查询条件是一个布尔表达式。布尔表达式是由基本布尔表达式用圆括号和逻辑运算符(NOT、AND 和 OR)构成的表达式。基本布尔表达式可以是逻辑常量(TRUE 和 FALSE)、比较表达式、BETWEEN 表达式、IN 表达式、LIKE 表达式、NULL 表达式、量化比较表达式、存在表达式、唯一表达式或匹配表达式。其中 IN 表达式、存在表达式、NULL 表达式和唯一表达式都可以引进子查询。

(7) SQL 提供的数据更新语句包括 INSERT 语句、DELETE 语句和 UPDATE 语句。

(8) 视图是用查询定义的导出表。SQL DDL 提供了视图定义和删除,SQL DML 允许对视图进行查询和某些受限的更新。视图的作用是多方面的,最主要的作用是数据的安全性和逻辑独立性。

(9) SQL 语句可以嵌入到主语言源程序中使用。通常由预处理程序处理 SQL 语句。需要解决的问题包括 SQL 语句识别,SQL 语句与主语言通信和数据库连接。

(10) 大部分 SQL 语句都可以直接嵌入到主语言源程序中,包括定义性语句和说明性语句、查询结果为单个记录的 SELECT 语句和非交互的更新。

(11) 当查询的结果为多个记录时必须使用游标。此外,利用游标进行修改和删除还允许用户与系统交互,决定满足某种条件的每个元组是否需要修改或删除。游标的使用步骤包括说明游标、打开游标、推进游标指针取出一个记录和关闭游标。

(12) 动态嵌入式 SQL 允许在程序运行过程中临时"组装"SQL 语句,并提交系统立即运行。

(13) SQL 的其他功能,如授权、事务和完整性将在其后的章节中进一步讨论。

习　题

4.1　概述 SQL 的基本特点。

4.2　概述 SQL 的基本功能。

4.3　概述 SQL 的数据定义功能。

4.4　供应商-工程-零件数据库包含如下 4 个关系模式:

Suppliers (<u>Sno</u>, Sname, Status, Scity)

Parts (<u>Pno</u>, Pname, Color, Weight)

Projects (<u>Jno</u>, Jname, Jcity)

　　　　SPJ (Sno, Pno, Jno, Quantity)

使用 SQL 创建基本表。在创建基本表时,你需要做一些合理假设,确定每个属性列的类型、缺省值(如果必要的话)和约束条件。

　　4.5　对习题 3.8、3.9 和 3.10 得到的关系模式,使用 SQL 语句创建基本表。

　　4.6　对于习题 4.4 中供应商-工程-零件数据库,使用 SQL 语句实现查询:

　　(1) 求上海的所有供应商的信息。

　　(2) 求位于郑州的所有工程的信息。

　　(3) 求数量在 100~150 的供应。

　　(4) 求为工程 J1 提供零件的供应商号。

　　(5) 求供应工程 J1 红色零件的供应商号。

　　(6) 求至少提供一种红色零件的供应商名称。

　　(7) 求不提供零件 P2 的供应商名称。

　　(8) 求没有使用天津供应商生产的红色零件的工程号。

　　(9) 求使用了本地供应商提供的零件的工程号和工程名称。

　　(10) 求未使用本地供应商提供的零件的工程号和工程名称。

　　(11) 求至少用了供应商 S1 所供应的全部零件的工程号。

　　(12) 求提供所有零件的供应商名称。

　　4.7　对于习题 4.4 中供应商-工程-零件数据库,使用 SQL 语句实现如下查询:

　　(1) 求提供了零件的供应商的个数。

　　(2) 求所有零件的平均重量。

　　(3) 求供应商 S1 供应工程 J1 的每种零件的总重量。

　　(4) 求供应商 S1 提供的每种零件的总数量。

　　4.8　对于习题 3.16 中供应商-工程-零件数据库,使用 SQL 语句实现如下更新:

　　(1) 将 Cno、Cname、Caddress 和 Balance 分别为 C0199、李华、郑州市大学北路 46 号、6000 的客户信息插入 Customers。

　　(2) 从 Dependents(家属)中删除 1979 年前出生的子女(ReltoEmp＝′子女′)。

　　(3) 将销售部门(Dname＝′销售′)的职工工资(Salary)提高 4%。

　　4.9　汽车保险数据库包含如下关系模式:

　　　　Clients (<u>Driver-id</u>, Cname, Address)

　　　　Cars (<u>Car-no</u>, Model, Year)

　　　　Accidents (<u>Report-no</u>, Date, Location)

　　　　Owns (<u>Driver-id</u>, Car-no)

　　　　Participated (<u>Diver-id</u>, Car-no, Report-no, Damage-amount)

用 SQL 实现如下操作:

　　(1) 找出 2006 年其车辆出过事故的总人数。

(2) 找出与王明的车有关的事故数量。

(3) 删除李莉的 Mazada 车。

(4) 对于一个新事故,需要插入哪些信息,插入到哪些表中?

4.10　什么是基本表?什么是视图?两者的区别和联系是什么?

4.11　试说明使用视图的优点。

4.12　是否所有的视图都是可以更新的?为什么?哪些是可以更新的?哪些是不可以更新的?

4.13　在什么情况下,你需要使用嵌入式 SQL,而不是单独使用 SQL 或某种通用程序设计语言(如 C 语言)?

第 5 章　完整性与安全性

数据库是一种共享资源,是存放数据的场所。数据库系统需要保护数据库,防止用户有意或无意地破坏数据。数据的完整性和安全性是一个问题的两个方面,都是为了保护数据库中的数据。前者旨在保护数据库中的数据,防止合法用户对数据库进行修改时破坏数据的一致性;而后者旨在保护数据库,防止未经授权的访问和恶意破坏与修改。

在概述完整性(5.1 节)之后,接下来的几节讨论完整性。5.2 节讨论实体完整性和参照完整性,重点讨论何时需要进行参照完整性检查和违反参照完整性可能的处理措施,并介绍 SQL 对参照完整性的支持。5.3 节介绍域约束和 SQL 的定义、修改和删除域约束的语句。5.4 节介绍用户定义的完整性和 SQL 提供的支持,包括属性约束、关系约束、断言和数据库约束。5.5 节讨论触发器。触发器没有包含在 SQL-92 标准中,但是 SQL-99 和大多数商品化 DBMS 都支持触发器。5.6~5.10 节讨论数据库的安全性。5.6 节是安全性概述。5.7 节简要介绍用户标识和鉴别。5.8 和 5.9 节分别介绍数据库系统最主要的安全措施存取控制和 SQL 的授权机制。5.10 节讨论其他安全措施。

5.1　完整性概述

数据库的完整性是指数据库中的数据的正确性、一致性和相容性。数据库中的数据要成为有意义的信息,必须满足一定的语义约束条件。

1. 约束分类

在第 3 章,我们将关系数据库上约束分为实体完整性、参照完整性和用户定义的完整性。事实上,所有的约束都是语义约束,都是用户根据实际问题的语义指定的。不同的是,实体完整性和参照完整性约束的含义是特定的,用户只需要说明关系的主码和外码,而不必再说明约束条件;对于其他约束(用户定义的完整性),用户需要使用一个谓词具体说明约束条件。

就被约束的数据对象而言,完整性约束可以分为如下四类:

(1) 类型(域)约束:说明给定类型的合法取值。

(2) 属性约束:说明属性的合法取值。

(3) 关系约束:说明关系的合法取值。

(4) 数据库约束:说明数据库的合法取值,通常涉及多个关系。

一般而言,实体完整性是一种关系约束,参照完整性是一种数据库约束,而用户定义的完整性可以是上述四种约束的任何一种。

通常,DDL 允许用户在创建域的同时说明域上的约束条件,并且允许用户使用创建的域定义属性约束(见 5.3 节)。正如我们在第 4 章所看到的,属性约束、关系约束和参照完整性约束都可以在创建关系时说明。更一般地,约束是一个关于数据库对象的断言。DDL 应当允许用户定义断言,使得用户可以定义更复杂的约束(见 5.4 节)。

约束还可以分静态约束和动态约束。**静态约束**是关于数据库正确状态的约束;而**动态约束**是数据库从一种正确状态转移到另一种状态的转移约束。

例如,对于婚姻状况,如下动态转移约束是正确的:未婚到已婚、已婚到离异、已婚到丧偶、离异到已婚、丧偶到已婚。对于最后学位,如下动态转移约束是正确的:学士到硕士、学士到博士、硕士到博士。

2. DBMS 对完整性的支持

为了维护数据库的完整性,完整性控制应当作为 DBMS 核心机制,必须提供:

(1) 说明和定义完整性约束条件的方法。DBMS 的 DDL 允许用户根据实际问题的语义说明和定义各种完整性约束条件。

(2) 完整性检查机制。DBMS 在数据更新可能破坏完整性时自动进行完整性检查。检查可以在更新操作执行时立即执行,也可以在事务提交时进行。

(3) 违约处理。当数据更新违反完整性约束时,DBMS 应当采取相应的措施,确保数据的完整性。

通常,数据库约束的检查是可延迟的,可以延迟到事务提交时进行,而其他约束的检查是立即的,在可能导致违反完整性约束的更新时立即进行。所有数据库更新都不能破坏数据库的完整性。当更新违反参照完整性约束时存在多种可能的补救措施,系统可以允许更新,并自动采取相应的行动(见 5.2 节)。在其他情况下(如违反实体完整性和违反用户定义的完整性约束),违反完整性约束的更新通常被拒绝。然而,DBMS 也提供一些机制,使得用户可以说明对某些违反完整性约束的更新所采取的行动(见 5.5 节)。

5.2　实体完整性和参照完整性

在 3.3 节,我们介绍了实体完整性和参照完整性规则。本节,我们将从何时可能违反完整性约束和违约处理措施两方面进一步讨论实体完整性和参照完整性,并考察 SQL 对实体完整性和参照完整性的支持。

5.2.1 实体完整性

在关系数据库中,一个基本关系对应于一个实体集或联系集。实体完整性要求:

(1) 每个关系应该有一个主码,每个元组的主码值唯一确定该元组。

(2) 主码的任何属性都不能取空值。

删除操作不会破坏实体完整性,但是插入新元组和修改某个(些)元组的主码可能破坏实体完整性。DBMS 应当在插入新元组和修改元组的主码时自动检查是否导致违反实体完整性约束,并拒绝导致破坏实体完整性约束的任何插入或修改。

判断主属性是否为空值是简单的。为了有效地判定主码上的值是否唯一,通常 DBMS 自动在主码上建立索引(如 B+树索引)。通过索引查找而不必访问任何元组就能确定主码上的值是否唯一。

SQL 支持实体完整性。用户只需要在创建基本表时说明关系的主码,系统就能够自动地保证实体完整性。SQL 说明主码的方法已在第 4 章讨论。

5.2.2 参照完整性

实体完整性约束是一个关系内的约束。参照完整性约束是不同关系之间或同一关系的不同元组间的约束。参照完整性要求:

参照关系 R 的任何元组在其外码 FK_R 上的值或者等于被参照关系 S 的某个元组在主码 K_s 上的值,或者为空值。

通俗地说,参照完整性要求要么不参照(外码取空值),要么被参照的对象必须存在。

1. 参照完整性与 E-R 模型

如果关系数据库模式是由 E-R 图转换得到的,则由联系集转换得到每一个关系都存在参照完整性约束。设 R 是实体集 E_1, E_2, $\cdots$, E_n 之间的联系,K_i 表示 E_i 的主码,则 R 的关系模式的属性包括 $K_1 \cup K_2 \cup \cdots \cup K_n$。$R$ 的模式中的每个 K_i 都是导致参照完整性约束的外码。如果 R 是多对多联系,则 R 的关系模式的主码为 $K_1 \cup K_2 \cup \cdots \cup K_n$;此时,$R$ 的关系模式的外码都不能取空值。如果 R 是 E_1, $\cdots$, E_{i-1}, E_{i+1}, $\cdots$, E_n 到 E_i 的多对一联系,则除外码 K_i 之外,R 的关系模式的其他外码都不能取空值。

参照完整性约束的另一种来源是弱实体集。弱实体集的关系模式必须包含它所依赖的实体集的主码。因此,每个弱实体集的关系模式包含一个导致参照完整性约束的外码。弱实体集对应的关系模式的外码实际是其主码的一部分,因此其外码也不能取空值。

DBMS 应当支持实体完整性和参照完整性约束。然而,与实体完整性不同,违反参照完整性存在不同的处理方案,DBMS 允许用户根据实际情况选择不同的处理方法。下面我们分别讨论这些情况。

2. 违反参照完整性的更新

设 R 为参照关系,其外码为 FK_R;S 为被参照关系,其主码为 K_s。删除参照关系 R 的元组或向被参照关系 S 插入新元组都不会违反参照完整性。然而,在其他情况下可能破坏参照完整性:

(1) 向参照关系 R 中插入新元组 t_R。如果不存在被参照关系 S 的元组 t_S 使得 $t_R[FK_R] = t_S[K_s]$,则破坏参照完整性。

(2) 从被参照关系 S 中删除元组 t_S。如果存在参照关系 R 的元组 t_R 使得 $t_S[K_s] = t_R[FK_R]$,则破坏参照完整性(删除导致 t_R 违反参照完整性)。

(3) 修改参照关系 R 的元组 t_R 外码上的值。如果不存在被参照关系 S 的元组 t_S 使得 $new(t_R[FK_R]) = t_S[K_s]$,则破坏参照完整性。其中 $new(t_R[FK_R])$ 表示元组 t_R 修改后外码上的值。

(4) 修改被参照关系 S 的元组 t_S 主码上的值。如果存在参照关系 R 的元组 t_R 使得 $old(t_S[K_s]) = t_R[FK_R]$,则破坏参照完整性(修改导致 t_R 违反参照完整性)。其中 $old(t_S[K_s])$ 表示元组 t_S 修改前主码上的值。

在上述四种情况下,DBMS 应当自动进行参照完整性检查。

3. 保证参照完整性的措施

当更新导致破坏参照完整性时,可能的处理措施包括:

(1) 拒绝。拒绝违反参照完整性的更新是最简单的处理措施,可以用于以上四种情况的任何一种。对于上述情况(1)和(4),一般只能拒绝。但是,对于情况(2)和(4)还存在其他有意义的选择。当更新被拒绝时,系统应当返回一个出错信息提示用户。

(2) 级联。进行更新,并且对更新导致违反参照完整性的参照关系元组进行相应更新。具体地说,当删除被参照关系 S 中的元组 t_S 破坏参照完整性时,同时删除参照关系 R 中所有违反参照完整性的元组 t_R;而修改被参照关系 S 的元组 t_S 主码上的值而破坏参照完整性时,同时用 t_S 主码上的新值修改参照关系 R 上违反参照完整性的元组 t_R 的外码。

例如,学号为 200515099 的学生退学,删除 Students 中学号为 200515099 的 Students 元组的同时删除 SC 中 Sno = '200515099' 的选课记录。而学号为 200515099 的学生的学号修改为 2006154221 时,可以同时将 SC 中 Sno = '200515099' 的元组的 Sno 修改为 200616221。

（3）置空值。进行更新,并且对更新导致违反参照完整性的参照关系元组的外码置空值。这种处理方法仅当外码允许取空值时才能使用。

例如,如果允许职工的部门属性取空值(尚未分配到具体部门,或者是公司总裁),当公司的某个部门撤销时,可以在删除该部门在 Departments 中的记录的同时将 EMPS 中相应职工的部门属性置空值。

（4）置缺省值。进行更新,并且对更新导致违反参照完整性的参照关系元组的外码置缺省值;其中缺省值必须是被参照关系某元组主码上的值。

DBMS 应当提供上述处理措施,而用户可以根据具体情况进行选择。

5.2.3　SQL 中的参照完整性

SQL 支持参照完整性。在第 4 章,我们看到外码可以在创建基本表时用 FOREIGN KEY 子句说明。说明所创建的基本表的属性是外码的子句具有如下形式:

　　　　FOREIGN KEY $(A_1, \cdots, A_k)$ REFERENCES ＜外表名＞（＜外表主码＞）

　　　　［＜参照触发动作＞］

其中＜参照触发动作＞指出修改和删除违反参照完整性约束时触发的动作;缺省时,违反参照完整性的修改和删除将被拒绝。＜参照触发动作＞可以是如下两种形式之一:

　　　　ON UPDATE ＜参照动作＞［ON DELETE ＜参照动作＞］

　　　　ON DELETE ＜参照动作＞［ON UPDATE ＜参照动作＞］

其中＜参照动作＞可以是 CASCADE、SET NULL、SET DEFAULT 和 NO AC-TION 之一,分别表示级联、置空值、置缺省值和拒绝。ON DELETE＜参照动作＞缺省时,违反参照完整性的删除将被拒绝。类似地,ON UPDATE ＜参照动作＞缺省时,违反参照完整性的修改也将被拒绝。

例 5.1　在例 4.1 中,我们定义了 Students、Courses 和 SC 等基本表。如果我们希望在更新 Students 元组的主码时同时修改相应的 SC 元组的外码 Sno,删除 Students 的元组时同时删除相应的 SC 元组;而更新 Courses 的元组时同时修改相应的 SC 元组的外码 Cno,但不允许删除 Courses 的元组破坏参照完整性,则我们可以用如下语句创建基本表 SC:

```
CREATE TABLE SC
    (Sno        CHAR (9),
     Cno        CHAR (5),
     Grade            SMALLINT CHECK (Grade> = 0 AND Grade< = 100),
     PRIMARY KEY (Sno,Cno),
     FOREIGN KEY (Sno) REFERENCES Students (Sno)
         ON UPDATE CASCADE ON DELETE CASCADE,
```

```
FOREIGN KEY (Cno) REFERENCES Courses (Cno)
    ON UPDATE CASCADE);                                    □
```

5.3　域　约　束

　　域完整性约束是最简单、最基本的约束。每个属性都必须在一个值域上取值,这就是域完整性约束。一个属性能否取空值由其语义决定。域约束使得新的值插入到数据库中时,系统可根据约束对新插入的值进行完整性检查。另外,域约束的恰当定义还可以对查询进行检测,从而保证比较是有意义的。域约束在原理上类似于编程语言中变量的类型,就像不同的变量可以有相同的数据类型一样,不同的属性可以有相同的域。

　　DBMS 提供了一些标准数据类型(域),用户可以使用它们说明属性类型。域定义允许用户定义新的域,声明一个域包括下面几个方面:

　　(1) 域值类型。包括数据的类型、长度、单位、精度等。例如,可以规定 Per-sonName(人名)域的数据类型是字符型,长度为 8;RMB(人民币)域和 Dollars(美元)域的类型都是长度为 12 位十进制数,小数点后有两位。

　　(2) 缺省值。例如,可以规定 RMB 和 Dollars 域的缺省值为 0.00。

　　(3) 域值的格式。例如,可以规定出生日期的格式为:YYYY.MM.DD。

　　(4) 对取值范围或取值集合的约束。例如,可以规定性别域的取值集合为{男,女},学生成绩域的取值范围为[0,100]。在一个域上可以定义多个约束条件。域值的格式可以作为约束条件定义。

　　用户可以使用定义的域说明属性。这样做可以防止无意义的比较。例如,如果用字符串类型说明属性 Dname(部门名)和 Ename(职工名),则比较 Dname = Ename 是合法的,尽管字符串长度可能不同。但是,这种比较没有实际意义。如果 Dname 说明为部门域,Ename 说明为人名域,则系统可以通过域约束检查,发现比较 Dname = Ename 不合法。

　　不同域上的值不能比较。例如,两个分别取值于 RMB 和 Dollars 的量不能比较,尽管它们都是长度为 12 位十进制数,小数点后有两位。DBMS 允许将一个域中的值转换到另一个域中。例如,设属性 r.A 在 RMB 域上取值,SQL 允许我们使用如下方法将它转换到 Dollars 域:

```
CAST (r.A/7.54 AS Dollars)
```

这里,我们假设 7.54 元人民币兑换 1 美元。

　　SQL 支持域约束,允许用户创建新的域、定义域约束,修改和删除已经定义的域。下面我们分别加以介绍。

1. 创建域

SQL 的创建域的语句形式如下：

```
CREATE DOMAIN <域名> [AS ] <数据类型>
[DEFAULT <缺省值>]
[<域约束>,…, <域约束> ]
```

该语句创建一个名为<域名>的域,它的值类型由 AS <数据类型>(AS 可缺省)说明。<数据类型>可以使用 SQL 的任何内置类型(见 4.2.1 节)。可选的DEFAULT 子句定义缺省值,<缺省值>是域中的一个合法值(满足域约束)。注意:每个域都包含一个特殊值 NULL(空值),但是可以通过域约束排除空值。域定义中可以包含零个或多个<域约束>,用来约束域值的取值。每个<域约束>具有如下形式:

```
[CONSTRAINT <约束名>] CHECK (<条件>) [<约束性质>]
```

其中可选短语"CONSTRAINT <约束名>"为约束命名。<条件>的常见形式是涉及域值的布尔表达式,其中域值用 VALUE 表示。可选的<约束性质>可以是NOT DEFERRABLE(不可延迟的)或 DEFERRABLE(可延迟的),缺省时为不可延迟(约束立即检查)。

例5.2 语句

```
CREATE DOMAIN RMB NUMERIC (12,2) DEFAULT 0.00;
CREATE DOMAIN Dollars NUMERIC (12,2) DEFAULT 0.00;
```

分别定义 RMB 域和 Dollars 域的类型都是长度为 12 位十进制数,小数点后有两位,其缺省值为 0.00。而语句

```
CREATE DOMAIN HourlyWage NUMERIC(6,2)
    CONSTRAINT WageValueTest CHECK (VALUE > = 5.00);
```

定义 HourlyWage(小时工资)域,它是 6 位十进制数,小数点后有两位,并且命名约束 WageValueTest 确保其值大于或等于最低工资 5.00 元/小时。

也可以用 CHECK 子句限制所定义的域不能取空值,例如

```
CREATE DOMAIN PersonName CHAR (8)
    CONSTRAINT PersonNameNullTest CHECK (VALUE NOT NULLL);
```

将创建一个 PersonName 域,它是字符类型,长度为 8,不能取空值。

另外,使用 IN 可以将域限制为只包含指定的一组值,例如

```
CREATE DOMAIN SexType CHAR (2)
    CONSTRAINT SexTest CHECK (VALUE IN ('男', '女'));
```

□

2. 修改域约束

SQL 允许修改域约束,包括设置缺省值、删除缺省值、添加约束和删除约束。

其语句格式如下：

ALTER DOMAIN ＜域名＞ ＜修改动作＞

其中＜修改动作＞可以是：

(1) SET DEFAULT ＜缺省值＞。设置缺省值。

(2) DROP DEFAULT。删除缺省值。

(3) ADD ＜域约束＞。添加域约束,其中＜域约束＞与 CREATE DOMAIN 相同。

(4) DROP CONSTRAINT ＜约束名＞。删除＜约束名＞命名的域约束。

例 5.3 下面的语句将为 HourlyWage 域设置缺省值 5.00：

ALTER DOMAIN HourlyWage SET DEFAULT 5.00;

而下面的两个语句将 SexType 域上的约束 SexTest 修改为在{'M', 'F'}上取值：

ALTER DOMAIN SexType DROP CONSTRAINT SexTest;

ALTER DOMAIN SexType ADD

    CONSTRAINT SexTest CHECK (VALUE IN ('M', 'F')); □

3. 删除域

当不需要某个域约束时,可以使用 DROP DOMAIN 语句将它删除。语句格式为

DROP DOMAIN ＜域名＞ {CASCADE | RESTRICT}

其中 CASCADE 表示级联删除,RESTRICT 表示受限删除。声明 RESTRICT 时,如果存在基于该域定义的列,则不能删除。然而,声明 CASCADE 时,与删除模式和删除基本表不同,域删除后并不删除依赖于该域定义的列,而是将列定义(包括类型、缺省值、约束)用定义域的标准类型取代。

例 5.4 假设 Students 表的属性 Sex 用例 5.2 的 SexType 域定义。

DROP DOMAIN SexType RESTRICT

不能删除 SexType 域。而

DROP DOMAIN SexType CASCADE

将删除 SexType 域,并将 Students 表中的 Sex 的定义修改为

Sex CHAR(2) CHECK (Sex IN ('男', '女')) □

5.4 用户定义的完整性

不同的关系数据库根据其应用环境的不同,往往还需要一些特殊的约束条件。用户定义的完整性即是针对某个特定关系数据库的约束条件,它反映某一具体应用所涉及的数据必须满足的语义要求。系统提供定义和检验这类完整性的统一处

理方法,不再由应用程序承担这项工作。

5.4.1 属性约束

属性上的约束是指属性的取值必须来自其定义的值域。例如,如果可以规定学生成绩的取值范围为0~100,性别的取值为"男"或"女"等。插入新元组和修改元组的属性值可能导致违反属性约束。此时,DBMS应当在插入或修改前进行属性约束检查。如果违反属性约束,插入或删除将被拒绝。

SQL支持属性约束,在创建基本表时可以说明属性约束。我们在第4章已经介绍了如何说明属性约束。此外,SQL还允许使用用户定义的域来说明属性,如下面的例子所示。

例5.5 在前面的例子中,我们定义了PersonName域和SexType域。我们可以在定义Teachers表时使用它们:

```
CREATE TABLE Teachers
(Tno          CHAR (7) PRIMARY KEY,
   Tname       PersonName,
   Sex         SexType,
   Birthday    DATE,
   Title       CHAR (6),
   Dno         CHAR (4),
   FOREIGN KEY (Dno) REFERENCES Departments (Dno));                    □
```

5.4.2 关系约束

关系约束说明关系的合法取值,常常涉及多个同一关系的多个属性和/或多个元组(否则可以看作属性约束)。关系约束可以是静态元组约束,也可以是动态约束。

静态约束是规定关系各个属性值之间应该满足的约束关系。例如,假设教师工资表包括职称、岗位津贴等属性。"教授的岗位津贴不低于1500元,不高于10000元"就是定义在同一元组的多个属性上的静态约束。

动态约束是指修改元组的值时需要满足的约束条件。例如,在更新教师表时,工资、工龄这些属性值一般只会增加,不会减少。这些都是数据库从一个状态转换到另一个状态时应该遵守的约束。

SQL支持关系约束。实体完整性是一种系统定义的关系约束。SQL允许在创建基本表时定义使用如下形式的CHECK子句定义一个或多个表约束:

```
CHECK (<条件>) [<约束性质> ]
```

<条件>的简单情况是涉及表属性的布尔表达式,而更复杂的情况可以涉及

SELECT查询。可选的＜约束性质＞指明约束是否可延迟,缺省时为不可延迟(见域约束)。

例5.6　假设 EmpSalary(职工工资)表具有如下模式:

EmpSalary (Eno, Ename, Dno, BaseSalary, Subsidy, Bonus, Tax, Insurance,
　　　　　 PayLoan)

这些属性分别代表职工的编号、姓名、部门、基本工资、津贴、奖金、所得税、失业保险和还借款。基本工资、津贴和奖金是收入部分,所得税、失业保险和还借款是扣除部分。实发工资＝收入部分－扣除部分。为了保证职工的正常生活,单位规定实发工资不得低于基本工资的一半。我们可以在定义基本表时将它作为表约束定义:

```
CREATE TABLE EmpSalary
    (Eno         CHAR (7) PRIMARY KEY,
     Ename       CHAR (8) NOT NULLL,
     Dno         CHAR (4),
     BaseSalary  NUMERIC (7,2),
     Subsidy     NUMERIC (7,2),
     Bonus       NUMERIC (7,2),
     Tax         NUMERIC (7,2),
     Insurance   NUMERIC (7,2),
     PayLoan     NUMERIC (7,2) DEFAULT 0.00,
     CHECK (((BaseSalary + Subsidy + Bonus)-(Tax + Insurance + PayLoan))
            > = 0.5 * BaseSalary)
     FOREIGN KEY (Dno) REFERENCES Departments (Dno));
```
□

5.4.3　断言与数据库约束

断言(assertions)是一种命名约束,它表达了数据库状态必须满足的逻辑条件。数据库完整性约束可以看成一系列断言的集合,实体完整性和参照完整性约束都是断言的特殊形式。所有的约束都可以用断言形式表达,然而属性约束和关系约束使用相应的方式说明更方便,也更有效。

通常,断言被用来表达数据库约束,这些约束不能或很难用其他方法表达。例如,约束"每个支行的贷款金额总和必须小于或等于该支行客户存款金额总和"涉及多个关系,很难用前面介绍的方法表达。为了表达这类约束,DBMS 必须支持断言,提供创建断言的语句,使得用户能够定义断言。此外,当对数据库进行更新时,DBMS 还需要自动检查断言,拒绝违反断言的更新。

SQL 支持断言,允许用户创建和删除断言。SQL 创建断言的语句具有如下格式:

```
CREATE ASSERTION <断言名>
CHECK (<条件>) [<约束性质> ]
```

该语句创建一个名为<断言名>的断言。<条件>的简单情况是涉及数据库对象的布尔表达式,而更复杂的情况可以涉及 SELECT 查询。可选的<约束性质>指明约束是否可延迟,缺省时为不可延迟(见域约束)。

例 5.7　设数据库包含如下关系模式:

Employees (Eno, Ename, Salary, Dno)

Departments (Dno, Dptname, Mrgno)

其中,Employees(职工)的属性分别是职工号、职工姓名、工资和所在部门号,Departments(部门)的属性分别是部门号、部门名称和经理的职工号。

约束"任何部门经理的工资不超过其所在部门平均工资的 10 倍"涉及上述两个关系,我们可以为它创建一个断言。注意:该约束等价于"不存在一个部门经理,其工资高于他所在部门平均工资的 10 倍"。我们可以用 SQL 创建一个断言 SalaryConstraint 来表达这一约束:

```
CREATE ASSERTION SalaryConstraint CHECK
    (NOT EXISTS
        (SELECT *
        FROM Departments D, Employees E
        WHERE D.Mrgno = E.Eno AND
            Salary>10 * (SELECT AVG (Salary)
                FROM Employees
                WHERE Dno = D.Dno)));
```

断言创建后,系统会检测其有效性。如果断言有效,则以后只有不违反断言的数据库更新才被允许。如果断言比较复杂,则检测的开销相当高,从而降低了数据更新操作的性能。因此,实际系统必须谨慎地使用断言。

删除断言是简单的。因为没有其他数据库对象的定义依赖断言,因此可以用如下形式的语句直接删除断言:

```
DROP ASSERTION <断言名>
```

5.5 触 发 器

触发器(trigger)是特殊类型的存储过程,当某个事件发生时它被自动执行。要设置触发器机制,必须满足两个要求:

(1) 指明什么事件发生和满足什么条件执行触发器;

(2) 指明触发器执行什么样的动作。

这种模型称作**事件-条件-动作**模型。数据库系统将像保存数据一样存储触发器。只要指定的事件发生,触发条件满足,相应的存储过程就被执行。除了支持完整性外,触发器还有其他作用。例如,一个定时触发器可以在每个周末主动地制作某些定制的报表,而不必在用户要求之后才被动地完成这些任务。

本节,我们主要从完整性角度讨论触发器。

1. 触发器的需求

前面,我们看到 DBMS 提供了多种完整性约束定义和检查机制。然而,除了允许对违反参照完整性约束的删除和修改进行级联删除和修改外,违反完整性约束的更新都被简单地拒绝(仅给用户必要的提示信息)。

触发器对示警或满足特定条件时自动执行某项任务是非常有用的,对实现复杂的完整性约束(如参照完整性不能覆盖的复杂约束)也是有用的。下面是需要触发器的两个例子:

(1) 银行的透支处理。银行允许用户透支,但存款余额不能取负值。透支(存款余额小于零)时可以将存款余额置零,并同时建立一笔贷款,其金额等于透支额。这样,当存款余额更新后小于零时不是简单地拒绝更新,而是触发一系列动作完成上述任务,同时避免破坏完整性约束。

(2) 存货预警。仓库希望每种商品都保持一个最小库存量。当库存量下降到最小库存量以下时,自动提示仓库管理人员订货,或自动产生一个订单。这样,当某商品的库存量更新后小于最小库存量时,需要自动触发一个过程来完成上述任务。

2. SQL 中的触发器

触发器没有包含在 SQL-92 标准中,但是支持 SQL 的 DBMS 广泛支持触发器。然而,不同系统的触发器并不兼容。下面的介绍基于 SQL-99、IBM DB2 和 Oracle 的触发器与此类似。

创建触发器语句的一般格式如下:

```
CREATE TRIGGER <触发器名> <触发时间> <触发事件>
ON <表名>
[REFERENCING <旧/新值别名>, …, <旧/新值别名>]
[FOR EACH {ROW | STATEMENT}]
[WHEN (<触发条件>)]
<被触发的 SQL 语句>
```

该语句在 <表名> 所标识的表(记作 T)上创建一个名为 <触发器名> 的触发器。其中

<触发时间> 可以是 BEFORE 或 AFTER。

<触发事件>可以是 T 上的 INSERT、DELETE 或 UPDATE 或

  UPDATE OF <触发列>, …, <触发列>

这里<触发列>是表 T 的属性。

REFERENCING 子句创建一些过渡变量(transition variable)用来存放表 T 和表 T 的行更新前的旧值和更新后的新值。这些变量范围是该触发器,可以在触发动作体的语句中引用。<旧/新值别名>可以是如下形式之一:

OLD [ROW] [AS] <变量>。创建行过渡变量<变量>存放表 T 的行更新前的旧值。

NEW [ROW] [AS] <变量>。创建行过渡变量<变量>存放表 T 的行更新后的新值。

OLD TABLE [AS] <变量>。创建表过渡变量<变量>存放表 T 更新前的旧值。

NEW TABLE [AS] <变量>。创建表过渡变量<变量>存放表 T 更新后的新值。

FOR EACH ROW 定义行级触发器(每个行更新都触发),而 FOR EACH STATEMENT 定义语句级触发器(每个更新语句触发一次)。缺省时为语句级触发器。

WHEN 子句说明触发条件,缺省时无条件触发。<触发条件>是一个任意布尔表达式。

<被触发的 SQL 语句>是触发动作体,具有如下形式:

```
BEGIN ATOMIC
    <可执行的 SQL 语句>;
    ……
    <可执行的 SQL 语句>;
END
```

BEGIN ATOMIC 和 END 之间的 SQL 语句将被视为一个原子事务(见第 9 章)。当触发动作体只包含一个可执行的 SQL 语句时,BEGIN ATOMIC 和 END 可以省略。

当<触发事件>发生时,表 T 上创建的触发器被触发,并在<触发条件>满足时被激活。激活触发器导致触发动作体中的 SQL 语句执行。

删除触发器直接使用如下形式的语句:

```
DROP TRIGGER <触发器名>
```

例 5.8 设银行数据库包含如下关系模式:

```
Branch (BranchName, BranchCity, Assets)
Customer (CustomerName, CustomerStreet, CustomerCity)
Account (AccountNumber, BranchName, Balance)
```

Loan (<u>Loan-number</u>, BranchName, Amount)

Depositor (<u>CustomerName</u>, <u>AccountNumber</u>)

Borrower (<u>CustomerName</u>, <u>LoanNumber</u>)

考虑银行的透支处理。当存款关系 Account 的某元组 t 的 Balance 修改后的值小于零时,系统做如下三件事:

(1) 向 贷 款 关 系 Loan 插 入 一 个 新 元 组 t_1, t_1.LoanNumber = t.AcountNumber, t_1.BranchName = t.BranchName, t_1.Amount 等于透支额。

(2) 向 Borrower 插入新元组 t_2,记录新的贷款与顾客之间的联系。假设记录存款关系 Account 元组 t 与顾客之间的联系的 Depositor 元组为 t_3,则 t_2 的两个属性都取自 t_3。

(3) 将 Account 的元组 t 的 Balance 置零。

使用 SQL,我们可以建立如下触发器 OverdraftTrigger:

```
CREATE TRIGGER OverdraftTrigger
AFTER UPDATE OF Balance ON Account
REFERENCING NEW ROW AS nrow
FOR EACH ROW
WHEN (nrow.Balance < 0)
BEGIN ATOMIC
   INSERT INTO Loan
     VALUES (nrow.AccountNumber, nrow.BranchName, - nrow.Balance);
   INSERT INTO Borrower
   (SELECT CustomerName, AccountNumber
FROM Depositor
   WHERE nrow.AccountNumber = Depositor.AccountNumber);
 UPDATE Account SET Balance = 0
   WHERE Account.AccountNumber = nrow.AccountNumber
END
```

在修改 Account 上的 Balance 属性之后,触发器 OverdraftTrigger 被触发。检查 Account 的每一行,如果该行更新后的 Balance 值小于零,则 BEGIN 和 END 之间的语句将被执行。　　　　　　　　　　　　　　　　　　　　　　□

5.6　安全性概述

所谓计算机系统的安全性是指为计算机系统建立和采取各种安全保护措施,以保护计算机系统中的硬件、软件及数据,防止因偶然或恶意的原因使系统遭到破坏,数据遭到更改或泄露。所谓数据库的安全性是指保护数据库,防止因用户非法使用数据库造成数据泄露、更改或破坏。

数据共享是数据库的重要特性,但是数据的共享必然会带来安全上的隐患。例如,数据库中的数据可能涉及军事秘密、国家机密、新产品实验数据、市场需求分析、市场营销策略、销售计划、客户档案、医疗档案、银行储蓄数据等敏感信息。这些数据的共享不能是无条件的共享,必须在 DBMS 严格的控制之下,即只允许具有合法使用权限的用户访问允许他存取的数据。

广义上讲,数据库的安全包括许多内容,如防火、防盗、防破坏、防病毒等都属于安全方面的内容;同时,数据安全也和法律法规、伦理道德、安全管理(软硬件意外故障、场地的意外事故、管理不善导致的计算机设备和数据介质的物理破坏、丢失等)等密切相关。但这些超出了本书的讨论范围,本书主要讨论技术层面上如何保证数据库中数据的安全性。

1.数据库安全保护的多层面

为了保护数据库,必须在几个层面上采取安全性措施:

(1) 物理层。计算机系统所位于的结点必须物理上受到保护,以防止入侵者强行闯入或暗中潜入。

(2) 人际层。对用户的授权必须格外小心,以减少授权用户接受贿赂或其他好处而给入侵者提供访问机会的可能性。

(3) 网络层。由于几乎所有的数据库系统都允许通过网络进行远程访问,因此不管在因特网上还是在企业私有的网络内,网络软件的安全性和物理安全性一样重要。

(4) 数据库系统层。数据库系统的某些用户获得的授权可能只允许他访问数据库中有限的部分,而另外一些用户获得的授权可能允许他查询数据,但不允许他修改数据。保证这样的授权限制不被违反是数据库系统的责任。

(5) 操作系统层。不管数据库系统多么安全,操作系统安全性方面的弱点总是可能成为对数据库进行未授权访问的一种手段。

为了保证数据库安全,我们必须在上述所有层次上进行安全性维护。如果较低层次上(物理层)安全性存在缺陷,高层安全性措施即使很严格也可能被绕过。

许多应用中,为保持数据库完整性和安全性而付出极大的努力是很值得的。对于窃贼来说,包含薪水或其他财务数据的大型数据库是颇具有吸引力的目标。包含公司运作数据的数据库可能是不道德竞争对手的兴趣所在。此外,这些数据的丢失,不管是偶然的还是故意的,都会严重破坏公司的运作能力。

在上述安全性涉及的几个层次中,物理层、人际层、操作系统层和网络层虽然很重要,但不在我们所要讨论的范围。我们主要从数据库用户的角度,讨论数据库管理系统提供的数据库安全性保护措施。

2. 数据库安全保护的任务

防止数据一致性的意外破坏比防止对数据库的恶意访问要容易。下面是一些恶意访问的形式：

(1) 未经授权读取数据(窃取信息)；

(2) 未经授权修改数据；

(3) 未经授权删除数据。

完全杜绝对数据库的恶意滥用是不可能的，但可以使那些企图在没有适当授权情况下访问数据库的代价足够高，阻止绝大多数这样的访问企图。

数据库的安全性旨在保证数据库的任何部分都不受到恶意侵害或未经授权的存取和修改。数据库管理员(DBA)的重要的责任之一是保证数据库的安全性，保护数据库涉及以下几个任务：

(1) 防止对数据的未经过授权的存取，确保敏感信息没有被不"需要知道"这些信息的人访问得到；

(2) 防止未经过授权的人员删除和修改数据；

(3) 监视对数据的访问和更改等使用情况。

也就是说，采用具有一定安全性的硬件、软件来实现对计算机系统及其所存数据的安全保护，当计算机系统受到恶意攻击时仍能保证系统正常运行，保证系统内的数据不增加、不丢失、不泄露。

3. 数据库安全保护的措施

数据库系统的安全保护措施是否有效是数据库系统主要的性能指标之一。数据库系统常用的安全性控制方法包括用户标识与鉴别、存取控制、视图、审计和数据加密。

在接下来的几节，我们将讨论这些方法，并介绍 SQL 对安全性的支持。

5.7　用户标识与鉴别

用户标识与鉴别是系统提供的最外层安全保护措施。其基本方法是：系统提供一定的方式让用户标识自己的名字或身份；系统内部记录着所有合法用户的标识，每次用户要求进入系统(与数据库连接)时，由系统核对用户提供的身份标识；通过鉴别的合法用户才能进入系统，建立数据库连接。

用户标识容易被盗用，因此当用户进入系统时，系统要求用户同时提供用户标识(用户名)和口令(password)。口令一般由字母、数字等组成，其长度一般是 5～16 个字符。口令由用户选择，口令的选择既要便于记忆，又要不易被猜出。系统中保留一张表,登记每个用户的口令。

用户输入口令时,为了避免别人看到,系统不回显口令。只有同时正确地提供用户名和口令才能通过鉴别,成为合法用户。为了防止非法用户重复猜测合法用户的口令,并考虑到用户可能出现输入错误,用户名和口令的输入可以重复,但重复次数不能超过规定的次数(如三次)。

这种用户名加口令的认证方式不需要附加的设备,简单、易行,广泛地用于操作系统、数据库系统和其他软件系统。然而,口令可能被窃取。例如,当口令在网络上传送时,"窃听者"可能截获用户的口令,然后冒充合法用户,入侵数据库。

防止窃听者截获用户口令的基本方法是避免在网络上直接传递口令。一种简单的方法是使用一种不可逆的加密方法对口令进行加密,系统登记加密后的用户口令。当用户口令通过网络传送时,用相同的方法进行加密。系统接收到用户口令时,不必解密,而直接与保存在系统中的加密后的口令进行比较,进行用户身份认证。

询问-应答系统提供了另一种避免直接在网络上传递口令的方法:数据库系统向用户发送一个询问字符串,用户用口令加密该字符串,并返回数据库系统。数据库系统用同样的口令解密,并与原字符串比较,鉴别合法用户。

公钥系统可以用于讯问-应答系统的加密。数据库系统用公钥加密一个字符串,并发送给用户。用户用他/她的私钥解密,并将结果返回数据库系统。数据库系统随后检查这个应答。这种方案直接用私钥作为口令,不需要在系统中存储口令,可以进一步防止其他人冒充用户。

随着技术的进步,更多的方法已经用于用户身份认证。这些方法包括:

(1) 利用只有用户具有的物品鉴别用户。可以使用磁卡、IC 卡等作为用户身份的凭证,但必须有相应的读卡设备。例如,银行广泛使用磁卡＋密码鉴别储户身份,允许合法的储户访问他/她的储蓄信息。

(2) 利用用户的个人特征鉴别用户。指纹、视网膜、声波等都是用户个人特征。利用这些用户个人特征来鉴别用户非常可靠,但需要相应的设备,因而影响了它们的推广和使用。

5.8　存　取　控　制

存取控制是数据库系统的主要安全措施。存取控制有两种——自主存取控制和强制存取控制。两者之间的区别是:在**自主存取控制**(discretionary access control, DAC)中,同一用户对于不同的数据对象具有不同的存取权限,但是哪些用户对哪些数据对象具有哪些存取权限并无固有限制;而在**强制存取控制**(mandatory access control, MAC)中,每一个数据对象被标以一定的密级,每一个用户也被授予某一许可证级别。只有具有一定许可证级别的用户才能访问具有一定密级的数据对象。

自主存取控制比较灵活,DBMS 提供对它的支持;而强制存取控制比较严格,只有那些"安全的"DBMS 才提供对它的支持。

5.8.1　自主存取控制

在自主存取控制中,用户可以自主地决定将数据对象的何种存取权限授予何人,并决定被授权的用户能否将获得的权限传播给其他用户。自主存取控制是通过授权实现的,因此又称授权。

1. 存取权限

在关系数据库系统中,存取控制的对象不仅包括数据本身,而且包括数据库模式。数据对象可以是数据库、关系(表或视图)、属性(列)或元组。数据对象上允许的操作可以是:

- SELECT:允许读(查询)数据,但不允许修改数据;
- INSERT:允许插入新数据,但不允许修改已有数据;
- UPDATE:允许修改数据,但不允许删除数据;
- DELETE:允许删除数据元组。

数据库模式可以是模式、基本表、视图和索引,用户可以获得的授权可以是:

- RESOURCE:获得资源,可以创建模式、基本表或索引;
- CREATE VIEW:可以创建视图;
- ALTER:修改模式、基本表;
- DROP:删除模式、基本表、视图和索引。

2. 存取控制的任务

用户对哪些数据对象具有何种权限是政策问题,而不是技术问题。换句话说,用户对哪些数据对象具有何种权限是由业务规则决定的,而 DBMS 的存取控制机制要确保这些业务规则能够得到实施。存取控制机制的主要任务是:

(1) 授权。在 DDL 中提供相应的授权语句,允许用户自主地定义存取权限,并将用户的授权登记在数据字典中。

(2) 合法权限检查。当用户发出存取数据库的操作请求后,DBMS 将查找数据字典,根据用户权限进行合法权检查;如果用户的操作请求超出了定义的权限,则系统将拒绝执行此操作。

3．权限的授予和回收

初始,所有的权限都归 DBA。一般来说,一个数据库系统中至少有一个用户具有 DBA 特权。DBA 可以创建模式、基本表、视图和索引,并将这些数据对象的访问权授予其他用户。DBA 还可以通过授权,允许其他用户创建模式、基本表、视图和索引。一般来说,数据对象/模式的创建者拥有该数据对象/模式的所有权限,并且可以通过授权将数据对象/模式的存取权授予其他用户。通常,获得授权的用户不能传播授权。但是,DBMS 还允许在授权的同时将传播授权的许可授予用户。获得这种许可的用户可以传播授权,将他/她获得的授权转授其他用户。

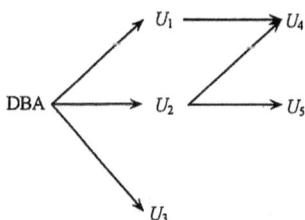

图 5.1　Students
上的 UPDATE 授权

对同一个数据库对象 O 的访问权限 P 的授权传播可以用授权图表示。授权图中的节点代表用户,而边代表授权。如果用户 U_i 将 O 上的访问权限 P 授予 U_j,则授权图中存在一条从 U_i 到 U_j 的有向边。图 5.1 给出了 Students 上的 UPDATE 授权图。DBA 将 Students 上的 UPDATE 权限授予用户 U_1, U_2 和 U_3,而 U_1 又将该权限传播到 U_4, U_2 将该权限传播给 U_4 和 U_5。

为了确保 DBA 对整个数据库具有绝对控制权,系统不允许循环授权,即授权图中不存在环。

被授予的权限可以被 DBA 或授权者收回。谁授予的权限谁回收,但是可能导致级联回收。例如,考虑图 5.1,如果 DBA 收回对 U_1 的授权,则 U_1 对 U_4 的授权也将被回收。注意,U_4 从 U_1 和 U_2 得到授权。由于 U_2 对 U_4 的授权并未回收,因此 U_4 仍然继续拥有对 Students 的 UPDATE 权限。

用户权限定义和合法权检查机制一起组成了 DBMS 的安全子系统。在授权机制中,授权定义中数据粒度越细,授权子系统就越灵活,能够提供的安全性就越完善。然而,授权粒度越细,系统检查权限的开销也越大。

4．角色

角色是一个命名的权限的集合。当一组用户必须具有相同的存取权限时,使用角色定义存取权限,并对用户授权是方便的,可以简化授权,并有利于授权管理。

例如,银行可以有多个出纳,所有出纳都具有相同的数据库存取权限。我们可以创建一个角色 Teller,并将出纳应当具有的权限授予 Teller。当一个职工出任出纳时,可以标示她为 Teller(即授予她 Teller 具有的权限)。当一个职工不再担任出纳,可以收回授予她的 Teller 权限。此外,如果出纳的权限需要改变(如增加对某个关系的修改权限),则只需要将新增加的权限授予 Teller,而不必对每个出纳一一授予新增的权限。

5. 授权与视图

视图是定义外模式,为用户提供个性化数据库模型的一种手段。视图可以隐蔽不希望用户看到的数据。视图的这种隐藏数据的能力既可以简化系统的使用,又可以与授权结合,限制用户只能访问所需要的数据,实现一定程度的安全保护。

利用视图实现安全保护的基本思想是:首先通过定义视图,屏蔽掉一部分需要对某些用户保密的数据;然后,在视图上定义存取权限,将对视图的访问权授予这些用户,而不允许他们直接访问定义视图的关系(基本表)。

由于视图是用查询定义的,而查询是求满足某个谓词(查询条件)的元组集,因此视图与授权配合使用实际上间接实现了使用谓词定义用户的存取权限。

需要说明的是:创建视图的用户不一定能够获得该视图上的所有权限。为了有效地阻止用户透过视图越权访问数据库,创建视图的用户在视图上所获得的权限不能超过他/她在定义视图的基本表上所拥有的权限。例如,假设用户 U 对基本表 T_1 拥有修改权(UPDATE),对基本表 T_2 拥有读取数据权(SELECT),用户 U 基于基本表 T_1 和 T_2 创建了一个视图 V,则用户 U 只能查询视图 V。

5.8.2　强制存取控制

在自主存取控制中,系统根据用户对数据库对象的存取权限来进行安全控制,而不考虑数据库对象本身的安全等级。这样,自主存取控制不能阻止副本的非授权传播。例如,甲将自己权限内的数据存取权授予乙,本来只是允许乙本人操纵这些数据。但是,乙可以复制这些数据,制造副本,并在未征得甲同意的情况下传播副本。

强制存取控制(MAC)是系统为保证更高程度的安全性,按照《可信计算机系统评估准则关于可信数据库系统的解释》(TCSEC/TDI)安全策略的要求所采取的强制存取检查手段。

MAC 不是用户能直接感知或进行控制的,适用于对数据有严格而固定密级分类的部门,如军事部门、政府部门等。

1. 主体与客体

在 MAC 中,DBMS 所管理的全部实体被分为主体和客体两大类:

主体是系统中的活动实体。主体可以是 DBMS 管理的实际用户、代表用户的各进程。

客体是系统中的被动实体,是受主体操纵的,如文件、基本表、索引、视图等。

2. 敏感度标记

对于主体和客体,DBMS 为它们的每个实例(值)指派一个敏感度标记(Label)。敏感度标记分成若干级别,如绝密(top secret)、机密(secret)、秘密(confidential)、公开(public)。

主体的敏感度标记称为**许可证级别**(clearance level)。

客体的敏感度标记称为**密级**(classification level)。

MAC 机制就是通过对比主体和客体的敏感度标记,确定主体是否能够存取客体。

3. 强制存取控制规则

当某一用户(或某一主体)注册进入系统时,系统要求他对任何客体的存取必须遵循下面两条规则:

(1) 仅当主体的许可证级别大于或等于客体的密级时,该主体才能读取相应的客体;

(2) 仅当主体的许可证级别等于客体的密级时,该主体才能写相应的客体。

某些系统修正了第二条规则:

(2′) 仅当主体的许可证级别小于或等于客体的密级时,该主体才能写相应的客体;即用户可以为写入的数据对象赋予高于自己的许可证级别的密级。

这样一旦数据被写入,该用户自己也不能再读该数据对象。

修正前后的规则的共同点:均禁止拥有高许可证级别的主体更新低密级的数据对象,从而防止了敏感数据的泄漏。

MAC 是对数据本身进行密级标记,无论数据如何复制,标记与数据是一个不可分的整体。只有符合密级标记要求的用户才可以操纵数据,从而提供了更高级别的安全性。

4. MAC 与 DAC

MAC 比 DAC 具有更高的保护级别,因此支持 MAC 的系统必须支持 DAC,由 DAC 与 MAC 共同构成 DBMS 的安全机制。

同时提供 DAC 和 MAC 保护的系统称为**多级安全系统**。在多级安全系统中,系统首先进行 DAC 检查,对通过 DAC 检查的允许存取的数据对象再由系统自动进行 MAC 检查,只有通过 MAC 检查的访问才是允许的。

5.9 SQL 的授权

SQL 语言支持自主存取控制,提供了一个相当强大的定义授权的机制。本节,我们介绍 SQL 的授权机制。

5.9.1 授权与收回

SQL 的数据定义语言包括授予和回收权限的语句。

1. 授权语句

GRANT 语句用来授予权限,其语句形式如下:

```
GRANT <权限列表> ON <对象名> TO <用户/角色列表>
[WITH GRANT OPTION]
```

该语句将<对象名>所标识的对象上的一种或多种存取权限赋予一个或多个用户或角色。其中存取权限由<权限列表>指定,用户或角色由<用户/角色列表>指定。包含可选短语 WITH GRANT OPTION 时,获得授权的用户还可以把他/她获的权限授予其他用户;缺省时,获得权限的用户不能传播权限。授权者必须是 DBA 或执行授权语句的用户。执行授权语句的用户必须是数据库对象的创建者或拥有并可以传播相应权限的用户。

<权限列表>可以是 ALL PRIVILEGES(所有权限),或者是如下权限的列表:

· SELECT:查询。

· DELETE:删除元组。

· INSERT [(<属性列>, …, <属性列>)]:插入。包含(<属性列>, …, <属性列>)时,只能在指定的属性列上为新元组提供值;否则允许插入整个元组。

· UPDATE [(<属性列>, …, <属性列>)]:修改。包含(<属性列>, …, <属性列>)时,只能修元组在改指定的属性列上值;否则允许修改整个元组。

· REFERENCES [(<属性列>, …, <属性列>)]:赋予用户创建关系时定义外码的能力。如果用户在创建的关系中包含参照其他关系的属性的外码,那么用户必须在这些属性上具有 REFERENCES 权限。

<对象名>可以是基本表或视图名。当对象名为基本表名时,表名前可以使用保留字 TABLE(可以省略)。

<用户/角色列表>可以是 PUBLIC(所有用户)或指定的用户或角色的列表。

例 5.9 为了把查询 Students 表权限授予所有用户,可以使用下面的语句:

```
GRANT SELECT ON Students TO PUBLIC;
```

下面的语句将对 Students 和 Courses 表的所有权限授予用户 U1 和 U2：

```
GRANT ALL PRIVILEGES ON Students, Courses TO U1, U2;
```

但 U1 和 U2 都不能传播他们获得的权限。如果允许他们传播得到的权限，可以用

```
GRANT ALL PRIVILEGES ON Students, Courses TO U1, U2
WITH GRANT OPTION;
```

把对表 SC 的插入元组权限和修改成绩(Grade)的权限授予用户 U3，可以用

```
GRANT INSERT, UPDATE (Grade) ON TABLE SC TO U3;
```

□

2. 基于视图的授权

SQL 支持基于视图的授权，允许定义视图，并将视图上的存取权授予其他用户。适当地定义视图，使用视图上的授权可以进一步将用户对数据库的访问限制在关系的某些元组和/或某些属性上。

例 5.10 假设 LangYuqing 是信息工程学院(IE)的教务员。我们只允许她对信息工程学院的学生的选课关系 SC 进行访问(查询、插入、删除和修改)。我们可以定义一个视图 IE_SC，它仅包含信息工程学院学生的选课纪录：

```
CREATE VIEW IE_SC AS
        SELECT Sno, Cno, Grade
        FROM SC
        WHERE Sno IN
            (SELECT Sno
            FROM Students
            WHERE Dno = 'IE');
```

然后，我们可以使用如下语句将视图 IE_SC 上的所有存取权都授予 LangYuqing：

```
GRANT ALL PRIVILEGES ON IE_SC TO LangYuqing;
```

而不允许她访问 SC。这样，LangYuqing 就获得了对信息工程学院学生成绩的处理权，同时可以阻止她对其他院系学生的选课记录进行操作。　　　　　　□

例 5.11 假设我们允许辅导员 SongYaoju 查询信息工程学院学生的成绩，显示学号、姓名、课程名和成绩，我们可以创建一个视图 IEGrades：

```
CREATE VIEW IEGrades (Sno, Sname, Cname, Grade) AS
    SELECT S.Sno, Sname, Cname, Grade
    FROM Students S, SC, Courses C
    WHERE S.Sno = SC.Sno AND C.Cno = SC.Cno AND
        S.Sno IN
        (SELECT Sno
        FROM Students
```

```
        WHERE Dno = 'IE');
```
然后,用如下授权语句将查询视图 IEGrades 的权限授予 SongYaoju:
```
        GRANT SELECT ON IEGrades TO SongYaoju;                              □
```

3. 收回授权

收回授权使用 REVOKE 语句,其语句的常用形式如下:
```
        REVOKE <权限列表> ON <对象名> FROM <用户/角色列表>
        {CASCADE | RESTRICT}
```
该语句将<对象名>所标识的对象上的一种或多种存取权限从一个或多个用户或角色收回。其中存取权限由<权限列表>指定,用户或角色由<用户/角色列表>指定。<权限列表>、<对象名>和<用户/角色列表>与授权语句相同。

短语 CASCADE 或 RESTRICT 分别表示回收是级联或受限的。当数据对象 O 上的权限 P 从用户 U 回收时,级联回收导致其他用户从 U 获得的数据对象 O 上的权限 P 也被回收。对于受限回收,仅当其他用户都不持有用户 U 授予的数据对象 O 上的权限 P 时,才能从用户 U 收回数据对象 O 上的权限 P。

例 5.12 假设在 Students 上的 UPDATE 授权传播如图 5.1 所示。DBA 执行
```
        REVOKE UPDATE ON Students FROM U2 RESTRICT;
```
将返回一个错误信息,而不会收回用户 U2 在 Students 上的 UPDATE 权限,因为用户 U4 和 U5 还持有 U2 授予的 Students 上的 UPDATE 权限。然而,DBA 执行
```
        REVOKE UPDATE ON Students FROM U2 CASCADE;
```
将收回用户 U2 在 Students 上的 UPDATE 权限,同时级联地收回 U2 授予 U4 和 U5 的 Students 上的 UPDATE 权限。注意:U1 授予 U4 的 Students 上的 UP-DATE 权限并未收回。 □

5.9.2 SQL 对角色的支持

SQL-99 支持角色。使用角色进行授权必须先创建角色,将数据库对象上的存取权限授予角色,才能将角色授予用户,使得用户拥有角色所具有的所有存取权限。此外,SQL-99 还允许收回赋予角色的存取权,收回授予用户的角色。

1. 创建角色和角色授权

创建角色使用如下形式的语句:
```
        CREATE ROLE <角色名>
```
该语句创建一个角色,用<角色名>命名。可以像对用户授权那样,使用授权语句对角色进行授权。

例 5.13　语句

  CREATE ROLE Teller;

创建一个名为 Teller 的角色,而语句

  GRANT ALL PRIVILEGES ON Account, Loan, Depositor, Borrower TO Teller;

将关系 Account, Loan, Depositor 和 Borrower 上的所有存取权授予角色 Teller。

□

2．使用角色授权

可以使用如下语句将一个或多个角色授予一个或多个用户或其他角色:

  GRANT <角色列表> TO <用户/角色列表>

  [WITH ADMIN OPTION]

其中<角色列表>是一个或多个角色名,中间用逗号隔开;<用户/角色列表>是一个或多个用户名或角色名,中间用逗号隔开。获得角色授权的用户或角色具有<角色列表>中角色所具有的存权限。可选短语 WITH ADMIN OPTION 允许获得角色授权的用户可以传播角色授权;缺省时不能传播。

例 5.14　语句

  CREATE ROLE Manager;

创建一个名为 Manager 的角色。语句

  GRANT Teller TO LiMing, ZhangHua, Manager

将角色 Teller 授予用户 LiMing、ZhangHua 和角色 Manager。这样,用户 LiMing、ZhangHua 和角色 Manager 就具有关系 Account, Loan, Depositor 和 Borrower 上的所有存取权。还可以对角色 Manager 授予更多的权限。例如,使用以下语句将关系 Branch 上的所有权限授予角色 Manager:

  GRANT ALL PRIVILEGES ON Branch TO Manager

如果 WangWanli 是经理,则我们可以使用如下语句将角色 Manager 授予 Wang-Wanli,并允许他将 Manager 角色转授予其他人:

  GRANT Manager TO WangWanli WITH ADMIN OPTION;　　　　　　□

注意可能存在着一个角色链。例如,角色 Employee 可能被分配给所有的 Teller。然后,角色 Teller 被分配给所有的 Manager。这样,Manager 角色就被授予了 Employee 和 Teller 拥有的权限以及直接赋给 Manager 的权限。

3．收回授予角色的权限

可以像从用户回收授权一样,使用 REVOKE 语句回收授予角色的授权。从角色 R 收回对象 O 上的存取权 P 后,角色 R 就不再具有对象 O 上的存取权 P,这将影响所有具有角色 R 的用户或角色。

例 5.15　使用如下语句可以收回角色 Teller 在关系 Loan 和 Borrower 上的所有存取权：

```
REVOK ALL PRIVILEGES ON Loan, Borrower FROM Teller;
```

该语句执行后,所有具有角色 Teller 的用户(LiMing 和 ZhangHua)都不能再对关系 Loan 和 Borrower 进行任何操作,并且也同样影响角色 Manager,导致具有 Manager 角色的经理 WangWanli 也不能再对关系 Loan 和 Borrower 进行任何操作。□

4. 收回角色

REVOKE 语句还可以从一个或多个用户或角色收回角色,但具有稍微不同的语法：

```
REVOKE <角色列表> FROM <用户/角色列表> {CASCADE | RESTRICT}
```

例 5.16　如果 LiMing 不再担任出纳,则可以用如下语句收回他的 Teller 角色：

```
REVOKE Teller FROM LiMing CASCADE;
```
　　　　　　　　　　　　　　　　　　　　　　　　　　　　　　　　　□

5.9.3　其他特性

一个对象(关系/视图/角色)的创建者拥有该对象的所有权限,包括授予别人权限的权限。

SQL 标准指定了数据库模式的原始授权机制：只有模式属主才能对模式进行修改。因此,模式的修改(如关系的创建和删除,添加或去掉关系中的属性,以及添加或去掉索引)只能由模式的属主来执行。一些数据库实现对数据库模式有更加强有力的授权机制,类似于前面讨论的那些机制,但这些机制并不是标准的。

例如,有些系统允许用 CREATE USER 创建用户,并将用户分成三类：

· CONNECT：可以连接数据库,经过授权可以访问(查询、更新)数据对象。

· RESOURCE：拥有 CONNECT 权限,并且可以创建关系(基本表和视图)。

· DBA：超级用户,拥有所有权限,即拥有 RESOURCE 权限,并且可以创建其他用户和模式。

例 5.17　语句

```
CREATE USER SuperUser DBA
```

将创建一个名为 SuperUser 的超级用户,他具有 DBA 权限。而

```
CREATE USER LiHua RESOURCE
```

将创建一个用户 LiHua,她拥有 RESOURCE 权限,可以创建基本表。　　　□

5.9.4　SQL 授权的局限性

对于授权,现有的 SQL 标准还存在一些缺点。例如,SQL 标准不提供元组级

授权。如果你希望所有的学生都可以看到自己的成绩,但看不到其他人的成绩,那么授权就必须在元组级上进行。然而,SQL 标准并不支持这种授权。

此外,随着互联网的增长,数据库访问主要是来自 Web 应用服务器。终端用户可能不会拥有在数据库上的个人用户标识。实际上,对于来自一个应用服务器上的所有用户,数据库中只有一个用户标识。这样,授权的任务就落到应用服务器上,而整个 SQL 授权机制都被忽略。好处是会有细致的授权。例如,那些给每一个单独元组的授权可以由应用程序来实现。这样就会产生下面的两个问题:

(1) 检查权限的代码会和应用程序的其他代码混合在一起。

(2) 通过应用的代码来实现授权,而不是在 SQL 声明授权,很难确保没有漏洞。由于一个疏忽,一个应用程序可能不检查权限而使没有权限的用户去访问机密数据。要确保所有应用程序都具备所需的权限检查,其验证工作包括通读所有应用程序服务器的代码,这在一个大的系统中是个非常艰巨的任务。

5.10　其他安全措施

用户标识与鉴别、存取控制是数据库系统的最重要,也是最基本的安全保护措施。这些措施旨在防止未经授权的访问。然而,一些安全的数据库应用软件还需要更多的安全措施。这些措施包括审计和数据加密。本节,我们简略介绍这些技术。

5.10.1　审计技术

与存取控制不同,审计技术是一种监视措施,它跟踪数据库中的访问活动,监测可能的不合法行为。审计启用一个专门的审计日志(audit log),自动记录所有用户对数据库的更新(插入、删除和修改)。审计日志记录如下信息:

· 操作类型(插入、删除、修改);

· 操作终端标识与操作者标识;

· 操作日期和时间;

· 操作涉及的数据(关系、元组、属性等);

· 数据的前像(操作前的值)和后像(操作后的值)。

利用审计日志中的追踪信息,可以重现导致数据库现有状况的一系列事件,找出非法存取数据的用户、时间和内容等。例如,如果发现某账户的存款余额不正确,可以使用审计日志,跟踪这个账户上的所有更新,找到导致错误更新或欺骗性更新,以及执行该更新的时间、地点和人员。银行还可以进一步利用审计日志跟踪这些人的所有更新,找出其他错误或欺骗性更新。

除了对数据库访问活动进行跟踪外,还可以对每次成功或失败的数据库连接、成功或失败的授权或回收授权也进行跟踪记录。这种审计信息可以帮助发现恶意入侵数据库和超越规定的授权。

当数据相当敏感,或者数据处理过程极为重要时,审计技术就是必不可少的。按照 TDI/TCSEC 标准的要求,C2 级以上的安全数据库产品必须提供审计功能。

可以利用更新操作上适当定义的触发器来建立审计跟踪。许多 DBMS 提供了内置的机制,用于建立和撤销审计跟踪,并提供相应的机制使得 DBA 或建立审计的用户方便地检查和解释审计记录。审计一般由 DBA 或数据的所有者控制。然而,这些并不包含在 SQL 标准中。如何建立审计的细节因系统而异,你需要从数据库系统的用户手册中了解具体细节。

审计记录所有数据库更新,需要耗费大量的时间和空间,所以 DBMS 往往都将其作为可选特征。DBA 可以根据应用对安全性的要求,灵活地打开或关闭审计功能。

5.10.2　数据加密

对高度敏感数据,例如,财经数据和涉及国家机密的数据,还可以采用数据加密来保护数据的安全性。

数据加密的基本思想是按照一定的加密算法,将原始数据(明文)变换成不可直接识别的格式(密文),使得不知道解密方法的人即使获得数据,也不知道数据的真实内容,从而达到保护数据的目的。而合法用户使用数据时,可以容易使用解密算法还原数据。

一个好的加密技术应该具有下面的性质:

(1) 对授权用户来说,加密数据和解密数据相对简单;

(2) 加密模式不应依赖于算法的保密,而是依赖于算法参数,即依赖于密钥;

(3) 对入侵者来说,确定密钥是极其困难的。

数据加密技术有很多,这里不再介绍。需要说明的是,目前的许多商品化 DBMS 产品都提供了数据加密例行程序,可根据用户要求自动对存储和传输的数据进行加密处理。即使没有提供这种加密程序的 DBMS,也都会提供加密接口,以方便用户使用其他厂商提供的加密程序对数据进行加密。

数据的加密和解密是比较费时的,并且占用大量的系统资源,因此一般只对高度机密的数据进行数据加密。

5.11　小　　结

(1) 数据的完整性和安全性都是为了保护数据库中的数据。前者旨在保护数据库中的数据,防止合法用户对数据库进行修改时破坏数据的一致性;而后者旨在保护数据库,防止未经授权的访问和恶意破坏和修改。

(2) 关系数据库的完整性约束包括实体完整性、参照完整性和用户定义的完整性。按照被约束对象,约束还可以分为类型(域)约束、属性约束、关系约束和数据库约束。

(3) 为了保证数据的完整性,DBMS 提供了定义约束、检查约束和违约处理机制。

(4) 实体完整性和参照完整性分别是对主码和外码取值的约束。违反实体完整性约束的数据更新将被拒绝。然而,对于违反参照完整性约束的更新,存在多种可能的处理方案。

(5) SQL 支持实体完整性和参照完整性,可以在定义基本表时说明主码和外码,并说明违反参照完整性的处理措施。

(6) 域约束可以定义新的数据类型,并说明域上的缺省值和约束条件。用户定义的域可以用来说明属性的取值和约束。SQL 支持域约束,允许定义、修改和删除域约束。

(7) 对于用户定义的约束,属性约束和关系约束可以在定义基本表时说明。更一般地,约束是一个谓词,SQL 允许用断言声明更一般的约束。

(8) 触发器定义某个事件发生并且满足相应条件自动执行的动作。触发器有多种用途,如实现商务规则、审计日志,甚至数据库以外的操作。虽然直到 SQL-99 标准才引入触发器,但是许多 DBMS 在此之前已经提供对触发器的支持。

(9) 为了保护数据库,需要在多个层面上采取安全性措施。从技术角度,数据库系统的主要安全措施包括用户标识与鉴别、存取控制、视图、审计和数据加密。

(10) 存取控制是数据库系统的主要安全措施。自主存取控制(DAC)通过授权来防止未经授权和恶意访问。角色是命名的权限集合,使用角色可以简化授权,并有利于授权管理。视图与授权配合使用可以隐藏某些敏感数据,提供进一步的安全保护。

(11) SQL 提供了灵活的授权功能,支持基于视图的授权,并且 SQL-99 支持角色。

(12) 强制存取控制(MAC)根据数据对象本身的重要性提供了更严格的安全保护,只有"安全的"DBMS 才提供对 MAC 的支持。

(13) 审计跟踪数据库中的访问活动,监测可能的不合法行为。数据加密可以进一步防止敏感数据的泄漏。

习　　题

5.1　什么是数据库的完整性? 什么是数据库的安全性? 二者之间有什么联

系和区别?

5.2　为了保证完整性,DBMS 应提供哪些支持?

5.3　违反参照完整性有哪些可能的补救措施? 举例说明在何种情况下采用何种措施?

5.4　设供应商-工程-零件数据库包含如下关系:

Suppliers (<u>Sno</u>, Sname, Status, Scity)

Parts (<u>Pno</u>, Pname, Color, Weight)

Projects (<u>Jno</u>, Jname, Jcity)

SPJ (<u>Sno, Pno, Jno</u>, Quantity)

给出该数据库的 SQL DDL 定义。你需要对参照完整性做合理假设,并在基本表定义中包含参照完整性。

5.5　SQL 标准允许外码参照同一关系,如下面的例子:

```
CREATE TABLE Employee
    (Eno        CHAR (8),
    Ename       CHAR (8) NOT NULL,
    Salary      NUMERIC(9, 2),
    MgrNo       CHAR (8) NOT NULL,
    PRIMARY KEY Eno,
    FOREIGN KEY MgrNo REFERENCES Employee (Eno)
        ON DELETE CASCADE);
```

解释删除一个 Employee 元组时会发生什么情况。

5.6　设银行数据库包含的关系模式如例 5.8 所示。写一个 SQL 断言,保证大学路支行的贷款总额不超过该支行的资产。(注意:Loan 的属性 Amount 记录每笔贷款额,Branch 的属性 Assets 记录每个支行的资产。)

5.7　物化视图就是将定义视图的查询求值后物理地存储。当定义视图的基本表更新时,物化视图要同步更新。有些 DBMS 支持物化视图。假设你的 DBMS 不支持物化视图。你可以使用基本表和触发器实现物化视图的同步更新。考虑例 5.11 的视图 IEGrades。假设我们定义了基本表 IEGrades (Sno, Sname, Cname, Grade)。

(1) 写一个触发器,当新的元组插入到 SC 中时,自动地向 IEGrades 插入相应元组。

(2) 写一个触发器,当修改 SC 中元组的 Grade 值时,自动地修改 IEGrades 的相应元组。

(3) 写一个触发器,当删除 SC 中的元组时,自动地删除 IEGrades 的相应元组。

5.8　假设你负责管理银行的数据库。你认为需要采取哪些措施来保证银行数据的安全性?

　　5.9　SQL 提供了哪些数据控制(自主存取控制)语句? 举几个例子说明它们的使用方法。

　　5.10　使用角色有什么好处? 涉及角色的 SQL 语句有哪些?

　　5.11　解释 MAC 机制中的主体、客体、敏感度标记概念。

　　5.12　考虑如下关系模式:

　　　　Employee (Eno, Ename, Birthday, Title, Salary, Dno)

　　　　Department (Dno, Dname, MgrNo, Address, Phone)

使用 SQL 提供的功能完成如下授权:

　　(1) 允许 WangLan 对两个关系进行任何操作,并可以将他的权限转授他人。

　　(2) 允许所有用户查询 Department 关系。

　　(3) 允许所有用户查询 Employee 除 Eno、Birthday 和 Salary 之外的所有属性。

　　(4) 允许 LiYong 对 Employee 关系的 Salary 属性进行修改。

　　(5) 允许 ShangHua 查询每个部门的最低、最高和平均工资。

　　(6) 定义一个角色 Secretary,可以对 Department 进行任何操作,对 Employee 除了不能修改 Salary 属性值之外,可以进行任何操作。

　　(7) Lihua 是秘书,拥有角色 Secretary 的权限。

　　5.13　对于上题,

　　(1) 收回(1)～(4)的授权。

　　(2) 不允许角色 Secretary 修改 Employee 的 Title 属性值。

第6章 关系数据库的设计理论

数据库应用系统开发的核心问题之一是数据库模式设计。在关系模型提出之前,数据库模式的设计缺乏系统的方法,设计的好坏很大程度上依赖于设计者的经验和技巧。然而,在关系模型下,已经提出了一些理论、技术和方法,可以用来更机械地产生好的数据库模式。本章,我们将研究好的关系模式的一些期望的性质,并提供一些算法,用于操纵关系模式,以得到具有期望性质的数据库模式。

数据库设计的核心思想是数据依赖,基本方法是模式分解,将关系模式规范化。6.1 节研究不好的设计可能带来的问题,讨论所产生的问题与数据依赖之间的关系。6.2 节介绍最常见的数据依赖形式——函数依赖及其相关概念。6.3 节讨论函数依赖的推导。在一个具有给定函数依赖集的关系模式中,确定一个给定的函数依赖是否成立是许多算法的基础。6.4 节研究模式分解以及我们期望的分解应当具有的性质,并给出判定一个给定的分解是具有期望性质的算法。

接下来的几节研究范式。6.5 节在概述了关系模式的范式之后,重点讨论 3NF 和 BCNF。6.6 节给出将任意关系模式分解到 3NF 和 BCNF,并使之具有期望性质的算法。6.7 节介绍多值依赖和 4NF。多值依赖是一种更复杂的数据依赖形式,在实践中也经常出现。利用多值依赖可以发现函数依赖不能发现的冗余,并且可以将关系模式分解到 4NF。

最后,在 6.8 节,我们讨论如何将本章的设计理论和技术用于数据库模式设计。

本章有一系列理论结果,正文中列出了这些结论,而将大部分引理和定理的证明安排在本章的附录中。这样做的好处是可以适应不同的读者。本书的所有读者都需要熟悉这些结论,但不一定关心结论的证明。不关心证明的读者可以仅读正文,而不会被繁琐的定理证明所困扰。结论和算法的正确性证明显然是学科的重要内容之一。希望更全面学习、更深入理解数据库的理论、技术和方法的读者可以容易在本章之后的附录中找到这些引理和定理的证明。

6.1 问题提出

如何设计一个好的数据库模式不仅是一个理论问题,而且也是一个实际应用问题。在关系数据模型中,数据库模式是关系模式的集合。这样,数据库模式设计归根到底是关系模式设计。在讨论如何设计好的数据库模式之前,我们先看看不好的数据库模式可能带来的问题。

6.1.1　不好的设计可能导致的问题

考虑图书馆的图书借阅管理系统。我们需要登记每位读者的借书证号(Reader-no)、姓名(Reader-name)和地址(Reader-address)，并登记每位读者借阅的每本图书的编号(Book-no)和借阅日期(Borrow-date)。我们可以用一个关系 BORROW-INFO 存放所有这些信息，其模式如下：

BORROW-INFO (Reader-no, Reader-name, Reader-address, Book-no, Borrow-date)

然而，该模式存在许多问题：

(1) 冗余。对于每位读者借阅的每本图书，读者的姓名、地址都要重复一次。这显然是不必要的。这种不必要的重复称为数据冗余。冗余的明显缺点是增加了数据输入的工作量和浪费存储空间。然而，这并非最严重的问题。冗余带来的更大问题是存储异常。

(2) 修改异常。冗余造成的问题之一是可能导致不一致性。例如，如果一位读者变更了地址，他/她可能在新的借书登记中使用新地址，而在以前的借书登记中使用原来的地址。这样，与我们的直观想象不同，一位读者的地址可能不是唯一的。当然，我们可以修改读者借书登记中的地址。但是，我们需要对多个元组进行修改(修改多处，而不是一处)，并且稍不小心就可能对一些元组中的地址进行了修改，而保持另一些元组中的地址不变，其结果是仍然可能出现不一致。

(3) 插入异常。如果一位读者刚刚办理借书证，尚未借书，则我们不能记录他的借书证号、姓名、地址等信息。或许，我们可以在该读者的元组的 Book-no 和 Borrow-date 分量中存放空值。但是，如果这样的话，当我们输入该读者的借书登记信息时，我们会记住处理这个有空值的元组吗？更糟糕的是，Reader-no 和 Book-no 一起构成 BORROW-INFO 的码，在主属性 Book-no 上存放空值违反了实体完整性约束，使得我们无法通过主索引查找元组。

(4) 删除异常。如果读者归还图书，我们应当从 BORROW-INFO 关系中删除借书登记的相应元组。但是，如果一位读者还清了全部图书，这种删除就会出问题：我们失去了该读者的借书证号、姓名、地址等信息。这显然不是我们希望的，因为没有这些信息，我们无法判定该读者是否是合法的读者。

E. F. Codd 在提出关系模型时就注意到这些问题，并把修改异常、插入异常和删除异常统称为存储异常。由于冗余和存储异常，BORROW-INFO 显然不是一个好的数据库模式。一个好的数据库模式应当尽可能地减少冗余，应当能够避免存储异常。

本质上，存储异常主要是由于数据冗余所导致的。在不同的数据库模型下，有不同的处理冗余的方法。尽管在网状和层次模型下，我们缺乏系统的方法，用来指导设计好的数据库模式,但是这些模型也都提供了一些机制,使得我们可以避免一些冗余。例如,在网状模型中,我们可以通过引入虚拟字段来消除冗余;在层次模型中,我们可以通过使用虚拟记录类型来避免冗余。在关系模型下,业已发展的一系列理论和算法使得我们可以操纵关系模式,以产生好的数据库模式。例如,对于上面的例子,关系数据库设计理论可以指导我们将 BORROW-INFO 分解成以下两个关系模式:

> READERS (Reader-no, Reader-name, Reader-address)
>
> BORROWS (Reader-no, Book-no, Borrow-date)

从而可以减少数据冗余并消除存储异常。

6.1.2　数据依赖与冗余

在往下讨论之前,我们强调一下数据依赖与冗余的关系。数据依赖是语义概念,是关于关系诸属性值之间内在相关性的陈述,它规定了关系模式的合法关系实例所必须满足的条件。例如,在关系模式 BORROW-INFO 中,主码｛Reader-no,Book-no｝的值唯一地确定该关系的元组。这样,｛Reader-no, Book-no｝的值就唯一地确定其他属性的值。换句话说,属性 Reader-name、Reader-address 和 Borrow-date 的值都依赖｛Reader-no, Book-no｝的值。这种依赖称为函数依赖。关系模式 BORROW-INFO 中还存在其他函数依赖。例如,Reader-name 和 Reader-address 都函数依赖于 Reader-no,因为借书证号唯一地确定读者和他/她的住址。

数据依赖可以用于断言合法关系中的某些冗余。例如,如果我们在 BOR-ROW-INFO 关系中看到两个元组

Reader-no	Reader-name	Reader-address	Book-no	Borrow-date
200505068	张华	郑州大学计算机系	56.38-145	2006-09-12
200505068	?	??	73.87-514	2006-10-16

使用第一个元组,我们可以根据 Reader-name 和 Reader-address 都函数依赖于 Reader-no 推断第二个元组在属性 Reader-name 上的值为"张华",在属性 Reader-address 上的值为"郑州大学计算机系"。这样,函数依赖使得在一个给定读者的借书登记信息中,除第一个元组外,其他元组的 Reader-name 和 Reader-address 字段成为冗余的:不提供它们的值,我们也能从第一个元组推断出它们的值。反过来,如果我们不认为 Reader-name 和 Reader-address 都函数依赖于 Reader-no,则我们就没有理由从第一个元组推断第二个元组中的"?"和"??"具有特定的值。这样,这些字段就不是冗余的。

当我们考虑比函数依赖更一般的依赖(如多值依赖)时,冗余不那么明显。然而,在所有情况下,依赖和冗余都是密不可分的:承认某种数据依赖,我们就可以

发现关系中的某些冗余;而不承认数据之间的依赖关系,也就没有理由认为某些信息是冗余的。此外,冗余的产生原因和处理也总是联系在一起的。诸如 Reader-name 和 Reader-address 函数依赖于 Reader-no 不仅导致冗余,而且也使得我们可以将 BORROW-INFO 分解成 READERS 和 BORROWS,并且在原来模式下的关系可以通过在 READERS 和 BORROWS 模式下的关系的连接恢复。以下各节我们将详细地讨论这些问题。

6.2　函数依赖

函数依赖是最常见的,也是最重要的一种数据依赖形式,对数据库的模式设计具有重要影响。本节,我们给出函数依赖的严格定义,讨论函数依赖的意义,并介绍函数依赖集的逻辑蕴涵和闭包的概念。

6.2.1　函数依赖的定义

设 $R(A_1, A_2, \cdots, A_n)$ 是一个关系模式, X 和 Y 是 $\{A_1, A_2, \cdots, A_n\}$ 的子集。如果对于 R 的任意可能的关系 r,若 $t_1, t_2 \in r, t_1[X] = t_2[X]$,则 $t_1[Y] = t_2[Y]$,那么我们就称在关系模式 R 上**函数依赖**(functional dependency) $X \rightarrow Y$ 成立,读作" X 函数确定 Y ",或" Y 函数依赖于 X ",或简单地," X 箭头 Y "。

显然, $X \rightarrow Y$ 对于关系模式 R 成立意味着:只要关系 r 是 R 的实例,则 r 中就不存在两个不同的元组,它们在属性集 X 的所有分量上一致,而在属性集 Y 的一个或多个分量上不一致。例如,在前面的例子中,如下函数依赖成立:

　　　　$\{\text{Reader-no}\} \rightarrow \{\text{Reader-name}\}$

　　　　$\{\text{Reader-no}\} \rightarrow \{\text{Reader-address}\}$

为了书写简洁和提示符号的意义,在一般性的讨论中,我们有以下约定:

(1) 字母表开头的大写字母(或加下标)表示单个属性。

(2) 字母表尾部的大写字母 $U, V, \cdots, Z$ 一般表示属性集,但也可能是由单个属性构成的集合。 U(或加下标)也常常用于表示关系的全部属性组成的集合。

(3) 串接用于表示并。这样, $A_1 A_2 \cdots A_n$ 表示集合 $\{A_1, A_2, \cdots, A_n\}$,而 XY 是 $X \cup Y$ 的缩记。此外,若 A 是单个属性, X 是属性集,则 XA 或 AX 表示 $X \cup \{A\}$。

(4) R 表示关系模式。有时,我们也直接用属性的串接表示关系模式。例如,如果一个关系模式具有属性 A, B 和 C,我们可以用 ABC 表示它。为了简化符号,我们也使用 R 表示关系模式 R 的属性的集合。例如, $X \subseteq R$ 表示 X 是 R 的属性子集。

(5) r 表示关系,它是关系模式 R 的某个实例。

(6) t, u, v(或加下标,如 t_i)表示元组。如果 X 是属性集,则 $t[X]$ 是元组 t 在属性集 X 上的投影(或限制),它是元组 t 在属性集 X 上的分量构成的元组。

在上述符号约定下,函数依赖 $\{Reader\text{-}no\} \rightarrow \{Reader\text{-}name\}$ 和 $\{Reader\text{-}no\} \rightarrow \{Reader\text{-}address\}$ 可以分别写成 Reader-no→Reader-name 和 Reader-no→Reader-address。

6.2.2 函数依赖的意义

在许多情况下,函数依赖的成立都是自然的。例如,如果关系模式 $R(A_1, A_2, \cdots, A_n)$ 是由实体集转换而来的,X 是属性集,它形成实体集的码,则我们断言对于 $\{A_1, A_2, \cdots, A_n\}$ 的任何子集 Y,都有 $X \rightarrow Y$。其理由是:关系 r 的每个可能的元组都代表一个实体,而实体是由它的码值标识的;因此在 X 的属性上一致的两个元组必须代表同一个实体,因而是相同的元组。类似地,如果 r 代表实体集 E_1 到 E_2 的多对一联系,这些 A_i 中的一些属性形成 E_1 的码 X 和 E_2 的码 Y,则 $X \rightarrow Y$ 成立,并且事实上 X 函数地确定关系模式 R 的任何属性集。然而,除非联系是一对一的,否则 $Y \rightarrow X$ 不成立。

需要强调的是:函数依赖是语义概念,是关于关系模式 R 的所有可能关系的命题。我们不能仅仅考察 R 的一个特定关系 r 就断言函数依赖 $X \rightarrow Y$ 对于关系模式 R 成立。例如,如果 r 是空集,则任何函数依赖在 r 上都成立,但随着关系 r 的值改变,它们中的大多数并不能一般成立。然而,我们可以通过考察 R 的一个特殊的关系 r 来发现某个函数依赖在 R 上不成立。

确定关系模式 R 的函数依赖的唯一办法是仔细考虑属性的含义。从这种意义上讲,函数依赖是关于现实世界的断言。我们不能证明函数依赖成立,但我们可以期望 DBMS 强制保证它们。

例 6.1 考虑 6.1 节的关系模式

BORROW-INFO (Reader-no, Reader-name, Reader-address, Book-no, Borrow-date)

最基本的函数依赖是码函数地确定关系模式中的所有属性。这样,我们有

Reader-no Book-no→Reader-name

Reader-no Book-no→Reader-address

Reader-no Book-no→Borrow-date

如前所述,该关系模式中还存在其他函数依赖。事实上,读者是由读者的借书证号唯一确定的。因此,我们有

Reader-no→Reader-name

Reader-no→Reader-address

不难验证,一些平凡的函数依赖,如 Reader-name→Reader-name 成立。事实上,设 X 是任意属性集,而 $Y \subseteq X$,则我们有 $X \rightarrow Y$。这可以直接从函数依赖的定义验证。□

一般地,如果函数依赖 $X \to Y$ 对于任何包含 X 和 Y 的关系模式 R 都成立,则我们称函数依赖 $X \to Y$ 是**平凡的函数依赖**(trivial functional dependency)。这等价于说:函数依赖 $X \to Y$ 是平凡的,如果 $Y \subseteq X$。

平凡的函数反映"整体确定局部"这种一般常识,而不反映新的语义。因此,在列举函数依赖时,我们可以忽略平凡的函数依赖。但是,当我们从给定的函数依赖推导新的函数依赖时,平凡的函数依赖是有用的(见 6.3 节)。

平凡的函数依赖的两个极端例子是 $X \to \varnothing$ 和 $\varnothing \to \varnothing$。它们成立是因为 $\varnothing \subseteq X$ 和 $\varnothing \subseteq \varnothing$。在一般情况下,我们将不考虑这两种极端情况。

6.2.3　逻辑蕴涵和依赖集的闭包

尽管函数依赖是关于现实世界的断言,我们不能证明它们成立,但是给定 R 的一个函数依赖集 F,我们仍然可以推断某些函数依赖必然在 R 中成立。例如,假定 R 是一个关系模式,A、B 和 C 是它的属性,并且 $A \to B$ 和 $B \to C$ 在 R 中成立。我们可以断言函数依赖 $A \to C$ 在 R 中成立。

事实上,设 r 是 R 的任意关系,则 r 满足 $A \to B$ 和 $B \to C$。又设 t_1 和 t_2 是 r 的两个任意元组,满足 $t_1[A] = t_2[A]$。由 r 满足 $A \to B$ 和 $t_1[A] = t_2[A]$ 知 $t_1[B] = t_2[B]$。又由 r 满足 $B \to C$ 和 $t_1[B] = t_2[B]$ 知 $t_1[C] = t_2[C]$。因而 r 满足 $A \to C$。由 r 的任意性,$A \to C$ 在 R 中成立。

一般地,设 F 是关系模式 R 的函数依赖集,$X \to Y$ 是一个函数依赖。如果对于 R 的任意关系 r,只要 r 满足 F 中的函数依赖,则 r 也满足 $X \to Y$,那么我们就称 F **逻辑蕴涵**(logically imply)$X \to Y$,记作 $F \models X \to Y$。上面,我们证明了

$$\{A \to B,\ B \to C\} \models A \to C$$

设 F 是关系模式 R 的函数依赖集,我们定义 F 的**闭包**(closure)F^+ 为被 F 逻辑蕴涵的函数依赖的集合,即 $F^+ = \{X \to Y \mid F \models X \to Y\}$。

显然,F 中的任何函数依赖都在 F^+ 中。设 F 是关系模式 R 的函数依赖集。我们说函数依赖 $X \to Y$ 在 R 中成立等价于说 $X \to Y$ 在 F^+ 中。函数依赖集的闭包具有一般闭包的性质:对于任意函数依赖集 F,$(F^+)^+ = F^+$。即函数依赖集 F 的闭包的闭包等于函数依赖集 F 的闭包。

一般来说,即使 F 不大,F^+ 也是一个很大的集合。

例6.2　设关系模式 $R(A,\ B,\ C)$ 的函数依赖集 $F = \{A \to B,\ B \to C\}$,则 F^+ 由以下形式的函数依赖 $X \to Y$ 组成:

(1) X 包含 A。例如,$ABC \to AB$,$AB \to BC$,$A \to C$。

(2) X 包含 B 但不包含 A,并且 Y 不包含 A。例如,$BC \to B$,$B \to C$,$B \to \varnothing$。

(3) $X \to Y$ 是以下三种函数依赖之一:$C \to C$,$C \to \varnothing$ 或 $\varnothing \to \varnothing$。

如果把 F^+ 中的函数依赖都写出来,多达 40 多个。我们稍后讨论如何推导这

些函数依赖。　　　　　　　　　　　　　　　　　　　　　　　　　□

有了函数依赖的概念,我们可以更形式化地定义码。设 $R(A_1, A_2, \cdots, A_n)$ 是关系模式,F 是 R 的函数依赖集,并且 X 是 $\{A_1, A_2, \cdots, A_n\}$ 的子集。如果① $X{\rightarrow}A_1A_2\cdots A_n$ 在 F^+ 中,并且②不存在 $Y{\subset}X$ 使得 $Y{\rightarrow}A_1A_2\cdots A_n$ 在 F^+ 中,则称 X 为 R 的**码** (key)。我们也使用术语**超码** (super key) 表示码的任意超集。这样,超码满足码的条件①,而不一定满足条件②。应当明白,码是超码的特殊情况,它满足条件②。

在一些文献中,码又称**候选码**(candidate key),而被选作区分关系元组的候选码称作**主码**(prime key)。对于关系模式设计,我们需要考虑所有的码,而不仅仅是主码。因此,本章使用概念"码"表示候选码,无论它是否是主码。

例 6.3　对于例 6.2 的关系模式 R 和函数依赖集 F,只有一个码 A,因为 $A{\rightarrow}ABC$ 在 F^+ 中,并且不存在不含 A 的属性集 X 使得 $X{\rightarrow}ABC$ 在 F^+ 中。

一个更有趣的例子是关系模式 ZIP-INFO(City, Street, ZIP),其中 City 表示城市,Street 表示街道,而 ZIP 表示邮政编码。由于城市和街道确定邮政编码,而邮政编码能够确定城市但不能确定街道,因此我们有非平凡的函数依赖

　　　　City Street${\rightarrow}$ZIP, ZIP${\rightarrow}$City

容易验证 $\{$City, Street$\}$ 和 $\{$Street, ZIP$\}$ 都是 ZIP-INFO 的码。　　　　□

6.3　函数依赖的推导

给定关系模式 $R(A_1, A_2, \cdots, A_n)$ 上的函数依赖集 F,计算 F^+ 是一件十分困难的事。尽管我们很少需要计算 F^+,但是我们常常需要判定一个给定的函数依赖 $X{\rightarrow}Y$ 是否被 F 逻辑蕴涵,即 $X{\rightarrow}Y$ 是否在 F^+ 中。例如,为了判定属性集 X 是否为 R 的超码,我们需要判定 $X{\rightarrow}A_1A_2\cdots A_n$ 是否在 F^+ 中。直接利用逻辑蕴涵的定义证明是繁琐和冗长的,因此我们需要更简单的方法。

6.3.1　Armstrong 公理

Armstrong 首先研究了函数依赖的推导问题,给出了一组有效、完备的推理规则,称为 Armstrong 公理,使得我们可以能够方便地从 F 推导出其他函数依赖。我们说 Armstrong 公理是有效的,是指如果 $X{\rightarrow}Y$ 能够使用 Armstrong 公理由 F 推出,则 $F{\models}X{\rightarrow}Y$;而说 Armstrong 公理是完备的则意味如果 $F{\models}X{\rightarrow}Y$,则 $X{\rightarrow}Y$ 能够使用 Armstrong 公理由 F 推出。这样,使用 Armstrong 公理能够由 F 导出,并且仅能导出 F^+ 中的函数依赖。

Armstrong 公理　设 $R(U)$ 是关系模式,U 是 R 的属性集,F 是 R 上的函数依赖集,仅涉及 U 中的属性。Armstrong 公理包括以下三条推理规则:

　　A1　自反律（reflexivity）：如果 $Y \subseteq X \subseteq U$，则 $X \to Y$ 成立。

　　A2　增广律（augmentation）：如果 $X \to Y$ 成立，并且 $Z \subseteq U$，则 $XZ \to YZ$ 成立。

　　A3　传递律（transitivity）：如果 $X \to Y$ 和 $Y \to Z$ 成立，则 $X \to Z$ 成立。

　　自反律表明平凡的函数依赖在每个关系模式中都成立。也就是说，公理 A1 的使用仅与 U 有关，而与 F 无关。A2 是说，如果 $X \to Y$ 在 F 中或者可以由 F 导出，则在该函数依赖的两端添加一些相同的属性 $Z \subseteq U$，得到的新的函数依赖 $XZ \to YZ$ 也一定成立。注意：根据我们的符号约定，XZ 表示 $X \cup Z$，YZ 表示 $Y \cup Z$。

　　导出和逻辑蕴涵是两个不同的概念，但它们是等价的。下面的引理表明了 Armstrong 公理的有效性。

　　引理 6.1　Armstrong 公理是有效的。即如果函数依赖 $X \to Y$ 能够使用 Armstrong 公理由 F 推出，则 $F \models X \to Y$。

　　证明见本章附录。

　　例 6.4　考虑具有函数依赖集 $F = \{A \to C,\ B \to D\}$ 的关系模式 $ABCD$。使用以下步骤，我们可以证明 AB 是它的超码：

　　(1) $A \to C$　　　　　　　　（给定）

　　(2) $AB \to ABC$　　　　　　（(1)用 AB 增广）

　　(3) $B \to D$　　　　　　　　（给定）

　　(4) $ABC \to ABCD$　　　　（(3)用 ABC 增广律）

　　(5) $AB \to ABCD$　　　　　（(2), (4)和传递律）

由引理 6.1，我们证明了 $F \models AB \to ABCD$，即 $AB \to ABCD$ 在 F^+ 中，从而 AB 是关系模式 $ABCD$ 的超码。事实上，AB 是关系模式 $ABCD$ 的唯一的码。为了证明 AB 是码，我们需要证明单个 A 或 B 都不能函数地确定所有属性，而要证明 AB 是唯一的码，我们还要证明若 AB 不在 X 中，则 X 不是超码。稍后，我们将给出算法机械地测试。　　　　　　　　　　　　　　　　　　　　　　　　　　□

　　由 Armstrong 公理，我们可以证明如下一些附加的推理规则：

　　(1) 合并规则。如果 $X \to Y$ 和 $X \to Z$ 成立，则 $X \to YZ$ 成立。

　　(2) 伪传递规则。如果 $X \to Y$ 和 $WY \to Z$ 成立，则 $WX \to Z$ 成立。

　　(3) 分解规则。如果 $X \to Y$ 成立，并且 $Z \subseteq Y$，则 $X \to Z$ 成立。

　　证明：(1) 用 Z 增广 $X \to Y$ 得到 $XZ \to YZ$，用 X 增广 $X \to Z$ 得到 $X \to XZ$。由已证的 $X \to XZ$ 和 $XZ \to YZ$，利用传递律我们得到 $X \to YZ$。

　　(2) 用 W 增广 $X \to Y$ 得到 $XW \to WY$，再由 $WY \to Z$ 和传递律得到 $XW \to Z$。

　　(3) 由 $Z \subseteq Y$ 得到 $Y \to Z$，再由 $X \to Y$ 和传递律我们得到 $X \to Z$。

　　合并和分解规则的一个重要推论是：

　　推论 6.1　在关系模式 R 中，$X \to A_1 A_2 \cdots A_m$ 成立当且仅当对于 $1 \leqslant i \leqslant$

m, $X{\rightarrow}A_i$ 成立。

根据该引理,当我们列出关系模式的函数依赖集时,只要列出右部为单个属性的数据依赖就足够了。我们将在考虑函数依赖集的"极小覆盖"时更详细地讨论该问题。

6.3.2　属性集的闭包

引理 6.1 表明,使用 Armstrong 公理由 F 导出的函数依赖都被 F 逻辑蕴涵。为了证明导出与逻辑蕴涵是等价的,我们需要证明引理 6.1 的逆命题:被 F 逻辑蕴涵的函数依赖都可以使用 Armstrong 公理由 F 导出。为此,我们需要属性集闭包的概念。

1. 属性集闭包的定义

设 F 是关系模式 $R(U)$ 上的函数依赖集,$X{\subseteq}U$。我们定义**属性集 X 关于 F 的闭包** $X_F^+ = \{A \mid X{\rightarrow}A$ 可以用 Armstrong 公理由 F 导出$\}$。在不会引起混淆时(即当所讨论的函数依赖集唯一时),X_F^+ 简记为 X^+,并称之为**属性集 X 的闭包**。

属性集的闭包非常有用,稍后我们将给出一个计算属性集闭包 X_F^+ 的有效算法。一旦我们求出 X_F^+,我们一眼就可以看出函数依赖 $X{\rightarrow}Y$ 是否能用Armstrong 公理由 F 导出,下面的引理表明了这一点。

引理 6.2　函数依赖 $X{\rightarrow}Y$ 能用 Armstrong 公理由给定的函数依赖集 F 导出,当且仅当 $Y{\subseteq}X_F^+$。

该引理容易用属性集闭包 X_F^+ 的定义和推论 6.1 证明。

使用属性集闭包的概念,可以证明 Armstrong 公理的完备性。

引理 6.3　Armstrong 公理是完备的。即如果 $F\vDash X{\rightarrow}Y$,则 $X{\rightarrow}Y$ 能够使用 Armstrong 公理由 F 推出。

证明见本章之后的附录。

结合引理 6.1 和引理 6.3,我们有:

定理 6.1　Armstrong 公理是有效的、完备的。即如果 $X{\rightarrow}Y$ 能够使用 Armstrong 公理由 F 推出,当且仅当 $F\vDash X{\rightarrow}Y$。

由定理 6.1,我们可以得到 F^+ 和 X_F^+ 的等价定义:

$$F^+ = \{X \rightarrow Y \mid X \rightarrow Y \text{ 能够使用 Armstrong 公理由 } F \text{ 推出}\}$$

$$X_F^+ = \{A \mid F \vDash X \rightarrow A\}$$

2. 属性集闭包的计算

计算函数依赖集 F 的闭包 F^+ 是一项十分耗时的任务,因为即使 F 本身不大,

F^+ 也非常大。考虑函数依赖集

$$F = \{A \to B_1,\ A \to B_2,\ \cdots,\ A \to B_n\}$$

F^+ 包含所有形如 $A \to Y$ 的函数依赖,其中 $Y \subseteq \{B_1,\ B_2, \cdots,\ B_n\}$。由于这样的 Y 有 2^n 个,即使 n 不是很大,我们也不能指望方便地列出 F^+。

幸而,对于实际应用来说,通常我们只需要判定给定的函数依赖 $X \to Y$ 是否在 F^+ 中。由引理 6.2 和公理的有效性和完备性,我们通过计算 X_F^+ 就可以判断 $X \to Y$ 是否在 F^+ 中。对于给定的函数依赖集 F 和属性集 X,计算 X_F^+ 并不困难。下面我们给出计算 X_F^+ 的算法。

算法 6.1 属性集 X 的闭包 X_F^+ 的计算。

输入:关系模式 $R(U)$ 上的函数依赖集 F 和属性集 $X \subseteq U$。

输出:属性集 X 闭包 X_F^+。

方法:

(1) $result \leftarrow X$;

(2) repeat

(3) 　　for (F 中的每个函数依赖 $Y \to Z$) do

(4) 　　　　if ($Y \subseteq result$) then $result \leftarrow result \cup Z$;

(5) until ($result$ 不改变);

(6) 输出 $result$;　　　　　　　　　　　　　　　　　　　　　　　□

算法 6.1 的核心是 repeat 循环。只要它在有限时间内终止,则算法 6.1 终止。显然,$result$ 是单调增的。而 F 中的函数依赖只涉及 U 中的属性,因而无论多少次执行 repeat 循环,恒有 $result \subseteq U$。由于 $result$ 单调增并且有上界,因而 repeat 循环的循环体必然在有限次执行后终止,算法 6.1 随之终止。下面的定理保证算法终止时正确地计算出 X_F^+。

定理 6.2 给定关系模式 R 上的函数依赖集 F 和属性集 $X \subseteq R$,算法 6.1 正确地计算 X_F^+。

证明见本章附录。

使用算法 6.1,可以方便、有效地计算属性集的闭包。

例 6.5 设关系模式 $R(U)$ 中 $U = \{A,\ B,\ C,\ D,\ E\}$,$F = \{AB \to C;\ B \to D,\ C \to E,\ EC \to B,\ AC \to B\}$。使用算法 6.1,可以计算 $(AB)^+$。

首先,$result = AB$。为计算 $(AB)^+$,我们在 F 中寻找这样的函数依赖,其左部为 $result$ 子集。这样的函数依赖有两个:$AB \to C$ 和 $B \to D$。于是,第一次执行 repeat 的循环体后 $result = AB \cup CD = ABCD$。因为 $result$ 发生了变化,我们还需要再次执行 repeat 的循环体。找出左部为 $ABCD$ 子集的那些函数依赖,又得到 $AB \to C$,$B \to D$,$C \to E$ 和 $AC \to B$,于是 $result = ABCD \cup BCDE = ABCDE$。此

时, $result = U$, 再次执行 repeat 的循环体不可能再改变 $result$, 算法终止, 我们得到 $(AB)^+ = result = ABCDE$。 □

6.3.3　函数依赖集的等价和极小覆盖

设 F 和 G 是函数依赖集, 如果 $F^+ = G^+$, 则称 F 与 G **等价**, 记作 $F \equiv G$。若 $F \equiv G$, 则称 F 是 G 的一个覆盖, 或 G 是 F 的一个覆盖。判断 F 是否与 G 等价不必计算 F^+ 和 G^+, 下面的定理表明了这一点。

定理 6.3　$F \equiv G$ 当且仅当 $F \subseteq G^+$, 并且 $G \subseteq F^+$。

证明见本章附录。

因为 $F \subseteq G^+$ 当且仅当如果 $X \to Y \in F$, 则 $X \to Y \in G^+$; 而 $X \to Y \in G^+$ 当且仅当 $Y \subseteq X_G^+$。因此, 我们有

推论 6.2　$F \equiv G$ 当且仅当如果 $X \to Y \in F$, 则 $Y \subseteq X_G^+$; 并且如果 $X \to Y \in G$, 则 $Y \subseteq X_F^+$。

前面我们提到, 当我们列举函数依赖时, 我们只需要列出右端为单个属性的那些函数依赖。更进一步, 事实上我们只需要给出极小函数依赖集。

我们说函数依赖集 F 是**极小的**(minimal), 如果:

(1) F 中的每个函数依赖的右部都是单个属性;

(2) 不存在函数依赖 $X \to A \in F$ 和 $Y \subset X$ 使得 $F - \{X \to A\} \cup \{Y \to A\}$ 与 F 等价;

(3) 不存在函数依赖 $X \to A \in F$ 使得 F 与 $F - \{X \to A\}$ 等价。

直观地, 条件(1)要求 F 中的函数依赖的右部都是极小的, 条件(2)要求 F 中的函数依赖的左部都是极小的(不可约的), 而条件(3)保证 F 中不含多余的函数依赖。

如果 G 是极小函数依赖集, 并且 $G \equiv F$, 则称 G 为 F 的**极小覆盖** (minimal cover)。下面的算法给出了求函数依赖集 F 的极小覆盖的方法。

算法 6.2　求函数依赖集 F 的极小覆盖。

输入: 函数依赖集 F。

输出: 函数依赖集 F 的极小覆盖 F_m。

方法:

(1) 右部极小化。对于 F 中的每个函数依赖 $X \to Y$。若 $Y = A_1 \cdots A_k (k > 2)$, 则用 k 个函数依赖 $X \to A_1$, $\cdots$, $X \to A_k$ 取代 $X \to Y$。经过该步骤之后, F 中的函数依赖右部均为单个属性。

(2) 左部极小化。对于 F 中的每个函数依赖 $X \to B$。不妨设 $X = A_1 \cdots A_m$。逐一考查 $A_i (i = 1, \cdots, m)$, 如果 $B \in (X - A_i)_F^+$, 则用 $X - A_i$ 取代 $X \to B$ 中的 X。

(3) 规则个数极小化。对于 F 中的每个函数依赖 $X \rightarrow A$。令 $G = F - \{X \rightarrow A\}$，若 $A \in X_G^+$，则从 F 中删除函数依赖 $X \rightarrow A$。

最后得到的函数依赖集即为 F 的极小覆盖 F_m。　　　　　　　　□

如果我们合并 F_m 中具有相同左部的函数依赖的右部，根据推论 6.1，所得到的函数依赖集(记作 F_c)与 F_m 等价(从而与 F 等价)，我们称 F_c 为 F 的**正则覆盖**(canonical cover)。

为了求 F 的正则覆盖 F_c，只需要首先利用算法 6.2 得到 F 的极小覆盖 F_m，然后再合并 F_m 中具有相同左部的函数依赖的右部即可。求 F 的正则覆盖是将关系模式分解成范式 3NF 的算法的基础，我们将在 6.6 节考察该算法。

算法 6.2 的正确性由如下定理保证，其证明见本章附录。

定理 6.4　给定函数依赖集 F，算法 6.2 正确地求出函数依赖集 F 的一个极小覆盖。

注意，在算法 6.2 的第二步，当我们删除函数依赖左部的冗余属性时，可能会有不同的选择，因而导致不同的结果。例如，给定

$$AB \rightarrow C, A \rightarrow B, B \rightarrow A$$

我们可以从 $AB \rightarrow C$ 的左部删除 A 或 B，但不能同时删除二者。类似地，在删除冗余函数依赖时，以不同的次序考虑函数依赖也可能导致不同的结果。例如，给定

$$A \rightarrow B, A \rightarrow C, B \rightarrow A, C \rightarrow A, B \rightarrow C$$

我们可以删除 $A \rightarrow C$ 和 $B \rightarrow A$，或者删除 $B \rightarrow C$，但不能同时删除它们。

例 6.6　设函数依赖集 F 包含如下函数依赖：

$$AB \rightarrow C, BC \rightarrow D, D \rightarrow EG, CG \rightarrow BD, C \rightarrow A, ACD \rightarrow B, BE \rightarrow C, CE \rightarrow AG$$

分解右端得到

$$AB \rightarrow C, BC \rightarrow D, D \rightarrow E, D \rightarrow G, CG \rightarrow B, CG \rightarrow D, C \rightarrow A$$
$$ACD \rightarrow B, BE \rightarrow C, CE \rightarrow A, CE \rightarrow G$$

$CE \rightarrow A$ 左端的 E 是冗余的，因为 $C \rightarrow A$。根据同样的理由，$ACD \rightarrow B$ 左端的 A 也是冗余的。再没有违反条件(2)的函数依赖。然而，函数依赖 $CG \rightarrow B$ 是冗余的，因为由 $CG \rightarrow D$ 和由 $ACD \rightarrow B$ 删除 A 后得到的 $CD \rightarrow B$ 可以推导出 $CG \rightarrow B$。现在不在存在违法极小化条件(2)和(3)的函数依赖。这样，我们得到 F 的一个极小覆盖，如图 6.1(a)所示，对应的正则覆盖如图 6.1(b)所示。

F 的另一个极小覆盖由删除 $CE \rightarrow A$，$CG \rightarrow D$ 和 $ACD \rightarrow B$ 得到，如图 6.1(c) 所示，对应的正则覆盖如图 6.1(d)所示。注意，两个极小覆盖包含不同个数的函数依赖；两个正则覆盖也包含不同个数的函数依赖。　　　　　　□

$AB{\rightarrow}C$	$AB{\rightarrow}C$	$AB{\rightarrow}C$	$AB{\rightarrow}C$
$C{\rightarrow}A$	$C{\rightarrow}A$	$C{\rightarrow}A$	$C{\rightarrow}A$
$BC{\rightarrow}D$	$BC{\rightarrow}D$	$BC{\rightarrow}D$	$BC{\rightarrow}D$
$CD{\rightarrow}B$	$CD{\rightarrow}B$	$D{\rightarrow}E$	$D{\rightarrow}EG$
$D{\rightarrow}E$	$D{\rightarrow}EG$	$D{\rightarrow}G$	$BE{\rightarrow}C$
$D{\rightarrow}G$	$BE{\rightarrow}C$	$BE{\rightarrow}C$	$CE{\rightarrow}G$
$BE{\rightarrow}C$	$CG{\rightarrow}D$	$CE{\rightarrow}G$	$CG{\rightarrow}B$
$CG{\rightarrow}D$	$CE{\rightarrow}G$	$CG{\rightarrow}B$	
$CE{\rightarrow}G$			
(a)	(b)	(c)	(d)

图 6.1　同一函数依赖集的两个极小覆盖和正则覆盖

6.4　关系模式的分解

为了减少冗余,消除存储异常,我们常常需要把一个关系模式分解成若干个较小的关系模式。关系模式 $R(U)$ 的一个**分解**(decomposition)是关系模式的集合 $\rho = \{R_1(U_1),\ R_2(U_2),\ \cdots,\ R_k(U_k)\}$,使得 $U = U_1 \bigcup U_2 \bigcup \cdots \bigcup U_k$,并且当 $i \neq j$ 时,U_i 不是 U_j 的子集。

为简化符号,在不关心 R 的具体属性时,我们直接用 R 表示 R 的属性集 U。这样,$\rho = \{R_1(U_1),\ R_2(U_2),\cdots,\ R_k(U_k)\}$ 将简记为 $\rho = \{R_1,\ R_2,\cdots,\ R_k\}$。

然而,并非所有的分解都是有益的。例如,考虑关系模式 SDH(Sno, Dept, Head),其中 Sno 表示学号,Dept 表示系,Head 表示系主任。该关系模式存在与 BORROW-INFO 类似的问题。然而,如果我们将 SDH 分解为 R_1(Sno),R_2 (Dept) 和 R_3(Head) 三个关系模式,虽然可以消除冗余,但也同时失去了属性之间的内在联系。我们甚至连"学号为 200605001 的学生在哪个系"之类的简单查询都无法回答。

一个好的分解应当具有好的性质,那就是分解的无损连接性和依赖保持性。本节,我们将研究这些性质。

6.4.1　无损连接分解

设 r 是关系模式 R 的一个任意关系。关系模式 R 的分解 $\rho = \{R_1,\ R_2,\cdots,\ R_k\}$ 不仅将 R 分解成 k 个关系模式 $R_1,\ R_2,\cdots,\ R_k$,而且也将关系 r 分解成 k 个关系 $r_1,\ r_2,\cdots,\ r_k$,它们分别为 r 在 $R_1,\ R_2,\ \cdots,\ R_k$ 上的投影,记作 $\pi_{R_1}(r)$,$\pi_{R_2}(r),\cdots,\pi_{R_k}(r)$。一个很自然的问题是:$\pi_{R_1}(r)$,$\pi_{R_2}(r)$,$\cdots$,$\pi_{R_k}(r)$ 是否与 r 包含同样多的信息? 记 $m_\rho(r) = \pi_{R_1}(r)\bowtie \pi_{R_2}(r)\bowtie\cdots\bowtie \pi_{R_k}(r)$,我们有如下引理:

引理 6.4　设 R 是关系模式,$\rho = \{R_1,\ R_2,\cdots,\ R_k\}$ 是 R 的一个分解,r 是 R

的一个任意关系,则:

(1) $r \subseteq m_\rho(r)$。

(2) 如果 $s = m_\rho(r)$,则 $\pi_{R_i}(s) = r_i$。

(3) $m_\rho(m_\rho(r)) = m_\rho(r)$。

证明见本章附录。

引理 6.4(1) 表明 $r \subseteq m_\rho(r) = \pi_{R_1}(r) \bowtie \pi_{R_2}(r) \bowtie \cdots \bowtie \pi_{R_k}(r)$,但 $r = m_\rho(r)$ 并不一般成立。如果 $r = m_\rho(r)$,则 r 被分解之后仍然可以通过自然连接恢复。这样,原来在 r 上可以进行的查询在 $r_1, r_2, \cdots, r_k$ 的自然连接上也可以做,并且得到相同的结果。

设 R 是关系模式,D 是 R 上的数据依赖集,$\rho = \{R_1, R_2, \cdots, R_k\}$ 是 R 的一个分解。如果对于 R 的任意关系实例 r 都有 $r = m_\rho(r)$,则称 ρ 为 R 关于数据依赖集 D 的一个**无损连接分解**(lossless-join decomposition)。当从上下文看数据依赖集 D 是明确的时,我们也简称 ρ 是 R 的无损连接分解。当分解 ρ 具有无损性时,分解 ρ 是可逆的:R 的任何关系实例 r 都可以通过分解后 k 个关系 $r_1, r_2, \cdots, r_k$ 的自然连接恢复。可逆分解不会丢失信息[①]。

注意:我们说 r 是 R 的关系实例意指 r 满足 R 上的数据依赖 D。因此,分解是否具有无损连接性与所考虑的数据依赖集 D 有关。本节,我们假定数据依赖集 D 只包含函数依赖集。稍后,我们将扩充数据依赖集 D,使之同时包含函数依赖和多值依赖。

分解具有无损连接性(可逆性)是我们对关系模式分解的基本要求。其理由很明显:如果 R 的分解 $\rho = \{R_1, R_2, \cdots, R_k\}$ 是无损连接分解,则对于 R 的任何关系实例 r,它被分解成 k 个关系 $r_1, r_2, \cdots, r_k$ 满足 $r = r_1 \bowtie r_2 \bowtie \cdots \bowtie r_k$。对分解前后的关系做相同的查询总能得到相同的结果,从而 R 和 $\{R_1, R_2, \cdots, R_k\}$ 反映相同的现实世界。反之,如果 R 的分解 $\rho = \{R_1, R_2, \cdots, R_k\}$ 不是无损连接的,则存在 R 的关系实例 r,它被分解成 k 个关系 $r_1, r_2, \cdots, r_k$,但是 $r \neq r_1 \bowtie r_2 \bowtie \cdots \bowtie r_k$。由于除了自然连接之外,我们没有更好的一般性方法由 $r_1, r_2, \cdots, r_k$ 恢复 r,因此对 r 和 $r_1, r_2, \cdots, r_k$ 进行相同的查询可能得到不同的结果。这样,我们就不能认为 R 和 $\{R_1, R_2, \cdots, R_k\}$ 反映相同的现实世界。

并非所有的分解都是无损连接的;因此我们需要一个算法,判定一个分解是否具有无损连接性。假定关系模式 R 上的数据依赖只有函数依赖,下面的算法将检测一个分解是否具有无损连接性。

---

① 事实上,对于不可逆分解 $\rho = \{R_1, R_2, \cdots, R_k\}$,可能存在 R 的关系 r 使得 $r \subset r_1 \bowtie r_2 \bowtie \cdots \bowtie r_k$。也就是说,$r_1, r_2, \cdots, r_k$ 的自然连接包含了 r 的所有元组,但是多出了一些"假"元组。由于我们没有办法辨别哪些元组是 r 的元组哪些不是,因此丢失了信息。

算法 6.3 检测分解的无损连接性。

输入：关系模式 $R(A_1, A_2, \cdots, A_n)$，R 的函数依赖集 F 和分解 $\rho = \{R_1, R_2, \cdots, R_k\}$。

输出：ρ 是否是关于 F 的无损连接的判定。

方法：

(1) 构造一个 k 行 n 列的表，表的每一行对应于一个关系模式，每一列对应于一个属性。如果 $A_j \in R_i$，则表的第 i 行第 j 列为 a_j，否则为 b_{ij}。

(2) 重复如下过程，直到表不再变化：在每一轮，考察每个 $X \to Y \in F$。如果表中存在两行或多行在 X 的属性上对应相同，则按如下方法使得这些行在 Y 上的符号相同：对于每个 $A_j \in Y$，如果这些行存在 a_j，则将这些行的第 j 列都改为 a_j，否则将它们均改为 b_{ij}，其中 i 是这些行的最小行号。

(3) 如果存在一行为 $a_1 \cdots a_n$，则 ρ 是无损连接分解，否则不是。 □

注意，算法 6.3 的步骤(2)绝对不会将符号 a 改变成 b，因此当存在一行为 $a_1 \cdots a_n$，我们可以提前终止步骤(2)。

算法 6.3 的可终止性是显然的。表的每次改变至少去掉一种符号，而表中的不同符号是有限的，因此在有限轮迭代之后表将不再发生改变，步骤(2)的循环终止，从而算法在给出判定而结束。关于算法 6.3 的正确性，我们有以下定理，其详细证明见本章附录。

定理 6.5 如果 $\rho = \{R_1, R_2, \cdots, R_k\}$ 是关系模式 R 的一个分解函数依赖集，F 是函数依赖集，则算法 6.3 正确地判定 ρ 是否关于 F 具有无损连接性。

例 6.7 考虑关系模式 $R(A, B, C, D, E)$ 的分解 $\rho = \{R_1(A, B, C), R_2(C, D), R_3(D, E)\}$，其中 R 的函数依赖集 $F = \{AB \to C, C \to D, D \to E\}$。表的初始状态如图 6.2(a)所示。

$AB \to C$ 不改变表，因为没有两行在 AB 上完全一致。$C \to D$ 可以导致表变化，因为前两行在 C 列上相同，从而将第一行的 D 列上的符号改变为 a_4。$D \to E$ 将再次改变表。这次，经过 $C \to D$ 导致改变的表的所有三行在 D 列上的符号都相同，从而使得前两行的 E 列改变为 a_5。第一轮之后，表的状态如图 6.2(b)所示。由于第一行已经是 $a_1 a_2 a_3 a_4 a_5$，我们终止对表的改变，并断言 ρ 是无损连接分解。 □

A	B	C	D	E
a_1	a_2	a_3	b_{14}	b_{15}
b_{21}	b_{22}	a_3	a_4	b_{25}
b_{31}	b_{32}	b_{33}	a_4	a_5

(a)

A	B	C	D	E
a_1	a_2	a_3	a_4	a_5
b_{21}	b_{22}	a_3	a_4	a_5
b_{31}	b_{32}	b_{33}	a_4	a_5

(b)

图 6.2 应用算法 6.3

算法 6.3 可以判定任意分解的无损连接性。但是,当 R 被分解成两个关系模式 R_1 和 R_2 时,还有更简单的方法判定分解的无损连接性。

定理 6.6　设 $\rho = \{R_1, R_2\}$ 是关系模式 R 的一个分解, F 是 R 上的函数依赖集。ρ 关于 F 是无损连接分解,如果 $(R_1 \cap R_2) \rightarrow (R_1 - R_2)$ 或 $(R_1 \cap R_2) \rightarrow (R_2 - R_1)$ 成立。

证明见本章附录。

例 6.8　考虑关系模式 $R(S, A, I, P)$,其中 S 代表供应商, A 代表供应商的地址, I 表示供应的商品,而 P 表示商品的价格。R 上的函数依赖集为 $F = \{S \rightarrow A, SI \rightarrow P\}$。考虑 R 的一个分解 $\rho = \{R_1(S, A), R_2(S, I, P)\}$。由于 $R_1 \cap R_2 = S, R_1 - R_2 = A$,并且 $S \rightarrow A \in F \subseteq F^+$,因此 ρ 是无损连接分解。　　□

6.4.2　保持函数依赖的分解

设 F 是关系模式 R 上的函数依赖集, W 是 R 的属性集。我们定义函数依赖集 F 在 W 上的**投影** (projection)为 $\{X \rightarrow Y \mid X \rightarrow Y \in F^+$,并且 $XY \subseteq W\}$ 的一个覆盖,记作 $\pi_W(F)$。F 在 W 上的投影又称 F 在 W 上的**限制**(restriction)。

注意:求 $\pi_W(F)$ 不能仅考虑 F 中的函数依赖,必须考虑 F^+ 中的函数依赖。例如,设 $R(A, B, C)$ 的函数依赖集 $F = \{A \rightarrow B, B \rightarrow C\}$,则 $\pi_{AC}(F) = \{A \rightarrow C\}$。尽管 $A \rightarrow C$ 不在 F 中,但容易明白 $A \rightarrow C \in F^+$。

关系模式 R 的分解 $\rho = \{R_1, \cdots, R_k\}$ 不仅把 R 分解成 k 个关系模式,而且也把 R 上的函数依赖集 F 分解成 k 个函数依赖集, $\pi_{R_1}(F), \cdots, \pi_{R_k}(F)$。记 $F_i = \pi_{R_i}(F)$,则 $(\bigcup_{i=1}^{k} F_i)^+ \subseteq F^+$。事实上,对于任意 i, $F_i = \pi_{R_i}(F) \subseteq F^+$,从而 $(\bigcup_{i=1}^{k} F_i) \subseteq F^+$。于是 $(\bigcup_{i=1}^{k} F_i)^+ \subseteq (F^+)^+$。由依赖集闭包的性质,我们有 $F^+ = (F^+)^+$,因此 $(\bigcup_{i=1}^{k} F_i)^+ \subseteq F^+$。下面的例子表明 $(\bigcup_{i=1}^{k} F_i)^+ = F^+$ 并不一般成立。

例 6.9　考虑关系模式 SDH (Sno, Dept, Head),其中 Sno 表示学生的学号,Dept 表示学生所在的系,Head 表示系主任。关系模式 SDH 上的函数依赖集 $F = \{Sno \rightarrow Dept, Dept \rightarrow Head\}$。$\rho = \{R_1(Sno, Dept), R_2(Sno, Head)\}$ 是 SDH 的一个分解。

该例与上面的关系模式 $R(A, B, C)$ 没有本质不同。容易明白 $F_1 = \pi_{R_1}(F) = \{Sno \rightarrow Dept\}, F_2 = \pi_{R_2}(F) = \{Sno \rightarrow Head\}$。但 $(F_1 \cup F_2)^+$ 显然不等于 F^+,因为 Dept $\rightarrow$ Head 不在 $(F_1 \cup F_2)^+$ 中。该例表明分解可能丢失一些函数依赖。　　□

设 F 是关系模式 R 上的函数依赖集, $\rho = \{R_1, R_2, \cdots, R_k\}$ 是 R 的一个分解。记 $F_i = \pi_{R_i}(F)$,如果 $(\bigcup_{i=1}^{k} F_i)^+ = F^+$,则称 R 的分解 ρ 是**保持函数依赖的分解** (functional dependency - preserving composition)。令 $X \rightarrow Y \in F$,如果 $X \rightarrow Y \in$

$(\bigcup_{i=1}^{k}F_i)^+$,则称函数依赖 $X{\rightarrow}Y$ 在分解中 ρ 被保持,或分解 ρ 保持 $X{\rightarrow}Y$。

　　函数依赖是对关系属性值的相关性的语义约束,只有满足这些语义约束的关系才能正确地反映现实世界的可能状态。如果 R 的分解 ρ 能够保持函数依赖,则我们就不会因分解而丢失这些语义约束。否则,验证某些约束可能需要对分解后的关系进行连接。因此,分解具有函数依赖保持性是我们对关系模式分解的又一要求。

　　例 6.9 表明,并非所有的分解都是保持函数依赖的,因此我们需要一个算法,判定一个给定的分解 ρ 是否保持函数依赖。

　　设 $\rho=\{R_1,\ R_2,\cdots,\ R_k\}$ 是 R 的一个分解,F 是 R 上的函数依赖集。令 $G=\bigcup_{i=1}^{k}F_i=\bigcup_{i=1}^{k}\pi_{R_i}(F)$,则判定是否为保持函数依赖的分解等价于判定是否有 $G\equiv F$(即 $G^+=F^+$)。前面,我们已经证明 $G^+\subseteq F^+$。因此,我们只要判定是否有 $F^+\subseteq G^+$。这等价于判定是否有 $F\subseteq G^+$,即判定 F 中的每个函数依赖是否被分解 ρ 所保持。

　　原则上,我们可以先计算 G,然后对于每个 $X{\rightarrow}Y\in F$,判定是否有 $Y\subseteq X_G^+$。然而,在一般情况下,计算 G 并不容易,因为我们需要对 $1\leqslant i\leqslant k$ 求 $\{X{\rightarrow}Y\,|\,X{\rightarrow}Y\in F^+\wedge XY\subseteq R_i\}$ 的覆盖,然后在求并。幸而,我们可以在不求 G 的情况下就能判定是否有 $Y\subseteq X_G^+$。该过程包含在下面的算法中。

　　此外,当 $X{\rightarrow}Y\in F$ 并且 $XY\subseteq R_i$ 时,容易明白 $X{\rightarrow}Y\in F_i$,从而 $X{\rightarrow}Y\in G\subseteq G^+$。这样,我们只要考虑 F 中这样函数依赖 $X{\rightarrow}Y$,不存在 i 使得 $XY\subseteq R_i$。如果 F 中的每个这样的函数依赖 $X{\rightarrow}Y$ 都被分解 ρ 所保持(即在 G^+ 中),则 ρ 是保持函数依赖的分解,否则不是。

算法 6.4　检验分解的函数依赖保持性。

输入:关系模式 R 的函数依赖集 F 和分解 $\rho=\{R_1,\ R_2,\cdots,\ R_k\}$。

输出:ρ 是否保持函数依赖的判定。

方法:

(1)　for (每个 $X{\rightarrow}Y\in F$) do

(2)　begin

(3)　　if (不存在 i 使得 $XY\subseteq R_i$) then

　　　　/ * 检验 $X{\rightarrow}Y$ 是否被分解 ρ 所保持 * /

(4)　　begin

(5)　　$Z{\leftarrow}X$;

(6)　　repeat

(7)　　　for $i=1$ to k do

(8)　　　　$Z{\leftarrow}Z\cup((Z\cap R_i)_F^+\cap R_i)$;

(9)　　　until（Z 不发生变化）；

(10)　　 if（Y 不是 Z 的子集）then 　　/* $X \to Y$ 不被分解 ρ 所保持 */

(11)　　　return ρ 不是保持函数依赖的分解；

(12)　 end；

(13) end；

　　　/* F 中的函数依赖都被分解 ρ 所保持 */

(14) return ρ 是保持函数依赖的分解；　　　　　　　　　　　　　　□

关于算法 6.4 的正确性，我们有以下定理，其详细证明见本章附录。

定理 6.7　给定关系模式 R 的函数依赖集 F 和分解 $\rho = \{R_1, R_2, \cdots, R_k\}$，利用算法 6.4 正确地判定 ρ 是否是保持函数依赖的分解。

例 6.10　考虑关系模式 $R(A, B, C, D)$ 的分解 $\rho = \{R_1(A, B), R_2(B, C), R_3(C, D)\}$，函数依赖集 $F = \{A \to B, B \to C, C \to D, D \to A\}$。

显然，$AB \subseteq R_1，BC \subseteq R_2，CD \subseteq R_3$。因此，只需要验证是否有 $D \to A$ 被分解 ρ 所保持。为此，我们使用算法 6.4。

开始，$Z = \{D\}$。进入 repeat 循环，当 $i = 1$ 时不改变 Z，因为 $\{D\} \cup ((\{D\} \cap \{A, B\})^+ \cap \{A, B\})$ 仍是 $\{D\}$。类似地，当 $i = 2$ 时 Z 不变。然而，$i = 3$ 时，我们得到

$$Z = \{D\} \cup ((\{D\} \cap \{C, D\})^+ \cap \{C, D\})$$
$$= \{D\} \cup (\{D\}^+ \cap \{C, D\})$$
$$= \{D\} \cup (\{A, B, C, D\} \cap \{C, D\})$$
$$= \{C, D\}$$

再次执行 repeat 的循环体，当 $i = 2$ 时产生 $Z = \{B, C, D\}$。而第三遍，当 $i = 1$ 时置 Z 为 $\{A, B, C, D\}$。此后，Z 不再改变。这样，$Z = \{A, B, C, D\}$。它包含 A，因此，$D \to A$ 被分解 ρ 所保持。从而 ρ 是保持函数依赖的分解。　　□

本节，我们讨论了关系模式分解的两个期望的性质：无损连接性和函数依赖保持性。需要强调的是：

(1) 无损连接性是我们对关系模式分解的基本要求。不具有无损连接性的分解是有害的，因为分解前后的关系模式可能不能反映相同的现实世界。

(2) 保持函数依赖的分解是对关系模式分解的进一步要求。实践中，应当在确保无损连接性的前提下，尽可能地追求保持函数依赖。换句话说，如果二者不可兼得，应当优先考虑分解的无损连接性。

6.5　关系模式的范式

关系模式的范式是关系模式的规范化形式的简称。范式有多种形式，除第一

范式(1NF)之外都用数据依赖定义。第二范式(2NF)只有历史意义。本节,在简略概述范式之后,我们重点讨论第三范式(3NF)和 BC 范式(BCNF)。3NF 和 BC-NF 都用函数依赖定义,是两种最重要的范式。更高级的范式需要借助于其他数据依赖定义,我们稍候讨论。

6.5.1 范式与规范化概述

在提出关系数据库模型时,E. D. Codd 就注意到关系模式的设计必须是规范化的。1971 年和 1972 年,Codd 先后提出了 1NF,2NF 和 3NF,讨论了关系模式的规范化问题。1NF (first normal form) 要求关系的所有属性值都是原子的。1NF 是对关系模式的基本要求,不满足 1NF 的数据模式不能称为关系模式。以下,我们假定所有关系模式都是 1NF。

2NF 和 3NF 都利用函数依赖定义,但 2NF 不能解决多少实际问题。与 2NF 相比,3NF 是一种更高级的范式。3NF 能够处理函数依赖发现的大部分冗余和异常,但仍然不能完全解决问题。

在发现 3NF 还不能完全消除函数依赖发现的冗余和存储异常之后,Boyce 和 Codd 共同提出对 3NF 的改进形式,被数据库界用二人名字命名,称作 Boyce-Codd 范式,简称 BCNF。从函数依赖的角度,BCNF 是最高级的范式形式。也就说,如果关系模式中仍然存在冗余,函数依赖既不能发现它们,也不能消除它们。

Fagin, Delobel 和 Zaniolo 独立地发现了一种更高级的数据依赖形式——多值依赖。多值依赖可以看作函数依赖的推广,可以用来发现和处理更多的冗余和存储异常。借助于多值依赖,Fagin 引进了第四范式(4NF),并且表明在同时考虑函数依赖和多值依赖时,4NF 是最高级的范式形式。

其实,多值依赖也不能发现和处理冗余带来的所有的问题。这导致连接依赖和第五范式(5NF) 概念的提出。不过,连接依赖在实践中很少遇到,因而不如函数依赖和多值依赖重要。本书不讨论连接依赖和 5NF。

如果把 1NF,2NF,3NF,BCNF,4NF 和 5NF 都看作满足相应条件的关系模式的集合,它们之间存在如下关系:

$$5NF \subset 4NF \subset BCNF \subset 3NF \subset 2NF \subset 1NF$$

关系模式的规范化方法有多种,其中已经形成系统的理论和算法的规范化方法是基于投影分解,基于连接恢复的方法。对于这种规范化方法,关系模式规范化就是通过模式分解,将一个低级范式的关系模式分解成多个关系模式,这些关系模式是更高级的范式。

关系模式规范化不需要逐级进行,因为存在算法直接将关系模式分解成 3NF、BCNF 或 4NF。

6.5.2　2NF、3NF 和 BCNF

根据引理 6.1，$X \to A_1 A_2 \cdots A_m$ 成立当且仅当对于 $1 \leqslant i \leqslant m$，$X \to A_i$ 成立。因此，不失一般性，我们假定所有函数依赖的右部都是单个属性。

设 R 是关系模式，A 是 R 的任意属性。如果 A 在 R 的某个码中，则称 A 是 R 的**主属性**(prime attribute)，否则称 A 是 R 的**非主属性**(non-prime attribute)。注意，R 的任何码中的属性都是主属性，而非主属性不在任何码中出现。

2NF 没有实际意义。但是，为了完整和便于比较不同范式的定义，我们给出 2NF 的定义，但不详细讨论它。

设 R 是关系模式，F 是 R 上的函数依赖集。关系模式 R 是 **2NF**(2nd Normal Form)，如果只要 $X \to A$ 在 R 中成立(即 $X \to A \in F^+$)，并且 $A \notin X$，就有 A 是主属性，或者 X 不是 R 的任何码的真子集。

注意：如果 $A \in X$，则 $X \to A$ 是平凡的函数依赖。因此，2NF 实际上只对关系模式 R 中的非平凡的函数依赖加以限制。2NF 对主属性的依赖性未加限制，而对非主属性，只要求不能依赖于码的真子集(即部分地依赖于码)。这不能排除非主属性对既不是码的子集，也不是码的超集(超码)的依赖。这种函数依赖仍然可能导致问题(见习题)。

设 R 是关系模式，F 是 R 上的函数依赖集。关系模式 R 是 **3NF**(3rd normal form)，如果只要 $X \to A$ 在 R 中成立(即 $X \to A \in F^+$)，并且 $A \notin X$，就有 A 是主属性，或者 X 是 R 的超码。

3NF 要求非主属性函数依赖于超码，但是仍未限制主属性。当 R 的码唯一或 R 的多个码都是单个属性时，对于非平凡的函数依赖，主属性也必须函数地依赖于超码。但是，当 R 具有多个码，并且至少有一个码包含多个属性时，就可能出现主属性对码的真子集的非平凡依赖。这种情况仍然可能导致冗余和存储异常，下面的例子表明了这一点。

例 6.11　在关系模式 $STC(S, T, C)$ 中，S 表示学生，T 表示教师，C 表示课程。假设每一教师只讲授一门课程，每门课程由若干教师讲授；某一学生选定某门课程就确定了一个固定的教师。于是我们有如下函数依赖：

$$(S, C) \to T, \quad T \to C$$

容易看出，(S, C) 和 (S, T) 都是 STC 的码。由于所有属性都是主属性，因此 STC 中不存在违反 3NF 条件的函数依赖。从而，我们断言 $STC \in 3NF$。然而，关系模式 STC 依然存在大量冗余。例如，虽然一个教师只讲授一门课程，但是选修该教师讲授的课程的每个学生元组都要记录这一信息。插入异常、删除异常和修改异常现象在关系模式 STC 中都存在，进一步的解释留给读者。

导致这些问题的原因是主属性 C 函数地依赖 T，而 T 并不是 STC 的超码，而

是码(S, T)的真子集。 □

Boyce 和 Codd 注意到不限制主属性仍然可能导致问题,提出了对 3NF 定义的修订版本,称作 BCNF。

设 R 是关系模式, F 是 R 上的函数依赖集。关系模式 R 是 **BCNF**(Boyce-Codd normal form),如果只要 $X \to A$ 在 R 中成立(即 $X \to A \in F^+$),并且 $A \notin X$,就有 X 是 R 的超码。等价地, R 是 BCNF,如果只要 $X \to Y$ 在 R 中成立(即 $X \to Y \in F^+$),并且 $Y \nsubseteq X$,就有 X 是 R 的超码。

显然,例 6.11 中的关系模式 STC 不是 BCNF。

6.5.3 函数依赖与范式

对于任何关系模式 R,以下两种函数依赖必定成立:

(1) 平凡的函数依赖;

(2) 任意属性对超码的依赖。

由 Armstrong 公理 A1 可以立即明白平凡的函数依赖对于任何关系模式总是成立的。对于(2),设 X 是关系模式 R 的超码,则存在 R 的码 K 使得 $K \subseteq X$。于是 $X \to K$(自反律)。由码的定义知,对于任意属性 A,函数依赖 $K \to A$ 在 R 中成立。再由传递律,函数依赖 $X \to A$ 在 R 中成立。

如果一个关系模式中还存在除以上两种函数依赖之外的函数依赖就可能导致问题。2NF,3NF 和 BCNF 实际上是限制除以上两种函数依赖之外的函数依赖。2NF 和 3NF 对主属性都未加限制。2NF 要求非主属性不能依赖于码的真子集,但不能排除非主属性依赖的属性集不是超码。3NF 进一步明确非主属性一定函数地依赖超码,使得满足 3NF 的关系模式具有更高级的规范化形式。

BCNF 限制 R 中成立的所有函数依赖要么是平凡的,要么是对超码的依赖。这样,BCNF 中只有必须成立的函数依赖。从函数依赖的角度(即仅考虑函数依赖),BCNF 已经达到最高的规范化形式。

关系模式 R 达到 BCNF 就不再有冗余和存储异常问题吗? 答案是否定的。但是,这些问题既不能借助于函数依赖发现,也不能利用函数依赖处理。我们需要考虑更高级的数据依赖形式。在讨论了将关系模式分解成 3NF 和 BCNF 的算法之后,我们将进一步考察这一问题。

6.6 将关系模式分解成高级范式

6.5 节,我们引进了 3NF 和 BCNF。当关系模式达不到 3NF 或 BCNF 时,我们需要通过模式分解,将它转化成更高级的范式。然而,规范化并非简单地将关系模式分解成 3NF 或 BCNF。在 6.4 节,我们还讨论了好的分解应当具有的性质:

无损连接性和函数依赖保持性。本节,我们将这些一起考虑,提供将关系模式规范化的系统方法。

已有的研究表明,任意关系模式都可以无损连接地分解成 BCNF。然而,如果要求分解保持函数依赖,或者保持函数依赖并且具有无损连接性,则只能保证分解到 3NF,因为某些关系模式不存在保持函数依赖的 BCNF 分解。下面的例子表明了这一点。

例 6.12　在关系模式 $CSZ(C, S, Z)$ 中,C 表示城市,S 表示街道,Z 表示邮政编码。城市和街道可以函数地确定邮政编码,但是单独的城市或街道都不能唯一确定邮政编码。邮政编码能够函数地确定城市,但不能确定街道。于是,我们有如下函数依赖:

$$CS \rightarrow Z, \quad Z \rightarrow C$$

关系模式 CSZ 不是 BCNF。无论如何分解,三个属性不在同一个分解后的关系模式中,函数依赖 $CS \rightarrow Z$ 不会被投影的依赖所逻辑蕴涵。　　　　　　　□

6.6.1　具有无损连接性的 BCNF 分解

在讨论分解算法之前,我们需要无损连接分解的如下性质:

引理 6.5　只包含两个属性的关系模式一定是 BCNF。

引理 6.6　给定关系模式 R 和 R 上的函数依赖集 F。若 $\rho = \{R_1, \cdots, R_k\}$ 是 R 的一个无损连接分解,$\sigma = \{S_1, S_2\}$ 是 R_i 的一个无损连接分解,则 $\tau = \{R_1, \cdots, R_{i-1}, S_1, S_2, R_{i+1}, \cdots, R_k\}$ 是 R 的一个无损连接分解。

以上引理的证明见本章附录。

算法 6.5　转换为 BCNF 的无损连接分解。

输入:关系模式 R 及 R 上的函数依赖集 F。

输出:R 的 BCNF 分解 $Result$,它关于 F 具有无损连接性。

方法:

(1) $Result \leftarrow \{R\}$;

(2) while (存在 $R_i \in Result$,但 R_i 不是 BCNF)

(3) begin

(4)　找出 R_i 中满足如下条件的非平凡的函数依赖:$X \rightarrow Y \in F_i^+$,且 X 不是 R_i 的超码;

(5)　$Result \leftarrow Result - \{R_i\} \cup \{XY, R_i - Y\}$;

(6) end;

(7) return $Result$;　　　　　　　　　　　　　　　　　　　　□

根据 BCNF 的定义,如果 R_i 不是 BCNF,则 R_i 中一定存在函数依赖 $X \rightarrow Y$,$Y \nsubseteq X$,但是 X 不是 R_i 的码。因此,算法 6.5 的第 4 行一定能够成功地找到一个满足条件的函数依赖 $X \to Y$。算法 6.5 的第 5 行用 XY 和 $R_i - Y$ 取代 R_i，其中 XY 已经是 BCNF。（为什么？）

定理 6.8　给定关系模式 R 及 R 上的函数依赖集 F。算法 6.5 正确地产生 R 的一个 BCNF 无损连接分解。

算法正确性可以直接由引理 6.5 和引理 6.6 证明。算法 6.5 的时间复杂度取决于依赖集 F 的投影 F_i 的计算。在一般情况下，依赖集 F 的投影 F_i 的计算是关于关系模式 R 和初始依赖集 F 指数复杂的。然而，对于许多实际问题，依赖集 F 的投影 F_i 容易得到。Ullman 于 1989 年给出了一个多项式时间的算法，但它可能导致关系模式过分分解。

例 6.13　考虑例 6.1 的关系模式

　　　　BORROW-INFO (Reader-no, Reader-name, Reader-address, Book-no, Borrow-date)

该关系模式的函数依赖集为 $F = \{$Reader-no $\to$ Reader-name Reader-address, Reader-no Book-no $\to$ Borrow-date$\}$，码为 $\{$Reader-no, Book-no$\}$。

BORROW-INFO 不是 BCNF，因为 Reader-name 和 Reader-address 函数地依赖于 Reader-no，而 Reader-no 不是 BORROW-INFO 的超码。我们可以使用算法 6.5 得到它的具有无损连接的 BCNDF 分解。使用 Reader-no $\to$ Reader-name Reader-address 将 BORROW-INFO 分解成两个关系模式：

　　　　READERS (Reader-no, Reader-name, Reader-address)

　　　　BORROWS (Reader-no, Book-no, Borrow-date)

其中，关系模式 READERS 的码是 Reader-no，BORROWS 的码是 $\{$Reader-no, Book-no$\}$。容易验证它们都是 BCNF。这两个关系模式就是 BORROW-INFO 的一个具有无损连接性的 BCNF 分解。我们曾在 6.1 节给出该分解。　　　　□

6.6.2　具有无损连接性和保持函数依赖 3NF 分解

前面，我们谈到如果分解不具有无损连接性，则分解前后的关系模式不能反映相同的现实世界，从而没有实际意义。本节，我们直接给出一个既具有无损连接性，又保持函数依赖的分解算法，将任意的关系模式 R 分解成 3NF。

算法 6.6　转换为 3NF 的无损连接和保持函数依赖的分解。

输入：关系模式 R 及 R 上的函数依赖集 F。

输出：R 的 3NF 无损连接和保持函数依赖的分解 $Result$。

方法：

(1)　调用算法 6.2，得到 F 的极小覆盖，然后求 F 的正则覆盖 F_c；

(2)　$Result \gets \{\}$；

(3)　for (F_c 中的每个函数依赖 $X \to Y$) do

(4)　　if ($Result$ 中存在关系模式 R_i，使得 $R_i \subset XY$) then

(5)　　　　$Result \leftarrow Result - \{R_i\} \bigcup \{XY\}$；

(6)　　　else if（$Result$ 中不存在关系模式 R_i，使得 $XY \subset R_i$）then

(7)　　　　$Result \leftarrow Result \bigcup \{XY\}$；

(8)　if（$Result$ 中的关系模式都不包含 R 的任何码）then

(9)　　将 R 的一个码添加到 $Result$ 中；

(10)　$R' \leftarrow \{A \mid A \in R,\ A$ 不在 F 中出现$\}$；

(11) if（R' 非空）then 将 R' 添加到 $Result$ 中；

(12) return $Result$；　　　　　　　　　　　　　　　　　　　　　□

算法正确性由定理 6.9 保证，其证明见本章附录。

定理 6.9　给定关系模式 R 及 R 上的函数依赖集 F。算法 6.6 正确地产生 R 的一个无损连接和保持函数依赖的 3NF 分解。

算法 6.6 只能确保产生给定关系模式的一个无损连接和保持函数依赖的 3NF 分解，尽管分解后的关系模式常常已经达到 BCNF。

例 6.14　对于例 6.1 的关系模式

　　　BORROW-INFO (Reader-no, Reader-name, Reader-address, Book-no, Borrow-date)

该关系模式的函数依赖集为 $F = \{$Reader-no$\rightarrow$Reader-name, Reader-no$\rightarrow$Reader-address, Reader-no Book-no$\rightarrow$Borrow-date$\}$，码为$\{$Reader-no, Book-no$\}$。

BORROW-INFO 不是 3NF。我们可以使用算法 6.6 得到它的具有无损连接性并保持函数依赖的 3NF 分解。F 是极小的，其正则覆盖为 $F_c = \{$Reader-no$\rightarrow$Reader-name Reader-address, Reader-no Book-no$\rightarrow$Date$\}$。由此我们得到 BORROW-INFO 的分解：

　　　READERS (Reader-no, Reader-name, Reader-address)

　　　BORROWS (Reader-no, Book-no, Borrow-date)

BORROWS 已经包含了 BORROW-INFO 的码。这两个关系模式就是我们需要的有无损连接性并保持函数依赖的 3NF 分解。这碰巧与例 6.12 得到的结果相同。因此，该分解也是 BCNF 分解。

另一个例子，考虑关系模式 $CTHRSG$，其中 C 代表课程，T 代表教师，H 代表上课时间，R 代表上课地点（教室），S 代表学生，而 G 代表成绩。该关系模式的函数依赖集 F 包含以下函数依赖：

$C \rightarrow T$　　　每门课程有一位教师；

$HR \rightarrow C$　　　在特定的时间和教室只有一门课程；

$HT \rightarrow R$　　　每位教师在特定的时间只能在一个教室讲课；

$CS \rightarrow G$　　　每个学生的一门课程只有一个成绩；

$HS \rightarrow R$　　　每个学生在特定的时间只能在一个教室上课。

容易验证该关系模式的码是 HS。该关系模式不是 3NF。F 是极小的，并且是正则的。使用算法 6.6,我们可以得到该关系模式的具有无损连接性并保持函数依赖的 3NF 分解:$\{CT,\ HRC,\ HTR,\ CSG,\ HSR\}$。

也可以使用算法 6.5 得到关系模式 $CTHRSG$ 的具有无损连接性的 BCNF 分解,如 $\{HRS,\ CT,\ CSG,\ CHR\}$。详细的步骤留给读者。 □

注意:在上面的例子中,我们直接使用属性串接表示关系模式。这种方法在文献中经常使用。

6.7 多值依赖与 4NF

前面,我们讨论了函数依赖、分解的期望性质、3NF 和 BCNF,并给出了使用具有期望性质的分解,将不满足 3NF 条件的关系模式分解为 3NF 或 BCNF 的算法。属于 BCNF 的关系模式是否就没问题了呢? 下面的例子表明答案是否定的。

例 6.15 考虑关系模式 $CSP(C,\ S,\ P)$,其中 C 表示课程,S 表示学生,P 表示先行课。假定每门课程可以被多个学生选修,有一或多门先行课;每个学生可以选修多门课程,但是必须修完该课程的所有先行课;每门课程可以是多门其他课程的先行课。关系模式 CSP 中不存在非平凡的函数依赖,因此不存在违反 BCNF 的函数依赖,从而 CSP 是 BCNF。

CSP 的一个关系实例如表 6.1 所示。容易看出,冗余是明显,并且依然存在各种存储异常。然而,这种冗余和异常既不能借助于函数依赖发现,也不能利用函数依赖消除。 □

表 6.1 关系模式 CSP 的一个关系实例

课程(C)	学生(S)	先行课(P)
CS301	李明	CS201
CS301	李明	CS204
CS301	张华	CS201
CS301	张华	CS204
⋮	⋮	⋮
CS405	李明	CS204
CS405	李明	CS301
CS405	李明	CS303
CS405	张华	CS204
CS405	张华	CS301
CS405	张华	CS303
⋮	⋮	⋮

本节,我们讨论一种新的数据依赖形式,称作多值依赖,可以用来发现和处理诸如上例中的冗余和异常。

6.7.1 多值依赖

设 $R(U)$ 是一个属性集 U 上的一个关系模式,X 和 Y 是 U 的子集,而 $Z = U - X - Y$。**多值依赖**(multivalued dependency)$X \twoheadrightarrow Y$(读作"X 多值地确定 Y",或"Y 多值地依赖于 X",或简单地,"X 双箭头 Y")在 R 上成立当且仅当对于 R 的任一关系 r,如果 r 存在两个元组 t_1,t_2 使得 $t_1[X] = t_2[X]$,则存在 t_3,$t_4 \in r$,使得① $t_3[X] = t_4[X] = t_1[X] = t_2[X]$;② $t_3[Y] = t_1[Y]$,并且 $t_3[Z] = t_2[Z]$;③ $t_4[Y] = t_2[Y]$,并且 $t_4[Z] = t_1[Z]$。

多值依赖定义中的①~③等价于说,如果 t_1,$t_2 \in r$,并且 $t_1[X] = t_2[X]$,则交换元组 t_1 和 t_2 在 $U - X - Y$ 上的值,得到两个新元组 t_3 和 t_4,则 t_3 和 t_4 一定也在 r 中(见图 6.3)。在这种意义下,多值依赖又称为产生元组的依赖。

	X	Y	$U - X - Y$
t_1	$a_1 \cdots a_i$	$a_{i+1} \cdots a_j$	$a_{j+1} \cdots a_n$
t_2	$a_1 \cdots a_i$	$b_{i+1} \cdots b_j$	$b_{j+1} \cdots b_n$
t_3	$a_1 \cdots a_i$	$a_{i+1} \cdots a_j$	$b_{j+1} \cdots b_n$
t_4	$a_1 \cdots a_i$	$b_{i+1} \cdots b_j$	$a_{j+1} \cdots a_n$

图 6.3　交换元组 t_1 和 t_2 在 $U - X - Y$ 上的值,得到两个新元组 t_3 和 t_4

非形式地说,多值依赖 $X \twoheadrightarrow Y$ 在 R 上成立当且仅当对 R 的任一关系 r,r 在 (X, Z) 上的每个值对应一组 Y 的值,这组值仅取决于 X 值而与 Z 值无关,其中 $Z = U - X - Y$。

如果多值依赖 $X \twoheadrightarrow Y$ 对所有关系模式 R 都成立,则称 $X \twoheadrightarrow Y$ 是 R 上的**平凡的多值依赖**(trivial multivalued dependency)。这样,$X \twoheadrightarrow Y$ 是平凡的,如果 $XY = U$(即 $Z = U - X - Y$ 为空),或 $Y \subseteq X$。

多值依赖也是关于现实世界的断言。因此,对于一个给定的问题,多值依赖是否成立只能通过考察实际问题的语义确定。

例 6.16　考虑例 6.15 的关系模式 CSP。设 r 是关系模式 CSP 上的任意关系,假定我们看到两个元组 t_1 和 t_2,它们在 C 上相同(例如,均为 CS405)。如果,它们在 S 或 P 上也相同,交换 t_1 和 t_2 在 P 上的值,得到的元组还是 t_1 和 t_2,因此必然在 r 中。如果 t_1 和 t_2 在 S 和 P 上的都值不相同,则 t_1 和 t_2 可能具有如下形式:

$$t_1 = （CS405,李明,CS204）$$

$$t_2 = （CS405,王元,CS301）$$

由这两个元组我们知道 CS204 和 CS301 都是 CS405 的先行课。由于每个学生在选修某门课程之前必须修完该课程的所有先行课,因此李明一定选修过 CS301 课程,王元一定选修过 CS204 课程,即元组 $t_3 =$ (CS405, 李明, CS301)和 $t_4 =$ (CS405, 王元, CS204)在 r 中。这样,我们断言:在关系模式 CSP 中,$C \rightarrow\rightarrow S$ 成立。类似地,$C \rightarrow\rightarrow P$ 也在 CSP 中成立。这不是偶然的,稍后我们就会明白。　　□

下面是一个更有趣的例子,它反映了多值依赖不同于函数依赖的性质。

例 6.17　考虑例 6.13 中的关系模式 $CTHRSG$,其中 C 代表课程,T 代表教师,H 代表上课时间,R 代表上课地点(教室),S 代表学生,而 G 代表成绩。$CTHRSG$ 的函数依赖集为 $\{C \rightarrow T, HR \rightarrow C, HT \rightarrow R, CS \rightarrow G, HS \rightarrow R\}$。

这个关系模式上还存在一些多值依赖。例如,多值依赖 $C \rightarrow\rightarrow HR$ 在 $CTHRSG$ 上成立。直观地,每门课程都有多个上课时间和教室,这与 TSG(教师、学生和成绩)的取值无关。然而,尽管每门课程都有多个上课时间,也有多个上课教室,但是,$C \rightarrow\rightarrow H$ 和 $C \rightarrow\rightarrow R$ 都不成立。事实上,关系模式 $CTHRSG$ 的关系 r 中可能存在如下两个元组:

$$t_1 = (\text{CS402, 李连友, 一}(3\sim4), \text{北 1303, 李明, 90})$$

$$t_2 = (\text{CS402, 李连友, 三}(1\sim2), \text{南 1205, 张华, 85})$$

这两个元组告诉我们 CS402 课程由李连友任教,每周一的 3～4 节在北 1303,周三的 1～2 节在南 1205 讲课,李明和张华是两个选修了 CS402 课程的学生,分别取得 90 和 85 分。如果多值依赖 $C \rightarrow\rightarrow H$ 成立,则根据多值依赖的定义,由元组 t_1 和 t_2,我们可以断言 r 中包含如下元组:

$$t_3 = (\text{CS402, 李连友, 一}(3\sim4), \text{南 1205, 张华, 85})$$

但是,这是不可能的,因为在星期一的 3～4 节,李连友老师不可能同时在北 1303 和南 1205 讲课。类似地,多值依赖 $C \rightarrow\rightarrow R$ 也不成立。这表明多值依赖并不存在与函数依赖类似的分解规则。

然而,关系模式 $CTHRSG$ 上还存在其他多值依赖,如 $C \rightarrow\rightarrow SG$ 和 $HR \rightarrow\rightarrow SG$。还有一些多值依赖,如 $C \rightarrow\rightarrow T$ 也成立(注意,我们有 $C \rightarrow T$)。事实上,如果函数依赖 $X \rightarrow Y$ 成立,则多值依赖 $X \rightarrow\rightarrow Y$ 也成立。　　□

6.7.2　函数依赖和多值依赖的公理

现在,我们给出同时使用函数依赖和多值依赖进行推导的 Armstrong 公理系统。其中 A1～A3 在前面已经给出过。

Armstrong 公理　设 $R(U)$ 是关系模式,U 是 R 的属性集,D 是 R 上的函数依赖和多值依赖的集合,仅涉及 U 中的属性。Armstrong 公理包括以下八条推理规则:

关于函数依赖的公理:

A1　函数依赖的自反律　如果 $Y \subseteq X \subseteq U$,则 $X \rightarrow Y$。

A2　函数依赖的增广律　如果 $X \rightarrow Y$ 成立,并且 $Z \subseteq U$,则 $XZ \rightarrow YZ$ 成立。

A3　函数依赖的传递律　如果 $X \rightarrow Y$ 和 $Y \rightarrow Z$ 成立,则 $X \rightarrow Z$ 成立。

关于多值依赖的公理:

A4　多值依赖的补余律　如果 $X \rightarrow\rightarrow Y$ 成立,则 $X \rightarrow\rightarrow (U - X - Y)$ 成立。

A5　多值依赖的增广律　如果 $X \rightarrow\rightarrow Y$ 成立,并且 $V \subseteq W \subseteq U$,则 $WX \rightarrow\rightarrow VY$ 成立。

A6　多值依赖的传递律　如果 $X \rightarrow\rightarrow Y$ 和 $Y \rightarrow\rightarrow Z$ 成立,则 $X \rightarrow\rightarrow (Z - Y)$ 成立。

关于函数依赖和多值依赖的公理:

A7　如果 $X \rightarrow Y$ 成立,则 $X \rightarrow\rightarrow Y$ 成立。

A8　如果 $X \rightarrow\rightarrow Y$ 成立, $Z \subseteq Y$,并且对于某个与 Y 不相交的 W,我们有 $W \rightarrow Z$,则 $X \rightarrow Z$ 成立。

将 A1~A3 与 A4~A6 进行比较是有益的。多值依赖满足补余律(A4),函数依赖没有对应的公理。函数依赖满足自反律(A1),多值依赖似乎没有对应的公理。但是,由公理 A1 和 A7,多值依赖也满足自反律。多值依赖的增广律(A5)比函数依赖的增广律强。但是,使用 A1~A3,可以证明:如果 $X \rightarrow Y$ 成立,并且 $V \subseteq W \subseteq U$,则 $WX \rightarrow VY$ 成立。多值依赖的传递律(A6)比函数依赖的传递律弱: $X \rightarrow\rightarrow Y$ 和 $Y \rightarrow\rightarrow Z$ 成立并不蕴涵 $X \rightarrow\rightarrow Z$ 成立,而指蕴涵 $X \rightarrow\rightarrow (Z - Y)$ 成立。例如,在例 6.15 中, $C \rightarrow\rightarrow HR$ 成立,并且 $HR \rightarrow\rightarrow H$ 也成立(由 A1 和 A7),但 $C \rightarrow\rightarrow H$ 并不成立。

A7 表明只要函数依赖成立,其对应的多值依赖也成立。换句话说,每个函数依赖也是多值依赖。因此,函数依赖是多值依赖的特殊情况,而多值依赖是函数依赖的推广。

由 Armstrong 公理,我们可以得到一些常用的推理规则。

附加的推理规则:

(1) 多值依赖的合并规则。如果 $X \rightarrow\rightarrow Y$, $X \rightarrow\rightarrow Z$ 成立,则 $X \rightarrow\rightarrow YZ$ 成立。

(2) 多值依赖的伪传递规则。如果 $X \rightarrow\rightarrow Y$, $WY \rightarrow\rightarrow Z$ 成立,则 $WX \rightarrow\rightarrow (Z - WY)$ 成立。

(3) 混合伪传递规则。如果 $X \rightarrow\rightarrow Y$, $XY \rightarrow Z$ 成立,则 $X \rightarrow (Z - Y)$ 成立。

(4) 多值依赖的分解规则。如果 $X \rightarrow\rightarrow Y$, $X \rightarrow\rightarrow Z$ 成立,则 $X \rightarrow\rightarrow (Y \bigcap Z)$, $X \rightarrow\rightarrow (Y - Z)$, $X \rightarrow\rightarrow (Z - Y)$ 成立。

这些推理规则的证明留给读者。与函数依赖相比,多值依赖的传递规则比较弱,从而伪传递规则也较弱。此外,多值依赖的分解规则比函数依赖的分解规则弱。对于函数依赖,如果 $X \rightarrow Y$,则对于任意 $A \in Y$,都有 $X \rightarrow A$。但是对于多值依赖,仅当我们能够找到某个 Z 使得 $X \rightarrow\rightarrow Z$,并且 $Z \bigcap Y = A$ 或 $Y - Z = A$ 时,

我们才能从 $X \longrightarrow Y$ 得到 $X \longrightarrow A$。

6.7.3 函数依赖和多值依赖的闭包

可以把逻辑蕴涵的概念推广到包含函数依赖和多值依赖的情况。设 D 是关系模式 R 上的函数依赖和多值依赖的集合。如果对于 R 的任意关系 r,只要 r 满足 D 中的函数依赖和多值依赖,则 r 也满足 $X \rightarrow Y$(或 $X \longrightarrow Y$),那么我们就称 D **逻辑蕴涵** $X \rightarrow Y$(或 $X \longrightarrow Y$),记作 $D \models X \rightarrow Y$(或 $D \models X \longrightarrow Y$)。

类似地,我们可以定义**函数依赖和多值依赖集 D 的闭包** D^+ 为被 D 所逻辑蕴涵的所有函数依赖和多值依赖。

Beeri,Fagin 和 Howard 证明,对于函数依赖和多值依赖,公理 A1~A8 是有效的和完备的,即有:

定理 6.10 Armstrong 公理 A1~A8 是有效的、完备的。也就是说,如果 D 是关系模式 R 上的函数依赖和多值依赖集,则 D^+ 恰是使用公理 A1~A8 由 D 导出的依赖集。

证明见本章附录。

6.7.4 4NF

借助于多值依赖,可以定义更高级的范式——4NF,并且可以将存在冗余 BCNF 关系模式分解成 4NF,进一步改进数据库设计。

设 R 是关系模式,D 是 R 上的函数依赖和多值依赖的集合。关系模式 R 是 **4NF**(4th normal form),如果只要 $X \longrightarrow Y$ 在 R 中成立(即 $X \longrightarrow Y \in D^+$),并且 $Y \not\subseteq X, XY \neq R$,则就有 X 是 R 的超码。

注意:当 $Y \not\subseteq X$ 或 XY 包含 R 的所有属性时,$X \longrightarrow Y$ 是平凡的多值依赖。从 4NF 的定义可以看出,4NF 要求关系模式 R 中的所有非平凡的多值依赖都是对 R 的超码的依赖。然而,如果 $X \longrightarrow Y$ 在 R 中成立,并且 X 是 R 的超码,则必然有 $X \rightarrow Y$ 在 R 中成立。这表明,如果 R 是 4NF,则 R 中所有非平凡的多值依赖实质上是函数依赖。

BCNF 只限制所有非平凡的函数依赖都是对超码的依赖,而 4NF 则限制所有非平凡的多值依赖都是对超码的依赖。由于 $X \rightarrow Y$ 蕴涵 $X \longrightarrow Y$,但其逆不真,因此与 BCNF 相比,4NF 对关系模式中的数据依赖施加了更多的限制。容易证明:如果关系模式 R 是 4NF,则 R 一定是 BCNF。证明留给读者。

6.7.5 具有无损连接性的 4NF 分解

给定关系模式 R 和 R 上的函数依赖和多值依赖集 D,如果 R 不是 4NF,则可以通过模式分解将它分解成多个关系模式,其中每个都是 4NF。在给出分解算法之前,我们需要将函数依赖集的投影推广到包含多值依赖的情况。

设 D 是关系模式 R 上的函数依赖和多值依赖的集合, $\rho = \{R_1, R_2, \cdots, R_k\}$ 是关系模式 R 的一个分解。**依赖集 D 在 R_i 上的投影**包括:① D^+ 中仅包含 R_i 中属性的所有函数依赖;② 所有形如 $X \twoheadrightarrow Y \cap R_i$ 的多值依赖,其中 $X \subseteq R_i$,并且 $X \twoheadrightarrow Y$ 在 D^+ 中。

求关系模式 R 的具有无损连接性的 4NF 分解的算法与对应的 BCNF 分解算法类似。唯一的不同是将违反 BCNF 条件的函数依赖替换成多值依赖。

算法 6.7 转换为 4NF 的无损连接分解。

输入:关系模式 R 及 R 上的函数依赖和多值依赖集 D。

输出: R 的 4NF 无损连接分解 $Result$。

方法:

(1) $Result \leftarrow \{R\}$;

(2) while (存在 $R_i \in Result$,但 R_i 不是 4NF)

(3) begin

(4)   找出 R_i 中满足如下条件的非平凡的多值依赖: $X \twoheadrightarrow Y \in D_i^+$,且 X 不是 R_i 的超码;

(5) $Result \leftarrow Result - \{R_i\} \cup \{XY, R_i - Y\}$;

(6) end;

(7) return $Result$;

该算法 6.7 的正确性由引理 6.6 和如下定理保证。

定理 6.11 设 $\rho = \{R_1, R_2\}$ 是关系模式 R 的一个分解, D 是 R 上的函数依赖和多值依赖集。 ρ 关于 D 是无损连接分解,当且仅当 $(R_1 \cap R_2) \twoheadrightarrow (R_1 - R_2)$ 成立;或等价地,当且仅当 $(R_1 \cap R_2) \twoheadrightarrow (R_2 - R_1)$ 成立。

定理 6.11 的正确性证明见本章附录。我们看一个例子。

例 6.18 再次考虑例 6.13 中的关系模式 $CTHRSG$,其中 C 代表课程, T 代表教师, H 代表上课时间, R 代表上课地点(教室), S 代表学生,而 G 代表成绩。 $CTHRSG$ 的函数依赖集为 $\{C \rightarrow T, HR \rightarrow C, HT \rightarrow R, CS \rightarrow G, HS \rightarrow R\}$。

该关系模式的码为 HS。在例 6.17 中,我们看到一些多值依赖,如 $C \twoheadrightarrow HR$, $C \twoheadrightarrow T$, $C \twoheadrightarrow SG$ 和 $HR \twoheadrightarrow SG$ 成立。这些多值依赖都是非平凡的,并且不是对超码的依赖。因此, $CTHRSG$ 不是 4NF。使用 $C \twoheadrightarrow HR$ 将 $CTHRSG$ 分解成 CHR 和 $CTSG$。 CHR 已经是 4NF,但 $CTSG$ 中还存在非平凡的多值依赖 $C \twoheadrightarrow T$ 和 $C \twoheadrightarrow SG$,而 C 不是 $CTSG$ 的超码($CTSG$ 的码是 CS)。使用 $C \twoheadrightarrow T$ 进一步将 $CTSG$ 分解成 CT 和 CSG。这时,所有的关系模式都是 4NF。于是,我们得到的 $CTHRSG$ 一个具有无损连接性的 4NF 分解 $\rho = \{CHR, CT, CSG\}$。

对于关系模式 $CTHRSG$,我们也可以先用 $HR \twoheadrightarrow SG$ 将它分解为 $HRSG$ 和

$CTHR$。然后用 $C \twoheadrightarrow T$ 将 $CTHR$ 分解为 CT 和 CHR。最后得到 $CTHRSG$ 另一个具有无损连接性的 4NF 分解 $\rho' = \{HRSG,\ CT,\ CHR\}$。

考察这两个分解的语义是有趣的。尽管分解 ρ 不保持函数依赖,使得我们不能方便地根据教师或学生的上课时间确定教室(分解 ρ' 也有类似的问题),但是 ρ 的三个模式都是我们需要的:CHR 给出全校的课程调度表——每个时间、每个教室的课程,CT 给出每门课程的教师安排,而 CSG 记录全校学生的成绩——每个学生、每门课程的成绩。然而,ρ' 的模式 $HRSG$ 似乎没有很直观的实际意义。在分解 ρ' 下,我们甚至不能方便地得到学生的成绩。相比之下,分解 ρ 比分解 ρ' 更好。   □

例 6.18 表明在使用算法 6.7 时,选择不同的违反 4NF 条件的多值依赖进行分解导致不同的结果,其中某些结果比其他结果更好一些。在使用算法 6.5 时也有类似的情况。不幸的是,这两个算法都不能告诉我们选择哪个违反 4NF(BC-NF)条件的多值(函数)依赖进行分解得到的结果更好。解决这一问题的根本方法是考虑实际问题的语义。例如,在例 6.18 中,使用 $C \twoheadrightarrow HR$ 将导致一个记录全校的课程调度表的关系模式,而使用 $HR \twoheadrightarrow SG$ 导致的关系模式并没有直观的实际意义。因此,相比之下我们应该优先选择使用 $C \twoheadrightarrow HR$ 进行分解。

实践中,也可以先使用算法 6.5 得到 R 的具有无损连接性的 BCNF 分解。此时,大部分模式都不含违反 4NF 条件的多值依赖,因此已经是 4NF。然后再用算法 6.7 将非 4NF 的关系模式分解成 4NF。

6.7.6　嵌入型多值依赖

在使用算法 6.7 时需要注意:有些多值依赖在关系模式 R 上并不成立,但可能在分解后的关系模式上成立。这可能影响分解的继续进行。

例 6.19　考虑关系模式 $CSPY$,其中 C 代表课程,S 代表学生,P 代表先行课,而 Y 代表先行课选修时间。一个学生选修某门课程之前必须选修过该课程的所有先行课,但不同的学生选修同一门先行课的时间可以不同。关系模式 $CSPY$ 唯一的非平凡的函数依赖是 $SP \rightarrow Y$,它的码为 CSP。

在关系模式 $CSPY$ 上,多值依赖 $SP \twoheadrightarrow Y$ 是非平凡的,并且不是对超码的依赖。使用它将 $CSPY$ 分解成 SPY 和 CSP。其中,SPY 已经是 4NF。

$C \twoheadrightarrow S$ 和 $C \twoheadrightarrow P$ 在 CSP 中成立(见例 6.14)。这样,CSP 仍然不是 4NF。使用 $C \twoheadrightarrow S$ 将 CSP 进一步分解成 CS 和 CP。最后,得到 $CSPY$ 的具有无损连接性的 4NF 分解 $\rho = \{SPY,\ CS,\ CP\}$。

注意:$C \twoheadrightarrow S$ 和 $C \twoheadrightarrow P$ 在 $CSPY$ 中都不成立。例如,为了表明 $C \twoheadrightarrow S$ 在 $CSPY$ 中不成立,考虑 $CSPY$ 的关系 r 中可能存在的如下两个元组:

(CS405, 李明, CS204, 2004)

(CS405, 王元, CS301, 2005)

但是,元组(CS405, 李明, CS301, 2005)可能并不在 r 中。因为尽管李明一定选修了先行课 CS301,但他可能在 2004 年,而不是 2005 年选修 CS301。　　□

上例揭示了多值依赖的一个奇特性质:多值依赖是否成立与属性集的范围有关,即多值依赖可能在关系模式 R 上不成立,但在 R 的一个属性子集上成立。这种多值依赖称作嵌入型多值依赖。

一般地,在 $R(U)$ 上若有 $X \rightarrow\rightarrow Y$ 在 W ($W \subset U$) 上成立,但在关系模式 $R(U)$ 上不成立,则称 $X \rightarrow\rightarrow Y$ 为 $R(U)$ 的**嵌入型多值依赖**。

例 6.19 表明,为了得到一个关系模式的 4NF 分解,我们还必须考虑嵌入型多值依赖。

6.8　在设计中使用规范化理论

至此,我们讨论了范式和规范化问题。在结束本章之前,我们简略讨论如何将这些理论、方法和技术用于关系模式的设计。

通常,关系模式可能是①从 E-R 模型转换产生的关系;②包含了实际问题(或子问题)的所有属性的单个关系模式;③特殊的设计结果。作为特殊设计的结果,我们可以使用本章的方法检验它是否满足期望的模式,并且在必要时重新设计或将它分解成期望的模式。我们重点讨论前两种情况和一些相关问题。

6.8.1　关于规范化的附注

规范化的总体目标是:消除某些冗余,避免存储异常,产生一种直观、易于扩充、可以很好描述现实世界,并且可以简单地验证某些语义约束的设计。在进行规范化时,一定要记住这些目标。这些目标要求仅当存在冗余和存储异常时才对关系模式进行分解,并且分解一定是无损连接的(否则不能很好地描述现实世界),最好能够保持函数依赖(否则某些语义约束不能简单地验证)。

规范化建立在数据依赖的基础上,数据依赖是语义概念。这要求我们在设计(包括 E-R 模型设计)和规范化时充分考虑问题的语义。例如,将一个关系模式分解成 BCNF 或 4NF 时,可能存在多个违反 BCNF 或 4NF 的函数依赖或多值依赖。选择不同的函数依赖或多值依赖可能导致不同的分解结果,而分解算法并未指定要选择哪一个。在进行选择时,考虑实际问题的语义有利于得到更能反映实际情况的分解(见例 6.18 和其后的讨论)。

规范化的设计思想对于数据库的逻辑设计是有用的,因为它能帮助我们解决数据库设计中可能遇到的大部分问题。但是,规范化是指南,而不是教条,也不是包治百病的良药秘方。连接依赖、多值依赖和函数依赖并非唯一可用的数据依赖。规范化通过投影消除冗余,但并非所有的冗余都可以通过这种办法消除。

本章讨论的规范化理论是基于"投影-连接"的:关系通过投影分解,通过连接恢复。还存在其他规范化方法。例如,"选择-并"规范化理论是试图通过非"投影-连接"的方式进行规范化。该方面的研究有一些提议,但还没有详细的理论。

6.8.2　E-R 模型与规范化

如果小心地设计 E-R 模型,正确地识别所有的实体,正确地识别实体之间的联系,正确地选择实体集和联系集的属性,则从 E-R 模型生成的关系模式不需要进一步规范化。然而,在设计中,所有这些环节都可能出现问题。

例如,一张人工处理的订单可能具有如表 6.2 所示的形式。这种订单包含了较多的信息,便于人工处理。然而,在设计 E-R 模型时,容易把整个订单看作一个实体,从而导致转换后的关系模式可能存在如下函数依赖:订货人→订货人地址,订货人→联系电话,产品编号→产品名称,产品编号→产品型号。由于订单的码是订单号,这些函数依赖都不是对超码的依赖。产生这种不好的设计,问题出现在 E-R 模型的设计上。主要原因是不正确地把客户信息和产品信息都包含在订单实体中。

表 6.2　人工处理的订单

订单号			订货日期			订货人	
订货人地址					联系电话		
序号	产品编号	产品名称		产品型号		订货量	附注

注意:按表 6.2 的形式显示和打印订单可能是用户友好的,但是这并不意味数据的确要按表 6.2 的形式进行组织。

一种好的设计(见图 6.4,略去了未提及的属性)是将订货人的信息(名称、地址、联系电话等)都放到客户实体中,将产品信息(编号、名称、型号等)都放到产品实体中。订单实体只包含订单号和订货日期两个属性,并建立如下两个联系:①订单与产品之间的多对多联系"包含",它具有属性"订货量"。② 客户与订单之间的一对多联系"提交"。如果采用这种设计,从 E-R 模型生成的关系模式不需要进一步规范化。

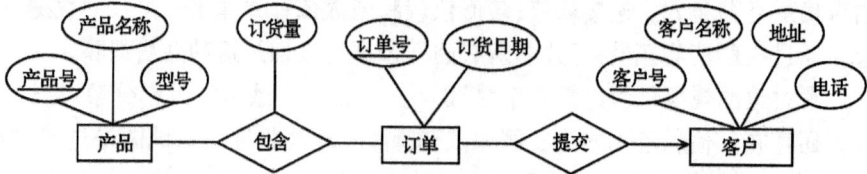

图 6.4　订单的 E-R 模型设计

在采用 E-R 模型进行概念设计时,有两种方法利用规范化理论:

(1) 在使用 E-R 模型进行概念设计时不考虑规范化。将 E-R 图转换为关系模式之后,进一步考虑实际问题的语义,找出每个关系模式的数据依赖,使用本章介绍的方法检查所得到的关系模式是否满足规范化要求,并在必要时将它们分解成范式。

注意:采用这种方法,仍然需要小心地识别实体,尽可能正确地为实体选择属性,正确地建立实体之间的联系。这样不仅可以得到更好的概念模型,而且可以减轻其后规范化的工作负担。

(2) 在建立 E-R 模型时同时考虑规范化,尽可能地减少 E-R 图出现的问题。一旦确定实体的属性,首先检查是否存在不描述该实体的属性。如果存在,则表明实体识别有问题。需要把这些属性归入适当的实体。然后,确定实体集的码和函数依赖(假设实体集已经转换为关系模式)。检查是否存在不满足 3NF 或 BCNF条件的函数依赖。如果存在,则表明实体的识别还存在问题。需要仔细考虑每个属性的语义,将它们归入适当的实体。有些属性可能与多个不同类型的实体有关,这些属性很可能是联系的属性。这时需要建立适当的联系。例如,成绩与学生有关,也与课程有关。成绩既不能作为学生的属性,也不能作为课程的属性。成绩应当是学生与课程之间联系"选修"的属性。

用规范化理论作为背景知识,指导 E-R 模型的设计,可以最大限度地避免产生不好的 E-R 模型。但是,为了确保不产生不好的关系模式,从 E-R 图转换产生的关系模式仍然需要用本章的方法检查和进一步规范化。

6.8.3　泛关系设计方法

所谓泛关系设计方法是指从一个包含所有需要考虑的属性的关系 R 开始,然后分解它,得到一系列关系模式 R_1, R_2, $\cdots$, R_n。

使用泛关系设计方法要求关系 R 的每个属性名必须是唯一的。例如,我们不能用 Name 既表示学生姓名,又表示院系名称。如果我们直接定义关系模式,而不是利用泛关系,我们可以定义如下形式的关系模式:

```
Students (Sno, Name, …)
Departments (Dno, Name, …)
```

因为属性名是局部于关系模式的,因此允许不同的关系模式包含具有不同的语义的相同属性名。然而,Students ⋈ Departments 这样的表达式是没有意义的(它是对学生名与院系名相同的 Students 元组和 Departments 元组作自然连接)。

要求数据库中每个属性名都具有唯一含义称为**角色唯一性假设**。当角色唯一性假设不成立时,使用泛关系设计方法会带来很多麻烦。

其实,保证角色唯一性假设成立也是一种良好的设计习惯。角色唯一性与采用助记忆的标识符对属性命名相配合能使我们望文生义,避免出现形如 Students ⋈ Departments 的表达式。在本书中,我们总是力图保证角色唯一性。例如,我们总是用 Sname 表示学生姓名(其中 S 是学生姓名所在关系 Students 的第一个字母,下同),用 Tname 表示教师姓名,用 Dname 表示院系名称,而不是笼统地用 Name 表示它们。

泛关系设计方法看起来很诱人:只需要从一个包含所有需要考虑的属性的关系 R 开始,使用本章介绍的方法就可以自动地得到具有无损连接性、并且可能还保持函数依赖的期望范式(如 3NF、BCNF 或 4NF)。然而,一个实际问题可能包含太多属性,使得列举 R 的数据依赖,确定 R 的码很困难。分解的方法可能不唯一,而算法不能自动地选择,确保得到"最佳"分解。因此,实践中很少使用泛关系设计方法。

6.8.4　逆规范化

在实践中,为取得好的性能,有些设计者愿意选择包含冗余的关系模式。他们的理由是:完全规范化导致许多逻辑上相互分离的关系;涉及多个关系的查询需要求多个关系的自然连接,而自然连接是一种非常耗时的运算,从而会影响查询性能。

设 $R_1, \cdots, R_n$ 是一组关系。**逆规范化**(denormalization)用这些关系的连接 R 替换它们。逆规范化是增加冗余,目的是在数据库设计中预先建立一些连接,从而减少执行时的连接开销。许多设计者都认为这样做是"空间换时间",有助于提高查询效率。

然而,逆规范化存在许多问题。首先,显然存在冗余和更新异常问题。其次,一旦我们开始逆规范化,并不清楚在哪里终止。对于规范化,合理的选择是规范化到可能的最高范式。而对于逆规范化,我们是否要达到最低的规范化形式呢? 当然不是。然而,并没有合理标准确定在哪里停止。换句话说,在选择逆规范化时,没有什么固定的、科学的理论的支持,而是纯粹通过经验和主观判断来决定。最后,对于逆规范化"有利于查询"的普遍认识也存在争议。一个明显的事实是:尽管逆规范化能够提高涉及多个关系查询的效率,但是对于不需要连接的查询,逆规范化可能降低查询速度。也就是说,逆规范化只对某些查询有利,而对另一些查询不利(这不同于计算机科学中常说的"空间换时间")。

预先建立连接,减少执行中的连接开销的更好办法是使用物化视图。视图是用查询定义的,并且普通视图对应的数据并不物理地存储在数据库中。所谓**物化视图**(materialized view)是这样的视图,定义视图的查询被预先执行,其结果物理地存储在数据库中,并且当定义视图的关系更新时物化视图自动更新,以保持物化视图的当前性。

现在,许多商品化的 DBMS 都支持物化视图。利用物化视图,我们可以设计完全规范化的关系模式。如果许多查询都同时涉及关系 r_1 和 r_2,那么我们可以用 $r_1 \bowtie r_2$ 定义一个物化视图,并将这些查询直接作用于该物化视图。这样做不仅可以避免逆规范化带来的问题,而且使得涉及 r_1 和 r_2 的查询可以在物化视图上更快地进行(真正起到了"空间换时间"的效果)。由于物化视图的同步更新是由 DBMS 而不是由程序员维护,使用物化视图不会增加程序员的负担。

6.9　小　　结

(1) 概念:

① 函数依赖、平凡的函数依赖、码、超码、候选码、主码、主属性、非主属性;

② 逻辑蕴涵、函数依赖集 F 的闭包 F^+、属性集 X 的闭包 X_F^+、函数依赖集的等价(覆盖)、极小函数依赖集、极小覆盖、正则覆盖;

③ 关系模式的分解、函数依赖集的投影(限制)、无损连接分解、保持函数依赖的分解;

④ 多值依赖、平凡的多值依赖、函数依赖和多值依赖集 D 的闭包 D^+、函数依赖和多值依赖集的投影、嵌入型多值依赖;

⑤ 1NF、2NF、3NF、BCNF、4NF。

(2) Armstrong 公理、附加的推理规则。

(3) 算法:

① 求属性集 X 的闭包 X^+;

② 求函数依赖集 F 的极小函数依赖集;

③ 判定分解的无损连接性;

④ 判定分解的函数依赖保持性;

⑤ 求关系模式 R 的具有无损连接性的 BCNF 分解;

⑥ 求关系模式 R 的具有无损连接性、并保持函数依赖的 3NF 分解;

⑦ 求关系模式 R 的具有无损连接性的 4NF 分解。

习　题

6.1　"设计无小事"告诫我们要认真对待设计,以规避以后的风险。举一个例子(不同于 6.1 节中的例子)说明不好的关系模式设计可能带来的问题。

6.2　汽车保险公司管理客户和保险车辆信息。每位客户拥有一辆或多辆汽车。每辆汽车可能发生 0 次或多次交通事故。客户需要登记的信息包括驾照号(Driver-id)、姓名(Name)、住址(Address)、电话(Phone-no)等信息。车辆需要登记车辆编号(Car-no)、车型(Model)、出厂年份(Year)等信息。事故需要登记事故编号(Report-no)、事故发生日期(Date)、发生地点(Location)、赔偿金(Damage)等信息。根据上述描述,列举可能的函数依赖(不必列举平凡的函数依赖,下同)。

6.3　一个订货系统包括顾客、存货和订单等信息。描述顾客的属性包括顾客号(Cno,唯一)、余额(Balance)、赊购限额(CreditLimit)。描述订单头部的属性包括订单号(Ono,唯一)、顾客号、订货日期(Date)、收货地址(Address,顾客的收货地址可能不唯一,但每份订单的收货地址唯一),订单还包含多项订单细则,其中订单细则的属性包括货物编号(Ino)和订货数量(QTY)。描述货物的属性包括货物编号(Ino,唯一)、制造商(Plant)、货物描述(Description)每个制造商的存货量(QTY-OH)。根据上述描述,必要时做适当假设,列举可能的函数依赖。

6.4　假设投资公司数据库包含如下属性: B(经纪人)、O(经纪人办公室)、I(投资人)、S(股票)、Q(一位投资人拥有的股票量)和 D(股票红利)。我们有如下函数依赖: $S{\rightarrow}D$, $I{\rightarrow}B$, $IS{\rightarrow}Q$ 和 $B{\rightarrow}O$。

(1) 解释这些函数依赖的意义。

(2) 找出关系模式 $R(B, O, I, S, Q, D)$ 的一个码?

6.5　设关系模式 R 的函数依赖集 F 包含如下函数依赖: $AB{\rightarrow}C$, $C{\rightarrow}A$, $BC{\rightarrow}D$, $ACD{\rightarrow}B$, $D{\rightarrow}EG$, $BE{\rightarrow}C$, $CG{\rightarrow}BD$, $CE{\rightarrow}AG$。求 BD 的闭包。

6.6　设关系模式 R 的函数依赖集 $F = \{A{\rightarrow}B$, $BC{\rightarrow}DE$, $AEH{\rightarrow}G\}$。计算 AC 的闭包。F 是否逻辑蕴涵函数依赖 $AC{\rightarrow}DG$?

6.7　下面两个函数依赖集等价吗? 说明理由。

$$F_1 = \{A{\rightarrow}B, \ AB{\rightarrow}C, \ D{\rightarrow}AC, \ D{\rightarrow}E\}$$

$$F_2 = \{A{\rightarrow}BC, \ D{\rightarrow}AE\}$$

6.8　考虑关系模式 R 上的函数依赖集 $F = \{A{\rightarrow}BC$, $B{\rightarrow}AC$, $C{\rightarrow}AB\}$。容易验证 $F_{m1} = \{A{\rightarrow}B$, $B{\rightarrow}C$, $C{\rightarrow}A\}$ 是 F 的一个极小覆盖。试找出 F 的另外两个极小覆盖。

6.9　设关系模式 R 的函数依赖集 $F = \{ABD{\rightarrow}E$, $AB{\rightarrow}G$, $B{\rightarrow}K$, $C{\rightarrow}J$, $CJ{\rightarrow}I$, $G{\rightarrow}H\}$。F 是极小函数依赖集吗? 给出关系模式 R 的码。

6.10　设关系模式 R 的函数依赖集 $F = \{A \rightarrow C,\ B \rightarrow C,\ C \rightarrow D,\ DE \rightarrow C,$ $CE \rightarrow A\}$；$\rho = \{R_1(A,\ D),\ R_2(A,\ B),\ R_3(B,\ E),\ R_4(C,\ D,\ E),\ R_5(A,$ $E)\}$ 是 R 的一个分解。判定 ρ 是否为无损连接分解。

6.11　考虑关系模式 SUP-INFO $(S,\ A,\ I,\ P)$，其中 S 代表供应商，A 代表供应商地址，I 代表商品，而 P 代表商品价格。该关系模式的函数依赖集 $F =$ $\{S \rightarrow A,\ SI \rightarrow P\}$。判定它的分解 $\rho = \{R_1(S,\ A),\ R_2(S,\ I,\ P)\}$ 是否为无损连接分解。

6.12　设 $X \rightarrow Y$ 在关系模式 R 中成立。如果存在 $Z \subset X$ 使得 $Z \rightarrow Y$ 成立，则称函数依赖 $X \rightarrow Y$ 称为**部分函数依赖**，并称 Y 部分依赖于 X；否则称 $X \rightarrow Y$ 为**完全函数依赖**，并称 Y 完全依赖于 X。使用完全函数依赖概念给出 2NF 的等价定义。

6.13　设 $X \rightarrow Y$ 在关系模式 R 中，但 $Y \rightarrow X$ 在 R 中不成立。如果 R 的属性 A 既不属于 X 也不属于 Y，并且 $Y \rightarrow A$，则称 A 传递依赖于 X，并称 $X \rightarrow A$ 为**传递函数依赖**。3NF 可以定义为：关系模式 R 是 3NF，如果 R 的所有非主属性 A 都不传递地依赖于 R 的任何码。证明该定义与 6.5.2 节的 3NF 定义等价。

6.14　证明：

(1) 如果 R 的所有属性都是主属性，则 R 是 3NF。

(2) 如果 R 的码包含 R 的所有属性(全码)，则 R 是 BCNF。

6.15　证明：

(1) 如果关系模式 R 是 3NF，则 R 一定是 2NF。举例说明其逆不真。

(2) 如果关系模式 R 是 BCNF，则 R 一定是 3NF。举例说明其逆不真。

(3) 如果关系模式 R 是 4NF，则 R 一定是 BCNF。举例说明其逆不真。

6.16　考虑例 6.13 中的关系模式 $CTHRSG$，其中 C 代表课程，T 代表教师，H 代表上课时间，R 代表上课地点(教室)，S 代表学生，而 G 代表成绩。$CTHRSG$ 的函数依赖集为 $\{C \rightarrow T,\ HR \rightarrow C,\ HT \rightarrow R,\ CS \rightarrow G,\ HS \rightarrow R\}$。求关系模式 $CTHRSG$ 具有无损连接性的 BCNF 分解。

6.17　对习题 6.4 的关系模式 $R(B,\ O,\ I,\ S,\ Q,\ D)$，

(1) 找出 R 的一个具有无损连接性的 BCNF 分解。

(2) 找出 R 的一个具有无损连接性和保持函数依赖的 3NF 分解。

6.18　考虑航运数据库包含如下属性：S(船只名)、T(船只类型)、V(航运标识符)、C(一艘船一次航运所运输的货物)、P(港口)和 D(日期)。假定一次航运将一种货物运送到一系列港口，一艘船一天只访问一个港口。这样，我们有如下函数依赖：$S \rightarrow T,\ V \rightarrow SC$ 和 $SD \rightarrow PV$。

(1) 找出 $R(S,\ T,\ V,\ C,\ P,\ D)$ 的一个具有无损连接性的 BCNF 分解。

(2) 找出 R 的一个具有无损连接性和保持函数依赖的 3NF 分解。

（3）解释 R 为什么不存在具有无损连接性和保持函数依赖的 BCNF 分解。

6.19　举出两个多值依赖的例子。

6.20　证明：多值依赖的合并规则、伪传递规则、分解规则，以及函数数依赖和多值依赖的混合伪传递规则。

6.21　在例 6.18 中，我们得到的 $CTHRSG$ 一个具有无损连接性的 4NF 分解 $\rho = \{CHR, CT, CSG\}$。如果只考虑函数依赖，ρ 是无损连接分解吗？

6.22　通过模式分解产生关系模式（仅考虑函数依赖）的目标有哪三个？解释为什么要达到这些目标。

6.23　在关系数据库设计时，为什么我们可能会选择非 BCNF 设计？

6.24　在关系数据库设计时，有没有理由设计一个属于 2NF，但不属于更高范式的关系模式？解释你的答案。

附录：本章引理和定理证明

引理 6.1　Armstrong 公理是有效的。即如果函数依赖 $X \to Y$ 能够使用 Armstrong 公理由 F 推出，则 $F \models X \to Y$。

证明　自反律 A1 显然成立，因为不可能存在一个关系 r，它有两个元组在 X 上一致，而在 X 的某个子集上不一致。

证明增广律 A2，用反证法。假定关系 r 满足 $X \to Y$，但存在元组 t_1, $t_2 \in r$，它们在 XZ 上一致，但在 YZ 上不一致。由于 t_1 和 t_2 在 XZ 上一致，因此它们在 X 和 Z 上都一致。这样，t_1 和 t_2 必然在 Y 的某属性上不一致。但 t_1 和 t_2 在 X 上一致而在 Y 上不一致违反 r 满足 $X \to Y$ 的假定。这一矛盾表明增广律成立。

传递律 A3 的有效性证明是证明 $\{A \to B, B \to C\} \models A \to C$（见 6.2.3 节）的简单推广。　　　　　　　　　　　　　　　　　　　　　　　　　　　□

引理 6.3　Armstrong 公理是完备的。即如果 $F \models X \to Y$，则 $X \to Y$ 能够使用 Armstrong 公理由 F 推出。

证明　（反证法）设 F 是关系模式 R 上的函数依赖集，假定 $X \to Y$ 不能用 Armstrong 公理由 F 推出。考虑具有两个元组的关系 r：r 的两个元组在 X^+ 的属性上一致，但在其他属性上不一致。即 r 具有如下形式：

X^+ 的属性	其他属性
$a_1 a_2 \cdots a_m$	$a_{m+1} a_{m+2} \cdots a_n$
$a_1 a_2 \cdots a_m$	$b_{m+1} b_{m+2} \cdots b_n$

首先，我们用反证法证明 r 是 R 上的合法关系（即 r 满足 F 中的所有函数依赖）。假定 $V \to W$ 在 F 中，但它不被 r 满足，则 V 必定是 X^+ 的子集，否则 r 的两个元组在 V 的某属性上不一致，因而不可能违反 r。W 也不能是 X^+ 的子集，否则

$V \rightarrow W$ 将被 r 满足。设 A 是 W 中的一个属性,它不在 X^+ 中。由于 $V \subseteq X^+$,因此我们有 $X \rightarrow V$。由于 $V \rightarrow W$ 在 F 中,传递律表明 $X \rightarrow W$。因为 A 是 W 中的属性,由自反律我们有 $W \rightarrow A$。再根据传递律,我们有 $X \rightarrow A$,从而 A 在 X^+ 中。这显然与 A 不在 X^+ 中矛盾。这一矛盾表明 r 满足 F 中的所有函数依赖。

现在,我们证明 r 不满足 $X \rightarrow Y$。显然,$X \subseteq X^+$。如果 $Y \subseteq X^+$,则 $X \rightarrow Y$ 可以用 Armstrong 公理由 F 推出,与假定矛盾。因此,Y 不是 X^+ 的子集。这样,由于 r 的两个元组在 X 上一致,而在 Y 上不一致,因而 r 不满足 $X \rightarrow Y$。

由于 r 是 R 上的合法关系,但不满足 $X \rightarrow Y$,因此函数依赖 $X \rightarrow Y$ 在 R 上不成立,与 $F \models X \rightarrow Y$ 矛盾。这一矛盾表明 $X \rightarrow Y$ 不能用 Armstrong 公理由 F 推出的假定不能成立,完备性得证。　　　　　　　　　　　　　　　□

注意,引理 6.3 证明的关键技巧是构造关系 r。类似技巧也用于证明定理 6.2。

定理6.2　给定关系模式 R 上的函数依赖集 F 和属性集 $X \subseteq R$,算法 6.1 正确地计算 X^+。

证明　正文已经讨论了算法的终止性,我们只需要证明当算法终止时,它正确地计算 X^+。

首先,我们证明算法终止时 $result \subseteq X^+$。记第 j 次执行 repeat 循环后 $result$ 的值为 $result^{(j)}$。我们对 repeat 循环的执行次数 j 归纳,证明对于任意 $j \geqslant 0$,恒有 $result^{(j)} \subseteq X^+$。

基始:$j = 0$。显然 $result^{(0)} = X \subseteq X^+$。

归纳:假设 $result^{(j)} \subseteq X^+$,证明 $result^{(j+1)} \subseteq X^+$。对于任意 $A \in result^{(j+1)}$,如果 $A \in result^{(j)}$,由 $result^{(j)} \subseteq X^+$ 知 $A \in X^+$。如果 $A \notin result^{(j)}$,则 A 被放入是由于 $Y \rightarrow Z$ 在 F 中,$Y \subseteq result^{(j)}$,并且 $A \in Z$。由于 $Y \subseteq result^{(j)}$ 及 $result^{(j)} \subseteq X^+$,我们有 $Y \subseteq X^+$,从而 $X \rightarrow Y$(引理 6.2)。由 $X \rightarrow Y$ 和 $Y \rightarrow Z$ 得到 $X \rightarrow Z$(传递律)。但是,A 在 Z 中,因此 $X \rightarrow A$(分解规则)。根据闭包的定义,$A \in X^+$。这样,我们就证明了 $result^{(j+1)} \subseteq X^+$。由归纳法原理,对于任何 j,$result^{(j)} \subseteq X^+$。

特殊地,取 $j = i$,当算法终止时,其输出 $result = result^{(i)} \subseteq X^+$。

现在,我们证明:当算法 6.1 终止时,$X^+ \subseteq result^{(i)} = result$。假设 $A \in X^+$,但 $A \notin result^{(i)}$。考虑类似于引理 6.3 中的关系 r:r 有两个元组,它们在 $result^{(i)}$ 的属性上一致,在其他属性上不一致。由于 $A \notin result^{(i)}$,因此 r 违反 $X \rightarrow A$。

但是,我们可以证明 r 满足 F。事实上,如果 r 不满足 F,则存在 F 中的函数依赖 $V \rightarrow W$ 违反 r。与引理 6.3 证明类似的理由,我们断言 $V \subseteq result^{(i)}$,且 W 不是 $result^{(i)}$ 的子集。因此,$result$ 不可能不改变,与算法终止矛盾。这样,我们就证明了 r 满足 F 中的所有函数依赖。由于 $A \in X^+$,因此 $F \models X \rightarrow A$。这样,满足 F 的关系都满足 $X \rightarrow A$,从而 r 满足 $X \rightarrow A$。这与已经证明的 r 违反 $X \rightarrow A$ 矛盾。这一矛盾表明 $A \in X^+$,但 $A \notin result^{(i)}$ 的假设不真。这样,只要 $A \in X^+$,就有

$A \in result^{(i)} = result$。从而，$X^+ \subseteq result$。

综上，当算法终止时，其输出 $result = X^+$。 □

在下面的定理证明中，我们证明了依赖集闭包 F 的性质：$(F^+)^+ = F^+$。这一性质与一般的闭包所具有的性质一致。类似地，可以证明 $(X^+)^+ = X^+$。

定理 6.3 $F \equiv G$ 当且仅当 $F \subseteq G^+$，并且 $G \subseteq F^+$。

证明 我们先证明依赖集闭包 F 具有如下性质：$(F^+)^+ = F^+$。

显然，$F^+ \subseteq (F^+)^+$。只要证明 $(F^+)^+ \subseteq F^+$。对于任意 $X \to Y \in (F^+)^+$，由闭包的定义，$X \to Y$ 可以使用 Armstrong 公理由 F^+ 导出。如果导出 $X \to Y$ 使用了 F^+ 中的 $V \to W$，则 $V \to W$ 可以使用 Armstrong 公理由 F 导出。这样，$X \to Y$ 可以使用 Armstrong 公理由 F 导出，因此 $X \to Y \in F^+$。这样，我们就证明了 $(F^+)^+ \subseteq F^+$。

现在，我们证明定理 6.3。必要性是显然的，以下证明充分性。如果 $F \subseteq G^+$，则 $F^+ \subseteq (G^+)^+ = G^+$。类似地，$G^+ \subseteq F^+$，从而 $F \equiv G$。 □

定理 6.4 给定函数依赖集 F，算法 6.2 正确地求出函数依赖集 F 的一个极小覆盖。

证明 显然，经过算法 6.2 变换得到的规则满足极小化条件。为了证明它是 F 的极小覆盖，我们只需要证明算法每步实施的变换都是等价变换，从而变换后的结果与 F 等价。

算法 6.2 的步骤(1)用 k 个函数依赖 $X \to A_1$, $\cdots$, $X \to A_k$ 取代 $X \to A_1 \cdots A_k$（$k > 2$），引理 6.1 保证了 F 变换前后的等价性。

算法 6.2 的步骤 (2) 对 F 中的每个函数依赖 $A_1 \cdots A_m \to B$，逐一考查 A_i（$i = l$, $\cdots$, m），如果 $B \in (X - A_i)_F^+$，则用 $X - A_i$ 取代 $X \to B$ 中的 X。令 $G = F - \{X \to B\} \cup \{(X - A_i) \to B\}$。显然，$G$ 与 F 的差别仅在于 $(X - A_i) \to B$ 在 G 中，但不在 F 中；而 $X \to B$ 在 F 中，但不在 G 中。$B \in (X - A_i)_F^+$ 表明 $(X - A_i) \to B \in F^+$，而 $(X - A_i) \subseteq X$ 和 $(X - A_i) \to B \in G$ 表明 $X \to B \in G^+$。因此，G 与 F 等价，即 F 变换前后是等价的。这一变换过程不可能永远继续，因为每次都使函数依赖的左部减少一个属性。

算法 6.2 的步骤 (3) 逐一检查 F 中各函数依赖 $X \to A$。令 $G = F - \{X \to A\}$，若 $A \in X_G^+$，则从 F 中去掉此函数依赖。由于 F 与 $G = F - \{X \to A\}$ 等价的充要条件是 $A \in X_G^+$，因此 F 变换前后是等价的。 □

引理 6.4 设 R 是关系模式，$\rho = \{R_1, \cdots, R_k\}$ 是 R 的一个分解，r 是 R 的一个任意关系，则：

(1) $r \subseteq m_\rho(r)$；

(2) 如果 $s = m_\rho(r)$，则 $\pi_{R_i}(s) = r_i$；

(3) $m_\rho(m_\rho(r)) = m_\rho(r)$。

证明　(1) 对于任意元组 $t \in r$，记 $t_i = t[R_i] (i = 1, 2, \cdots, k)$，则 $t_i \in \pi_{R_i}(r)$。由对于所有的 i，t_i 在 R_i 的属性上与 t 一致。根据自然连接的定义，t 在 $m_\rho(r)$。

(2) 由(1)，得到 $r \subseteq m_\rho(r)$。但 $m_\rho(r) = s$，所以 $r \subseteq s$，$\pi_{R_i}(r) \subseteq \pi_{R_i}(s)$。下面我们证明 $\pi_{R_i}(s) \subseteq \pi_{R_i}(r)$。假定对于某个 i，$t_i \in \pi_{R_i}(s)$，则存在 s 的元组 t 使得 $t[R_i] = t_i$。由于 t 在 s 中，对于每个 j，存在 r_j 中元组 v_j 使得 $t[R_j] = v_j$。特殊地，$t[R_j]$ 在 r_j 中。但是，$t[R_i] = t_i$，因此 t_i 在 r_j 中，从而 $\pi_{R_i}(s) \subseteq r_j$。综上，我们有 $\pi_{R_i}(s) = r_i$。

(3) 令 $s = m_\rho(r)$。由(2)，得 $\pi_{R_i}(s) = r_i$。因此，$m_\rho(m_\rho(r)) = m_\rho(s) = \pi_{R_i}(s) = r_1 \bowtie \cdots \bowtie r_k = \pi_{R_i}(r) \bowtie \cdots \bowtie \pi_{R_k}(r) = m_\rho(r)$。　　　□

定理 6.5　如果 $\rho = \{R_1, \cdots, R_k\}$ 是关系模式 R 的一个分解函数依赖集，F 是函数依赖集，则算法 6.3 正确地判定 ρ 是否关于 F 具有无损连接性。

证明　在正文中，我们已经讨论了算法 6.3 的可终止性。为证明该定理，我们只需要证明算法 6.3 终止时，它正确地判定 ρ 是否是无损连接分解。

首先，我们证明，如果算法 6.3 最终产生的表不包含全 a 的行 $a_1 a_2 \cdots a_n$，则 ρ 不是无损连接分解。我们只需要证明存在 R 的合法关系 r，它不满足 $r = m_\rho(r)$。事实上，我们可以将算法 6.3 最终产生的表看作一个关系 r：每行是一个元组，a_j 和 b_{ij} 是不同的符号，取自属性 A_j 的定义域。显然，r 满足 F 中的函数依赖(因此 r 是 R 的合法关系)，因为算法 6.3 只要发现违反 F 中的函数就要修改表，而在不能对表进行任何改动时才终止。可以证明 $r \neq m_\rho(r)$。显然，r 不包含元组 $a_1 a_2 \cdots a_n$。但是，对于每个 R_i，存在一个 r 中的元组 t_i(即第 i 行的元组)，使得 $t_i[R_i]$ 都由 a 组成。对于所有的 i，$t_i[R_i]$ 满足连接条件，因此这些 $\pi_{R_i}(r)$ 的连接一定包含元组 $a_1 a_2 \cdots a_n$。这样，我们就证明了如果算法 6.3 最终产生的表不包含全 a 的行 $a_1 a_2 \cdots a_n$，则 ρ 不是无损连接分解。

现在，我们需要证明：如果算法 6.3 最终产生的表包含一个全 a 的行，则 ρ 是无损连接分解。设 r 是 R 的任意合法关系，我们证明 $r = m_\rho(r)$。由引理 6.4，$r \subseteq m_\rho(r)$，因此只要证明 $m_\rho(r) \subseteq r$ 即可。设 $t = (a_1, a_2, \cdots, a_n)$ 是 $m_\rho(r)$ 的任意元组。由 $m_\rho(r)$ 的定义知，对于 $1 \leqslant i \leqslant k$，存在 $v_i \in \pi_{R_i}(r)$ 使得 $v_i = t[R_i]$。由于 $v_i \in \pi_{R_i}(r)$，因此存在 $u_i \in r$，使得 $u_i[R_i] = v_i = t[R_i]$。这样，u_i 在 R_i 的属性 A_j 上必须为 a_j。如果 A_j 不是 R_i 的属性，不妨设 u_i 的第 j 个分量为 b_{ij}。我们证明 $u_1, u_2, \cdots, u_k$ 中必然有一个就是 t。注意，所有的 a_j 都取自 $m_\rho(r)$ 元组 t，只有那些 b_{ij} 是待定的。由于 $u_1, u_2, \cdots, u_k$ 都在 r 中，因此它们不能违反 F 中的函数依赖。容易看出，$u_1, u_2, \cdots, u_k$ 构成算法 6.3 的初始表。算法 6.3 的步骤(2)改变该表的符号，最终将某一行(如第 i 行)变为 $a_1 a_2 \cdots a_n$。我们断定 $u_i = t$。事实上，算法 6.3 的步骤(2)改变表中的符号只是根据 F，使得 $u_1, u_2, \cdots, u_k$ 中必须

相同的值相同,它只改变那些待定的 b_{ij}。当 b_{ij} 最终变成 a_j 时,b_{ij} 的值根据函数依赖集 F 正确地确定。注意到 t 是 $m_\rho(r)$ 的任意元组和 $t = u_i \in r$,因此 $m_\rho(r) \subseteq r$。

$\square$

定理 6.6　设 $\rho = \{R_1, R_2\}$ 是关系模式 R 的一个分解,F 是 R 上的函数依赖集。ρ 关于 F 是无损连接分解,如果 $(R_1 \cap R_2) \rightarrow (R_1 - R_2)$ 或 $(R_1 \cap R_2) \rightarrow (R_2 - R_1)$ 成立。

证明　可以使用算法 6.3 证明该定理。应用算法 6.3 的初始表如下所示:

	$R_1 \cap R_2$	$R_1 - R_2$	$R_2 - R_1$
R_1 的行	$aa \cdots a$	$aa \cdots a$	$bb \cdots b$
R_2 的行	$aa \cdots a$	$bb \cdots b$	$aa \cdots a$

表中我们忽略了 a 和 b 的下标,这些下标容易确定。对算法 6.3 使得相同的符号个数归纳,容易证明:如果属性列 A 上的符号 b 改变成 a,则 A 在 $R_1 \cap R_2$ 中。对使用 Armstrong 公理证明 $(R_1 \cap R_2) \rightarrow Y$ 的步骤数进行归纳,容易证明属性 Y 上的 b 都被改变成 a。这样,R_1 的行都变成 a,当且仅当 $R_2 - R_1 \subseteq (R_1 \cap R_2)^+$,即 $(R_1 \cap R_2) \rightarrow (R_2 - R_1) \in F^+$。类似地,$R_2$ 的行都变成 a,当且仅当 $(R_1 \cap R_2) \rightarrow (R_1 - R_2) \in F^+$。

$\square$

定理 6.7　给定关系模式 R 的函数依赖集 F 和分解 $\rho = \{R_1, \cdots, R_k\}$,算法 6.4 正确地判定 ρ 是否是保持函数依赖的分解。

证明　由算法 6.4 前的讨论,我们只需要证明算法 6.4 的步骤 (3)~(8) 正确地确定 $X \rightarrow Y$ 是否在 G^+ 中。

每当我们将一个属性添加到 Z,我们使用的是 G 中的函数依赖。因此,当算法 6.4 在步骤 (8) 发现 $Y \subseteq Z$(从而 $X \rightarrow Y$ 在 G^+ 中)时一定是正确的。反之,假设 $X \rightarrow Y$ 在 G^+ 中,则存在一个使用算法 6.1 计算 X 关于 G 的闭包的序列,最终包含 Y 的所有属性。每步使用一个 G 中的函数依赖,并且该依赖必然在某个 $\pi_{R_i}(F)$,因为 G 是这些投影的并。设 $U \rightarrow V$ 是一个这样的函数依赖。容易对算法 6.1 使用函数依赖的个数归纳证明 U 最终成为 Z 的子集,并且在下一轮导致 V 的所有属性添加到 Z 中,如果它们还不在 Z 中的话。

$\square$

引理 6.5　只包含两个属性的关系模式一定是 BCNF。

证明　设 $R(A, B)$ 是任意只包含两个属性的关系。R 中可能成立的非平凡的函数依赖为 $A \rightarrow B$,$B \rightarrow A$。若两个都不成立,R 中不存在非平凡的函数依赖,因此不存在违反 BCNF 的函数依赖。若只有 $A \rightarrow B$ 成立,则 A 是 R 的码,不存在违反 BCNF 的函数依赖。若只有 $B \rightarrow A$ 成立,则 B 是 R 的码,同样不存在违反 BCNF 的函数依赖。若两个都成立,A 和 B 都是 R 的码,也不存在违反 BCNF 的函数依赖。

综上,无论那种情况,$R(A, B)$中都不存在违反 BCNF 条件的函数依赖,因此 $R(A, B)$是 BCNF。　　　　　　　　　　　　　　　　　　　　　　　　□

引理 6.6　给定关系模式 R 和 R 上的函数依赖集 F。若 $\rho = \{R_1, \cdots, R_k\}$是 R 的一个无损连接分解,$\sigma = \{S_1, S_2\}$是 R_i 的一个无损连接分解,则 $\tau = \{R_1, \cdots, R_{i-1}, S_1, S_2, R_{i+1}, \cdots, R_k\}$是 R 的一个无损连接分解。

证明　设 r 是 R 上的任意关系,并将它投影到 $R_1, \cdots, R_k$ 上分别得到关系 $r_1, \cdots, r_k$。然后将 r_i 投影到 S_1 和 S_2 上,得到 s_1 和 s_2。由于 $\sigma = \{S_1, S_2\}$是 R_i 的无损连接分解,因此 $r_i = s_1 \bowtie s_2$。又因为 $\rho = \{R_1, \cdots, R_k\}$是 R 的无损连接分解,并注意到自然连接是可交换的和可结合的,因此 $r = r_1 \bowtie \cdots \bowtie r_{i-1} \bowtie r_i \bowtie r_{i+1} \bowtie \cdots \bowtie r_k = r_1 \bowtie \cdots \bowtie r_{i-1} \bowtie (s_1 \bowtie s_2) \bowtie r_{i+1} \bowtie \cdots \bowtie r_k = r_1 \bowtie \cdots \bowtie r_{i-1} \bowtie s_1 \bowtie s_2 \bowtie r_{i+1} \bowtie \cdots \bowtie r_k$。　　　　　　　□

定理 6.9　给定关系模式 R 及 R 上的函数依赖集 F。算法 6.6 正确地产生 R 的一个 3NF 无损连接和保持函数依赖的分解。

证明　算法 6.6 产生的分解 $\rho = \{R_1, \cdots, R_k\}$保持函数依赖是显然的。只需要证明 R_i 是 3NF ($1 \leqslant i \leqslant k$),并且分解 ρ 具有无损连接性。不妨设 F 是极小函数依赖集。

首先证明 R_i 是 3NF($1 \leqslant i \leqslant k$)。如果 R_i 是由 R 的码组成的关系模式(步骤 8)或是由不在 F 中出现的属性组成的关系模式(步骤 9),则 R_i 是的码由 R_i 的所有属性组成。显然 R_i 中不存在违反 3NF 条件的函数依赖,因此 R_i 是 3NF。

设 R_i 由函数依赖 $F_i = \{X \rightarrow Y\}$产生,其中 $Y = \{A_1, A_2, \cdots, A_k\}$,则 $R_i = X \cup \{A_1, A_2, \cdots, A_k\}$。显然,$X$ 是 R_i 的码。假设 R_i 不是 3NF,则 R_i 中存在函数依赖 $Z \rightarrow A$,其中 $A \notin Z$,并且 A 不是 R_i 的主属性,而 Z 不是 R_i 的超码。

由于 A 不是 R_i 的主属性,因此 $A \in \{A_1, A_2, \cdots, A_k\}$。不妨设 $A = A_j$。记 $G = F - \{X \rightarrow A_j\}$,可以证明 $X \rightarrow A_j \in G^+$。因为 A_j 不在 Z 中,容易明白 $Z \in X_G^+$。于是 $X \rightarrow Z$ 在 G^+ 中。由于 $Z \rightarrow A_j$(即 $Z \rightarrow A$)在 F^+ 中,所以 $A_j \in Z_F^+$。假设 $A_j \notin Z_G^+$,则在求 Z_F^+ 时只有使用 $X \rightarrow A_j$ 才能引入 A_j。于是,$X \in Z_F^+$。从而 $Z \rightarrow X \in F^+$。由于 X 和 Z 都是 R_i 的子集,因此 $Z \rightarrow X \in (F_i)^+$,与 Z 不是 R_i 的超码矛盾。这一矛盾表明 $A_j \notin Z_G^+$ 的假设不真,因此 $A_j \in Z_G^+$。于是,$Z \rightarrow A_j \in G^+$。

由已证 $X \rightarrow Z \in G^+$ 和 $Z \rightarrow A_j \in G^+$ 有 $X \rightarrow A_j \in G^+$。由 $X \rightarrow A_j \in G^+$ 知 G 与 F 等价,与 F 是极小函数依赖集矛盾。这一矛盾表明 R_i 不是 3NF 的假设不真。因此 R_i 是 3NF。

下面我们证明 ρ 是无损连接分解。设 K 是 R 的码。必然存在 R_j 使得 K 在 R_j 中。为了证明 ρ 是无损连接分解,我们使用算法 6.3 构造初始表 T,并证明表的第 j 行上的符号最终被算法 6.3 改变为 $a_1 a_2 \cdots a_n$。因为 K 是 R 的码,$R - K$

中的属性都在 K^+ 中。设算法 6.1 将 $R-K$ 中的属性 A_1，…，A_k 依次添加到 K^+ 中。我们对这些属性的下标 i 进行归纳，证明表 T 的第 j 行属性 $A_i(0 \leqslant i \leqslant k)$ 对应列上的符号被算法 6.3 改变为 a（我们忽略 a 的下标）。

基始：$i=0$ 是平凡的。

归纳：假设表 T 的第 j 行属性 A_1，…，A_{i-1} 对应列上的符号已经被算法 6.3 改变为 a。设 A_i 被算法 6.1 添加到 K^+ 中使用了函数依赖 $Y \rightarrow A_i$，其中 $Y \subseteq K \cup \{A_1, …, A_{i-1}\}$。于是，$YA_i$ 在 ρ 中，并且表 T 的 YA_i 所在的行与第 j 行在 Y 上的符号相同（都是 a）。由于 YA_i 所在的行 A_i 对应的列为 a，因此算法 6.3 将把第 j 行 A_i 对应列上的符号改变为 a。这就证明了归纳部分。由归纳法原理，表 T 的第 j 行属性 $A_i(0 \leqslant i \leqslant k)$ 对应列上的符号被算法 6.3 改变为 a。

由于算法 6.3 将表 T 的第 j 行上的符号改变为全 a，因此，ρ 是无损连接分解。　　　　　　　　　　　　　　　　　　　　　　　　　　　　　□

定理 6.10　Armstrong 公理 A1～A8 是有效的、完备的。即如果 D 是关系模式 R 上的函数依赖和多值依赖集，则 D^+ 恰是使用公理 A1～A8 由 D 导出的依赖集。

证明　有效性：A1～A3 的有效性引理 6.1 已证。只需要证 A4～A8 的有效性。

A4　多值依赖的补余律：如果 $X \rightarrow\rightarrow Y$ 成立，则 $X \rightarrow\rightarrow (U-X-Y)$ 成立。

可以从多值依赖的定义直接得到。

A5　多值依赖的增广律：如果 $X \rightarrow\rightarrow Y$ 成立，并且 $V \subseteq W \subseteq U$，则 $WX \rightarrow\rightarrow VY$ 成立。

设 r 是属性集 U 上的任意关系，满足 $X \rightarrow\rightarrow Y$。设 t_1 和 t_2 是 r 的任意元组，并且 $t_1[WX] = t_2[WX]$。于是 $t_1[W] = t_2[W], t_1[X] = t_2[X]$。由 $X \rightarrow\rightarrow Y$ 和 $t_1[X] = t_2[X]$，我们知道存在 $t_3, t_4 \in r$，使得 ① $t_3[X] = t_4[X] = t_1[X] = t_2[X]$；② $t_3[Y] = t_1[Y]$，并且 $t_3[U-X-Y] = t_2[U-X-Y]$；③ $t_4[Y] = t_2[Y]$，并且 $t_4[U-X-Y] = t_1[U-X-Y]$。

可以证明 $t_3[W] = t_4[W] = t_1[W] = t_2[W]$。事实上，如果 $A \in W$，则 $t_1[A] = t_2[A]$。若 $A \in X$，则由 $t_3[X] = t_1[X] = t_2[X]$，知 $t_3[A] = t_1[A] = t_2[A]$。若 $A \in Y$，则由 $t_3[Y] = t_1[Y]$，知 $t_3[A] = t_1[A](= t_2[A])$。若 $A \in U-X-Y$，则由 $t_3[U-X-Y] = t_2[U-X-Y]$，知 $t_3[A] = t_2[A](= t_1[A])$。类似地，$t_4[W] = t_1[W] = t_2[W]$。由于 $V \subseteq W$，显然 $t_3[V] = t_4[V] = t_1[V] = t_2[V]$。

(1) 由 $t_3[X] = t_4[X] = t_1[X] = t_2[X]$ 和 $t_3[W] = t_4[W] = t_1[W] = t_2[W]$，我们有 $t_3[WX] = t_4[WX] = t_1[WX] = t_2[WX]$。

(2) 由 $t_3[Y] = t_1[Y]$ 和 $t_3[V] = t_1[V]$，我们有 $t_3[VY] = t_1[VY]$。由

$t_3[U - X - Y] = t_2[U - X - Y]$，我们有 $t_3[U - WX - VY] = t_2[U - WX - VY]$。

（3）类似地，由 $t_4[Y] = t_2[Y]$ 和 $t_4[V] = t_2[V]$，我们有 $t_4[VY] = t_2[VY]$。由 $t_4[U - X - Y] = t_1[U - X - Y]$，我们有 $t_4[U - WX - VY] = t_1[U - WX - VY]$。

上面（1）～（3）表明 $WX \twoheadrightarrow VY$ 成立。

A6 多值依赖的传递律：如果 $X \twoheadrightarrow Y$ 和 $Y \twoheadrightarrow Z$ 成立，则 $X \twoheadrightarrow (Z - Y)$ 成立。

用反证法证明。设属性 U 上的关系 r 满足 $X \twoheadrightarrow Y$ 和 $Y \twoheadrightarrow Z$，但不满足 $X \twoheadrightarrow (Z - Y)$。由于 r 不满足 $X \twoheadrightarrow (Z - Y)$，则存在 r 中的元组 t_1 和 t_2，$t_1[X] = t_2[X]$，但交换 t_1 和 t_2 在 $Z - Y$ 上的值得到的两个元组至少有一个不在 r 中。不妨设元组 t_3 不在 r 中，其中 $t_3[X] = t_1[X]$，$t_3[Z - Y] = t_1[Z - Y]$，$t_3[U - X - (Z - Y)] = t_2[U - X - (Z - Y)]$。

由于 $X \twoheadrightarrow Y$ 成立，于是存在元组 t_4 在 r 中，其中 $t_4[X] = t_1[X]$，$t_4[Y] = t_2[Y]$，并且 $t_4[U - X - Y] = t_1[U - X - Y]$。$r$ 满足 $Y \twoheadrightarrow Z$ 和 $t_4[Y] = t_2[Y]$ 表明存在 r 中的元组 t_5，其中 $t_5[Y] = t_2[Y]$，$t_5[Z] = t_4[Z]$，并且 $t_5[U - Y - Z] = t_2[U - Y - Z]$。下面我们证明 $t_5 = t_3$。

（1）证明 $t_5[X] = t_1[X]$。由 $t_5[Z] = t_4[Z]$，得 $t_5[Z \cap X] = t_4[Z \cap X]$；由 $t_4[X] = t_1[X]$，得到 $t_4[Z \cap X] = t_1[Z \cap X]$。从而 $t_5[Z \cap X] = t_1[Z \cap X]$。由 $t_5[Y] = t_2[Y]$ 和 $t_5[U - Y - Z] = t_2[U - Y - Z]$，得 $t_5[U - Z] = t_2[U - Z]$，从而 $t_5[X - Z] = t_2[X - Z]$。而 $t_1[X] = t_2[X]$，从而 $t_5[X - Z] = t_1[X - Z]$。由 $t_5[Z \cap X] = t_1[Z \cap X]$ 和 $t_5[X - Z] = t_1[X - Z]$，得 $t_5[X] = t_1[X]$。

（2）证明 $t_5[Z - Y] = t_1[Z - Y]$。由 $t_5[Z] = t_4[Z]$，得 $t_5[Z - Y] = t_4[Z - Y]$。由 $t_4[X] = t_1[X]$ 和 $t_4[U - X - Y] = t_1[U - X - Y]$，得 $t_4[U - Y] = t_1[U - Y]$，从而 $t_4[Z - Y] = t_1[Z - Y]$。于是，$t_5[Z - Y] = t_1[Z - Y]$。

（3）证明 $t_5[V] = t_2[V]$，其中 $V = U - X - (Z - Y)$。由 $t_5[Y] = t_2[Y]$ 和 $t_5[U - Y - Z] = t_2[U - Y - Z]$，得 $t_5[U - Z] = t_2[U - Z]$，从而 $t_5[V - Z] = t_2[V - Z]$。容易证明 $V \cap Z = (Y \cap Z) - X$。由 $t_5[Z] = t_4[Z]$，得 $t_5[V \cap Z] = t_4[V \cap Z]$。由 $t_4[Y] = t_2[Y]$，得 $t_4[Y \cap Z] = t_2[Y \cap Z]$，从而 $t_4[(Y \cap Z) - X] = t_2[(Y \cap Z) - X]$，即 $t_4[V \cap Z] = t_2[V \cap Z]$。于是 $t_5[V \cap Z] = t_2[V \cap Z]$。由 $t_5[V - Z] = t_2[V - Z]$ 和 $t_5[V \cap Z] = t_2[V \cap Z]$，得 $t_5[V] = t_2[V]$。

这样，我们就证明了 $t_5 = t_3$。由于 t_5 属于 r，与 t_3 不在 r 中矛盾。这一矛盾表明 r 不满足 $X \twoheadrightarrow (Z - Y)$ 的假设不成立。A6 得证。

A7 如果 $X \rightarrow Y$ 成立，则 $X \twoheadrightarrow Y$ 成立。

A7 成立是显然的。

A8　如果 $X \twoheadrightarrow Y$ 成立，$Z \subseteq Y$，并且对于某个与 Y 不相交的 W，我们有 $W \to Z$，则 $X \to Z$ 成立。

用反证法：设 $X \twoheadrightarrow Y$ 在关系 r 上成立，$Z \subseteq Y$，并且对于某个与 Y 不相交的 W，$W \to Z$ 在关系 r 上成立，但是 $X \to Z$ 在关系 r 上不成立。由于 $X \to Z$ 在关系 r 上不成立，因此存在 r 的元组 t_1 和 t_2，使得 $t_1[X] = t_2[X]$，但是 $t_1[Z] \neq t_2[Z]$。由于 $X \twoheadrightarrow Y$ 在关系 r 上成立，$t_1[X] = t_2[X]$，于是存在 r 中的 t_3，其中 $t_3[X] = t_1[X] = t_2[X]$，$t_3[Y] = t_1[Y]$，$t_3[U - X - Y] = t_2[U - X - Y]$。由于 W 与 Y 不相交，因此 $t_3[W] = t_2[W]$。由于 $Z \subseteq Y$，因此 $t_3[Z] = t_1[Z]$。由于 $t_1[Z] \neq t_2[Z]$，因此 $t_3[Z] \neq t_2[Z]$。但这与 $W \to Z$ 和 $t_3[W] = t_2[W]$ 矛盾。这一矛盾表明 $X \to Z$ 在关系 r 上不成立的假设不成立，从而 A8 得证。

完备性证明留给读者。　　　　　　　　　　　　　　　　　　　　　　□

定理 6.11　设 $\rho = \{R_1, R_2\}$ 是关系模式 R 的一个分解，D 是 R 上的函数依赖和多值依赖集。ρ 关于 D 是无损连接分解，当且仅当 $(R_1 \cap R_2) \twoheadrightarrow (R_1 - R_2)$ 成立；或等价地，当且仅当 $(R_1 \cap R_2) \twoheadrightarrow (R_2 - R_1)$ 成立。

证明　必要性：设 ρ 关于 D 是无损连接分解，证明 $(R_1 \cap R_2) \twoheadrightarrow (R_1 - R_2)$ 成立。设 r 是满足 D 的任意关系，t_1 和 t_2 是 r 的任意元组满足 $t_1[R_1 \cap R_2] = t_2[R_1 \cap R_2]$。由于 ρ 是无损连接分解，而 t_1 和 t_2 在共同属性上匹配，因此 t_1 和 t_2 的连接将产生元组 t_3，满足 $t_3[R_1 \cap R_2] = t_1[R_1 \cap R_2] = t_2[R_1 \cap R_2]$，$t_3[R_1 - R_2] = t_1[R_1 - R_2]$，$t_3[R_2 - R_1] = t_2[R_2 - R_1]$；类似地，$t_2$ 和 t_1 的连接将产生元组 t_4，满足 $t_4[R_1 \cap R_2] = t_1[R_1 \cap R_2] = t_2[R_1 \cap R_2]$，$t_4[R_1 - R_2] = t_2[R_1 - R_2]$，$t_3[R_2 - R_1] = t_1[R_2 - R_1]$。由多值依赖的定义，$(R_1 \cap R_2) \twoheadrightarrow (R_1 - R_2)$ 成立。

充分性：设 $(R_1 \cap R_2) \twoheadrightarrow (R_1 - R_2)$ 成立，证明 ρ 关于 D 是无损连接分解。设 r 是满足 D 的任意关系。由于 $r \subseteq m_\rho(r)$，因此只需要证明 $m_\rho(r) \subseteq r$。令 $r_1 = \pi_{R_1}(r)$，$r_2 = \pi_{R_2}(r)$。设 t 是 $m_\rho(r) = r_1 \bowtie r_2$ 的任意元组，则存在 $u_1 \in r_1$，$u_2 \in r_2$ 使得 $u_1 = t[R_1]$，$u_2 = t[R_2]$，并且 $u_1[R_1 \cap R_2] = u_2[R_1 \cap R_2] = t[R_1 \cap R_2]$。但是 r_1 是 r 在 R_1 上的投影，因此存在 $t_1 \in r$ 使得 $u_1 = t_1[R_1]$。类似地，存在 $t_2 \in r$ 使得 $u_2 = t_2[R_2]$。于是 $t_1[R_1 \cap R_2] = t_2[R_1 \cap R_2] = t[R_1 \cap R_2]$，$t_1[R_1 - R_2] = t[R_1 - R_2]$，$t_2[R_2 - R_1] = t[R_2 - R_1]$。由于 $(R_1 \cap R_2) \twoheadrightarrow (R_1 - R_2)$ 成立，因此 $t \in r$。这就证明了 ρ 关于 D 是无损连接分解。　　□

第 7 章　数据库设计

数据库设计是数据库应用系统开发中的核心问题,其目的是设计一个优化的数据库逻辑结构和物理结构,满足用户信息管理要求和操作要求,使我们既不用存储不必要存储的冗余信息,又可以方便地获取信息。在前面的章节中,已经讲过如何设计满足要求的关系模式和函数依赖,本章主要讨论数据库设计的特点、步骤和如何利用前面所讲的数据库理论和方法进行数据库结构的设计。

7.1 节对数据库设计作总体概述,包括数据库设计的概念、特点、设计步骤;7.2 节介绍需求分析的方法;7.3 节介绍数据库的概念设计;7.4 节介绍数据库的逻辑设计;7.5 节介绍数据库的物理设计;7.6 节介绍数据库的实施与维护。

7.1　数据库设计概述

数据库是长期存储在计算机内的有组织、可共享的数据集合,是现代信息系统等计算机应用系统的核心和基础。数据库应用系统是根据 DBMS 所支持的数据模型将数据组织起来,为用户提供数据存储、维护、检索的功能,并能使用户方便、及时、准确地从数据库获得所需要的数据和信息,而数据库设计的好坏则直接影响着整个数据库系统的效率和质量。

7.1.1　什么是数据库设计

数据库设计就是根据数据库的支撑环境(包括 DBMS、操作系统和硬件)和用户应用需求,设计出数据模式(包括外模式、模式和内模式),建立数据库和典型的应用程序,使之能够有效地存储数据,满足各种用户的信息要求和处理要求(见图 7.1)。其中信息需求是指在数据库中应该存储和管理哪些数据对象;而处理需求是指对数据对象需要进行哪些操作。数据库设计的成果包括两个方面:一是数据模式,二是以数据库为基础的典型应用程序。由于应用程序与特定应用有关,本章

图 7.1　数据库设计的基本任务

主要讨论数据库模式的设计。

数据库设计的目标是为用户和各种应用系统提供一个信息基础设施和高效率的运行环境。所谓高效率的运行环境,是指数据库数据的存取效率高、数据库存储空间的利用率高和数据库系统运行管理的效率高。

数据库中的数据应该具有一致性、完整性和正确性。如果数据库设计的不合适,检索某些类型的信息将是困难的,并且还可能得到不正确的检索信息。不正确的信息可能是不适当的数据库设计造成的最大危害;反过来,不正确的信息会影响一个单位正常地使用这些数据,即影响单位的日常运作方式或未来的发展方向,所以,数据库设计在应用系统开发中起着重要的作用。

数据库设计与应用程序设计不同。数据库设计的目标是获得合理数据模式和典型的应用程序,它是程序设计的基础,数据库设计的好坏直接影响着应用程序的性能;而应用程序设计是针对某一特定的数据库进行的应用设计,其基本任务是明确数据的组织、绘制数据流程图、设计用户界面,以及应用程序的测试与审查等。

数据库系统的复杂性以及它与环境联系的密切性,使得数据库设计成为一个困难、复杂和费时的过程。大型数据库的设计和实施涉及多学科的综合与交叉,是一项开发周期长、耗资巨大、风险较高的工程。因此,一个从事数据库设计的专业人员应该具备以下几个方面的技术和知识:

- ·计算机科学基础知识和程序设计技术;
- ·数据库的基本知识和数据库设计技术;
- ·软件工程的原理和方法;
- ·应用领域的知识。

其中应用领域的知识随着应用系统的不同而不同,数据库设计人员必须深入实际,对应用环境、专业业务有深入的了解,才能设计出符合具体领域要求的数据库应用系统。

7.1.2　数据库设计的特点

大量的数据处理问题都是由冗余数据、重复数据和无效数据或缺乏所需要的数据导致的,这些问题都将产生不正确的信息。为此,在进行数据库设计时,应该考虑数据库结构的合理性。良好的数据库结构可以提高数据库系统的开发效率,且易于修改,从而帮助人们减少失误和设计重复。

数据库设计和其他的工程设计类似,具有下面的特点:

(1) 反复性:数据库的设计是一个反复推敲、修改、逐步完善的过程。通常,数据库设计分为多个阶段,前一阶段的设计是后一阶段的起点,而后一阶段设计也会向前一阶段反馈信息,提出新的要求,从而要求修改前一阶段的设计,使之设计趋于更加合理。所以说,数据库设计是一个反复修改、逐步完善的过程。

（2）试探性：数据库设计的过程是试探性的过程。与求解数学问题不同，数据库的设计要受到用户需求、软硬件环境等方面的制约，由于不同的设计人员对各种需求的重视程度不同，导致不同的设计结果。所以，数据库设计的结果不是唯一的，哪一种设计能更好地满足用户的需求，更多地取决于设计人员的经验和试探的结果。

（3）多阶段性：数据库的设计常常由不同的人员分阶段完成。这样做的目的有两个：一是技术上分工的需要，二是为了分阶段把关、逐级审查，保证设计的质量和进度。

（4）多技术性：数据库的设计要充分考虑硬件、软件环境和用户需求。数据库的设计也要和应用系统的设计相结合，整个设计过程中要把结构（数据）设计和行为（处理）设计密切结合起来。一般来说，数据库设计中实施"以信息为主，兼顾处理需求"的策略。

数据库设计有两种不同的方法：一种是面向数据的设计方法，它是以信息为主，兼顾处理需求的设计方法。这种设计方法可以比较好地反映数据的内在联系，不但可以满足当前应用的需要，而且可以满足潜在应用的需要。另一种是面向过程的设计方法，该方法设计的数据库可能在使用的初始阶段比较好地满足应用的需要，获得好的性能，但随着应用的发展和变化，往往会导致数据库的较大变动和重构。

上述两种设计方法在实际中都有应用，面向过程的设计方法主要用于处理要求比较明确而且相对固定的应用系统，例如饭店管理。但在实际应用中，数据库一般有许多用户共享，还可能不断有新的用户加入，除了常规的处理要求外，还有许多即席访问。对于这类数据库，最好采用面向数据的设计方法，使数据库比较合理和自然地模拟一个单位。一般来说，一个单位的数据总是相对稳定的，而处理是相对变动的。所以，数据库设计一般采用面向数据的设计方法。

7.1.3　数据库设计的步骤

在数据库设计之前，需要进行数据库系统的可行性分析，其目的是确定数据库系统在单位的计算机系统中的地位以及各个数据库之间的关系，确定数据库支持的业务范围是建立一个综合的数据库，还是建立若干个专门的数据库。一般来说，建立一个大型的综合数据库的难度较大；而建立若干个支持范围不同的公用或专用数据库虽然比较分散，但难度较小且相对灵活。

可行性分析对于建立数据库系统，特别是大型数据库系统是非常必要的，也是数据库设计的起点，它规定了数据库系统的功能、可以使用的软硬件资源等数据库设计的具体要求，对整个数据库系统建设的顺利进行起着重要的作用。

可行性分析完成后，应写出详细的可行性分析报告，其内容包括信息范围、信息来源、人力资源、软硬件环境、开发成本估算、开发进度计划、现行系统向新系统转换计划等。可行性分析报告完成后,应送交决策部门的领导,由他们组织召开由数据库技术人员、信息部门负责人、应用部门负责人和技术人员以及行政领导参加的评审会,对可行性报告进行评价。如果评审结果认为该系统是可行的,应立即成立由单位领导负责的数据库设计开发领导小组,以便协调各个部门在数据库系统建设中的关系,保证系统开发所需人力、物力,保证设计开发工作的顺利进行。

可行性分析报告完成后,可以进入数据库设计阶段。数据库设计是分阶段进行的,不同阶段完成不同的设计内容,一般来说,包括下面 5 个阶段:

(1) 需求分析阶段:收集分析用户对系统的信息需求和处理需求,得到设计系统所必须需求信息,建立系统说明文档。

需求分析是数据库设计过程中比较费时、困难、复杂的一步,同时也是非常重要的一步。需求分析的好坏直接影响整个数据库的设计工作。

(2) 概念结构设计:根据系统需求,用概念数据模型表示数据及数据之间的联系。这一过程中建立的概念结构独立于具体 DBMS 和计算机硬件,它应该完全表达用户的需求,使用面向现实世界且易于用户理解的数据模型。一般使用 E-R 图表示。

(3) 逻辑结构设计:在概念结构设计的基础上,按照一定原则将概念模式转换为某个具体 DBMS 支持的逻辑结构。例如,如果选择的数据库管理系统是关系数据库管理系统,则逻辑结构是关系模式的集合,在转换中要解决数据模式的规范化问题,满足 RDBMS 的各种限制。

(4) 物理设计:物理设计的任务是根据逻辑设计出的逻辑模式、DBMS 及计算机系统所提供的手段和施加的限制,设计数据库的内模式,即文件结构、各种存取路径、存储空间分配、记录的存储格式等,为逻辑数据结构选取一个最适合应用环境的物理结构。

(5) 数据库的实施:数据库设计完成后,设计人员要用 DBMS 提供的数据定义语言(DDL)和其他的实用程序将数据库逻辑结构设计和物理结构设计的结果用 DDL 严格描述出来,成为 DBMS 可以接受的源代码,再经过调试产生目标模式,最后将数据装入数据库。

经过上面 5 个阶段之后,整个数据库系统的工作可以进入运行和维护时期。在这一时期,根据数据库运行的情况对数据库的性能进行评价,在保持数据库完整性的前提下,有效地处理数据故障和进行数据库恢复,并改善数据库系统的性能,必要时,可以对数据库进行重组和重构。

目前很多 DBMS 和一些独立的开发商都提供了一些辅助工具(CASE 工具),用于数据库设计的各个阶段。例如,ORACLE DESIGNER 2000 可以帮助设计者绘制 E-R 图,将 E-R 图转换为关系数据模型,生成数据库结构。还有一些设计工具甚至提供了诸多设计样本,供设计者参考。为加快数据库设计速度,设计人员可根据需要选用这些 CASE 工具。但是,需要指出的是,利用 CASE 工具生成的仅仅是数据库应用系统的一个雏形,比较粗糙,数据库设计人员需要根据用户的应用需求进一步修改该雏形,使之成为一个完善的系统。

在以下各节,我们将详细地描述数据库设计的各个阶段的工作和具体方法。

7.2　需求分析

需求分析阶段的任务是调查应用领域,对应用领域中各种应用的信息要求、处理要求、安全性和完整性要求进行详细分析,形成需求分析说明书。调查应用领域包括了解数据的性质和数据的使用情况、数据的处理流程、流向、流量等,并仔细地分析用户在数据格式、数据处理、数据库安全、可靠性以及数据的完整性方面的要求,按一定规范要求写出设计者和用户都能理解的需求说明书。

对应用领域需求分析是一件困难的事情。首先,由于用户对数据库设计方面的专业知识缺乏,他们很难一次表达完整的需求,特别是很难说清楚某部分工作的功能与处理过程;其次,应用系统本身的需求也是不断变化的,随着用户对应用系统理解的深入,会不断地提出新的需求;另外,需求调查中最困难的是具体工作人员不配合的问题,他们可能认为需求分析影响了他们的工作或者系统的建立会改变他们的工作方式,迫使他们重新学习新的系统,从而增加他们的负担等原因。因此在需求分析阶段,为了完成需求分析的任务,数据库设计人员要处理好与具体工作人员的关系,充分调动用户的积极性,为获得准确、完整的需求信息和为下一步的设计奠定良好的基础。

7.2.1　需求分析的步骤

需求分析阶段包含下面 4 个步骤。

1. 需求调查

需求调查的主要目的是了解单位中各个部门的职能、工作目标、职责范围,主要业务活动及工作流程,获得各个组织机构的业务数据及其相互联系的信息。为此,需求分析人员必须了解下面几个方面的信息:

(1) 调查给定单位的组织结构,列出各职能部门及相互关系。

(2) 调查每个职能部门的业务现状,包括各个部门使用哪些数据、这些数据的来源、数据的格式、处理之后的数据的格式及流向等信息。这个阶段应该注意现有系统中使用的各种数据资料,如文档、报表、各种单据等,从而确定数据库中存储哪些数据。

(3) 调查数据的使用频度、处理数据的时间要求、安全性及完整性方面的要求。

(4) 预测现行系统的未来的功能和处理要求。

为了使需求调查顺利进行,在调查中可以使用下列方式:

(1) 通过个别交谈,了解用户业务和用户对未来的业务发展趋势的看法。一般来说,这种方式比较适合于对单位的主要负责人和有关专业人员的调查,从他们那里可以得到完成各种职能的过程、方法和所需信息,也可以了解到各个部门的长远规划和未来发展的需求和政策。所以在交谈之前,调查人员要准备一份详细的调查提纲,以便他们能更好地思考、描述相关需求。

(2) 通过座谈会方法调查用户需求。座谈会的好处是人员可以相互启发,从而获得不同业务之间的联系信息。这种方式比较适合于向各个部门的负责人和专业人员调查单位的信息需求。由于参加座谈的人员包含各个部门的负责人和技术人员,这样更有利于从他们那里得到各个应用之间的依赖关系和各种信息流通向、信息加工的过程、数据处理的要求等。

(3) 发放调查表也是需求调查的一种形式,它能获得设计人员关心的用户需求问题,但这种形式的调查取决于调查表设计的质量。这种方式比较适合对部门负责人和基层人员的调查。

(4) 通过查看现行系统的业务、报表等数据记录,了解用户的具体业务细节。这是需求调查中非常有效的一种形式,这种方式可以更好地了解每项工作的数据来源、加工过程、数据处理要求和数据加工中的条件限制、数据的流向等需求。

(5) 为了能获得用户准确详细的需求信息,也可以亲自参加用户的业务工作活动,但这种方式比较费时。

2. 需求调查结果的分析与整理

对调查收集到的信息进行分析,抽象出下列信息:流动信息及其起点与源点、存储信息、输入信息、输出信息、功能定义以及这些信息之间的联系,并使用软件工程课程中介绍的数据流图表示出系统的逻辑模型(数据流图的表示方法在软件工程书籍中相关章节都有详细讨论,这里不再讲述)。

数据流图只描述了数据与处理关系及数据流动的方向,主要用于数据库应用程序的设计,它无法描述数据流中的数据项等细节方面的信息,所以,除了数据流图之外,还要列出下列信息:

(1) 业务活动清单:列出每一个部门的基本任务和功能,包括任务的定义、操作的类型、执行频度、所涉及的数据项以及数据处理响应时间要求等。

(2) 需求清单:包括完整性、一致性要求、安全性要求等。

(3) 未来要求:包括应用领域中已经有的,但目前尚未被数据库系统支持的应用,将来可能扩充、减少和改变的功能等。

(4) 数据字典:列出所有数据项、数据结构、数据流、数据存储和数据处理的定义细节,以便设计人员在设计数据库的概念模式时能方便地查询数据的详细信息。

3. 书写需求分析说明书

在需求调查分析和整理的基础上,依据一定的规范编写出需求分析说明书。需求分析说明书的格式可以按照国家标准,也可以使用大型软件企业自己的标准。需求分析说明书一般使用自然语言并辅以一定的图形和表格。

4. 评审

为了保证设计质量,避免重大的疏漏和错误,要对需求分析阶段的任务是否完成进行评审。通过评审的需求分析说明书标志着需求分析阶段的结束和设计阶段的开始,也可以作为项目验收和鉴定的依据。

评审人员应该包括项目组人员、项目组之外的专家和主管部门负责人,以保证评审的客观性和评审质量。

对需求分析结果的评审可能导致对需求分析的重大修改甚至重复调查,然后再进行评审,直至达到预期目标。

7.2.2　与用户沟通

在需求分析阶段,与用户沟通是十分重要的。与用户沟通将在你(开发者)和客户之间架起一座交流的桥梁,为你提供关于数据库结构设计的重要信息,帮助你开发出成功的产品。座谈会是一种与用户沟通的重要形式。下面我们介绍一些关于座谈会指导性原则。

1. 座谈会的指导原则

在需求分析阶段可能需要多次召开用户座谈会。例如,旨在明了设计任务的座谈会,旨在确定设计任务的具体目标的座谈会,旨在澄清具体细节的座谈会(或个别交流)等。

在进行座谈之前,一定要制定指导原则。这将确保座谈以有序的方式进行,而且会使座谈总是(或通常是)成功的。

与会者的指导原则:

(1) 提前让与会者知道座谈会的宗旨,以便与会者事先有一定准备,积极参与,并能回答提出的问题。

(2) 要让与会者知道,你十分感谢他们能参加座谈会,并且他们在会议中的意见对整个设计工作是很有价值的。这样有利于赢得与会者的信任与重视。

(3) 争论发生的时候,要让每个人知道你是仲裁者。这样可以避免无休止的争论。但是,如果争论涉及数据库结构之外的东西,那就要有一个更合适的权威来仲裁。

会议主持人的指导原则:

(1) 关于会议环境,座谈会要在一个明亮的房间里举行,没有噪声干扰。舒适的环境有利于座谈会的顺利举行。

(2) 每次座谈会的参加人数限定在 10 人以内。限定参加会议的人数会促成一个更加轻松的气氛,并且更容易地激励每一个人积极参与。

(3) 用户座谈会与管理人员座谈会要分别举行。这样有利于与会者畅所欲言地发表意见,也有利于从不同角度了解情况。

(4) 当你必须与几组人座谈时,要为每个组指派一个组长。组长可以让每个与会者做好准备,帮助你使座谈会平稳进行,还可以为你提供他/她在座谈会之外获得的信息。

(5) 在座谈之前,准备好你的问题。一定要用开放式的问题发问(下面更详细地讨论)。

(6) 做好记录。可由专人记录,或经过全体参加座谈的人的同意,使用录音机来记录。

(7) 平等、全神贯注地对待每个人,特别是当与会者不知道怎样去表达他的想法时,必须保持耐心。

(8) 要让座谈稳步进行,对于某一问题或某个主题,你可以设一个时间限制,时间一到,就立刻切换主题。

(9) 始终保持座谈会的控制权,这样可以有效地防止某个与会者把话题转移到与座谈会主题毫不相关的问题上。

2. 开放式问题

所谓开放式问题,是指允许受访者以多种不同的方式来做出回答,而不是简单地回答"是"或"否"等有限几种选择的问题。例如,"我们的服务好吗?"就不是开放式问题,而"你对我们提供的服务有什么意见?"就更能引出讨论话题。

在确定设计任务的座谈会上,下面的问题是一些典型的开放式问题:

· 请你谈一谈你的公司是如何对待一名新客户的?
· 你认为你们单位的目标是什么?
· 你们单位有哪些主要业务?
· 请你谈一谈你们单位是怎样开展业务的?
· 你们单位最关心的是什么?

在确定设计任务的具体目标的座谈会上,下面的一些开放性问题有助于澄清任务目标:

- 你在日常工作中做了哪些事?
- 你怎样看待你的工作?
- 你在工作中接触了哪些数据?
- 你在工作中要做什么类型的报表?
- 在工作中你要时刻掌握哪些信息?
- 你的公司都提供哪些服务?
- 你怎样描述你所做的工作?

7.2.3　数据字典

数据字典是需求分析阶段所取得的主要成果之一,它为设计人员提供了关于数据详细描述的信息,是下一步概念结构设计的输入,它和数据流图一起完整地描述了系统的需求信息,所以说在数据库设计中,数据字典占有重要的地位。

数据字典是数据内容的详细描述,也是需求分析的主要结果,它弥补了数据流图的不足。数据字典是关于数据库中数据性质的描述,即元数据,而不是数据本身。数据字典应该具备查询方便、没有冗余数据、易于修改和更新等特点。数据字典通常包含数据项、数据结构、数据流、数据存储和数据处理 5 个部分。下面我们从这 5 个方面说明它们的组成。

1.数据项

数据项是数据的基本单元或最小单位。如学生的学号、姓名、性别等都是数据项。数据项描述包括如下内容:

数据项描述::={数据项名,含义说明,别名,数据类型,长度,取值范围,取值含义,与其他数据项的逻辑关系}

其中,别名是数据项名称的其他叫法。如"项目"的别名可能是"课题"。出现别名的主要原因是对同一个数据,不同的用户或不同的设计人员使用不同的名字,或同一个设计人员在不同的设计阶段使用了不同的名字。取值范围规定了数据项取值区间或其值所在的集合;与其他数据项的逻辑关系说明了数据完整性约束条件,如学生总成绩是各门成绩之和等。

2.数据结构

数据结构是若干数据项组成的有意义的集合,它反映了数据之间的组合关系。例如,"学生"这个数据结构是由学号、姓名、年龄等组成的。

数据结构描述::={数据结构名,含义说明,组成:{数据项名列表}}

3．数据流

数据流是数据在系统中的传输路径,它由一个处理传到另一个处理。数据流的描述方法和内容如下:

数据流描述::=｛数据流名,说明,数据流来源,数据流去向,组成:｛数据结构｝,平均流量,高峰流量｝

其中,数据流来源说明该数据流来自哪个处理过程;数据流去向说明该数据流将传送给哪个处理过程;平均流量指的是单位时间的数据传输量,而高峰流量指出高峰时期的数据传输量。

4．数据存储

数据存储是处理量过程需要保存的数据集合,也是数据流的来源和去向之一,它可以是手工凭证、手工文档,也可以是计算机文件等。数据存储的描述如下:

数据存储描述::=｛数据存储名,说明,编号,输入的数据流,输出的数据流,组成:｛数据结构｝,数据量,存取方式｝

5．处理过程

处理过程也称加工过程,这里指数据库应用程序模块。其具体处理逻辑一般用判定表或判定树来描述,也可以用程序流程图来描述,但在数据字典中只描述处理过程的说明性信息。

处理过程描述::=｛处理过程名,说明,输入:｛数据流｝,输出:｛数据流｝,处理:｛简要说明｝｝

其中,简要说明主要说明该处理过程的功能及处理要求,这里的功能是指该处理过程用来做什么(而不是怎么做),处理要求包括处理的频率要求,如单位时间里处理多少事务、多少数据量、响应时间要求等。处理要求是物理设计的输入及性能评价的标准。

7.3　数据库概念设计

将需求分析得到的用户需求抽象为信息结构(概念模型)的过程就是概念结构设计。它是整个数据库设计的关键。

7.3.1　什么是概念结构设计

需求分析阶段所得到的应用需求应该首先抽象为信息世界的结构,才能更好地、更准确地用某一 DBMS 实现。数据库概念结构设计的目的就是分析数据字典中数据间内在语义关联,并将其抽象表示为数据的概念模式。描述概念模式通常使用概念数据模型,如 E-R 图。概念模型既独立于数据库的逻辑结构,又独立于具体的数据库管理系统,它不仅能够充分地反映现实世界,易于非计算机人员理解,还要易于向具体的数据模型转换。

概念模型的主要特点是:

(1) 能真实、充分地反映现实世界,包括事物和事物之间的联系,能满足用户对数据的处理需求,是现实世界的一个真实模型。

(2) 易于理解,从而可以用它和不熟悉计算机的用户交换意见。用户的积极参与是数据库设计成功的关键。

(3) 易于更改。当应用环境和应用要求改变时,容易对概念模型进行修改和扩充。

(4) 易于向实际 DBMS 支持的数据模型(如关系、网状、层次模型)转换。

数据库的概念结构是各种数据模型的共同基础,它比数据模型更独立于机器、更抽象,从而更加稳定。最常用的概念模型是 E-R 模型。下面将用 E-R 模型来描述概念结构。

7.3.2　概念结构设计的方法

使用 E-R 模型设计数据库的概念模式的方法通常有四种：自顶向下、自底向上、逐步扩张和混合策略。

自顶向下方法首先定义全局概念结构的框架,然后逐步细化,针对子需求设计每个局部应用的局部概念模式,如图 7.2 所示。

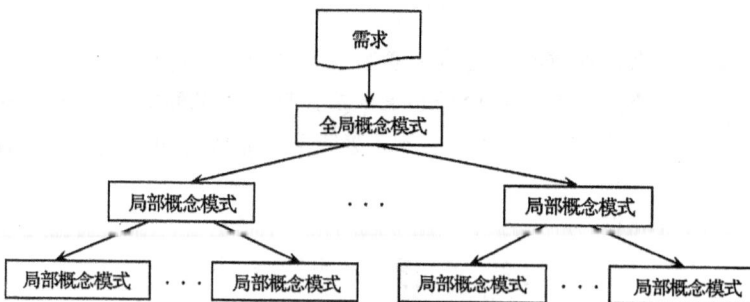

图 7.2　自顶向下的概念设计

自底向上方法首先定义各局部应用的概念结构,然后逐步将它们集成起来,最后得到全局概念模式,如图 7.3 所示。

逐步扩张方法首先定义最重要的核心概念结构,然后向外扩充,以滚雪球的方式逐步生成其他概念结构,直至总体概念结构。

混合策略将自顶向下和自底向上相结合,用自顶向下策略设计一个全局概念

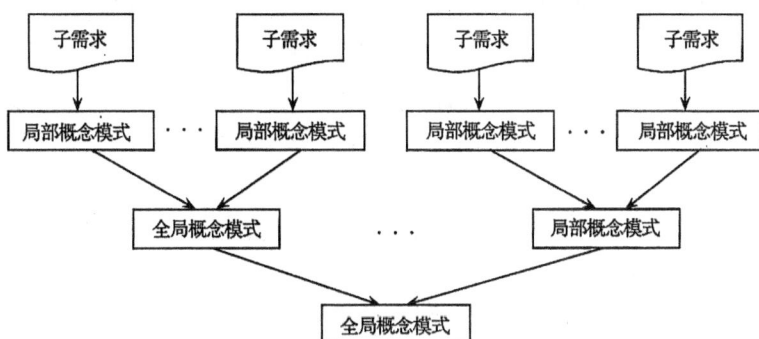

图 7.3　自底向上的概念设计

结构框架,以它为骨架集成由自底向上策略中设计的各局部概念结构。

　　在设计概念结构的过程中,使用上述哪种方法要依据实际情况而定,无论使用哪种方法都可以设计出 E-R 模式。

7.3.3　数据抽象

　　概念结构是对现实世界的一种抽象。所谓抽象,就是对实际的人、物、事和概念进行处理,抽取所关心的共同特征,忽略非本质的细节,并把这些特性用各种概念精确地加以描述,这些概念组成了某种模型。

　　一般有三种抽象方法:

　　(1) 将具有某些共同特性和行为的对象抽象为一个概念。从面向对象的观点来说,这就是将对象划分成类(class)。具有相同特性和行为的对象形成一个类,而类中每个对象都是类的成员。这种抽象反映了对象和它所在的类之间的“is a member of”语义。在 E-R 模型中,实体集就是这种抽象。例如,范明、叶阳东、邱保志等都具有共同的特性和行为:讲授某个专业的课程、进行某个方向研究等。他们被抽象成一个实体集教师,而范明等人都是教师中的一员(is a member of teachers),如图 7.4 所示。

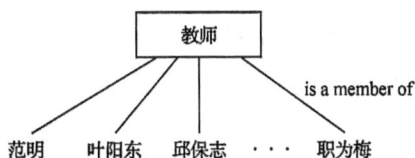

图 7.4　数据抽象——成员关系　　　　图 7.5　数据抽象——组成关系

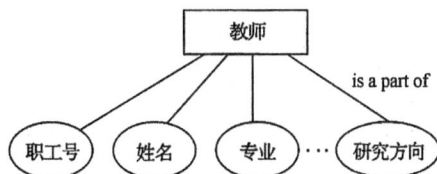

　　(2) 定义某一类型的组成成分。它表达了对象内部类型和抽象的概念之间的“is a part of ”语义。在 E-R 模型中若干属性组成了实体型,就是这种抽象。如图

7.5 所示,教师这个实体型是由职工号、姓名、专业、研究方向等属性组成,每个属性是教师实体型的一个组成部分。需要说明的是,一个概念可以由若干个属性描述,而这些属性又可以由其他属性描述,即某一类型的成分仍是另一个类型。例如,教研室可以有教研室名称、房间号、位置、面积和教研室主任若干个属性,而教研室主任又可以有姓名、年龄、职称、研究方向等属性。

(3) 定义对象集之间的子集联系。从面向对象的观点来说,这称为一般化/特殊化。它抽象了对象集之间的"is a subset of"的语义。例如,如图 7.6 所示,教师是一个实体集,教授、副教授、讲师和助教都是教师这个实体集的子集。超类教师(superclass)是教授、副教授、讲师和助教这些子类(subcalss)的一般化,而教授、副教授、讲师和助教都是教师的特殊化。

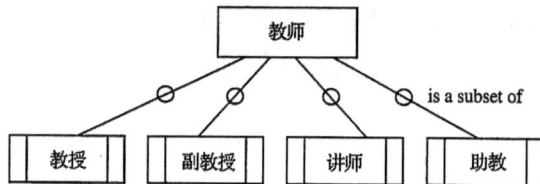

图 7.6　数据抽象——一般化

基本 E-R 模型不能表示一般化/特殊化,而扩展的 E-R 模型允许表示一般化/特殊化。它允许定义超类实体型和子类实体型,并用双竖边的矩形表示子类,用直线加小圆圈表示超类-子类的联系,如图 7.6 所示(另一种表示见 2.5.1 节)。子类和超类之间有一个很重要的性质——继承性。子类继承超类上定义的所有抽象。这样,教授、副教授、讲师、助教继承了教师类型的属性。当然,子类可以增加自己的某些特殊属性。

除了上面介绍的数据抽象之外,还有其他类型的数据抽象,例如,2.5.4 节中介绍的聚集也是一种数据抽象。

7.3.4　分 E-R 图设计

概念结构设计的第一步就是利用上面介绍的抽象机制对需求分析阶段收集到的数据进行抽象,形成实体、实体的属性、标识实体的码,确定实体之间的联系类型,最后设计出局部 E-R 图(分 E-R 图)。

1. 选择局部应用

根据某个系统的具体情况,在多层的数据流图中选择一个适当层次的数据流图,作为设计分 E-R 图的出发点,让这组图中每一部分对应一个局部应用。一般来说,局部应用的划分可采用下面两种方法:

(1) 根据单位的组织结构对其进行自然划分。一个单位通常包含多个部门,如学校有人事处、教务处、研究生院、后勤处等,各个部门的数据内容和数据的处理要求是不同的,在选择局部应用时,可以选择每个部门是一个局部应用。

(2) 根据数据库提供的服务种类进行划分。例如,在建立学校的数据库系统过程中,数据库系统应该具有教师基本信息、教师科研信息、学生基本信息、学生学习信息等,那么,可以将每一类服务信息对应一个局部应用,从而设计对应的局部 E-R 图。

从数据流图的观点来说,由于高层的数据流图只能反映系统的概貌,而中层的数据流图能较好地反映系统中各局部应用的子系统的组成,因此人们往往以中层数据流图作为设计分 E-R 图的依据。

2. 逐一设计分 E-R 图

选择好局部应用之后,就要对每个局部应用逐一设计局部 E-R 图。

在前面选好的某一层次的数据流图中,每个局部应用都对应了一组数据流图,局部应用涉及的数据都在数据字典中,现在就是要将这些数据从数据字典中抽取出来,参照数据流图,标定局部应用中的实体、实体的属性、标识实体的码,确定实体之间的联系及联系的类型。

事实上,在现实世界中具体的应用环境常常已经对实体和属性做了大体的自然划分。在数据字典中,数据结构、数据流和数据存储都是若干属性有意义的集合,就体现了这种划分。可以先从这些内容出发定义 E-R 图,然后再进行必要的调整。在调整中遵循的原则是:为了简化 E-R 图的处理,现实世界的事物能作为属性对待的,尽量作为属性对待。但作为属性必须满足:属性不能与其他实体具有联系,即 E-R 图中所表示的联系是实体与实体之间的联系。

此外,关系模型要求属性必须是不可分的数据项,不能包含其他属性或不能再具有需要描述的性质,而 E-R 模型允许复合属性和多值属性。这些容易在 E-R 图向关系模式转换时处理(见 3.2.1 节)。

需要注意的是,在局部 E-R 图设计的过程中,可能遇到既可以抽象为实体也可以抽象为属性或实体间的联系的对象。这时,应该使用最易于用户理解的概念模型来表示。除此之外,还需要确定哪些属性是派生属性,哪些是复合属性,哪些是多值属性,哪些是单值属性等。

在确定了实体集和属性后,需要对实体集和属性命名。命名要具有易于记忆、容易被用户理解、使用方便、具有一定的含义等特点。对实体集,要确定实体集所有的候选码,从而选择一个作为主码。

在给实体集和属性命名后,就可以确定局部实体间的联系及其结构约束。局部实体间的联系要准确地描述局部应用领域中各对象之间的关系和满足局部应用

的各种要求。所以在局部概念模式设计的过程中,要认真检查下面几个方面:

(1) 两个实体集之间是否存在联系,如果存在,联系的类型是什么($1:1$、$1:n$、$m:n$),实体参与联系的参与类型和参与度是什么?

(2) 实体集内部是否存在联系?

(3) 多个实体集之间是否存在联系?

(4) 联系是否具有属性?

定义好联系后,还要对联系命名,并检查是否存在冗余的联系,如果存在,去除冗余的联系。

7.3.5　分 E-R 图集成

各子系统的局部 E-R 图设计好了以后,下一步就是要将所有的局部 E-R 图集成为一个系统的总 E-R 图(全局 E-R 图)。一般说来,分 E-R 图集成可以有两种方式:第一种方式是多个局部 E-R 图一次集成。这种方式比较复杂,做起来难度较大。第二种方式是逐步集成,用累加的方式一次集成两个局部 E-R 图。这种方式每次只集成两个局部 E-R 图,可以降低复杂度。无论采用哪种方式,每次集成局部 E-R 图时,需要分两步走(见图 7.7):

·合并:解决待合并的分 E-R 图之间的冲突,合并诸分 E-R 图,生成初步 E-R 图。

·优化:消除初步 E-R 图中的不必要的冗余,生成最终的 E-R 图。

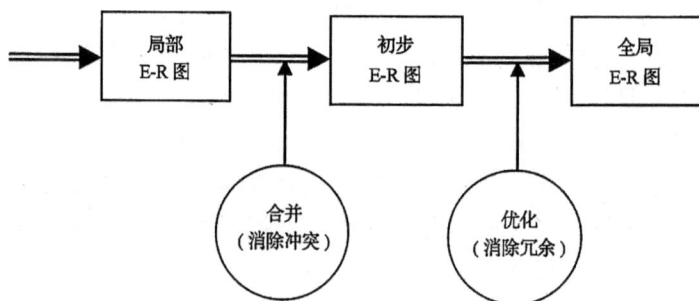

图 7.7　分 E-R 图集成

1. 合并局部 E-R 图,生成初步 E-R 图

不同的局部应用所面向的问题不同,并且通常是由不同的设计人员设计的。这就导致了各个局部 E-R 图之间必定会存在许多不一致的地方,称为冲突。因此合并局部 E-R 图时,并不能简单地将各个局部 E-R 图画到一起,而是必须着力消除各个局部 E-R 图中的不一致,以形成一个能为全系统中所有用户共同理解和接受的统一的概念模型。合理消除各局部 E-R 图的冲突是合并局部 E-R 图的主要

工作与关键所在。

各局部 E-R 图之间的冲突主要有三类：属性冲突、命名冲突和结构冲突。

(1) 属性冲突。属性冲突是指属性的类型、取值范围或属性取值单位冲突。例如，有些应用中将“学号”定义为字符型，而另一些应用将它定义为整数；“年龄”的取值有的为 1~100，有的是 1~130；长度的度量单位有的使用“米”，有的使用“厘米”。

解决属性冲突需要各部门讨论协商。

(2) 命名冲突。命名冲突分两类：一类是同名异义，即不同意义的对象在不同的局部应用中具有相同的名字；另一类是异名同义，即同一意义的对象在不同的局部应用中具有不同的名字。例如，在学校教务应用中，“学生”实体表示本科生，而在研究生院的应用中，“学生”是研究生(同名异义)；有些局部 E-R 图中使用“入学年月”，另一些使用“入学时间”(异名同义)；又例如，对科研项目，财务科称为项目，科研处称为课题，也是同名异义。命名冲突可能发生在实体和联系一级上，也可能发生在属性一级上。其中属性的命名冲突最为常见。

处理命名冲突通常也像处理属性冲突一样，通过讨论、协商等行政手段加以解决。

(3) 结构冲突。结构冲突指的是相同的概念在不同的局部模型下使用不同的概念结构来表示，主要包括三种情况：

① 同一对象在不同应用中具有不同的抽象。例如，“班长”在某一局部应用中被当作实体，而在另一局部应用中则被当作属性。解决这种冲突的方法通常是把属性变换为实体或把实体变换为属性，使同一对象具有相同的抽象。

② 同一实体在不同局部 E-R 图中所包含的属性个数和属性排列次序不完全相同或关键字不同。这是很常见的一类冲突，原因是不同的局部应用关心的是该实体的不同侧面。解决方法是使该实体属性取各局部 E-R 图中属性的并集，再适当调整属性次序。

③ 实体集之间的联系在不同的局部 E-R 图中的联系类型不一致。例如，同一个联系，在不同的 E-R 图中一个是 1:n 联系，另一个是 m:n 联系。

解决这种冲突的方法是，根据应用的语义对实体联系的类型进行综合或调整。

2. 优化初步 E-R 图

在初步 E-R 图中，可能存在一些冗余的属性和冗余的联系。冗余属性和冗余联系容易破坏数据库的完整性，给数据库的维护增加困难，应当予以消除。

(1) 冗余属性：冗余属性是指其值可由基本数据导出的属性。这些属性实际上是计算属性，可以保留在 E-R 图中。然而，计算属性在 E-R 模型向关系模型转换时将被忽略，留待设计应用系统时处理。因此，我们需要知道哪些属性是计算属性,计算属性如何计算。

注意：有些属性在分 E-R 图中不能由其他属性导出,但是在合并后的初步 E-R 图中可能由其他属性导出。例如,在一个分 E-R 图中,职工具有属性"出生日期",而在另一个分 E-R 图中,职工具有属性"年龄"。在每个分 E-R 图中,出生日期和年龄都不是冗余属性,但是在合并后初步 E-R 图中,这两个属性中的一个是冗余的。

(2) 冗余联系：冗余的联系是指可由其他联系导出的联系。例如,在人事管理子系统的分 E-R 图中存在职工与部门之间的"工作"联系,而在仓库管理子系统的分 E-R 图中存在仓库管理员与仓库之间"管理"联系。在分 E-R 图中,两个联系都是必要的。但是,在合并后的 E-R 图中,就可能存在冗余,因为仓库管理员与仓库之间"管理"联系可能已经被职工与部门之间的"工作"联系所包含。

冗余消除主要采用分析方法,即以数据字典和数据流图为依据,根据数据字典中关于数据项之间逻辑关系的说明来消除冗余。

经过合并、优化之后的全局 E-R 图就是数据库的概念结构模式。一个所有用户共同理解和接受的数据库概念模式是数据库逻辑设计的基础。

3. 验证全局概念模式

分 E-R 图集成后形成的全局 E-R 图是一个整体的数据库概念结构。对整体概念结构还必须进行进一步验证,确保它能够满足下列条件：

(1) 整体概念结构内部必须具有一致性,不存在互相矛盾的表达。

(2) 整体概念结构能准确地反映原来的每个局部概念结构,包括属性、实体及实体间的联系。

(3) 整体概念结构能满足需要分析阶段所确定的所有要求。

然后,将整体概念结构提交给用户,征求用户和有关人员的意见,进行评审、修改和优化,最后把它确定下来,作为数据库的概念结构和进一步设计数据库的依据。

7.4 逻辑结构设计

概念结构设计得到的全局 E-R 模式是一个独立于具体 DBMS 的概念模式。逻辑结构设计的任务就是把概念结构设计阶段设计好的全局 E-R 图转换成 DBMS 产品所支持的数据模型。逻辑数据库设计依赖于逻辑数据模型和数据库管理系统。由于现在流行的商品化 DBMS 都是关系数据库管理系统,所以本节以关系模型和关系数据库管理系统为基础讨论数据库的逻辑结构设计。

逻辑结构设计的主要任务是将概念结构设计的全局 E-R 图转换为关系模式,

并进行规范化和优化,然后为每个应用设计外模式。E-R 图转换为关系模式已经在 3.2 节讨论,规范化已在第 6 章讨论,本节主要讨论优化和外模式设计。

7.4.1　关系模式的规范化和优化

将 E-R 模式转换得到的关系模式还只是一个初步的关系数据库模式,要成为最终在 DBMS 中实施的模式,还需要进行规范化处理和适当的优化处理。规范化处理的目的是减少冗余和消除异常。优化的目的是减少系统开销,提高系统的效率。

1. 关系模式的规范化

关系模式的规范化已经在第 6 章详细讨论。6.8.2 节进一步讨论了 E-R 模型与规范化问题。这里需要指出的是:对于规范化程度是否越高越好的问题,存在不同的观点。有些人认为规范化程度越高越好,而另一些人则坚持为了提高查询效率,需要容忍较低的规范化模式。

我们的观点是,规范化程度越高越好。因为只有这样才能尽可能地减少冗余,避免存储异常,使得数据处理更加容易。即便为了提高查询效率,需要将多个关系连接,也尽可能地使用物化视图。

2. 关系模式优化

关系模式的优化主要是按照需求分析阶段得到的各种应用对数据处理的要求,对关系模式进行必要的分解或合并,以提高数据操作的效率和存储空间的利用率。

合并具有相同码的关系已经在 E-R 图转换为关系模式时处理。关系的连接可以通过定义物化视图解决。下面讨论关系的进一步分解。

关系的分解可以是水平分解或垂直分解。

(1) **水平分解**,是把(基本)关系的元组分为若干子集,对每个子集定义一个子关系,以提高系统的效率。在水平分解下,每个子关系都具有相同的模式。对于以下两种情况,水平分解是有益的:

① 满足"80/20 原则"的应用:也就是说,在一个大关系中,经常被使用的数据只是关系的一部分,约 20%。这时,把经常使用的数据分解出来,形成一个子关系,可以减少查询的 I/O 量。

② 并发事务经常存取不相交的数据:如果关系 R 上具有 n 个事务,而且多数事务存取的数据不相交,则 R 可分解为多个子关系,使每个事务存取的数据对应一个关系。

例如,在一个学校的管理信息系统中,学生信息的处理通常只涉及某个院系的学生,因此将学生关系可以按院系分解成若干个子关系,可以提高大部分处理的速度。

(2) **垂直分解**,是把关系模式 R 的属性分解为若干子集合,形成多个子关系模式,从而将对应的关系也分解成多个子关系。在垂直分解下,不同的子关系具有不同的属性,但是都包含 R 的主码。

垂直分解的原则是将经常在一起使用的属性从 R 中分解出来形成子关系模式。例如,如果职工关系包含很多属性,而大部分查询只涉及职工的编号、姓名、性别、年龄等少量属性,则可以将这些属性分离出来,形成一个关系模式"职工基本信息",其他属性连同职工编号形成"职工其他信息"。

垂直分解的优点是可以提高某些查询的效率。然而,它可能使另一些查询不得不执行连接操作,从而降低了效率。例如,职工分解成"职工基本信息"和"职工其他信息"后,大部分涉及职工基本信息的查询可以更加有效。然而,涉及职工完整信息的查询就需要执行连接操作,可能比原来更慢。

7.4.2 外模式的设计

将概念模型转换为全局逻辑模型后,还应该根据局部应用需求,结合具体DBMS的特点,设计用户的外模式。目前关系数据库管理系统一般都提供了视图概念,可以利用这一功能设计更符合局部用户需要的用户外模式。

定义数据库全局模式主要是从系统的时间效率、空间效率、易维护等角度出发。由于用户外模式与模式是相互独立的,因此在定义用户外模式时可以注重考虑用户的习惯与方便。

(1) 使用更符合用户习惯的别名。在合并个分 E-R 图时,曾做了消除命名冲突的工作,以使数据库系统中同一关系和属性具有唯一的名字,这在设计数据库整体结构时是非常必要的。但对于某些局部应用,由于改用了不符合用户习惯的属性名,可能会使他们感到不方便。在设计用户的子模式时可以重新定义某些属性名,使其与用户习惯一致。

(2) 对不同的用户定义不同的视图,以保证系统的安全性。在全局模式中,一个关系模式常常包含很多属性,其中一些属性上的值并不希望某些应用(用户)访问。在这种情况下,可以对不同的用户定义不同的子模式(视图)。例如,设有关系模式:

产品(产品号,产品名,规格,单价,生产车间,生产负责人,产品成本,产品合格率,质量等级,…)

可以在产品上为一般用户建立视图:

产品(产品号,产品名,规格,单价)

(3) 简化用户对系统的使用。有些查询常常涉及多个关系的自然连接,使得查询语句变得很复杂。为方便用户,可以将这些自然连接(和投影)定义为视图。用户每次只对定义的视图进行查询,可以大大简化用户查询的表达(见 4.5 节的例子)。

(4) 处理计算属性。派生(计算)属性在 E-R 图向关系模式转换时被忽略。在定义视图时,需要考虑计算属性。例如,职工应发工资可能包括基本工资、职务工资和岗位津贴,扣除部分包括所得税、失业保险和医疗保险等,实发工资 = 应发工资 − 扣除部分。这里,应发工资、扣除部分和实发工资都是计算属性。在 E-R 图转换为关系模式时,它们被忽略。在定义视图时包含它们,对于许多查询都是方便的。

7.5 数据库物理设计

数据库最终是存储在物理设备上的。数据库在物理设备上的存储结构和存取方法就称为数据库的物理结构,它依赖于具体的计算机系统。所谓数据库的物理结构设计,就是为一个给定数据库的逻辑结构选取一个最适合应用环境的物理结构和存取方法的过程,其目的是提高数据库的访问速度并有效地利用存储空间。

7.5.1 概述

数据库的物理设计与许多因素相关,包括应用处理的要求、数据的特性、软硬件环境等。一般来说,数据库的物理设计中主要考虑关系模式的存取方法和存储结构两个方面。

数据库物理设计通常分两步:

(1) 确定数据库的物理结构。主要是确定存取方法(建立索引)和存储结构。

(2) 对物理结构进行评估。评估的重点是时间和空间效率。

在设计数据库的物理结构之前,设计者需要充分了解应用环境(包括硬件和所使用的 DBMS),详细分析要运行的事务,以获得选择物理数据库设计所需参数。

设计者要充分了解所用 DBMS 的内部特征,特别是系统提供的存取方法和存储结构。例如,DBMS 是否支持聚簇索引、是否支持动态散列(dynamic hash)索引,存储数据库的磁盘是否是磁盘阵列等。

为了得到物理数据库设计所需参数,设计者需要详细分析要运行的事务。对于查询事务,需要考虑:查询涉及的关系、查询条件所涉及的属性、连接条件所涉及的属性、查询的结果属性等。对于数据更新事务,需要考虑被更新的关系、每个关系上的更新操作条件所涉及的属性、修改操作要改变的属性值等。对于所有的事务,都需要考虑每个事务在各关系上运行的频率(频繁程度)和性能(响应时间)要求。

关系数据库物理设计主要是为关系模式选择存取方法(建立存取路径)和设计

关系、索引等数据库文件的物理存储结构。

数据库系统是多用户共享的系统，对同一个关系要建立多条存取路径才能满足多用户的多种应用要求。下面，我们将更详细地讨上述问题。

7.5.2　存取方法的选择

物理设计的任务之一就是要确定选择哪些存取方法，即建立哪些存取路径。DBMS常用存取方法包括：索引方法(目前主要是 B+树索引方法)、聚簇方法和散列方法(静态和动态散列)。B+树索引方法是数据库中经典的存取方法，使用最普遍。

1. 索引存取方法的选择

所谓选择索引方法，实际上就是根据应用要求确定对关系的哪些属性建立索引、哪些属性建立组合索引、哪些索引要设计为唯一索引等。

一般来说，DBMS 将自动地在关系的主码上建立索引。如果你使用的 DBMS 不提供这种功能，你可以自己建立主码上的索引，这有助于提高实体完整性检查的效率。

在其他情况下，选择索引存取方法的一般规则如下：

(1) 如果一个(或一组)属性经常在查询条件中出现，则考虑在这个(或这组)属性上建立索引(或组合索引)。

(2) 如果一个属性经常作为最大值和最小值等聚集函数的参数，则考虑在这个属性上建立索引。

(3) 如果一个(或一组)属性经常在连接条件中出现，则考虑在这个(或这组)属性上建立索引。

关系上定义的索引数并不是越多越好，系统为维护索引要付出代价，查找索引也要付出代价。例如，若一个关系的更新频率很高，这个关系上定义的索引数不能太多，因为一旦更新一个关系，就必须对这个关系上有关的索引做相应的修改。

在下列情况下，不适宜建立索引：

· 在不出现或很少出现在查询条件中的属性上不适合建立索引；

· 属性值很少的属性上、属性值分布严重不均的属性上或属性值很长的属性上都不适合建立索引；

· 经常更新的属性或关系上不适合建立索引；

· 元组数据量少的小关系上也不适合建立索引。

2. 聚簇存取方法的选择

为了提高某个属性(或属性组)的查询速度，把这个或这些属性(称为聚簇码)

上具有相同值的元组集中存放在同一个物理块或若干个相邻的物理块或同一柱面内,称为聚簇。

聚簇功能可以大大提高按聚簇健进行查询的效率。例如,要查询信息工程学院的所有学生名单,设信息工程学院有 1500 名学生,在极端情况下,这 1500 名学生所对应的数据元组分布在 1500 个不同的物理块上。尽管对学生关系已按所在院建有索引,由索引很快找到了信息工程学院学生的元组标识,然而由元组标识去访问数据块时就要存取 1500 个物理块,执行 1500 次 I/O 操作。如果将同一学院的学生元组集中存放,则每读一个物理块可得到多个满足查询条件的元组,从而显著地减少了访问磁盘的次数。

聚簇功能不但适用于单个关系,也适用于经常进行连接操作的多个关系,即把多个连接关系的元组按连接属性值存放。聚簇中的连接属性称为聚簇键。这就相当于把多个关系按"预连接"的形式存放,从而大大提高连接操作的效率。需要说明的是:一个数据库可以建立多个聚簇,但是一个关系只能加入一个聚簇。

选择聚簇存取方法,即确定需要建立多少个聚簇,每个聚簇中包括哪些关系。一般来说,下列情况下比较适合建立聚簇:

· 对经常在一起进行连接操作的关系可以建立聚簇;

· 如果一个关系的一组属性经常出现在相等比较条件中,则可以为该关系建立聚簇;

· 如果一个关系的一个(或一组)属性上的值重复率很高,则可以为该关系建立聚簇,即对应每个聚簇码值的平均元组数不是太少,太少聚簇的效果不明显。

建立聚簇方案后,要检查候选聚簇中的关系,取消聚簇中不必要的关系,方法是:

· 从聚簇中删除经常进行全表扫描的关系;

· 从聚簇中删除更新操作远远多于连接操作的关系;

· 不同的聚簇中可能包含相同的关系,一个关系可以在某一个聚簇中,但不能同时加入多个聚簇。要从这多个聚簇方案(包括不建立聚簇)中选择一个较优的,即在这个聚簇上运行各种事务的总代价最小。

必须强调的是,聚簇只能提高某些应用的性能,而且建立与维护聚簇的开销是相当大的。对已有关系建立聚簇,将导致关系中元组物理存储位置的变化,并使此关系上原有的索引无效,必须重建。当一个元组的聚簇码值改变时,该元组的存储位置也要做相应移动。聚簇码值要相对稳定,以减少修改聚簇码值所引起的维护开销。

因此,当通过聚簇键进行访问或连接是该关系的主要应用、与聚簇键无关的其他访问很少或者是次要的时候,可以使用聚簇技术。尤其当 SQL 语句中包含有与聚簇键有关的 ORDER BY,GROUP BY,UNION,DISTINCT 等子句或短语时,使用聚簇特别有利,可以省去对结果集的排序操作,否则很可能会适得其反。

3. 散列存取方法的选择

有些数据库管理系统提供了散列存取方法。选择散列存取方法的规则如下:

如果一个关系的属性主要出现在等值连接条件中或主要出现在相等比较选择条件中,而且满足下列两个条件之一:

(1) 如果一个关系的大小可预知,而且不变。

(2) 如果关系的大小动态改变,而且数据库管理系统提供了动态散列存取方法。

则此关系可以选择散列存取方法。

7.5.3 存储结构

确定数据库的物理结构主要指确定数据的存放位置和存储结构,包括确定关系、索引、聚簇、日志、备份等存储安排和存储结构,确定系统配置等。

确定数据的存放位置和存储结构要综合考虑存取时间、存储空间利用率和维护代价三方面的因素。这三个方面常常是相互矛盾的,因此需要进行权衡,选择一个折中方案。

1. 确定数据的存放位置

为了提高系统性能,应该根据应用情况将数据的易变部分与稳定部分、经常存取部分和存取频率较低部分分开存放。

例如,目前许多计算机上都有多个磁盘,因此可以将表和索引放在不同的磁盘上,在查询时,由于两个磁盘驱动器能够并行工作,因此可以提高物理 I/O 的效率;也可以将比较大的关系分放在两个磁盘上,以加快存取速度,这在多用户环境下特别有效;还可以将日志文件与数据库对象(表、索引等)放在不同的磁盘上以改进系统的性能。此外,数据库的数据备份和日志文件备份等只在故障恢复时才使用,而且数据量很大,可以存放在磁带上。

由于各个系统所能提供的对数据进行物理安排的手段、方法差异很大,因此设计人员应仔细了解给定的 RDBMS 提供的方法和参数,针对应用环境的要求,对数据进行适当的物理安排。

2. 确定系统配置

DBMS 产品一般都提供了一些系统配置变量、存储分配参数,供设计人员和 DBA 对数据库进行物理优化。初始情况下,系统都为这些变量赋予了合理的缺省值。但是这些值不一定适合每一种应用环境,在进行物理设计时,需要重新对这些变量赋值,以改善系统的性能。

　　系统配置变量很多,例如,同时使用数据库的用户数、同时打开的数据库对象数、内存分配参数、缓冲区分配参数(使用的缓冲区的长度、个数)、存储分配参数、物理块的大小、物理块装填因子、时间片大小、数据库的大小、锁的数目等。这些参数的数值影响存取时间和存储空间的分配,在物理设计时就要根据应用环境确定这些参数值,以使系统性能最佳。

　　在物理设计时对系统配置变量的调整只是初步的,在系统运行时还要根据系统实际运行情况做进一步的调整,改进系统性能。

　　数据库的物理设计完成后可能产生多种物理设计方案。设计者需要从存储空间、存取时间、维护代价等方面对这些设计方案进行定量评估,对评估的结果进行权衡、比较,从中选择一个较优的方案作为数据库的物理结构。

7.6　数据库的实施和维护

　　数据库的物理设计完成之后就进入数据库实施与试运行阶段。数据实施的主要任务建立数据库模式、加载数据,而试运行将检验数据库系统的设计是否达到设计目标、能否满足实际需要。试运行确认系统能够满足实际需要之后,系统才能正式投入使用,进入漫长的运行维护阶段。

7.6.1　数据库建立与试运行

　　完成数据库的物理设计之后,设计人员就要用 DBMS 提供的数据定义语言和其他实用程序将数据库逻辑设计和物理设计结果严格描述出来,产生目标模式。然后,就可以组织数据入库,进入数据库实施和维护阶段。

1. 数据库的建立

　　数据库的建立包括两部分内容：数据库模式的建立和数据加载。

　　(1) 数据库模式的建立。该工作由 DBA 负责完成。DBA 利用 RDBMS 提供的工具或 DDL 语言先定义数据库名、申请空间资源、定义磁盘分区等,然后定义关系及其相应属性、主码和完整性约束,再定义索引、聚簇,用户访问权限,最后还要定义视图等。

　　(2) 数据加载。在数据库模式定义后即可加载数据,除了利用 DDL 语言加载数据以外,DBA 也可以编制一些数据加载程序来完成数据加载任务,从而完成数据库的建立工作。

　　由于数据库入库工作量很大,一般都采用分期入库的方法,即先输入小批量数据供先期试运行期间使用,当试运行合格后再逐步将大批量数据输入。

数据库的应用程序设计和编写应当与数据库设计同时进行。当数据库结构建立好后,就可以开始编制与调试数据库的应用程序。调试应用程序时可以先使用模拟数据。在数据加载后,可以使用实际数据。

2. 数据库试运行

应用程序调试完成,并且已有一小部分数据入库后,就可以开始数据库的试运行。数据库试运行也称为联合调试,其主要工作包括:

· 功能测试:实际运行应用程序,执行对数据库的各种操作,测试应用程序的各种功能。

· 性能测试:测量系统的性能指标,分析是否符合设计目标。

数据库物理设计阶段在评价数据库结构、估计时间、空间指标时作了许多简化和假设,忽略了许多次要因素,因此估计结果比较粗糙。数据库试运行时要实际测量系统的各种性能指标。如果结果不符合设计目标,则需要返回物理设计阶段,调整物理结构,修改参数;有时甚至需要返回逻辑设计阶段,调整逻辑结构。

重新设计物理结构甚至逻辑结构,会导致数据重新入库。由于数据入库工作量巨大,所以可以采用分期输入数据的方法。先输入小批量数据供先期联合调试使用,在试运行基本合格后再输入大批量数据。逐步增加数据量,逐步完成运行评价。

7.6.2 数据库的运行与维护

数据库试运行结果符合设计目标后,数据库就可以真正投入运行了。数据库投入运行,标志着开发任务的基本完成和运行维护工作的开始。

对数据库设计进行评价、调整、修改等维护工作是一个长期的任务,也是设计工作的继续和提高。数据库运行的经常性维护工作主要是由 DBA 完成。

1. 数据库的转储和恢复

数据库转储和恢复是系统正式运行后最重要的维护工作之一。DBA 要针对不同的应用要求制定不同的转储计划,定期对数据库和日志文件进行备份。一旦发生介质故障,就可以利用数据库备份及日志文件备份,尽快将数据库恢复到某种一致性状态。

2. 数据库的安全性、完整性控制

DBA 必须根据实际应用的业务规则,对不同的用户授予不同的操作权限。在数据库运行过程,随着应用环境的变化,业务规则改变和人员调整,对安全性的要求也会发生变化。DBA 需要根据实际情况修改原有的安全性控制。

由于应用环境和业务规则的变化,数据库的完整性约束条件也会变化,也需要 DBA 不断修正,以满足实际应用的要求。

3. 数据库性能的监督、分析和改进

在数据库运行过程中,随着数据的插入和删除,数据库的物理存储碎片增加,系统性能可能下降。DBA 必须监督系统运行,对监测数据进行分析,不断改进系统的性能。通常,DBMS 提供一些监测工具。使用这些工具,DBA 可以获取系统运行过程中一系列性能参数的值。通过仔细分析这些数据,判断当前系统是否处于最佳运行状态。如果不是,则需要通过调整某些参数,进一步改进数据库性能。这些工作可能包括:修改或调整视图,使之更能适应用户的需要;修改或调整索引与聚簇,使数据库性能与效率更佳;修改高速磁盘分区、高速数据库缓冲区大小以及调整并发度,使数据库物理性能更好。

4. 数据库重组

数据库在经过一短时间运行后,其性能会逐步下降。由于不断的修改、删除与插入,造成磁盘区内碎块的增多,影响 I/O 速度;此外,不断的删除与插入会造成聚簇的性能下降,同时也会造成存储空间分配的零散化,使得一个完整关系的存储空间过分零散,引起存取效率下降。数据库重组就是重新安排数据的存储位置、调整磁盘分区、整理回收碎块等,其目的是提高系统性能。

数据库重组涉及大量数据的搬迁,常用的方法是先卸载,再重新加载,即将数据库的数据卸载到其他存储区或存储介质上,然后按照数据模式的定义,加载到指定的存储空间。数据库重组是对数据库存储空间的全面调整,比较费时间,但重组可以提高数据库性能,因此,合理应用计算机系统的空闲时间对数据库进行重组,选择合理的重组周期是必要的。目前的商品化 RDBMS 一般都为 DBA 提供了数据库重组的实用程序,以完成数据库的重组任务。数据库的重组不会改变数据库的逻辑结构和物理结构。

5. 数据库重构

数据库的逻辑结构一般是相对稳定的。但是,由于数据库应用环境的变化、新应用的出现或老应用内容的更新,都要求对数据库的逻辑结构做必要的变动。数据库重构就是根据新环境调整数据库的模式和内模式。数据库的重构不是将原先的设计推倒重来,而主要是在原来设计的基础上进行适当的扩充和修改,比如增加新的数据项、改变数据项的类型、改变数据库的容量、增加或删除索引、修改完整性约束条件等等。

数据库重构的程度是有限的。如果应用变化太大,已无法通过重构数据库来

满足新的需求,或重构数据库的代价太大,则表明现有数据库应用系统的生命周期已经结束,应该重新设计新的数据库系统,开始新数据库应用系统的生命周期。

7.7 小 结

(1) 数据库设计就是根据数据库的支撑环境和用户应用需求,设计出数据模式、建立数据库和典型的应用程序,使之能够有效地存储数据,满足各种用户的信息要求和处理要求。

(2) 数据库设计具有反复性、试探性、多阶段性和多技术性等特点,它要求设计者掌握计算机科学基础知识、数据库的基本知识和数据库设计技术、软件工程的原理与方法和应用领域的知识。

(3) 数据库设计包括需求分析、概念结构设计、逻辑结构设计和物理结构设计、数据库的实施5个阶段,之后进入数据库的运行与维护阶段。

(4) 需求分析阶段的任务是调查应用领域,对应用领域中各种应用的信息要求、处理要求和安全性与完整性要求进行详细分析,形成需求分析说明书。

(5) 数据字典是需求分析阶段所取得的主要成果之一,它为设计人员提供了关于数据详细描述的信息。

(6) 概念设计形成独立于机器特点、独立于各个 DBMS 产品的概念模式(信息世界模型),通常用 E-R 图来描述。

(7) 逻辑设计将 E-R 图转换成具体的数据库产品支持的数据模型(如关系模型),形成数据库逻辑模式,并根据具体应用的需要建立外模式(视图)。

(8) 物理设计根据 DBMS 特点和处理的需要,进行物理存储安排、设计索引,形成数据库内模式。

(9) 数据实施的主要任务是使用 DBMS 的 DDL 建立数据库模式、加载数据,并调试和试运行数据库应用程序。

(10) 数据库的运行与维护主要由 DBA 负责,其主要任务是数据库转储和恢复,数据库的安全性、完整性控制,数据库性能的监督、分析和改进,数据库重组和重构。

习 题

7.1 数据库设计人员应具备哪些方面的知识?
7.2 简述数据库设计的步骤。
7.3 什么是数据库设计?
7.4 简述需求分析的步骤。

7.5 简述数据字典的内容及其作用。

7.6 概念数据库设计使用哪些策略?

7.7 简述概念结构设计的基本方法和步骤。

7.8 什么是数据库的逻辑设计? 简述其步骤。

7.9 在合并局部 E-R 图中,如何消除各种冲突?

7.10 E-R 图向关系模型转换的原则是什么?

7.11 简述物理数据库设计的任务、目标和步骤。

7.12 在数据库的物理设计中如何选择索引方法?

7.13 试述聚簇设计的原则。

7.14 为什么要对数据库进行重组和重构?

7.15 DBA 的作用是什么?

7.16 考察自己学校的学生成绩管理方法,编写出建立成绩管理的可行性分析报告、需求分析说明书、系统的概念结构设计和逻辑结构设计。

7.17 一个图书借阅管理数据库有以下需求,请设计该数据库的 E-R 模式和关系模式。

(1) 希望能查询书库中现有书籍的种类、数量和存放位置。这里假设各种书籍均由书号唯一标识。

(2) 希望能查询书籍的借还情况信息,包括借书人单位,借书人单位电话、姓名,借书证号,借书日期,还书日期。这里规定,每个人最多可以借 6 本书,借书证是读者的唯一标识符。

(3) 希望通过查询出版社的名称、电话、邮编、通信地址等信息能向出版社订购有关书籍。这里假设一个出版社可以出版多种图书,同一书名的书仅由一个出版社出版,出版社名称具有唯一性。

第8章 查询处理与优化

如何以有效的方式处理用户查询是 RDBMS 有效实现的关键问题之一。数据库的更新运算要么是简单的(如插入一个元组),要么与一个复杂的更新条件相关联(如删除满足某些条件的元组)。这些复杂的更新首先需要找到要更新的元组,然后才能进行更新。因此,只有能够有效地处理查询,才能有效地实现更新。

查询处理的中心任务是把使用诸如 SQL 这样的说明性语言表达的用户查询转换成一系列能够在物理文件上执行的操作,并执行这些操作得到查询结果。而查询优化是查询处理的关键步骤,它从众多的查询执行方案中选择最有效的执行方案。

本章是关系数据库系统查询处理与优化技术的简要介绍。在概述查询处理过程(8.1节)之后,8.2节和8.3节分别介绍查询的两种最重要的基本运算选择和连接的实现算法。8.4节讨论查询优化的必要性,而接下来的两节分别研究代数优化和物理优化的一般性方法。

8.1 查询处理概述

查询处理的过程如图 8.1 所示,其基本步骤包括语法分析与翻译、查询优化和查询执行。

1. 语法分析与翻译

用户查询首先提交给语法分析与翻译器,进行词法分析、语法分析和语义分析,并将查询翻译成内部表示。

词法分析从查询语句中识别出语言符号,如 SQL 的保留字、关系名、属性名和各种运算符等其他符号。语法分析检查用户查询语句的语法格式,确保查询语句语法上的正确性。语义分析可以与语法分析同时进行,将查询转换成更适合进一步处理的内部表示。这些内容属于编译原理研究的范畴,在典型的编译原理教材都有详细的论述。本书不再进一步讨论。

通常,查询的内部表示使用查询树(语法分析树)或关系代数表达式。涉及视图的查询还需要先将定义视图的查询表达式转换成内部表示。

例 8.1 查询

    SELECT Sname

FROM Suppliers, SP

WHERE Suppliers. Sno = SP. Sno AND

　　　　Pno = ′P001′;

找出提供了′P001′号零件的供应商名称。它将被转换成图 8.2 所示的语法树,或者转换成如下关系代数表达式:

$$Q_1: \pi_{\text{Sname}}(\sigma_{\text{Suppliers.Sno} = \text{SP.Sno} \wedge \text{Pno} = ′\text{P001}′}(\text{Suppliers} \times \text{SP}))$$

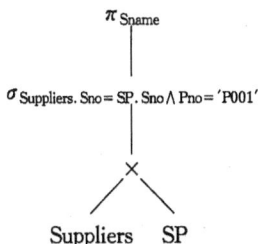

图 8.2 一棵语法分析树

2. 查询优化

对于一个给定的查询,通常有多种可能的执行策略。例如,例 8.1 的查询也可以用如下关系代数表达式计算:

图 8.1 查询处理步骤

$$Q_2: \pi_{\text{Sname}}(\sigma_{\text{Pno} = ′\text{P001}′}(\text{Suppliers} \bowtie \text{SP}))$$

$$Q_3: \pi_{\text{Sname}}(\text{Suppliers} \bowtie \sigma_{\text{Pno} = ′\text{P001}′}(\text{SP}))$$

并且这些关系代数表达式的每个基本运算也可以有多种不同的实现算法。一个查询执行计划包括计算查询的关系代数表达式和其中每个基本运算的实现算法。查询优化就是从多种可能的查询执行方案中选择一种最有效执行的查询执行计划的过程。

查询优化包括代数优化和物理优化。代数优化旨在找到一个与给定的查询表达式等价、但执行起来更加有效的关系代数表达式。物理优化旨在为关系代数表达式选择一个详细的策略,包括为特定的操作选择可用的算法和可用的索引等。

优化可以是基于规则的,也可以是基于代价的。基于规则的优化根据某些启发式规则,通过关系代数的等价变换,得到更有效的关系代数表达式;或者根据某些启发式规则选择实现基本运算的算法。基于代价的优化利用元数据中的统计信息,估计不同的查询执行计划的开销,从中选择最优方案。

对于相同的查询,不同的查询执行计划的时间开销可能相差几个数量级。例如,使用 Q_1 计算例 8.1 的查询的 I/O 开销大约是使用 Q_3 的 2000 倍(见 8.4 节)。

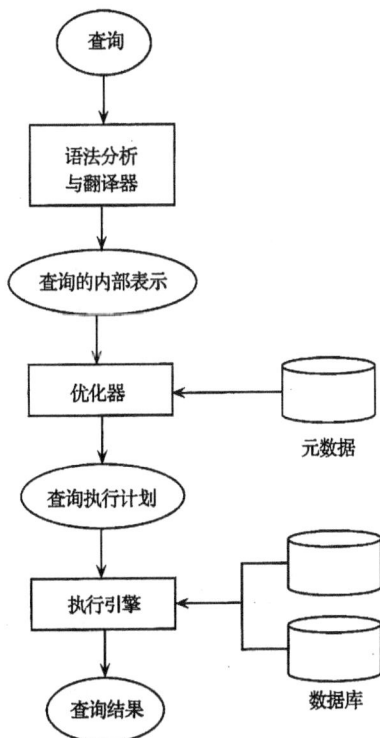

这意味着好的执行计划可能是可行的,而差的执行计划在实践上是不可行。因此,即使查询只执行一次,查询优化也是必需的。

3. 查询执行

执行引擎依据优化器得到的查询执行计划生成执行查询计划的代码,执行该代码产生查询结果,并以适当的形式提交用户。

查询执行之前还要进行安全性检查,确保执行查询的用户必须具有相应的访问权限。任何违反安全性限制的查询都将被拒绝。对于数据库的更新操作,除了安全性检查之外,还需要进行完整性检查。违反完整性约束的更新有不同的处理方法,已在第 5 章讨论。

4. 查询代价的估计

为了优化查询,优化器必须知道每个基本运算的代价,进而估计查询执行计划的代价。虽然精确地估计代价是困难的,但是粗略的估计是可能的,并且这种粗略估计可以很好地反映不同查询计划的相对优劣。

查询代价包括 CPU 代价、I/O 代价和内存代价。在分布式数据库系统或并行数据库系统中,查询代价还包括通信代价。本章,我们只考虑集中式系统。

内存代价用查询处理所需的内存量度量。尽管计算机内存的增长速度很快,但是数据库的规模的增长速度远超过内存的增长,因此整个数据库(或整个关系)不可能完全装入内存。由于多个查询并行执行,因此每个查询可以使用的内存更加受限。在下面的讨论中,我们考虑最坏的情况:内存缓冲区只能容纳数目不多的数据块——大约每个关系一块或几块。

CPU 代价用查询所需的 CPU 时间度量。由于磁盘存取比内存操作慢,并且随着硬件技术的发展,CPU 速度的提高也比磁盘速度的提高快得多,因此磁盘I/O一直是制约查询处理速度提高的瓶颈。通常,I/O 代价被认为是估计查询处理代价的合理度量。

I/O 代价包括磁盘寻道时间、旋转延迟时间和实际的数据传输时间。磁盘寻道时间和旋转延迟时间依赖于磁头的当前位置,难以精确估计。但是,可以假定每个磁盘块的读写大致需要相同的平均寻道时间和旋转延迟时间。因此,I/O 代价可以用磁盘读写块数近似地估计。

通常,写一个磁盘块比读一个磁盘块需要更多的时间,但我们忽略这种差别。在估计查询执行计划的代价时,我们不考虑查询结果的输出,但是必须考虑保存运算的中间结果所需要的写操作的开销。

综上所述,在比较不同的查询执行计划的相对优劣时,处理查询所需要读写的磁盘块可以作为查询代价的一个合理估计。

5. 表达式计算代价评估的统计信息

每种基本运算都有多种实现算法,并且它们的性能依赖于输入、索引等诸多因素。精确地评估每种算法的计算的代价,进而评估整个表达式计算的代价是困难的。然而,实践表明,利用一些统计量通常能够得到很好的估计。

DBMS 的数据字典中存储并维护了关于数据库关系的如下统计信息:

(1) n_r: 关系 r 的元组数。

(2) b_r: 包含关系 r 的块数。

(3) l_r: 关系 r 的元组长度(字节数)。

(4) $V(r, A)$: 关系 r 在属性 A 上的不同值数目。在查询中经常同时出现的属性集上,也有类似的统计量。

(5) f_r: 关系 r 的块因子,即一块能够容纳关系 r 的元组数。当 r 存储在一个物理文件中时, $b_r = \lceil n_r / f_r \rceil$。

(6) 关系 r 的哪些属性(集)上建立了索引,哪种索引(B+ 树索引、Hash 索引、聚集索引),并且对每个 B+ 树索引包括属性 A 上 B+ 树高度 $h(r, A)$,B+ 树叶节点数 $l(r, A)$ 等信息。

本章的其余部分,我们将重点讨论关系代数基本操作的实现算法和查询优化。

8.2　选择运算的实现

查询最常用的运算是选择、投影和连接(特别是自然连接)。投影运算的实现是简单的,因此我们重点讨论选择和连接运算。本节介绍选择运算的实现,而下一节介绍连接运算的实现。

假设选择在关系 r 上进行,而 r 的元组存储在一个文件中,具有 b_r 个物理块。在考虑索引时,除非特别声明,否则假定索引是 B+ 树索引。

8.2.1　基本算法

实现选择操作的最简单方法是线性搜索。

1. 线性搜索

线性搜索又称顺序扫描,它逐一扫描文件的每个物理块,检查每个元组是否满足选择条件,并输出满足条件的元组。

线性搜索的 I/O 开销是读 b_r 个物理块。当选择是主码上的等值选择时,线性搜索的平均开销是读 $b_r/2$ 个物理块,而最坏情况仍为 b_r。

线性搜索适用于任意条件的选择运算,并且对存储 r 的文件不做任何假定。

当存储 r 的文件不大,或者满足选择条件的元组所占比例较大时,线性搜索是一种较好的方法。

2. 二分法搜索

如果存储 r 的文件在某属性 A 上是有序的,并且选择是在该属性上做等值比较,则可以使用二分法搜索确定满足选择条件的元组。

为确定满足选择条件元组的位置,二分搜索需要读 $\lceil \log_2 b_r \rceil$ 个物理块。如果满足选择条件的元组多于一个,则还需要读连续的物理块,得到其他满足选择条件的元组。假设属性 A 上的值均匀分布,则满足选择条件的元组大约占 $\lceil b_r / V(r, A) \rceil$ 块,其中 $V(r, A)$ 是 r 在属性 A 上的不同值数目。这样,二分法搜索的 I/O 开销为 $\lceil \log_2 b_r \rceil + \lceil b_r / V(r, A) \rceil - 1$。

稍加修改,二分法搜索也可以用于大于等于和大于比较。但是,当文件在选择属性上有序时,小于和小于等于比较可以使用线性搜索,但可以提前终止扫描。

二分法搜索十分有效,但是要求存储 r 的文件在选择属性上有序。

8.2.2　使用索引的选择

使用索引可以加快选择运算的速度。有两种索引:聚簇索引(也称主索引)在建立索引结构的同时还将关系的元组按索引属性存储在连续的物理块中,特别适合选择运算;非聚簇索引(也称辅助索引)只建立索引结构,而不改变元组次序。使用索引时,必须考虑索引检索的 I/O 开销。索引可以是 B+ 树索引或散列索引。下面的讨论以 B+ 树为例。

1. 聚簇索引、等值选择

首先通过索引找到指向满足选择条件的元组指针,确定结果元组所在的物理块;然后读取这些物理块就可以得到查询结果。

假设聚簇索引建立在属性 A 上,则检索 B+ 树索引需要读取的物理块数等于 B+ 树的高度 $h(r, A)$。如果主索引建立在码上,满足条件的元组只有一个,再读取一个物理块就能得到选择结果。否则,满足条件的元组可能有多个,但存储在连续的物理块中。与二分法搜索类似,聚簇索引、等值选择大约需要读取 $\lceil b_r / V(r, A) \rceil$ 个物理块,而整个选择的 I/O 开销大约为 $h(r, A) + \lceil b_r / V(r, A) \rceil$。

2. 非聚簇索引、等值选择

如果辅助索引建立在主码上,与上面的方法完全相同。但是,如果辅助索引建立在非码属性上,则满足条件的元组可能不止一个。由于存储 r 的文件在索引属性(也是选择属性)上是无序的,这种代价可能比线性搜索还大。在最坏情况下,每个元组在一个物理块上。此时,整个 I/O 开销等于 B + 树的高度 $h(r,A)$ 加上满足选择条件的元组数。满足选择的元组数可以用 $n_r/V(r,A)$ 估计。因此,在最坏情况下,非聚簇索引、等值选择选择运算的 I/O 开销大约为 $h(r,A) + \lceil n_r/V(r,A) \rceil$。

3. 聚簇索引、比较选择

当选择条件是大于等于和大于比较时,使用索引可以确定满足条件的第一个元组的位置。然后,读取其后的物理块,就可以得到查询结果。此时,选择运算的 I/O 开销为 $h(r,A)$ 加上读取结果元组的开销(通常比线性搜索快)。

然而,当选择条件是小于和小于等于比较时,最好的方法是使用线性搜索(可以提前终止搜索),而不是利用主索引。对于涉及非等值比较的选择,如果只有辅助索引,则使用索引一般不如使用线性搜索。

8.2.3　复杂选择的实现

复杂选择涉及比较表达式的合取和析取。对于复杂选择,总可以用线性搜索的方法实现。然而,在某些情况下,如果存在可用的索引,则利用索引可以更有效地实现复杂选择。

1. 利用组合索引的合取选择

如果选择涉及多个属性上的等值比较,并且这些属性上存在组合索引,则可以使用 8.2.2 节类似的方法利用组合索引实现选择运算。其 I/O 开销可以类似地估计。

例如,在关系 SC(Sno, Cno, Grade) 上,(Sno, Cno) 是主码,其上存在索引。如果查询是"找出学号为 200505181,课程号为 CS201 的学生成绩",则使用(Sno, Cno)上的组合索引可以快速得到查询结果。

2. 利用单个属性上的索引的合取选择

如果选择条件涉及多个属性上比较的合取,则首先检查是否存在单个属性上的索引。如果存在,则考虑该属性上的简单条件,并按 8.2.2 节的方法利用该索引得到满足该条件的元组,然后检查它们是否满足其余条件。其 I/O 开销等于单个属性上选择的 I/O 开销。

例如,假设查询为"找出信息工程学院的教授"。该查询为

$$\sigma_{\text{Dno} = 'IE' \land \text{Title} = '教授'}(\text{Teachers})$$

如果 Teachers 在 Dno 上存在聚簇索引,则可以用聚簇索引等值选择的方法。首先找出满足条件 Dno = 'IE' 的元组,然后检查它们是否满足条件 Title = '教授',就可

以得到查询的回答。

3. 通过记录标识符的交实现合取选择

如果选择条件涉及多个属性上比较的合取,并且每个属性上都存在索引,则分别考虑每个属性上的简单选择条件,利用相应索引得到满足单个条件的元组指针集。然后求这些指针集的交,得到指向满足合取条件的指针。最后使用这些指针读取对应的物理块,得到查询结果。如果并非所有属性都存在索引,则需要检查检索到的元组是否满足剩余条件。其 I/O 开销大约为 $\sum h(r, A_i)$ 加上读取结果元组的开销,其中 $h(r, A_i)$ 是合取选择涉及的属性上 B+ 树的高度。

仍以“找出信息工程学院的教授”为例。如果 Teachers 在 Dno 和 Title 上都存在索引,则可以分别利用它们得到指向满足条件 Dno = 'IE' 的指针集合满足条件 Title = '教授' 的指针集。求这两组指针的交集,读取 Teachers 中相应的物理块,得到信息工程学院的教授。

4. 通过记录标识符的并实现析取选择

如果选择条件涉及多个属性上比较的析取,并且每个属性上都存在索引,则可以使用类似的方法,但需要求指针集的并。然而,除非结果元组的数量较少,否则可能不如线性搜索更有效。

8.3　连接运算的实现

考虑关系 r 和 s 的连接 $r \bowtie_F s$,其中 F 是连接条件,r 和 s 的元组分别存储在两个文件中,分别具有 b_r 和 b_s 个物理块。

8.3.1　基本算法

计算连接的通用算法是嵌套循环连接和它的改进版本——块嵌套循环连接。

1. 嵌套循环连接

实现连接的最简单方法是嵌套循环,可以用如下代码实现:

```
for (r 的每个元组 t_r) do
    for (s 的每个元组 t_s) do
        if (元组对 (t_r, t_s) 满足连接条件 F) then
            把 t_r.t_s 添加到结果中
```

其中 $t_r.t_s$ 是元组 t_r 和 t_s 的串接;如果是自然连接,则需要删除重复属性。关系 r 称为连接的外层关系,而 s 称为连接的内层关系。

嵌套循环的开销很大,因为对关系 r 的每个元组,必须扫描 s 一次。嵌套循环的开销是读 $b_r + n_r \times b_s$ 个物理块,其中 n_r 是关系 r 的元组数目。在最好情况下,两个关系都能装入内存,只需要读 $b_r + b_s$ 个物理块。

2. 块嵌套循环连接

块嵌套循环连接是嵌套循环连接的改进:当外层关系的一个物理块在内存时,扫描一次内层关系,对内存中来自不同关系的所有元组对进行处理。块嵌套循环连接的伪代码如下:

```
for (r 的每一块 Br) do
    for (s 的每一块 Bs) do
        for (Br 中的每个元组 tr) do
            for (Bs 中的每个元组 ts) do
                if (元组对 (tr, ts) 满足连接条件 F) then
                    把 tr. ts 添加到结果中
```

块嵌套循环连接将连接的 I/O 开销降低到 $b_r + b_r \times b_s$ (一般远小于嵌套循环的 $b_r + n_r \times b_s$)。还有一些措施可以进一步提高块嵌套循环连接的效率:

(1) 尽量给外层关系分配更多的物理块。假设可用于连接运算的内存可以放 M 个物理块。可以将 $M - 2$ 块分给外层关系,其余两块分别用于内层关系和缓存连接结果。这样,外层关系可以一次读入 $M - 2$ 块。I/O 开销可以减少到 $b_r + \lceil b_r/(M-2) \rceil \times b_s$。

(2) 对内层关系轮流做前向、后向扫描。这可以通过对磁盘读写请求排序实现。这样,每次扫描内层关系时可以减少一个物理块的读入。I/O 开销可以减少到 $b_r + \lceil b_r/(M-2) \rceil \times (b_s - 1)$。

笛卡儿积可以用类似于嵌套循环和块嵌套循环的方法计算(去掉 if-then 子句行),但产生的结果元组数目远多于连接。

8.3.2　索引嵌套循环连接

对于嵌套循环连接,当内层关系在连接属性上有索引时,可以用内层关系上的索引查找代替文件扫描。这种方法称作索引嵌套循环连接。

对于外层关系 r 的每个元组 t_r,在 s 中查找满足连接条件的元组相当于在 s 上作选择运算。使用 s 上的索引进行选择,得到的每个元组 t_s 都可以与 t_r 串接成为结果元组。

索引嵌套连接的开销为 $b_r + n_r \times c$,其中 c 是使用连接条件对 s 进行单个选择的开销,可以用 8.2 节的方法估计。

如果两个关系在连接属性上都有索引(只能用一个),通常使用具有较少元组的关系作为外层关系更有效。

8.3.3　排序-归并连接

　　对于自然连接或等值连接,如果进行连接的两个关系 r 和 s 在连接属性上是有序的,则可以使用归并连接。如果两个关系 r 和 s 中的一个或两个在连接属性上无序,可以先将它们在连接属性上排序,然后使用归并连接。我们以自然连接为例。设 *JoinAttrs* 为 r 和 s 的公共属性, r 和 s 在 *JoinAttrs* 上是有序的,则归并连接的伪代码如下:

```
指针 pr 和 ps 分别指向 r 和 s 的第一个元组;
while (pr≠null and ps≠null) do {
    ts←ps 指向的元组;
    /* 收集 s 中在连接属性上与 ts 相同的元组 */
    Ss←{ts};
    ps 指向 s 的下一个元组;
    done←false;
    while (not done and ps≠null) do {
        t←ps 指向的元组;
        if (t [JoinAttrs] = ts[JoinAttrs]) then {
            Ss←Ss∪{t};
            让 ps 指向 s 的下一个元组;}
        else done←true;
    }
    /* 在 r 中找在接属性上与 ts 相同的元组 */
    tr←pr 指向的元组;
    while (pr≠null and tr[JoinAttrs]< ts[JoinAttrs]) do {
        让 pr 指向 r 的下一个元组;
        tr←pr 指向的元组;
    }
    /* 进行连接 */
    while (pr≠null and tr[JoinAttrs] = ts[JoinAttrs]) do {
        for (Ss 中的每个元组 ts) do
            把 tr.ts 添加到结果中;
        让 pr 指向 r 的下一个元组;
        ts←pr 指向的元组;
    }
}
```

　　该算法之所以称为归并连接,是因为它类似于文件归并排序。排序-归并连接的一个优点是,连接的结果在连接属性上是有序的。

如果 S_s 可以放在内存,当两个关系 r 和 s 在连接属性上有序时,排序-归并连接的 I/O 开销是 $b_r + b_s$。如果两个关系 r 和 s 中的一个或两个在连接属性上无序,则还需要加上排序的开销。如果内存可以存放 M 块,对关系 r 进行归并排序的 I/O 开销(不包括结果输出)为 $b_r(2\lceil \log_{M-1}(b_r/M) + 1\rceil$,其中 M 是排序可用的内存块数。

对于两个很大的关系,先排序后使用排序-归并连接方法进行连接,总的时间一般仍会少于块嵌套循环连接。

对于自然连接的一种特殊情况(也是实践中最常见的情况)——主码与外码的连接,上述算法可以简化。如果关系 r 和 s 的公共属性是 r 的主码、s 的外码,则我们不必使用 S_s 收集 s 中在连接属性上与 t_s 相同的元组。(我们把这种特殊情况的处理留作本章习题。)

8.3.4 散列连接

对于等值连接和自然连接,还可以使用散列连接方法。下面的讨论针对自然连接,但是也适用于等值连接。设 *JoinAttrs* 为 r 和 s 的公共属性。散列连接分两个阶段:划分阶段和连接阶段(又称试探阶段)。每个阶段使用不同的散列函数。

1. 划分阶段

设 h_1 是将 *JoinAttrs* 值映射到 $\{0, 1, \cdots, n-1\}$ 的散列函数。划分阶段使用散列函数 h_1 对两个关系的元组进行划分。关系 r 被划分成 n 个分区 $r_0, r_1, \cdots,$ r_{n-1},其中元组 $t_r \in r$ 被放入分区 r_i 中,如果 $h_1(t_r[\textit{JoinAttrs}]) = i$。类似地,关系 s 也被划分成 n 个分区 $s_0, s_1, \cdots, s_{n-1}$,使得元组 $t_s \in s$ 在分区 s_i 中,如果 $h_1(t_s[\textit{JoinAttrs}]) = i$。这些分区将被输出到磁盘上。

连接时,分区 r_i 中的元组只需与分区 s_i 中的元组比较,而不必与 s 的其他分区中的元组进行比较,因为满足连接条件的 r 元组 t_r 和 s 元组 t_s 在 *JoinAttrs* 上具有相同的值,若该值被 h_1 映射到 i,则 t_r 在 r_i 中,t_s 在 s_i 中。

划分阶段所需的内存空间为 n 块。分区个数 n 的选取除了考虑可用内存空间的大小之外,还应使得两个关系中的一个(例如 s)的每个分区 s_i 都可以装入内存。划分阶段需要扫描 r 和 s 各一次,并将划分结果写入磁盘。忽略块溢出导致的附加 I/O(通常远小于 $b_r + b_s$),其 I/O 开销为读写 $2(b_r + b_s)$ 块。

2. 连接阶段

连接阶段使用不同于 h_1 的散列函数 h_2 对 s 的每个分区 s_i 构造内存散列索引,并使用 r_i 的每个元组检索该索引,得到可连接的元组对,并进行连接。其过程的伪代码如下：

```
for ( i = 0; n - 1; i + + ) do {
    /* 对 sᵢ 建立内存散列索引 */
    for ( sᵢ 的每个元组 tₛ ) do {
        i = h₂( tₛ[ JoinAttrs ] );
        将 tₛ 划分到桶 Hᵢ 中;
    }
    /* 进行连接 */
    for ( rᵢ 中的每个元组 tᵣ ) do {
        i = h₂( tᵣ[ JoinAttrs ] );
        for ( Hᵢ 中每个元组 tₛ ) do
            if ( tₛ[ JoinAttrs ] = tᵣ[ JoinAttrs ] ) then
                把 tᵣ.tₛ 添加到结果中;
    }
}
```

连接阶段只需要扫描一次 r 和 s 的每个划分块，其 I/O 开销为读 $b_r + b_s$ 块。

如果 s 的每个分区 s_i 都可以装入内存，则散列连接的 I/O 开销为读写 $3(b_r + b_s)$ 块。此时，散列连接相当有效。然而，散列连接需要较大的内存空间，以保证 s 的每个分区都可以放入内存。如果内存空间太小，则需要递归划分，I/O 开销为 $2(b_r + b_s) \lceil \log_{M-1}(b_s) - 1 \rceil + b_r + b_s$，其中 M 是可用内存块数。

8.3.5　复杂的连接

复杂的连接可能包含简单比较条件的合取和析取。嵌套循环和块嵌套循环连接都可以用来计算复杂的连接。但是，在某些情况下，使用类似于复杂选择的技术，可以更有效地计算复杂的连接。

考虑具有合取条件的连接

$$r \bowtie_{F_1 \wedge F_2 \wedge \cdots \wedge F_n} s$$

其中 $F_i (i = 1, 2, \cdots, n)$ 是简单的算术比较。如果对丁某个 F_i，$\bowtie_{F_i}$ 容易计算（例如，F_i 是等值比较），则可以使用排序-归并连接（如果等值 r 和 s 的比较属性上有序）或散列连接计算 $r \bowtie_{F_i} s$，并在产生结果元组时仅将满足条件 $F_1 \wedge \cdots \wedge F_{i-1} \wedge F_{i+1} \wedge \cdots \wedge F_n$ 的元组作为合取连接的结果。这样，合取连接计算的 I/O 开销与计算简单 $r \bowtie_{F_i} s$ 的 I/O 开销相同，只是 CPU 开销略大。这种方法可能比嵌套循环连接或块嵌套循环连接更有效。

对于具有析取条件的连接

$$r \bowtie_{F_1 \vee F_2 \vee \cdots \vee F_n} s$$

也可以用类似的思想处理。但是,与合取连接不同,每个 $r \bowtie_{F_i} s$ ($i = 1, 2, \cdots, n$) 都必须能够容易计算(其 I/O 开销远低于使用块嵌套循环连接),并且最终的结果是这 n 个简单连接结果的并。如果析取条件较多,一般不如块嵌套循环连接。

8.4　查 询 优 化

查询优化在关系数据库系统中有着非常重要的地位,是影响 RDBMS 性能的关键因素。在非关系系统中,用户使用过程化的语言表达查询要求,执行何种操作和操作的序列都是由用户来决定的。系统为用户提供选择存取路径的手段,而用户必须了解存取路径,为自己的查询选择合适的存取路径。如果用户作了不当的选择,系统很难加以改进。

对于关系数据库系统,查询优化是机遇,也是挑战。说查询优化是机遇,是因为关系数据库语言(如 SQL)是非过程化语言;为了表达查询,用户只需要说明做什么(查询什么、在什么关系上查询和查询结果满足的条件),而不必说明怎么做。这就为查询优化提供了更大的空间,使得系统可以分析查询语义,选择最佳的查询处理方案。说查询优化是挑战,是因为为了使查询处理速度达到用户可以接受的水平,RDBMS 必须使用优化技术,并且为查询选择一种最佳的执行方案也并非一件易事。

1. 查询优化的必要性

下面,我们用一个实例说明查询优化的必要性。

例 8.2　　重新考虑例 8.1。在那里看到"查询提供了 P001 号零件的供应商名称"可以用如下三种等价的关系代数表达式来完成:

Q_1: $\pi_{\text{Sname}}(\sigma_{\text{Suppliers.Sno = SP.Sno} \wedge \text{Pno = 'P001'}}(\text{Suppliers} \times \text{SP}))$

Q_2: $\pi_{\text{Sname}}(\sigma_{\text{Pno = 'P001'}}(\text{Suppliers} \bowtie \text{SP}))$

Q_3: $\pi_{\text{Sname}}(\text{Suppliers} \bowtie \sigma_{\text{Pno = 'P001'}}(\text{SP}))$

假设数据库中有 100 个 Suppliers(供应商)记录,10000 个 SP(发货)记录,其中涉及产品 P001 的发货记录为 50 个。假设一个块能放 10 个 Suppliers 元组或 100 个 SP 元组,则 $b_{\text{Suppliers}} = 10$ 块,$b_{\text{SP}} = 100$ 块。又设分配给该查询处理的内存空间可以存放 7 块。

(1) 使用 Q_1,首先计算笛卡儿积 Suppliers × SP。这可以用块嵌套循环连接的类似做法。使用 5 个内存块存放 Suppliers 元组,1 块存放 SP 元组,1 块用于缓存结果元组,则读取块数为

$$b_{\text{Suppliers}} + \lceil b_{\text{Suppliers}}/5 \rceil \times b_{\text{SP}} = 10 + \lceil 10/5 \rceil \times 100 = 210 \text{ (块)}$$

笛卡儿积将产生 $100 \times 10000 = 1000000$ 个中间结果元组,不能存放在内存。假设

每块可以存放 10 个中间结果元组,则需要写 100000 块。

　　第二步,进行选择运算,依次读入笛卡儿积的结果,按照选择条件 Suppliers. Sno＝SP. Sno ∧ Pno＝′P001′从笛卡儿积的结果中选取满足选择条件的元组。这需要读入 100000 块,而满足条件的元组仅 50 个,可以放在内存。最后,进行投影运算,直接在内存进行。

　　使用 Q_1 计算该查询的 I/O 开销为读写 200210 块。

　　(2) 使用 Q_2,首先计算自然连接 Suppliers ⋈ SP。用块嵌套循环连接,与(1)类似,需要读 210 块。但是,自然连接只产生 10000 个元组,需要写 1000 块(假定每块 10 个元组)。然后,读入这 1000 块,按条件 Pno＝′P001′进行选择,得到的 50 个元组可以放在内存。最后,将这 50 个元组直接投影到 Sname 上,得到查询结果。

　　使用 Q_2 计算该查询的 I/O 开销为读写 2210 块,大约是 Q_1 的 1/100。

　　(3) 使用 Q_3,首先计算选择 $\sigma_{Pno=′P001′}(SP)$。用线性搜索只需要读入 SP 的 100 块,便能得到选择结果。结果元组只有 50 个,可以放在内存。然后,计算 Suppliers 与选择结果的自然连接。这只需要扫描 Suppliers 的每一块,读入 10 块。自然连接的结果只有 50 个元组,可以放在内存。最后的投影可以直接在内存进行。

　　使用 Q_3 计算该查询的 I/O 开销为读 110 块,大约是 Q_2 的 1/20,是 Q_1 的 1/2000。　　　　　　　　　　　　　　　　　　　　　　　　　　　□

　　例 8.2 表明了选取合适的查询处理策略的必要性。Q_2 只是将 Q_1 中的选择条件 Suppliers. Sno＝SP. Sno 与笛卡儿积结合成自然连接。尽管(使用块嵌套循环连接)自然连接并未减少读入的 I/O 开销,但是自然连接产生的元组数目远小于笛卡儿积。这就降低了将中间结果写入磁盘的 I/O 开销。其实,自然连接的 CPU 开销也比笛卡儿积小。Q_3 进一步将 Q_2 的选择“推进”到自然连接之前。由于满足选择条件 Pno＝′P001′的 SP 元组数目远小于 SP,使得下一步的自然连接可以更有效地进行。

　　例 8.2 只是讨论了简单的代数优化——使用更有效的关系代数表达式提高查询处理效率。其实,采用表达式计算的流水线技术,或者为每个基本运算选择合适的存取路径,Q_1、Q_2 和 Q_3 的求值都可以进一步优化。我们在接下来的几节更加详细地讨论这些问题。

　　2. 系统进行优化的优点

　　系统进行查询优化减轻了用户选择存取路径的负担,使得用户可以将注意力放在如何正确地表达查询请求上,而不必考虑如何最有效地表达查询。除此之外,系统进行查询优化还可以比用户做得更好。有许多原因,下面列举一些:

　　(1) 优化器可以从数据字典中获取许多统计信息,如每个关系的当前元组数目、每个属性上的不同值个数、有哪些索引等。这些信息对于选择高效的执行策略是重要的,但是用户难以获得这些信息。

(2) 当数据库的统计信息改变时,可能需要改变执行策略。优化器可以自动对查询重新进行优化,以选择相适应的执行策略。在非关系系统中必须重写程序,而重写程序在实际应用中往往是不太可能的。

(3) 优化器可以更全面地考虑,考察数百种不同的执行计划,从中确定最佳的执行计划。而用户一般只能考虑有限的几种可能性(很难超过三四种)。

(4) 优化器中包括了很多复杂的优化技术,这些优化技术往往只有最好的程序员才能掌握。系统的自动优化相当于使得所有人都拥有这些优化技术。

这里再次强调查询优化的目的。查询优化的根本日的是提高查询处理的效率。在计算实际的查询处理代价时,必须考虑优化本身的时间和空间开销。如果选择最佳处理方案的开销太大,则可能得不偿失。实际上,查询优化要在合理的优化处理开销下,寻找较好的处理方案,而不一定是最佳方案。

8.5　代数优化

代数优化利用一些启发式规则,通过对关系代数表达式的等价变换,得到更有效的计算查询的关系代数表达式,进而提高查询效率。

8.5.1　关系代数表达式的等价变换规则

设 E 和 E' 是关系代数表达式,涉及一组相同的关系 $R_1, R_2, \cdots, R_k$。如果对于关系 R_i 的任意给定当前值 $r_i (1 \leqslant i \leqslant k)$,$E$ 和 E' 将产生相同的计算结果,则称关系代数表达式 E 和 E' 等价,记作 $E \equiv E'$。

下面是一些常用的等价变换规则:

(1) 笛卡儿积、连接、自然连接的交换律。设 E_1 和 E_2 是关系代数表达式。不考虑结果属性的次序,则笛卡儿积、连接和自然连接都满足交换律:

$$E_1 \times E_2 \equiv E_2 \times E_1$$
$$E_1 \bowtie_F E_2 \equiv E_2 \bowtie_F E_1 (F \text{ 是连接条件})$$
$$E_1 \bowtie E_2 \equiv E_2 \bowtie E_1$$

(2) 笛卡儿积、连接、自然连接的结合律。设 E_1, E_2 和 E_3 是关系代数表达式,则

$$(E_1 \times E_2) \times E_3 \equiv E_1 \times (E_2 \times E_3)$$

如果连接条件 F_1 只涉及 E_1 和 E_2 的属性,F_2 只涉及 E_2 和 E_3 的属性,则

$$(E_1 \bowtie_{F_1} E_2) \bowtie_{F_2} E_3 \equiv E_1 \bowtie_{F_1} (E_2 \bowtie_{F_2} E_3)$$

如果 E_1 和 E_2 具有公共属性,E_2 和 E_3 具有公共属性,则

$$(E_1 \bowtie E_2) \bowtie E_3 \equiv E_1 \bowtie (E_2 \bowtie E_3)$$

笛卡儿积(连接、自然连接)的交换律和结合律表明,相继的笛卡儿积可以以任意次序计算,在满足规则要求的条件下,相继的连接和自然连接也可以以任意次序计算。

(3) 投影的串接律。设 E 是关系代数表达式, $A_i(i = 1, 2, \cdots, k)$, $B_j(j = 1, 2, \cdots, m)$ 是属性名,并且 $\{A_1, A_2, \cdots, A_k\}$ 是 $\{B_1, B_2, \cdots, B_m\}$ 的子集,则

$$\pi_{A_1, A_2, \cdots, A_k}(\pi_{B_1, B_2, \cdots, B_m}(E)) \equiv \pi_{A_1, A_2, \cdots, A_k}(E)$$

该规则表明,相继的投影,只有最后一次投影最需要,其余可以省略。反过来,只要保证 $\{B_1, B_2, \cdots, B_m\}$ 包含 $\{A_1, A_2, \cdots, A_k\}$,可以先将 E 投影到属性 B_1 , $B_2, \cdots, B_m$ 上,然后再投影到属性 $A_1, A_2, \cdots, A_k$ 上。这样做的好处是:可以利用投影对二目运算的分配律,将投影 $\pi_{B_1, B_2, \cdots, B_m}(E)$ 推进到 E 中(见规则(12)~(15))。

(4) 选择的串接律。设 E 是关系代数表达式, F_1 和 F_2 是选择条件,则

$$\sigma_{F_1 \wedge F_2}(E) = \sigma_{F_1}(\sigma_{F_2}(E))$$

该规则表明选择条件可以合并,这样一次可以检查全部条件。另一方面,合取选择可以分解成相继选择,使得某些选择条件可以推进到表达式 E 中(见规则(8)~(11))。

(5) 选择的交换律。设 E 是关系代数表达式, F_1 和 F_2 是选择条件,则

$$\sigma_{F_1}(\sigma_{F_2}(E)) \equiv \sigma_{F_2}(\sigma_{F_1}(E))$$

(6) 选择与笛卡儿积合并为连接。设 E_1 和 E_2 是关系代数表达式, F 涉及 E_1 与 E_2 的属性比较,则

$$\sigma_F(E_1 \times E_2) \equiv E_1 \Join_F E_2$$

(7) 选择与投影的交换律。

$$\sigma_F(\pi_{A_1, A_2, \cdots, A_k}(E)) \equiv \pi_{A_1, A_2, \cdots, A_k}(\sigma_F(E))$$

其中,选择条件 F 只涉及属性 $A_1, \cdots, A_k$ 。如果 F 中有不属于 $A_1, \cdots, A_k$ 的属性 $B_1, \cdots, B_m$,则有如下更一般的规则:

$$\pi_{A_1, A_2, \cdots, A_k}(\sigma_F(E)) \equiv \pi_{A_1, A_2, \cdots, A_k}(\sigma_F(\pi_{A_1, A_2, \cdots, A_k, B_1, B_2, \cdots, B_m}(E)))$$

(8) 选择对笛卡儿积的分配律。设 E_1 和 E_2 是关系代数表达式,如果 F_1 只涉及 E_1 中的属性, F_2 只涉及 E_2 中的属性,则

$$\sigma_{F_1 \wedge F_2}(E_1 \times E_2) \equiv \sigma_{F_1}(E_1) \times \sigma_{F_2}(E_2)$$

其特例是 F_1 和 F_2 之一(例如, F_2)为 TRUE。此时,我们有

$$\sigma_{F_1}(E_1 \times E_2) \equiv \sigma_{F_1}(E_1) \times E_2$$

(9) 选择对连接的分配律。设 E_1 和 E_2 是关系代数表达式,如果 F_1 只涉及 E_1 中的属性, F_2 只涉及 E_2 中的属性,则

$$\sigma_{F_1 \wedge F_2}(E_1 \Join_F E_2) \equiv \sigma_{F_1}(E_1) \Join_F \sigma_{F_2}(E_2)$$

其特例是 F_1 和 F_2 之一(如 F_2)为 TRUE。此时,我们有

$$\sigma_{F_1}(E_1 \underset{F}{\bowtie} E_2) \equiv \sigma_{F_1}(E_1) \underset{F}{\bowtie} E_2$$

　　(10) 选择对自然连接的分配律。设 E_1 和 E_2 是关系代数表达式,如果 F_1 只涉及 E_1 中的属性,F_2 只涉及 E_2 中的属性,则

$$\sigma_{F_1 \wedge F_2}(E_1 \bowtie E_2) \equiv \sigma_{F_1}(E_1) \bowtie \sigma_{F_2}(E_2)$$

其特例是 F_1 和 F_2 之一(如 F_2)为 TRUE。此时,我们有

$$\sigma_{F_1}(E_1 \bowtie E_2) \equiv \sigma_{F_1}(E_1) \bowtie E_2$$

　　(11) 选择对并、交、差的分配律。设 E_1 和 E_2 是关系代数表达式,具有相同的属性,则

$$\sigma_F(E_1 \bigcup E_2) \equiv \sigma_F(E_1) \bigcup \sigma_F(E_2)$$

$$\sigma_F(E_1 \bigcap E_2) \equiv \sigma_F(E_1) \bigcap \sigma_F(E_2)$$

$$\sigma_F(E_1 - E_2) \equiv \sigma_F(E_1) - \sigma_F(E_2)$$

对于交和差运算,我们只需要在 E_1 上作选择,即

$$\sigma_F(E_1 \bigcap E_2) \equiv \sigma_F(E_1) \bigcap E_2$$

$$\sigma_F(E_1 - E_2) \equiv \sigma_F(E_1) - E_2$$

但是,类似的规则对于并运算不成立。

　　选择对二目运算(笛卡儿积、连接、自然连接、并、交、差)的分配律(规则(8)~(11))使得选择可以推进到二目运算之前进行。这是实现启发式优化策略"选择尽可能先做"的基础。

　　类似地,投影对二目运算也满足某些分配律。

　　(12) 投影对笛卡儿积的分配律

　　设 E_1 和 E_2 两个关系表达式,$A_1, \cdots, A_j$ 是 E_1 的属性,$B_1, \cdots, B_k$ 是 E_2 的属性,则

$$\pi_{A_1, A_2, \cdots, A_j, B_1, B_2, \cdots, B_k}(E_1 \times E_2) \equiv \pi_{A_1, A_2, \cdots, A_j}(E_1) \times \pi_{B_1, B_2, \cdots, B_k}(E_2)$$

　　(13) 投影对连接的分配律。设 E_1 和 E_2 是两个关系表达式,$A_1, \cdots, A_j$ 是 E_1 的属性,$B_1, \cdots, B_k$ 是 E_2 的属性。如果连接条件 F 只涉及 $\{A_1, \cdots, A_j, B_1, \cdots, B_k\}$ 中的属性,则

$$\pi_{A_1, A_2, \cdots, A_j, B_1, B_2, \cdots, B_k}(E_1 \underset{F}{\bowtie} E_2) \equiv \pi_{A_1, A_2, \cdots, A_k}(E_1) \underset{F}{\bowtie} \pi_{B_1, B_2, \cdots, B_k}(E_2)$$

　　(14) 投影对自然连接的分配律。设 E_1 和 E_2 是两个关系表达式,$A_1, \cdots, A_j$ 是 E_1 的属性,$B_1, \cdots, B_k$ 是 E_2 的属性。如果 E_1 和 E_2 的共同属性都在 $\{A_1, \cdots, A_j, B_1, \cdots, B_k\}$ 中,则

$$\pi_{A_1, A_2, \cdots, A_j, B_1, B_2, \cdots, B_k}(E_1 \bowtie E_2) \equiv \pi_{A_1, A_2, \cdots, A_j}(E_1) \bowtie \pi_{B_1, B_2, \cdots, B_k}(E_2)$$

　　(15) 投影对并、交、差的分配律。设 E_1 和 E_2 是关系代数表达式,具有相同的属性,则

$$\pi_{A_1, A_2, \cdots, A_n}(E_1 \bigcup E_2) \equiv \pi_{A_1, A_2, \cdots, A_n}(E_1) \bigcup \pi_{A_1, A_2, \cdots, A_n}(E_2)$$

$$\pi_{A_1, A_2, \cdots, A_n}(E_1 \bigcap E_2) \equiv \pi_{A_1, A_2, \cdots, A_n}(E_1) \bigcap \pi_{A_1, A_2, \cdots, A_n}(E_2)$$

$$\pi_{A_1, A_2, \cdots, A_n}(E_1 - E_2) \equiv \pi_{A_1, A_2, \cdots, A_n}(E_1) - \pi_{A_1, A_2, \cdots, A_n}(E_2)$$

投影对二目运算的分配律(规则(12)~(15))使得投影可以推进到二目运算之前进行。这可以尽早删除不必要的属性,有利于缩短中间结果元组的长度,降低下一步运算的复杂性。

传统的集合运算并、交、差还满足集合运算的运算定律。例如,并运算和交运算都满足交换律和结合律。

这些规则都可以用语法树的形式表示。像关系代数表达式一样(见 3.4.3 节),关系代数表达式的语法树可以递归地定义如下:

(1) 如果关系代数表达式 E 是关系和常量关系(显式给出的元组集合),则 E 的语法树是以 E 为树叶的树。

(2) 如果关系代数表达式 E 形如 $\sigma_F(E_1)$,其中 E_1 是关系代数表达式,则 E 的语法树以 σ_F 为根,并且根节点有一个子女,它是一棵由 E_1 的语法树构成的子树。

(3) 如果关系代数表达式 E 形如 $\pi_L(E_1)$,其中 E_1 是关系代数表达式,L 是 E_1 中的属性列表,则 E 的语法树以 π_L 为根,并且根节点有一个子女,它是一棵由 E_1 的语法树构成的子树。

(4) 如果关系代数表达式 E 形如 $E_1 \bigcup E_2 (E_1 - E_2 、 E_1 \times E_2 、 E_1 \bigcap E_2 、 E_1 \div E_2 、 E_1 \bowtie_F E_2 、 E_1 \bowtie E_2)$,其中 E_1 和 E_2 是关系代数表达式,则 E 的语法树以 $\bigcup$ 为根($-$、$\times$、$\bigcap$、$\div$、$\bowtie_F$、$\bowtie$),并且根节点有两个子女,其左子女是一棵由 E_1 的语法树构成的子树,其右子女是一棵由 E_2 的语法树构成的子树。

例如,8.1 节的图 8.2 就是关系代数表达式 $\pi_{\text{Sname}}(\sigma_{\text{Suppliers.Sno} = \text{SP.Sno} \wedge \text{Pno} = 'P001'}(\text{Suppliers} \times \text{SP}))$ 的语法树。部分等价变换规则的语法树表示如图 8.3 所示。注意:语法树的非树叶节点都是关系运算符,并且一目运算符有一个子女,二目运算符有两个子女。

8.5.2　代数优化的启发式方法

对于对给定的查询表达式,优化器可以使用关系代数表达式的等价变换规则系统地产生等价的表达式,评估每个表达式的执行代价,从中选取最佳的。然而,这种处理方式无论时间还是空间的代价都很大,因而不切实际。

1. 关系代数表达式变换的启发式规则

一些简单的启发式规则可以帮助我们使用变换规则,得到更有效的等价表达式。

(1) 选择运算应当尽可能先做。在优化策略中这是最重要、最基本的一条。该优化策略又称"推进选择"——将选择运算推进到二目运算之前进行。

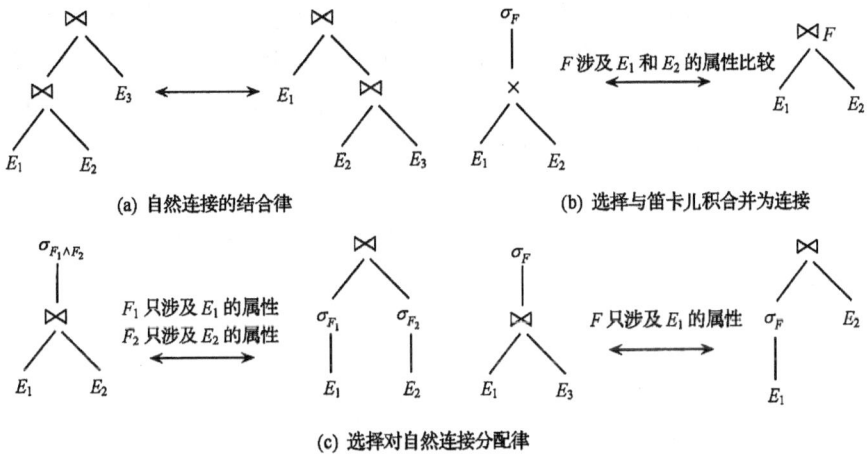

(a) 自然连接的结合律　　　　　　　(b) 选择与笛卡儿积合并为连接

(c) 选择对自然连接分配律

图 8.3　部分规则语法树表示

通常,尽管一个关系很大,但是满足某种选择条件的元组的数量却相对较小,并且选择条件越强,满足条件的元组越少。尽早进行选择能够大幅度减少下一步参与运算的元组数目,使得其后的运算可以更加有效地进行。例如,在例 8.2 中看到,Q_3 将 Q_2 中的选择推进到自然连接之前进行,其 I/O 时间大约是 Q_2 的 1/20。

选择的串接律使得我们可以把复杂的合取选择分解成相继的简单选择,然后再利用选择的交换律和选择对二目运算的分配律(等价变换规则(8)~(11)),可以将某些选择推进到二目运算之前。用语法树的术语:选择尽可能下移(见图 8.3 (c))。

我们说该规则是启发式的,因为该规则通常能够降低查询求值开销,但并非总是如此。例如,如果 F 只涉及 s 的属性,$\sigma_F(r \bowtie s)$ 可以用 $r \bowtie \sigma_F(s)$ 计算。在大部分情况下,后一种表达式更有效。但是,如果 r 和 s 都很小,并且 s 在连接属性上有索引,而在 F 涉及的属性上没有索引,则直接计算 $\sigma_F(r \bowtie s)$ 可能更有效。其他启发式规则也有类似情况。

(2) 投影运算应当尽可能先做。与选择尽可能先做类似,投影运算也要尽可能先做。但是,选择一般优于投影,因为选择运算可以大大减小关系,并且可以利用索引,而投影只能顺序扫描。投影可以去掉一些属性,缩短结果元组的长度,使得其后的运算更加有效。

如果 $\pi_{A_1, A_2, \cdots, A_k}(E)$ 中的 E 是 E_1 和 E_2 的二目运算(笛卡儿积、连接、自然连接等),则可以利用投影的串接律(等价变换规则 3),先将 E 投影到包含 A_1, $A_2, \cdots, A_k$ 和二目运算需要的属性 $B_1, B_2, \cdots, B_m$ 上,然后再利用投影对二目运算的分配律(规则(12)~(15)),可以将某些投影推进到二目运算之前。用语法树的术语:投影尽可能下移。

(3) 尽量避免笛卡儿积运算。当形如 $\sigma_F(E_1 \times E_2)$ 表达式中的选择条件 F 是 E_1 和 E_2 的属性之间的等值比较时,可以将它转换成连接 $E_1 \bowtie_F E_2$。特殊地,当 F 是 E_1 和 E_2 的公共属性上的等值比较时,忽略重复属性,该连接还可以进一步可以转换成自然连接 $E_1 \bowtie E_2$。这种特殊情况在实践中经常出现,因为大部分涉及多个关系的查询实际上都涉及这些关系的自然连接。

等值连接或自然连接不仅比笛卡儿积产生更少的结果元组,而且还可以使用索引、散列等技术更有效地计算。在例 8.2 中看到,Q_2 将 Q_1 中的选择与笛卡儿积结合成自然连接,其 I/O 开销大致降低到 Q_1 的 1%。

2. 其他启发式优化技术

上面的启发式规则指导我们对表达式的变换,得到计算查询的更有效的表达式。还有一些不涉及存取路径的优化技术,使得我们可以更有效地计算表达式。

(1) 提取公共子表达式。如果某个子表达式重复出现,并且该子表达式的结果不是很大的关系,从外存中读入它比计算该子表达式所需的时间少得多,则可以采取提取公共子表达式的方法减少子表达式的重复计算。当查询的是视图时,定义视图的表达式就是公共子表达式的情况。

(2) 流水线技术。所谓流水线计算,是指将多个关系运算合并成一个运算流水线,其中前一个运算的输出直接作为下一个运算的输入传送到下一个运算。流水线运算可以减少中间临时文件的产生数量,减少写出和读入临时文件的 I/O 开销,从而提高表达式的计算效率。

尽管理论上可以用流水线的方法计算整个关系代数表达式,但是这种方法并非总是有效的,并且其空间开销可能太大。然而,在以下两种情况下,流水线计算容易有效地实现。

(1) 相继的选择和投影运算同时进行。如果相继的选择和投影在基本表上进行,则可以对选择得到的元组直接投影去掉多余的属性来计算。当选择属性上存在索引时,整个计算开销可能远小于顺序扫描整个关系 r。在最坏情况下,使用顺序扫描,同时完成选择和投影也只需要读 b_r 块,而单独计算投影也需要顺序扫描整个关系 r。

如果相继的选择和投影在二目运算的结果上进行,则可以直接对二目运算产生的每个元组进行选择判断,丢弃不满足选择条件的元组,并对满足选择条件的元组直接投影去掉多余的属性。这样,选择和投影不需要附加的 I/O 开销。

例 8.3 考虑例 8.2 中的表达式 $Q_2 = \pi_{\text{Sname}}(\sigma_{\text{Pno}='\text{P001}'}(\text{Suppliers} \bowtie \text{SP}))$。

使用流水线技术计算 Q_2,自然连接的结果不必输出到临时关系中。在使用块嵌套循环计算 Suppliers $\bowtie$ SP 时,对产生的元组直接丢弃不满足选择条件 Pno = 'P001' 的元组,并对满足选择条件的元组直接取属性 Sname 上的值作为结果元组。

这样, 由于不需要输出和读入自然连接的结果, 计算 Q_2 的 I/O 开销从读写 2210 块降低到读 210 块, 降低了一个数量级。　　　　　　　　　　　　　　　　□

(2) 二目运算之前、之后的一目运算和二目运算同时进行。设 E 是形如 $E_1 \ op \ E_2$ 的二目运算构成的表达式, 其中 op 是笛卡儿积、连接、自然连接等二目运算符。如果 E_i 是形如 $\sigma_F(E_i')$ 或 $\pi_L(E_i')$ 的表达式, 则 $\sigma_F(E_i')$ 或 $\pi_L(E_i')$ 和二目运算合并成一个运算流水线。如果之后还需要对 E 做选择和/或投影运算, 则选择和/或投影运算也并入该运算流水线。

二目运算之后的投影和选择可以直接对二目运算产生的每个元组进行, 但是二目运算之前的投影和选择如何处理则需要更细致的分析。

当二目运算存在有效算法, 而一目运算不存在有效算法时, 可以优先考虑为二目运算选择合适的算法。在二目运算得到 E_i 的一个元组时, 先按条件 F 进行选择, 丢弃不满足选择条件的元组(或按 L 中的属性投影去掉多余属性), 然后再做元组的 op 运算。在这种情况下, 二目运算的 I/O 代价就是整个流水线运算的 I/O 代价。

当一目运算存在有效的算法, 特别是选择产生的结果很少而可以放在内存时, 可以优先考虑为一目运算选择合适的算法。由于参与二目运算的一个关系可以放在内存直接作为二目运算的输入, 二目运算可以有效实现。在这种情况下, 流水线运算的 I/O 开销包括一目运算和二目运算的 I/O 开销。但是, 当一目运算的结果在内存时, 可以扣除相应关系读入的 I/O 开销。

例 8.4　考虑例 8.2 中的 $Q_3 = \pi_{\text{Sname}}(\text{Suppliers} \bowtie \sigma_{\text{Pno}='P001'}(\text{SP}))$。

如果 Suppliers 和 SP 在公共属性 Sno 上有序, 但 SP 在 Pno 上没有索引, 则计算 $\sigma_{\text{Pno}='P001'}(\text{SP})$ 没有有效的方法, 但 Suppliers $\bowtie$ SP 可以使用排序-归并连接计算有效地计算。在进行归并连接时, 对每个可连接的 SP 元组先判定选择条件 Pno $='P001'$ 是否成立, 仅对满足选择条件的元组进行连接, 并将结果直接投影到 Sname 上。这样, 计算整个 Q_3 的 I/O 开销等于用排序-归并连接计算 Suppliers $\bowtie$ SP 的开销, 只需要读 $b_{\text{Suppliers}} + b_{\text{SP}} = 10 + 100 = 110$ (块)。

如果 SP 在 Pno 上有索引, 可以使用索引计算选择 $\sigma_{\text{Pno}='P001'}(\text{SP})$。满足选择条件的元组只有 50 个, 可以放在内存作为其后自然连接的输入。最多只需要再扫描 Suppliers 一次, 就可以计算 Q_3。

如果 SP 在 Pno 上的索引是非聚簇索引, 则满足选择条件的 50 个元组最多在 50 个物理块中, 因此计算 $\sigma_{\text{Pno}='P001'}(\text{SP})$ 的 I/O 开销最多为 $h(\text{SP}, \text{Pno}) + 50$, 其中 $h(\text{SP}, \text{Pno})$ 为索引的 B+ 树高度(小于 10)。计算 Q_3 的 I/O 开销最多为 $b_{\text{Suppliers}} + h(\text{SP}, \text{Pno}) + 50 = 60 + h(\text{SP}, \text{Pno}) < 70$ (块)。

如果 SP 在 Pno 上的索引是聚簇索引, 则满足选择条件的 50 个元组最多在两个物理块中, 计算 Q_3 的 I/O 开销为 $12 + h(\text{SP}, \text{Pno}) < 22$ (块)。　　　　□

3. 查询优化的启发式算法

现在,我们综合上述讨论,给出查询优化的启发式算法。

算法 8.1　查询优化的启发式算法。

输入：查询的语法树

输出：优化后的语法树

方法：

(1) 分解合取选择：利用选择的串接律,把形如 $\sigma_{F_1 \wedge F_2 \wedge \cdots \wedge F_k}(E)$ 的合取选择分解成形如 $\sigma_{F_1}(\sigma_{F_2}(\cdots \sigma_{F_k}(E)\cdots))$ 的相继选择。

(2) 选择下移：利用选择的交换率、选择和投影的交换律和选择对二目运算的分配律,将每个简单选择尽可能向语法树的叶端移动。

(3) 笛卡儿积转换成连接或自然连接：把笛卡儿积运算和其上方的选择运算合并成连接或自然连接运算。

(4) 投影下移(添加投影)：反向使用投影的串接律,引进新的投影(参见等价变换规则 3),并利用投影对二目运算的分配律,将投影尽可能向语法树的叶端移动。

(5) 合并相继的选择和投影：相继的投影和选择合并成单个投影和单个合取选择。

(6) 建立流水线运算：按照前面介绍的方法,对相继的选择投影建立流水线运算,并对每个二目运算建立流水线。在语法树的相应边上标记流水线。

下面,我们用一个具体的例子解释该算法。

例 8.5　查询信息工程学院学生选修的所有课程的课程号和课程名可以用如下 SQL 语句：

```
SELECT DISTINCT C. Cno, C. Cname
    FROM Courses C, SC, Students S
    WHERE C. Cno = SC. Cno AND SC. Sno = S. Sno AND S. Dno = ´IE´
```

该语句相当于先求 Courses、SC 和 Students 的笛卡儿积,再按照条件

```
C. Cno = SC. Cno AND SC. Sno = S. Sno AND S. Dno = ´IE´
```

进行选择,最后投影到属性 C. Cno 和 C. Cname 上(见第 4 章)。其初始语法树如图 8.4(a)所示,其中 S 代表 Students, C 代表 Courses。

首先,分解合取选择,将初始语法树转换成图 8.3(b)所示的语法树。然后,选择下移。选择条件 SC. Sno = C. Sno 不能下移,但是选择条件 C. Cno = SC. Cno 只涉及 Courses 和 SC 中的属性,它可以移到 Courses 和 SC 的笛卡儿积之上,选择条件 S. Dno = ´IE´ 只涉及 Students 的属性,可以下移到 Students 上方,得到的语法树在图 8.4(c)中。

然后,把笛卡儿积转换成连接或自然连接。选择 $\sigma_{C.Cno=SC.Cno}$ 和 $\sigma_{SC.Sno=S.Sno}$ 分别与其下面的笛卡儿积结合成自然连接,得到图 8.4(d) 的语法树。

接下来,我们添加一些投影。事实上,只有上面的运算需要的属性才是必要的。对于 Courses 和 SC,只有上方自然连接的投影运算需要的属性是必要的,因此可以在做自然连接之前将 Courses 投影到 Cno、Cname 上,将 SC 投影到 Sno 和 Cno 上。类似地,对于 Students,按 S.Dno = 'IE' 选择之后只有属性 Sno 是必要的(上面的自然连接需要),可以在 $\sigma_{S.Dno='IE'}$ 上方投影去掉其他属性,结果在图 8.4(e) 中。

没有相继的选择和相继的投影。最后,投影 $\pi_{Cno,Cname}$ 和 $\pi_{Sno,Cno}$ 与其上方的自然连接形成流水线运算;选择 $\pi_{S.Dno='IE'}$ 和投影 π_{Sno} 与它们上面的自然连接形成流水线运算,投影 $\pi_{C.Cno,C.Cname}$ 也并入该流水线。这些已标记在图 8.4(e) 中。 □

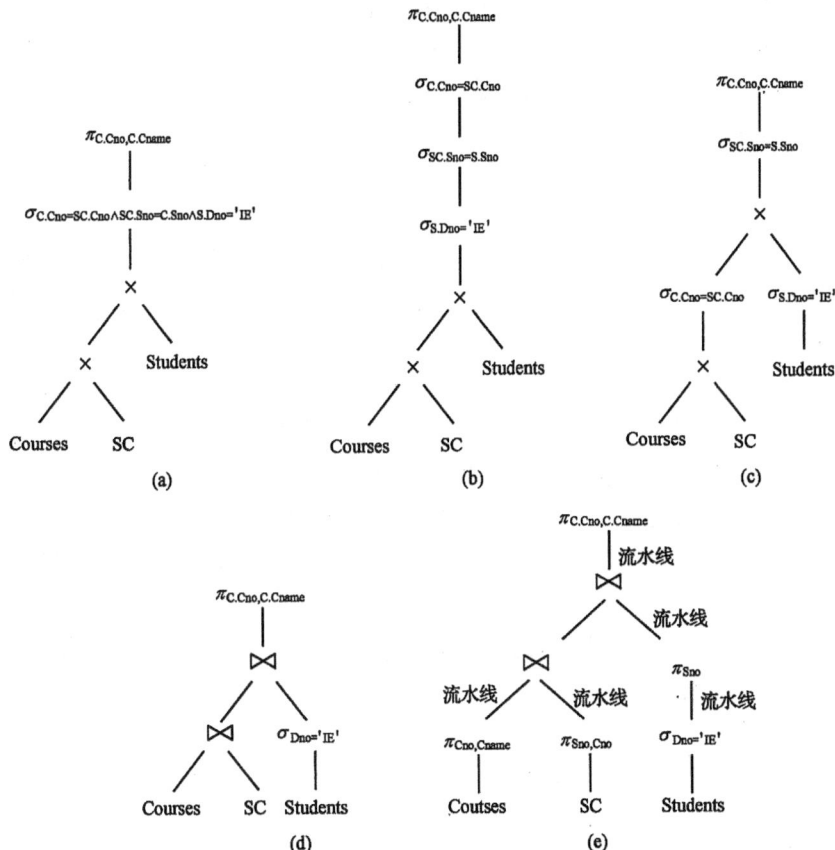

图 8.4 查询优化的启发式算法图示

8.6 物 理 优 化

代数优化根据一些启发式规则,利用关系代数表达式的等价变换和流水线等技术产生一个优化后的关系代数表达式(语法树)。但是,这还不是最终的查询执行计划,因为还没有为每个基本运算或流水线运算确定求值算法。

物理优化将利用元数据中的统计信息,为每个基本运算或流水线运算确定求值算法,产生最终的查询执行计划。由于这些工作涉及底层的存取路径,因此称之为物理优化。

物理优化可以是基于代价的,也可以是基于启发式规则的。基于代价的优化估算不同执行策略的代价,并选出具有最小代价的执行计划;而基于启发式规则的优化根据某些经验规则,选取较好的执行策略。通常,优化器结合两种技术,先使用启发式规则,选取若干较优的候选方案,然后估计这些候选方案的执行代价,选出最终的优化方案。

8.6.1　基于代价的优化

基于代价的优化的基本思想是简单的:对于代数优化产生的语法树(表达式),优化器对每个基本运算和流水线运算,考虑所有可能的执行算法,形成多种执行计划,评估每种执行计划的代价,并从中选择最佳的执行计划。

前面,我们讨论了基本运算和流水线运算的实现算法和方法,以及它们在关系上求值的 I/O 代价估计。对于评估执行计划的代价,这些是必需的,但还不够。我们还需要估计每个运算的结果元组的长度和数目(据此可以计算结果元组所需要的块数)。这样,当运算作用于表达式运算结果时,我们才能估计运算的 I/O 开销;当表达式的中间结果必须存储到临时关系时,我们才能估计中间结果输出和输入的 I/O 开销。

下面,我们讨论各种基本运算结果的估计。回忆一下,DBMS 在数据字典中保存和维护了如下统计量(见 8.1 节):

- n_r:关系 r 的元组数。
- b_r:包含关系 r 的块数。
- l_r:关系 r 的元组长度(字节数)。
- $V(r, A)$:关系 r 在属性 A 上的不同值数目。在查询中经常同时出现的属性集上,也有类似的统计量。
- f_r:关系 r 的块因子,即一块能够容纳关系 r 的元组数。当 r 存储在一个物理文件中时,$b_r = \lceil n_r / f_r \rceil$。

此外,我们还假设 DBMS 还保存和维护了如下信息:

- $\min(r, A)$：关系 r 在属性 A 上的最小值。
- $\max(r, A)$：关系 r 在属性 A 上的最大值。

1. 笛卡儿积运算结果的估计

笛卡儿积运算的结果容易估计。关系 r 和 s 的笛卡儿积的元组数为 $n_r \times n_s$，而每个元组的长度为 $l_r + l_s$。

2. 选择运算结果的估计

选择运算 $\sigma_F(r)$ 的结果元组长度仍然是 l_r，但是结果元组的数目依赖于选择条件。我们假定属性的取值均匀分布。

(1) $\sigma_{A=v}(r)$：结果元组的数目可以用 $n_r / V(r, A)$ 估计。

(2) $\sigma_{A \leqslant v}(r)$：如果 $v < \min(r, A)$，则结果元组的数目为 0，如果 $v \geqslant \max(r, A)$，则结果元组的数目为 n_r，否则结果元组的数目可以用下式估计：

$$n_r \frac{v - \min(r, A)}{\max(r, A) - \min(r, A)}$$

类似的方法可以估计 $\sigma_{A<v}(r)$、$\sigma_{A>v}(r)$ 和 $\sigma_{A \geqslant v}(r)$ 的结果元组的数目。

(3) 合取选择 $\sigma_{F_1 \wedge F_2 \wedge \cdots \wedge F_k}(r)$：其中 $F_i (i = 1, \cdots, k)$ 是上述简单选择条件之一。设 $\sigma_{F_i}(r)$ 的结果元组的数目为 s_i，则合取选择的结果元组的数目可以用下式估计：

$$n_r \frac{s_1 s_2 \cdots s_k}{n_r^k} = \frac{s_1 s_2 \cdots s_k}{n_r^{k-1}}$$

(4) 析取选择 $\sigma_{F_1 \vee F_2 \vee \cdots \vee F_k}(r)$：其中 F_i 和 $s_i (i = 1, \cdots, k)$ 如上所述。析取选择的结果元组的数目可以用下式估计：

$$n_r \left(1 - \left(1 - \frac{s_1}{n_r} \right) \left(1 - \frac{s_2}{n_r} \right) \cdots \left(1 - \frac{s_k}{n_r} \right) \right)$$

3. 连接运算结果的估计

连接 $r \bowtie_F s$ 的结果元组长度为 $l_r + l_s$。由于 $r \bowtie_F s = \sigma_F(r \times s)$，因此连接结果的元组数目可以用估计笛卡儿积和估计选择相结合的方法估计。

自然连接 $r \bowtie s$ 的估计复杂一点。如果公共属性所占的比例不大，其结果元组长度可以保守地用 $l_r + l_s$ 估计，否则需要减去公共属性的长度（数据字典中包含每个属性长度的信息）。下面讨论如何估计自然连接的结果元组数目。

(1) 如果 r 和 s 不含公共属性，则 $r \bowtie s$ 实际上是 r 和 s 的笛卡儿积，因此其元组数目为 $n_r \times n_s$。

(2) 考虑一般情况。设 r 和 s 的公共属性为 A。对于 r 的一个元组 t_r，在平均情况下,大约可以在 s 中找到 $n_s/V(s,A)$ 个元组 t_s 满足 $t_r[A] = t_s[A]$,因此大约可以产生 $n_s/V(r,A)$ 个结果元组。这样,$r \bowtie s$ 中的元组数目大约为 $n_r n_s/V(s,A)$。

交换 r 和 s 的角色,$r \bowtie s$ 中的元组数目大约为 $n_r n_s/V(r,A)$。这样,$r \bowtie s$ 中的元组数目的较好估计为

$$\min\left(\frac{n_r n_s}{V(r,A)}, \frac{n_r n_s}{V(s,A)} \right)$$

如果 r 和 s 的公共属性包含多个属性,并且 DBMS 维护了这些属性上的不同值个数统计,则可以用类似方法估计 r 和 s 的自然连接元组的数目。

(3) 如果 r 和 s 的公共属性包含关系 s 的码 K,则 $r \bowtie s$ 的元组数目不超过 n_r。一个较好估计是

$$\min\left(n_r, \frac{n_r n_s}{V(r,K)} \right)$$

其他一些运算,都可以用类似的方法进行估计。例如,对于投影运算 $\pi_{A_1, A_2, \cdots, A_k}(r)$,其长度等于属性 $A_1, A_2, \cdots, A_k$ 长度之和。不考虑删除重复,其元组数目仍为 n_r。

使用这些估计和前面介绍的基本运算 I/O 开销的估计,优化器可以枚举可能的查询计划,估计每种查询计划的代价,从中选择最佳查询计划。然而,由于不同的查询计划的数目可能太大,这种穷举方法可能导致过大的优化开销。

8.6.2　物理优化的启发式方法

一些启发式规则可以大幅度减少需要考察查询计划的数量。本节,我们考察这些启发式规则。

1. 选择操作的启发式规则

设 K 是关系 r 的主码。

(1) 对于小关系,直接使用线性搜索。如果关系 r 只包含几个物理块,则可以顺序扫描它。只需要读几个物理快就可以实现任意选择。对于形如 $\sigma_{K=v}(r)$ 可能更快。在最好情况下,只需要一次 I/O。而使用索引,索引查找就可能需要读几个物理块。在其他情况下,满足选择条件的多个元组可能散布在多个物理块。使用索引,索引查找和读取这些物理块的开销可能比顺序扫描还大。

对于大关系,启发式规则如下。

(2) 对于形如 $\sigma_{K=v}(r)$ 的选择,使用主码上的索引。通常,RDBMS 会自动在主码上建立索引。这种查询的结果最多是一个元组,使用索引选择的 I/O 开销最多为 $h(r,K)+1$。

(3) 对于形如 $\sigma_{A=v}(r)$ 的选择(其中 A 不是 r 的码),

① 如果 r 在属性 A 上存在聚簇索引,则使用聚簇索引、等值选择。

② 如果 r 在属性 A 上有序,则使用二分法搜索。

③ 如果 r 在属性 A 存在非聚簇索引,并且 $V(r, A)/n_r$ 所占比例很小(例如,小于 10%),则使用非聚簇索引、等值选择,否则使用顺序扫描。

(4) 对于形如 $\sigma_{A \geqslant v}(r)$ 或 $\sigma_{A>v}(r)$ 的选择,

① 如果 r 在属性 A 上存在聚簇索引,则使用聚簇索引确定满足条件 $A=v$ 的元组位置,然后从该位置指示的物理块顺序扫描。

② 如果 r 在属性 A 上有序,则使用二分法搜索确定满足条件 $A=v$ 的元组所在的物埋块,然后顺序扫描;否则使用顺序扫描。

(5) 对于形如 $\sigma_{A \leqslant v}(r)$ 或 $\sigma_{A<v}(r)$ 的选择,使用顺序扫描;但是,如果 r 在属性 A 上有序,则可以提前终止扫描。

(6) 对于合取选择,

① 如果有涉及这些属性的组合索引,则使用组合索引。

② 如果某些属性上有索引,则可以用单个属性上索引的合取选择(见 8.2.3 节),否则使用顺序扫描。

其他情况,一般采用顺序扫描。

2. 连接操作的启发式规则

设连接运算的对象为关系 r 和 s。

(1) 如果是非等值连接,则使用块嵌套循环连接。如果 $b_r + \lceil b_r/(M-2) \rceil \times b_s \leqslant b_s + \lceil b_s/(M-2) \rceil \times b_r$,则 r 为外层关系,否则 s 为外层关系。

以下考虑自然连接和等值连接。

(2) 如果 r 和 s 中的一个(如 s)可以放在内存,则可以用块嵌套循环连接,s 作为外层关系。

(3) 如果 r 和 s 在连接属性上有序,则使用排序-归并连接;如果 r 和 s 中的一个在连接属性上有序,可以先对另一个排序,然后再使用排序-归并连接;

(4) 如果 r 和 s 中的一个较小(如 s 较小),可以使用散列连接;

(5) 对于形如 $r \bowtie_{F_1 \wedge F_2 \wedge \cdots \wedge F_n} s$ 的合取条件的连接,如果对于某个 F_i,$r \bowtie_{F_i} s$ 容易计算,则可以使用前面的方法计算 $r \bowtie_{F_i} s$,并在产生结果元组时仅将满足条件 $F_1 \wedge \cdots \wedge F_{i-1} \wedge F_{i+1} \wedge \cdots F_n$ 的元组作为合取连接的结果。

(6) 相继的(自然)连接,优先考虑小关系(所占块数少的关系)。

实际系统的优化器将考虑更多运算的更多优化策略。

8.6.3 一个物理优化的例子

下面,我们用一个实际例子进一步解释物理优化。

例8.6 继续例 8.5。经过代数优化后,我们得到计算查询的关系代数表达式:

$$\pi_{C.\,Cno,\,C.\,Cname}(\pi_{C.\,Cno,\,C.\,Cname}(Courses) \bowtie \pi_{SC.\,Sno,\,SC.\,Cno}(SC) \bowtie \pi_{S.\,Sno}$$
$$(\sigma_{S.\,Dno='IE'}(Students)))$$

其语法树在图 8.4(e)中。用 C 表示 Courses, S 表示 Students。

假设每个关系都存放在一个独立的文件中,其元组数目分别为 $n_C = 400$, $n_S = 20000$, $n_{SC} = 100000$;所占的物理块数分别为 $b_C = 8$, $b_S = 500$, $b_{SC} = 500$。这些关系在部分属性上的不同值包括: $V(C, Cno) = n_C = 400$, $V(S, Sno) = n_S = 20000$, $V(S, Dno) = 20$, $V(SC, Sno) = n_S = 20000$, $V(SC, Cno) = n_C = 400$。假设 Courses 在 Cno 上有聚簇索引, Students 在 Dno 上有聚簇索引, SC 在 Sno 和 Cno 上分别有非聚簇索引,并在(Sno, Cno)上有组合索引。此外,假设内存可以存放 20 个物理块(每块 2KB)。

如果使用基于代价的优化,需要对每个基本运算和流水线运算,考虑所有可能的算法,得到一系列查询求值计划,估计每种计划的开销,从中选择最优策略。然而,使用启发式规则,容易为每个运算确定算法。

所有的投影都可以并入流水线,而不需要单独计算。

两个相继自然连接 $E_1 = \pi_{C.\,Cno,\,C.\,Cname}(Courses) \bowtie \pi_{SC.\,Sno,\,SC.\,Cno}(SC)$ 和 $E_2 = \pi_{SC.\,Sno,\,SC.\,Cno}(SC) \bowtie \pi_{S.\,Sno}(\sigma_{S.\,Dno='IE'}(Students))$ 哪个先做需要估计 $\pi_{C.\,Cno,\,C.\,Cname}$ $(Courses)$ 和 $\pi_{S.\,Sno}(\sigma_{S.\,Dno='IE'}(Students))$ 的大小。$\pi_{C.\,Cno,\,C.\,Cname}(Courses)$ 只去掉属性 Period 和 Credit(小整数, 2 个字节),因此结果大致与 Courses 相当,大约为 8 块。选择 $\sigma_{S.\,Dno='IE'}(Students)$ 得到的元组数目大约为 $n_s/V(S, Dno) = 20000/20 = 1000$。投影到 Sno 上之后,每个元组 9 个字节,每块至少可以存放 220 个元组,大约为 5 块。这样,根据优先小关系的原则,可以先计算 E_2。

Students 在 Dno 上有聚簇索引,并且产生的结果只有 1000 个元组,投影到 Sno 上之后只有 5 块,可以放在内存,因此 $\sigma_{S.\,Dno='IE'}(Students)$ 可以使用聚簇索引、等值选择计算,结果放在内存。由于 E_2 的一个运算对象已经在内存,因此 E_2 可以用块嵌套循环计算, $\pi_{SC.\,Sno,\,SC.\,Cno}(SC)$ 为内层关系。在做自然连接读入 SC 的元组时可以直接投影到 Sno 和 Cno 上。Sno 是 $\pi_{S.\,Sno}(\sigma_{S.\,Dno='IE'}(Students))$ 的码,因此 E_2 的大小约为

$$\min(n_{SC}, \frac{n_r n_s}{V(SC, Sno)}) = \min(100000, \frac{100000 \times 1000}{20000})$$
$$= \min(100000, 5000) = 5000$$

E_2 的计算结果只有 Sno 和 Cno 两个属性,占 29 个字节。每块可以存放 70 个元组,大约需要 72 块,其计算结果需要作为临时关系保存。

由于 Courses 只有 8 块,可以放在内存,因此自然连接 $\pi_{C.\,Cno,\,C.\,Cname}(Courses)$

⋈ E_2 也可以用块嵌套循环计算,Courses 为外层关系,并在读入它的元组时直接投影到 Cno 和 Cname 上。自然连接的结果直接投影到属性 Cno 和 Cname 上。最后,通过排序删除重复元组,得到查询结果。得到的查询计划如图 8.5 所示。   □

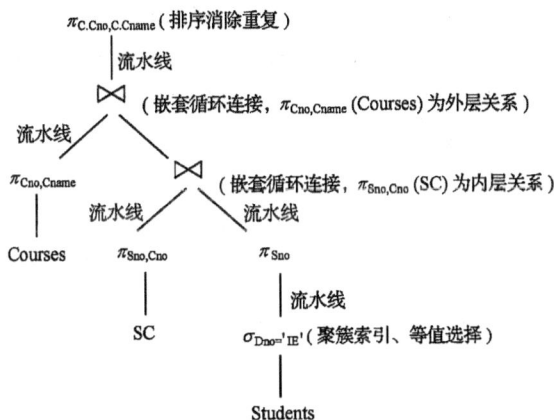

图 8.5 一个查询计划

8.7 小　结

(1) 如何以有效的方式处理用户查询是 RDBMS 有效实现的关键问题之一。查询处理的基本步骤包括语法分析与翻译、查询优化和查询执行,其中查询优化是查询处理的关键。

(2) 查询代价包括 CPU 代价、I/O 代价和内存代价。在集中式系统中,I/O 始终是查询处理的瓶颈,因此通常主要用 I/O 开销作为查询代价估计的主要指标。

(3) 每种基本运算都存在多种算法,适应不同的情况。投影的处理是简单的,通常不单独处理。

(4) 对于包含简单条件的选择,可以使用线性搜索、二分法搜索和索引来处理。复杂的选择可以通过简单选择的并和交实现。

(5) 连接的基本算法是嵌套循环和它的改进——块嵌套循环。对于自然连接和等值连接,还可以使用索引嵌套循环、排序-归并、散列连接等方法。

(6) 查询优化旨在为查询处理找出一个好的策略。查询优化不仅是必要的,而且通过系统来做可以做得更好,因为系统可以利用许多统计信息。

(7) 代数优化利用一些启发式规则对查询表达式进行等价变换,使得变换后的表达式的求值更加有效。这些启发式规则包括选择尽可能先做、投影尽可能先做、尽量避免笛卡儿积运算。而提取公共表达式和流水线技术可以进一步加快查询求值速度。

（8）物理优化为每个基本运算和流水线运算选择合适的算法,得到查询求值的最佳执行计划。物理优化可以是基于代价的,也可以是基于启发式规则的;实际系统常常结合两种技术。

（9）DBMS 保存和维护了一些统计量,使得我们可以较好的估计每种运算的 I/O 开销的产生的结果元组大小,从而可以较好地估计查询计划的 I/O 开销。

（10）一些启发式规则可以帮助我们为运算选择合适的算法,避免枚举所有可能的查询方案,降低优化本身的开销。

习　题

8.1　试述查询优化在关系数据库中的必要性和可能性。

8.2　系统进行查询优化有哪些优点? 为什么说系统进行优化能够比用户做得更好?

8.3　代数优化有哪些启发式规则? 你认为哪些启发式规则最重要(有效),说明你的理由。

8.4　如果索引是非聚簇索引,并且在连接属性上多个元组具有相同值,索引嵌套循环的效率不高,为什么?

8.5　假设关系 r 和 s 在公共属性上无序,也没有索引。如果内存足够大,就 I/O 开销而言,计算 $r \bowtie s$ 的最有效方法是什么? 该算法需要多大内存?

8.6　假设关系 r 和 s 的公共属性是 r 的主码、s 的外码,并且 r 和 s 在连接属性上是有序的。给出用排序-归并方法计算 $r \bowtie s$ 的伪代码。

8.7　有些运算(如投影、并等)可能导致重复元组。给出两种删除重复元组的方案。

8.8　可以使用类似于散列连接的做法实现集合操作。假设关系 r 和 s 都不含重复元组。

（1）给出使用散列方法实现集合运算 $r \cup s$ 算法梗概,并估计算法的 I/O 开销。

（2）修改你的算法,实现 $r \cap s$ 和 $r - s$。

8.9　对图 8.2 的语法树,

（1）使用启发式规则进行代数优化。

（2）对关系 Suppliers 和 SP 做合理假设(参照例 8.2 等),给出最终的查询计划。

8.10　假设某银行数据库包含如下关系模式:

```
Branches (Bname, City, Assets)
Accounts (Ano, Bname, Balance)
```

Customers (Cno, Cname, Ano)

其中,Branches 记录支行信息, 包括支行名(Bname)、所在城市(City)和资产(Assets)等属性; Accounts 记录账户信息, 包括账号(Ano)、支行名和存款余额(Balance)等属性; Customers 记录客户信息, 包括客户号(Cno)、客户名(Cname)和账号等属性。

下面的 SQL 语句查询郑州市存款余额超过 10000 元的客户姓名:

SELECT Cname

FROM Branches B, Accounts A, Customers C

WHERE B. Bname = A. Bname and A. Ano = C. Ano and

City = '郑州市' and Balance > 10000;

给出该查询的初始语法树,并对它进行代数优化。

8.11　估计例 8.6 的查询执行计划的 I/O 开销。

第9章 事务与并发控制

事务是一系列数据库操作,是数据库应用程序的基本逻辑单元。无论有无故障,无论有多少事务并发执行,数据库系统都必须保证事务的正确执行——事务中的所有操作要么全做,要么全不做。事务是并发控制的基本单位,也是数据库恢复的基本单位。

本章讨论事务的相关概念、并发控制以及与并发控制相关的技术,恢复将在下一章讨论。9.1节介绍事务的概念、特征和状态。9.2节是并发控制概述,讨论为什么需要并发执行事务和多个事务和并发可能导致的问题。9.3~9.6节解释解决这些问题的方法和技术,包括并发调度的可串行化(9.3节)、基于锁的协议(9.4节和9.5节)和多粒度封锁(9.6节)。

9.1 事务的概念

事务是用户定义的一个数据库的操作序列,这些操作要么全做要么全不做,是一个不可分割的工作单元。在关系数据库中,一个事务可以是一条 SQL 语句、一组 SQL 语句或整个程序。

9.1.1 事务的特性

为了保证数据的一致性,数据库中的事务应当具有 4 个特性:原子性(atomicity)、一致性(consistency)、隔离性(isolation)和持久性(durability)。这些特性通常被称为事务的 ACID 特性。

(1)**原子性**:事务是数据库的逻辑工作单元。事务的所有操作要么都全部成功地执行,要么一个也不被执行。

(2)**一致性**:事务隔离执行时要保持数据库的一致性(即正确性);也就是说,事务的执行结果必须使数据库从一个一致性状态转变到另一个一致性状态,但事务内部无须保证一致性。

(3)**隔离性**:一个事务的执行不能被其他事务干扰。也就是说,即使多个事务并发执行,任何事务的更新操作直到其成功提交,对其他事务都是不可见的。

(4)**持久性**:一个事务完成后,它对数据库的改变必须是永久的,即使系统出现故障,它对数据库的更新也将永久有效。

保证事务 ACID 特性是事务处理的重要任务,是 DBMS 中并发控制机制和恢

复机制的责任。破坏事务 ACID 特性的因素包括:

(1) 多个事务并行运行:多个事务的并行执行可能破坏事务的隔离性。DBMS 的并发控制子系统必须保证多个事务的并行运行不影响这些事务 ACID 特性,特别是不会影响事务的原子性和隔离性。

(2) 事务在运行过程中被强行停止:各种故障都可能导致事务夭折,破坏事务的 ACID 特性。DBMS 的故障处理子系统必须保证被强行中止的事务对数据库和其他事务没有任何影响。

为了加深对事务的理解,我们考虑一个简化的银行系统的例子。该系统由 A、B 账户以及访问、更新这些账户的一组事务组成。暂且假设数据库永久驻留在磁盘上,部分数据临时驻留在主存储器中。事务访问数据使用如下的两个操作:

read(X):从数据库传送数据项 X 到读操作事务的局部缓冲区。

write(X):从事务的局部缓冲区把数据项 X 写回数据库。

设事务 T 从账户 A 过户 150 元到账户 B。该事务可定义为

```
T: read(A);
   A:=A-150;
   write(A);
   read(B);
   B:=B+150;
   write(B).
```

原子性:假设事务 T 执行前,账户 A 和账户 B 分别有 1000 元和 2000 元。如果事务 T 执行时,系统出现故障,导致 T 的执行没有成功完成。这种故障可能是电源故障、硬件故障或软件故障等。假设故障发生在 write(A) 操作之后,write(B) 执行之前。这种故障,数据库反映出来的是账户 A 有 850 元,而账户 B 有 2000 元,导致 150 元不翼而飞。系统的这种状态就称为不一致状态。系统可能在事务执行过程的某一时刻处于不一致状态,如何保证这种不一致性在数据库系统中是不可见,是要求事务保持原子性的原因。具有原子性的事务,其所有活动要么在数据库中全部反映出来,要么全部不反映。

一致性:事务 T 的执行不改变 A、B 之和。如果没有一致性要求,事务 T 就会在转账时凭空增加或减少存款。容易验证,如果数据库在事务 T 执行前是一致的,那么事务 T 执行后仍将保持一致性。

隔离性:即使每个事务都能确保一致性和原子性,但如果几个事务并发执行,它们的操作可能以某种人们所不希望的方式交叉执行,这也可能导致不一致的状态。例如,当 A 中总金额已被减去 150 元并已写回 A,而 B 中总金额被加上 150 元后还未被写回时,数据库暂时是不一致的。此时此刻,另一个并发执行的事务 T' 在这个中间时刻读取 A 和 B 的值并进行 $A+B$ 的计算,将会得到不一致的值。

若事务 T' 基于其所读取的不一致值对 A 和 B 进行更新,即使两个事务顺利完成,数据库仍可能处于不一致状态。事务的隔离性确保事务并发执行后的系统状态与这些事务以某种串行次序执行后的状态是等价的。

持久性:一旦事务成功完成,即资金转账已经发生,系统就必须保证任何系统故障都不会引起这次转账相关数据的丢失。假设计算机系统的故障会导致内存数据丢失,但已写入磁盘的数据却不会丢失。在这种条件下,通过以下任何一条可确保事务的持久性:

① 事务的更新在事务结束之前已经写入磁盘。

② 有关事务已执行的更新和已写到磁盘上的更新信息,必须足以让数据库在系统出现故障后,能够重新构造事务所做的更新。

9.1.2 事务状态

事务开始运行就进入活跃状态。在无任何故障的情况下,事务能够成功完成。成功完成的事务称为已**提交事务**。但是,事务并非总能顺利完成,这种事务被称为**中止事务**。若要确保事务的原子性,中止事务对数据库所做的任何改变必须撤销。一旦中止事务造成的变更被撤销,就说事务**已回滚**。为了详细研究事务运行过程中状态的变化,可以建立了一个简单的抽象事务模型。事务必须处于以下状态之一:

(1) **活跃状态**(active):初始状态,事务执行时处于该状态。

(2) **部分提交状态**(partially committed):最后一条语句被执行后的状态。

(3) **失败状态**(failed):发现正常的执行不能继续后的状态。

(4) **中止状态**(aborted):事务回滚,并且数据库已被恢复到事务开始执行前的状态。

(5) **提交状态**(committed):成功完成后的状态。

事务的状态转换如图 9.1 所示。事务从活跃状态开始。当事务完成它的最后一条语句,所有读写操作都已经完成后就进入了部分提交状态。此时,事务已经完成执行,但由于实际输出可能仍然临时驻留在主存储器中,在其成功完成前还可能出现故障,因此事务仍有可能不得不中止,从而进入失败状态。

对于部分提交的事务,数据库系统需要向磁盘写入足够的信息,确保即使出现故障,事务所做的更新也能重建。完成这些工作后,事务成功结束,进入提交状态。

处于活跃状态的事务可能由于某种原因不能继续正常运行,事务就进入失败状态。一个事务进入失败状态后,数据库管理系统首先消除该事务的操作对数据库和其他事务的影响,然后使事务进入中止状态。对于被中止的事务,系统有两种选择:

(1) **重启**(restart)**事务**:仅当引起事务中止的错误不是由事务的内部逻辑所产生时,才可以重新启动该事务。重启的事务将被看成是一个新事务。

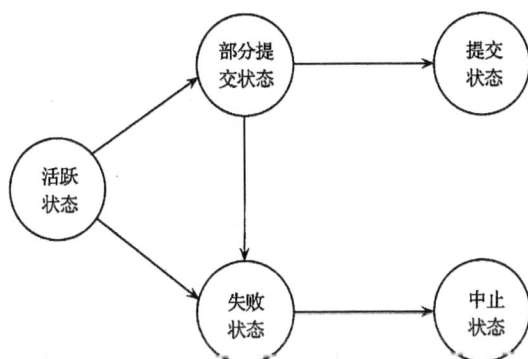

图 9.1 事务的状态转换图

(2) 杀死(kill)事务:如果导致事务中止的错误是事务的内部逻辑错误,如零做除数、程序有误,或者输入错误,或者程序所需数据在数据库中没有找到等情况下,则要杀死该事务。

9.1.3 SQL 对事务的支持

数据库系统中的数据操纵语言包含一些与事务活动有关的语句,SQL 标准也是如此。SQL 中事务的开始是隐含的,事务的结束用下列 SQL 语句之一来表示:

COMMIT [WORK]:提交并终止当前事务

ROLLBACK [WORK]:中止当前事务

其中关键字 WORK 是可选的。这些语句强制每个打开的游标关闭,引起所有数据库定位的丢失。COMMIT 使得事务对数据库的更新成为持久的,而 ROLL-BACK 将撤销事务对数据库的所有更新(恢复成更新前的值),就好像这个事务根本未曾发生一样。

注意:有些 SQL 实现能在 COMMIT 时防止自动地关闭游标和丢失数据库定位,但不支持 ROLLBACK。如果一个程序结束前没有用这两条命令,其对应的更新结果或者提交,或者回滚(具体哪一个会发生,标准没有规定),视具体实现而定。

SQL 还提供了 SET TRANSACTION 语句,用于设置包含该语句的 SQL-Agent 中下一个事务的特性。SQL-Agent 是一个依赖于具体实现的实体,它导致一系列 SQL 语句的执行。

SET TRANSACTION 语句形式如下:

SET TRANSACTION <事务模式列表>

其中<事务模式列表>可以指定存取模式或隔离级别或两者都指定(中间用逗号隔开)。

存取模式可以是 READ ONLY(只读)或 READ WRITE(读、写)。若两者都未指定,在隔离级别不是 READ UNCOMMITED 的情况下,存取模式默认为 READ

WRITE,否则为 READ ONLY。

隔离级别的格式为：

ISOLATION LEVEL ＜级别＞

其中＜级别＞从低到高依次为 READ UNCOMMITED、READ COMMITED、RE-
PEATABLE READ 和 SERIALIZABLE。未指定隔离级别时，缺省的隔离级别为
ISOLATION LEVEL SERIALIZABLE。

READ UNCOMMITED(读未提交的修改)是最低的隔离级别，只能在只读模
式下使用，适合那些对查询质量要求不高的只读事务。READ COMMITED(读提
交的修改)可以避免读"脏"数据，但不能保证可重复读。REPEATABLE READ(可
重复读)可以避免一个事务两次读取相同的数据对象得到不同的值，但不能保证事
务的并发调度的可串行化。缺省的级别 SERIALIZABLE(可串行化)是最高的隔
离级别，可以保证并发调度的可串行化，避免并发调度可能导致的问题。隔离级别
越高，可能出现的问题越少，但是系统的并发度越低；隔离级别越低，可能出现的问
题越多，但系统的并发度越高。这些问题的进一步解释在本章其余各节中。

SQL 标准还规定系统必须保证可串行化和不存在级联回滚，该标准的可串行
化要求具体调度的执行结果必须与一个可串行调度的执行结果相同。因此，冲突
可串行化与视图可串行化均是可接受的，具体的说明见 9.3 节。

9.2　并发控制概述

数据库是一个共享资源，允许多个用户同时使用。例如，火车售票需要多个售
票点和售票窗口，火车售票系统必须允许多个用户(售票员)同时访问车票数据库。
这就导致多个事务同时访问数据库。

多个事务可以串行执行，即每一时刻只有一个事务运行，其他事务必须等到这
个事务结束以后方能运行。串行执行的处理比较简单，但是系统利用率不高。事
务的并发执行是数据库系统提高系统效率的有效方法，但可能破坏事务的 ACID
性质，导致数据的不一致性。本节，我们讨论引入并发的原因以及并发可能导致的
问题。

9.2.1　事务的并发执行

数据库系统使用并发执行机制的动机和操作系统中使用多道程序设计的动机
一样，主要有如下两条理由：

(1)提高吞吐量和资源的利用率。一个事务由多个步骤组成，一些步骤涉及
I/O 活动，而另一些涉及 CPU 活动。计算机系统中 CPU 与磁盘可以并行运行。
因此，多个事务的并行执行时，一个事务在一个磁盘上进行读写，另一个事务可在

CPU 上运行,同时第三个事务又可在另一磁盘上进行读写,从而系统的吞吐量增加,即给定时间内执行的事务数量增加,因而也提高了处理器与磁盘利用率。

(2) 减少等待时间。系统中可能存在各种各样的事务,有些运行时间较短,有些较长。如果事务串行执行,短事务可能要等它前面的长事务完成,这可能导致难以预测的延迟。如果各个事务是针对数据库的不同部分进行操作,事务并发执行使得各个事务可以共享 CPU 周期与磁盘存取。并发执行可以减少不可预测的事务执行延迟。此外,并发执行还可以减少平均响应时间,即一个事务从开始到完成所需要的平均时间。

事务的并发执行有两种方式:

(1) 交叉并发方式。在单处理机系统中,事务的并行执行是这些并行事务的操作轮流交叉在 CPU 上运行。这种并发方式又称逻辑并行。单处理机系统中的并行事务并没有真正地并行运行,但能够减少处理机的空闲时间,提高系统的效率。

(2) 同时并发方式。多处理机系统中,每个处理机都可以运行一个事务,多个处理机可以同时运行多个事务,实现多个事务真正的并发执行。这种并发执行又称物理并行。物理并行是最理想的并发方式,但受制于硬件环境。

然而,无论是逻辑并行还是物理并行,如果不对事务的并发执行加以控制,都会导致相同的问题。因此,在下面的讨论中,我们不区分事务的并发执行实际采用哪种方式。

9.2.2　并发执行可能导致的问题

当多个事务并发访问同一数据对象时,如果不加控制就可能破坏事务的隔离性,导致数据的不一致。事务并发执行可能导致丢失修改、读"脏"数据和不可重复读等问题。

1. 丢失修改

两个或多个事务同时从数据库中读取相同的数据对象并进行修改,后提交的事务的修改破坏了先提交的事务的修改,导致先提交的事务的修改丢失。

2. 读"脏"数据

读"脏"数据是指事务 T_i 修改某一数据,并将其写回磁盘,事务 T_j 读取同一数据后,事务 T_i 由于某种原因被撤销。这时,被事务 T_i 修改过的数据恢复原值,事务 T_j 读到的数据就与数据库中的数据不一致,是不正确的数据,又称为"脏"数据。

3. 不可重复读

事务 T_i 读取数据后,事务 T_j 执行更新操作,使事务 T_i 无法再现前一次读取的结果。有三类不可重复读：

(1) 事务 T_i 读取某一数据项后，事务 T_j 对其做了修改，当事务 T_i 再次读该数据项时，得到与前一次不同的值。

(2) 事务 T_i 按一定条件从数据库中读取某些数据记录后，事务 T_j 删除了其中部分记录，当事务 T_i 再次按相同条件读取数据时，发现某些记录神秘地消失了。

(3) 事务 T_i 按一定条件从数据库中读取某些数据记录后，事务 T_j 插入了一些记录，当事务 T_i 再次按相同条件读取数据时，发现多了一些记录。

后两种不可重复读有时也称**幻影现象**。

下面，我们看一个例子。

例9.1 设 A、B、C 是三个账户的存款余额，分别有存款 1000 元、2000 元和 3000 元。

(1) 事务 T_1 和 T_2 分别是从账户 A 取出 200 元和 100 元的事务。事务 T_1 和 T_2 操作如下：

$$T_1: read(A);\ A:=A-200;\ write(A);$$
$$T_2: read(A);\ A:=A-100;\ write(A);$$

如果串行执行，事务 T_1 和 T_2 结束后账户 A 中的存款余额为 700 元。然而，如果并行执行不加限制，事务 T_1 和 T_2 的并发执行可能导致图 9.2(a) 所示的次序。事务 T_1 和 T_2 结束时，账户 A 中的存款余额不是 700 元，而是 900 元。这是因为在时刻 6，T_2 将 $A=900$ 写回账户 A，导致 T_1 在时刻 4 的修改丢失。

(2) 考虑事务 T_3 和 T_4。如图 9.2(b) 所示，在时刻 1~3，事务 T_3 将 C 增加 1000(C 的值变成 4000)。在时刻 4，事务 T_4 读入 C，得到 4000。然而，由于某种原因，事务 T_3 在时刻 5 回滚，C 的值恢复为 3000。此时，事务 T_4 读到的值是数据库中不存在的值——"脏"数据。

T_1	T_2	T_3	T_4	T_5	T_6
(1) read(A)		(1) read(C)		(1) read(A)	
(2)	read(A)	(2) $C:=C+1000$		(2) read(B)	
(3) $A:=A-200$		(3) write(C)		(3) $sum1:=A+B$	
(4) write(A)		(4)	read(C)	...	
(5)	$A:=A-100$	...	...	(4)	read(B)
(6)	write(A)	(5) ROLLBACK	C 为 4000，不一致	(5)	$B:=1.04*$
		(C 恢复为 3000)		(6)	B
		...		(7) read(A)	write(B)
				(8) read(B)	
				(9) $sum2:=A+B$	
(a) 丢失修改		(b) 读"脏"数据		(c) 不可重复读	

图 9.2　事务并发所导致的三种类型的数据不一致性

（3）考虑事务 T_5 和 T_6。事务 T_5 先后两次读入 A 和 B 并求它们的和。事务 T_6 将 B 增加 4%。如果不加控制，事务 T_5 和 T_6 的并发执行就可能出现图 9.2（c）的执行次序。在时刻 8，T_5 再次读入 B 时，B 已经被 T_6 增加了 4%，重复读相同的数据对象得到不同的结果，导致 T_5 两次得到的 A 和 B 的和 $sum1$ 和 $sum2$ 并不相等。　　　　　　　　　　　　　　　　　　　　　　　　　　　　□

上例表明，在多个事务并发执行时，如果不加控制，即使每个事务都正确执行，数据库的一致性也可能被破坏。数据库系统的并发控制部件必须控制事务的并发执行，保证对并发执行的事务进行正确调度，保证事务的 ACID 特性，保证数据库的一致性。

9.3　并发调度的可串行化

多个并发事务的一种执行顺序称为一种**调度**，它表示事务的语句在系统中执行的时间顺序。对于两个或多个并发事务，存在多种可能的调度，不同的调度可能会产生不同的结果。那么，什么样的调度是正确的呢？本节，我们将深入研究这一问题。

9.3.1　串行调度与并发调度

所谓一组事务的**串行调度**是指这些事务一个接一个地执行，其中每个事务都在上一个事务（如果有的话）完全结束之后才开始执行。

对于一组事务，串行调度总是正确的。这是因为每个事务运行过程中没有其他事务同时运行，没有受到其他事务的干扰，因此可以认为该事务的运行结果都是正常的或者预想的。对于 n 个事务，存在 $n!$ 个不同的串行调度，可能导致不同的结果。但是，由于它们都不会将数据库置于不一致状态，所以可以认为每种串行调度都是正确的。

例 9.2　考虑两个事务 T_1 和 T_2。事务 T_1 是从账户 A 转账 50 元到账户 B，事务 T_2 是从账户 A 过户 10% 的存款余额到账户 B，分别定义如下：

T_1: read(A);　　　　　　　　　T_2: read(A);
　　　A := $A - 50$;　　　　　　　　　　temp := $0.1 * A$;
　　　write(A);　　　　　　　　　　　A := $A - temp$;
　　　read(B);　　　　　　　　　　　write(A);
　　　B := $B + 50$;　　　　　　　　　read(B);
　　　write(B).　　　　　　　　　　　B := $B + temp$;
　　　　　　　　　　　　　　　　　　　write(B).

事务 T_1 和 T_2 的两种串行调度如图 9.3 所示。假设事务 T_1 和 T_2 执行前账

户 A 和账户 B 分别有 1000 元和 2000 元。串行调度 1 导致账户 A 与 B 对应的值分别为 855 元和 2145 元。而串行调度 2 导致账户 A 与 B 对应的值分别为 850 元和 2150 元。尽管结果不同,但是在两种情况下,账户 A 与 B 的资金之和(即 $A + B$)在两个事务执行后保持不变。因此,我们认为两种调度的结果都是正确的。 □

T_1	T_2	T_1	T_2
read(A);			read(A);
$A := A - 50$;			$temp := 0.1 *$ A
write(A);			$A := A - temp$;
read(B);			write(A);
$B := B + 50$;			read(B);
write(B).			$B := B + temp$;
			write(B).
	read(A);	read(A);	
	$temp := 0.1 * A$	$A := A - 50$;	
	$A := A - temp$;	write(A);	
	write(A);	read(B);	
	read(B);	$B := B + 50$;	
	$B := B + temp$;	write(B).	
	write(B).		
(a) 串行调度 1		(b) 串行调度 2	

图 9.3　两个并发事务的串行调度

一组事务的一个调度必须包含这一组事务的全部指令,并且必须保持指令在各个事务中出现的顺序。例如,在任何一个有效的调度中,例 9.2 中事务 T_1 中的指令 write(A)必须在指令 read(B)之前出现。图 9.3 所示的这两个调度都是串行的。串行调度由来自各事务的指令序列组成,其中属于同一事务的指令在调度中紧挨在一起。因此,对于包含 n 个事务的事务组,共有 $n!$ 个有效的串行调度。

当数据库系统并发执行多个事务时,调度可以是并行的而不必是串行的。所谓一组事务的**并发调度**是指这些事务中至少有两个事务都开始了它们的执行,并且都尚未结束。若有两个并发执行的事务,系统可能先选择其中的一个事务执行一段时间,然后切换,执行第二个事务一段时间,接着又切换到第一个事务执行一段时间,如此下去。在多个事务的情况下,所有事务共享 CPU 时间。执行顺序可能有多种,因为来自两个事务的各个指令可以交叉执行。图 9.2 中的事务 T_1 和 T_2,T_3 和 T_4,T_5 和 T_6 的调度都是并发调度。例 9.2 的事务 T_1 和 T_2 的两个并发调度如图 9.4 所示。

T_1	T_2	T_1	T_2
read(A);		read(A);	
$A_:=A-50$;		$A_:=A-50$;	
write(A);			read(A);
	read(A);		$temp_:=0.1*A$
	$temp_:=0.1*A$		$A_:=A-temp$;
	$A_:=A-temp$;		write(A);
	write(A);		read(B);
read(B);		write(A);	
$B_:=B+50$;		read(B);	
write(B).		$B_:=B+50$;	
	read(B);	write(B).	
	$B_:=B+temp$;		$B_:=B+temp$;
	write(B).		write(B).
(a) 并发调度 1		(b) 并发调度 2	

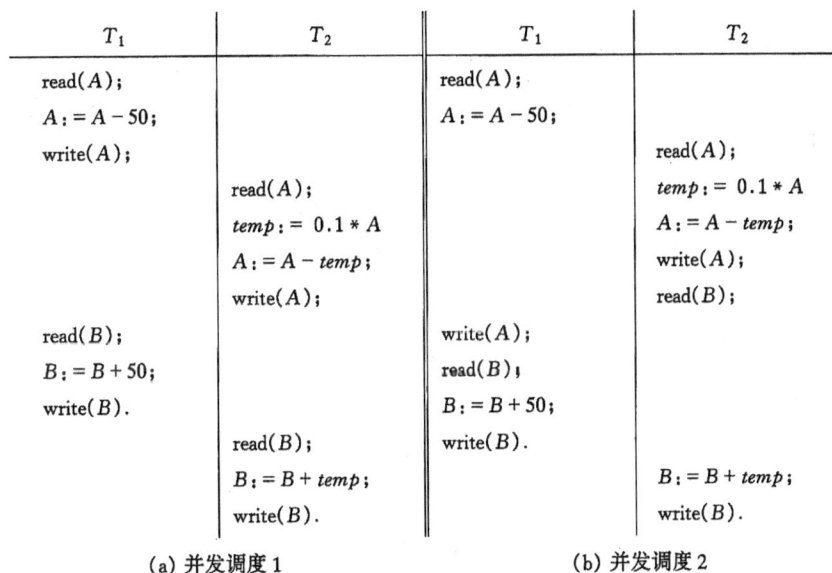

图 9.4　两个并发调度

　　一般而言,准确预测在 CPU 切换到另一个事务之前,CPU 将执行多少条某个事务的指令是不可能的。因此,对于有 n 个事务的事务组,可能调度的总数要远大于 $n!$。不是所有的并发执行都能得到正确的结果。在例 9.1 中,我们看到事务的并发调度可能导致三种类型的数据不一致性。一个问题是:什么样的并发调度才是正确的?

　　并发调度正确性准则:一组事务的一个并发调度 S 是正确的,当且仅当调度 S 的执行结果与某一个串行调度的执行结果相同。此时,我们称并发调度 S 是**可串行化的**。

　　其理由是:任何串行调度都不破坏数据的一致性,都是正确的。如果一个并行调度的结果与某个串行调度的结果相同,则它也不会破坏数据的一致性,因而我们没有理由认为它不正确。

　　考察图 9.4 中的两个并发调度。尽管并发调度 1 与图 9.3 的串行调度 1 的语句执行顺序不同,但是并发调度 1 的结果与串行调度 1 相同。因此,并发调度 1 是正确的。然而,并发调度 2 的执行结果与任何串行调度的执行结果都不相同。因此,并发调度 2 是错误的。容易验证,图 9.2 中的三个并发调度的执行结果都不与任何串行调度的执行结果相同。

　　如果并发执行的控制完全由操作系统负责,许多调度都是可能的,包括那些使数据库处于不一致状态的调度。数据库系统的并发控制机制必须保证所有并发调度都是可串行化的,从而保证并发调度的正确性。下面,我们将更深入地讨论这一问题。

9.3.2　冲突可串行化

在事务的并发执行的过程中,为了保证数据库的一致性,我们需要研究哪些调度是可串行化的。事实上,由于每个事务独立执行都能保证数据的一致性,因此并发调度影响数据一致性的操作只有 read 和 write 操作。为了简化讨论,下面我们只考虑事务中的 read 和 write 操作。这样,图 9.4(a) 的并发调度 1 可以简化为图 9.5(a)。

调度 1		调度 2		调度 3	
T_1	T_2	T_1	T_2	T_1	T_2
read(A);		read(A);		read(A);	
write(A);		write(A);		write(A);	
	read(A);		read(A);	read(B);	
	write(A);	read(B);		write(B).	
read(B);			write(A);		read(A);
write(B).		write(B).			write(A);
	read(B);		read(B);		read(B);
	write(B).		write(B).		write(B).
(a) 并发事务的调度序列		(b) 交换非冲突的指令		(c) 交换后的串行化调度	

图 9.5　冲突可串行化的调度序列

设 S_1 和 S_2 是同一组事务的两个调度。如果 S_1 和 S_2 产生相同的结果,则我们称调度 S_1 和 S_2 **等价**。这样,并发调度的正确性准则可以描述为: 并发调度 S 是正确的,当且仅当 S 与某个串行调度等价。

考虑一个调度 S,其中含有分别隶属于 T_i 和 T_j 的两条连续指令 I_i 和 I_j。如果 I_i 和 I_j 引用不同的数据对象,则交换这两条指令不会影响调度中任何指令的结果。然而,如果 I_i 和 I_j 引用相同的数据对象 Q,则两者的顺序可能是重要的。在只处理 read 与 write 指令的条件下,可分以下四种情形进行讨论:

(1) $I_i = \text{read}(Q)$, $I_j = \text{read}(Q)$。此时,I_i 与 I_j 的次序无关紧要,因为不论其次序如何,T_i 与 T_j 读取的 Q 值总是相同的。

(2) $I_i = \text{read}(Q)$, $I_j = \text{write}(Q)$。如果 I_i 先于 I_j,则 T_i 不会读取由 T_j 的指令 I_j 写入的 Q 值;如果 I_j 先于 I_i,则 T_i 读到由 T_j 的指令 I_j 写入的 Q 值。因此,I_i 与 I_j 的次序是重要的。

(3) $I_i = \text{write}(Q)$, $I_j = \text{read}(Q)$。此时,I_i 与 I_j 的次序是重要的,其原因类似于前一种情况。

(4) $I_i = \text{write}(Q)$, $I_j = \text{write}(Q)$。由于两条指令均为 write 指令,指令的顺

序对 T_i 和 T_j 没有什么影响。然而, 调度 S 的下一条 read(Q) 指令读取的值将受到影响, 因为数据库里只保留了两条 write 指令中后一条的结果。如果在调度 S 的指令 I_i 与 I_j 之后没有其他的 write(Q) 指令, 则 I_i 与 I_j 的顺序直接影响调度 S 所产生的数据库中 Q 值。

由此可见, 当访问相同的数据对象时, 只有在隶属于不同事务的指令 I_i 与 I_j 全为 read 指令时, 两条指令的执行顺序才是无关紧要的。

设 I_i 和 I_j 是隶属于不同事务的指令。如果 I_i 和 I_j 是在相同的数据对象上的操作, 并且其中至少有一个是 write 指令, 则称指令 I_i 与 I_j 是**冲突的** (conflict); 否则称指令 I_i 与 I_j 是**非冲突的**。显然, 如果隶属于不同事务的指令 I_i 和 I_j 是在不相同的数据对象上的操作, 则 I_i 和 I_j 是非冲突的。

对于任意调度 S, 交换其隶属于两个不同事务的非冲突指令 I_i 和 I_j 不会影响计算结果。因此, 反复交换 S 中隶属于两个不同事务的非冲突指令所得到的调度 S' 与 S 等价, 称作**冲突等价** (conflict equivalent)。调度 S 是**冲突可串行化的** (conflict serializable), 如果 S 与一个串行调度冲突等价。

给定一个调度 S, 反复交换 S 中隶属于不同事务的非冲突操作, 将隶属于同一事务的操作移动到一起。如果能够得到一个串行调度, 则 S 是冲突可串行化的, 否则不是。

例 9.3 考虑图 9.5(a)。交换事务 T_1 的 read(B) 和 T_2 的 write(A) 得到调度 2, 如图 9.5(b) 所示。read(B) 和 write(A) 是非冲突的, 因此调度 2 与调度 1 冲突等价。继续交换调度 2 中隶属于不同事务的非冲突指令, 我们可以得到图 9.5(c) 所示的等价调度 3。调度 3 是串行调度, 因此调度 1 是冲突可串行化的。 □

可以验证, 图 9.4(b) 的并发调度不是冲突可串行化的。我们把验证留给读者。

9.3.3 视图可串行化

冲突可串行化的调度一定是可串行化的调度, 但是其逆不真。视图可串行化是一种限制比较宽松的调度等价形式, 同样是基于事务的读写操作。

设 S_1 和 S_2 是同一组事务的两个调度。调度 S_1 和 S_2 是**视图等价的** (view equivalent), 如果它们满足以下三个条件:

(1) 对于每个数据项 Q, 若事务 T_i 在调度 S_1 中读取了 Q 的初始值, 那么在调度 S_2 中 T_i 也读取 Q 的初始值。

(2) 对于每个数据项 Q, 若事务 T_i 在调度 S_1 中执行了 read(Q) 并且读取的值是由事务 T_j 执行 write(Q) 产生的, 则在调度 S_2 中, T_i 的 read(Q) 操作读取的值 Q 也必须是由同一个 write(Q) 产生的。

(3) 对于每个数据项 Q, 若事务 T_i 在调度 S_1 中执行了最后的 write(Q) 操作,则在调度 S_2 中该事务也必须执行最后的 write(Q)操作。

条件(1)与条件(2)保证了在两个调度中的每个事务都读取相同的值,从而进行相同的计算。条件(3)与条件(1)、(2)一起保证两个调度得到相同的最终系统状态。

如果调度 S 视图等价于一个串行调度,则称调度 S 是**视图可串行化的**(view serializable)。

每个冲突可串行化的调度都是视图可串行化的。但是,存在视图可串行化的调度,它不是冲突可串行化的,如下例所示。

T_1	T_2	T_3
read(Q)		
	write(Q)	
write(Q)		
		write(Q)

图 9.6　一个视图可串行化的调度

例 9.4　图 9.6 所示的调度是一个视图可串行化的调度,其视图等价于串行调度< T_1, T_2, T_3 >。因为在两个调度中 read(Q)指令均是读取 Q 的初始值,两个调度中均是 T_3 最后写 Q 值。然而,该调度不是冲突可串行化调度。　　□

判定视图可串行化问题是 NP-完全的,因此不存在有效算法。

9.4　基于锁的协议

以互斥的方式对数据项进行访问是确保可串行化的方法之一。也就是说,当一个事务访问某个数据对象时,其他任何事务都不能修改该数据对象。封锁技术是最常用的方法,封锁就是事务 T 在对某个数据对象操作之前,先向系统发出加锁请求,加锁后事务 T 就对该数据对象有了一定的控制权,在事务 T 释放它的锁之前,其他事务不能更新该数据对象。

9.4.1　共享锁与排他锁

基本锁类型有两种:共享锁和排他锁。

(1) **共享锁**(shared lock,S 锁):共享锁又称**读锁**。如果事务 T 获得了数据对象 Q 上的共享锁,则 T 可以读但不能写 Q,并且在 T 释放 Q 上的 S 锁之前,其他事务只能获得 Q 上的 S 锁,而不能获得 Q 上的 X 锁。

(2) **排他锁**(exclusive lock,X 锁):排他锁又称**写锁**。如果事务 T 获得了数据项 Q 上的排它锁,则 T 既可以读又可以写 Q,但是在 T 释放 Q 上的 X 锁之前,其他事务既不能获得 Q 上的 S 锁,也不能获得 Q 上的 X 锁。

T 在 Q 上的共享锁保证了其他事务可以读数据对象 Q,但在 T 释放 Q 上的 S 锁之前不能对 Q 做任何修改;而 T 在 Q 上的排它锁保证了在 T 释放 Q 上的锁之前,其他事务既不能读取,也不能修改 Q。

基于锁的协议要求每个事务 T 在访问数据对象 Q 之前都要根据自己的操作类型申请适当的锁。该请求发给并发控制管理器。系统根据锁相容矩阵检查事务 T 的请求是否与对象 Q 上已授予的锁是否相容。如果相容,事务 T 的请求将被满足(T 被授予 Q 上相应的锁);否则事务 T 必须等待,直到请求被满足。只有在获得 Q 上的相应的锁之后,事务 T 才能继续其他操作。

锁相容矩阵如图 9.7 所示,其中 true 表
示相容,false 表示不相容。事务使用原语
lock-S(Q)申请数据对象 Q 上的共享锁,使用
原语 lock-X(Q)申请数据对象 Q 上的排他
锁;而数据对象 Q 上的锁都可以用原语
unlock(Q)释放。

	S	X
S	**true**	false
X	false	false

图 9.7 锁相容矩阵

9.4.2 封锁协议

在加锁方法中,对数据对象加锁时需要约定一些规则,约定何时申请封锁何时释放封锁等,这些规则称为封锁协议。约定不同的规则,就形成了不同的封锁协议。

一级封锁协议 要求事务 T 在更新数据对象 Q 之前必须先对其加 X 锁,直到事务结束才释放。

一级封锁协议可防止丢失修改。在一级封锁协议中,如果仅仅是读数据而不对其进行修改,则不需要加锁,因此它不能保证不读"脏"数据和可重复读。

二级封锁协议 在一级封锁协议的基础上,进一步要求事务 T 在读取数据对象 Q 之前必须先对其加 S 锁,但是读完后可以立即释放 S 锁。

二级封锁协议可以进一步防止读"脏"数据,但不能保证可以重复读。

三级封锁协议 在一级封锁协议的基础上,进一步要求事务 T 在读取数据对象 Q 之前必须先对其加 S 锁,并且直到事务结束才能释放 S 锁。

三级封锁协议可以进一步保证可重复读,可以很好地避免并发导致的问题。

例 9.5 在例 9.1 中,我们看到事务 T_1 和 T_2 的并发调度导致丢失修改,事务 T_3 和 T_4 的并发调度导致读"脏"数据,事务 T_5 和 T_6 的并发调度导致不可重复读。使用锁机制,并要求事务都在结束时才释放锁,这些问题都可以避免(见图 9.8)。□

SQL 的 READ UNCOMMITED 相当于一级封锁协议,READ COMMITED 相当于二级封锁协议,REPEATABLE READ 相当于三级封锁协议。

T_1	T_2	T_3	T_4	T_5	T_6
lock-X(A)		lock-X(C)		lock-S(A)	
read(A)		read(C)		lock-S(B)	
	lock-X(A)	C := C + 1000		read(A)	
A := A − 200	等待	write(C)		read(B)	
write(A)	等待		lock-S(C)	sum1 := A + B	
unlock(A)	等待	...	等待	...	lock-X(B)
	获得 A 上的 X 锁	ROLLBACK	等待	...	等待
	read(A)	C 恢复为 3000	等待	read(A)	等待
	A := A − 100	unlock(C)	等待	read(B)	等待
	write(A)		获得 C 上的 S 锁	sum2 := A + B	等待
	unlock(A)		read(C)	unlock(A)	等待
			...	unlock(B)	等待
					获得 B 上的 X 锁
					read(B)
					B := 1.04 ∗ B
					write(B)
					unlock(B)
(a) 不丢失修改		(b) 不读"脏"数据		(c) 可重复读	

图 9.8　使用封锁机制解决三种数据不一致性问题

9.4.3　活锁与死锁

封锁协议能够解决数据的一致性问题,但是封锁可能导致活锁和死锁问题。

1. 活锁

活锁又称**饥饿**,是某个事务因等待锁而处于无限期等待状态。例如,如图 9.9 所示,事务 T_1 封锁了数据对象 A,事务 T_2 又请求封锁 A,于是 T_2 等待;此时,T_3 也请求封锁 A,当 T_1 释放了 A 上的锁之后,系统首先批准了 T_3 的请求,于是 T_2 仍然需要等待;此时,T_4 又请求封锁 A,当 T_3 释放了 A 上的锁之后,系统又批准了 T_4 的请求;如此下去,从而导致 T_2 无限期等待。

活锁是不公平的锁调度导致的,容易处理。可以采用先来先服务的策略来避免某个事务无限期等待。即当多个事务请求封锁同一数据对象时,封锁子系统按请求封锁的先后次序对事务排队。数据对象上的锁一旦释放,就将锁授予申请队列中的第一个事务。

2. 死锁

死锁是两个或两个以上的事务之间的循环等待现象。死锁发生时,两个或多

T_1	T_2	T_3	T_4	T_5	T_6
lock-X(A)					
...	lock-X(A)				
...	等待	lock-X(A)			
unlock(A)	等待	等待	lock-X(A)		
...	等待	获得 A 上的 X 锁	等待	lock-X(A)	
	等待	...	等待	等待	
	等待	unlock(A)	等待	...	
	等待		获得 A 上的 X 锁		
	...		...		

图 9.9　活锁示意图

个事务都处于等待状态,每个事务都等待其他事务释放锁,以便可以继续执行。

例如,如图 9.10 所示,事务 T_1 封锁了数据对象 A,T_2 封锁了数据对象 B;T_1 又请求封锁 B,因为 T_2 已封锁了 B,于是 T_1 等待 T_2 释放 B 上的锁;接着,T_2 又申请封锁 A,因为 T_1 已封锁了 A,T_2 也只能等待 T_1 释放 A 上的锁。这样,T_1 在等待 T_2,而 T_2 又在等待 T_1。事务 T_1 和 T_2 相互等待,形成了死锁。

死锁问题在操作系统中已被深入研究。数据库中死锁的处理有两种策略:一种是采取一定的预防措施预防死锁发生;另一种是允许发生死锁,采用一定的方法定期检测系统中有无死锁,若有则将其解除。

T_1	T_2
lock-X(A)	...
...	lock-X(B)
...	...
lock-X(B)	...
等待	...
等待	lock-X(A)
等待	等待
等待	等待
...	...

图 9.10　死锁

9.4.4　死锁的预防

数据库系统产生死锁的原因是两个或多个事务已经封锁了一些数据对象,并且都请求封锁被其他事务封锁的数据对象所出现的循环等待现象。因此,防止死锁发生就是要破坏产生死锁的条件。通常可采用一次封锁和顺序封锁方法。

1. 一次封锁法

该方法要求每个事务必须一次将所有要使用的数据全部加锁后,再实际执行事务操作,否则事务不进行任何实际行动,也不封锁任何数据。可以扩充加锁原语,使之一次可以申请对多个数据对象加锁。

例如,在图 9.10 中,如果事务 T_1 对数据对象 A 和 B 一次加锁后再执行就不会死锁。T_2 在 T_1 执行期间处于等待状态;在 T_1 执行结束,将 A、B 释放以后,

T_2 将数据 B 和 A 一次加锁,再继续执行;从而,避免了系统死锁的发生。

一次封锁法虽然可以有效防止死锁的发生,但存在以下问题:

(1) 降低系统的并发度:一次封锁事务全部要用的数据,将导致更多并发事务的等待。

(2) 事先确定事务要封锁的数据对象困难:数据库中并发的事务在执行过程中可能会改变封锁对象,所以很难事先一次性精确确定要封锁的数据对象。

2.顺序封锁法

顺序封锁法是预先对数据对象规定一个封锁顺序,所有事务都按这个顺序实行封锁。从而可以有效防止死锁,但是,由于数据库中要封锁的数据对象极多,并且随着数据的插入、删除等操作而不断变化,要维护资源的封锁顺序是非常困难的。

根据数据库系统的特点可知,采用操作系统的预防死锁的策略一般不适于数据库的事务处理。

9.4.5 死锁的检测与解除

在数据库系统中,死锁发生不频繁。因此,实际系统通常采用死锁检测和解除方法来处理死锁问题。其基本思想是:DBMS 的并发控制子系统定期检测系统是否存在死锁,一旦检测到死锁,就要设法解除它。

1.死锁的检测

数据库系统通常采用超时或事务等待图法来发现死锁。

(1) 超时法。当一个事务等待时间超过了规定的时限,就认为系统发生了死锁,并且该事务就处于死锁状态。超时法的优点是实现简单。但是,若时限限定太小,则对于运行时间长的事务可能误判;若时限限定太长,则死锁发生后不能及时发现。

(2) 等待图法。事务等待图是一个有向图 $G = (V, E)$,其中 V 为顶点的集合,每个顶点代表一个正运行的事务;E 为边的集合,表示事务等待的情况。若 T_i 等待 T_j,则 E 中有一条从 T_i 指向 T_j 的有向边,表明 T_i 申请并等待 T_j 已经封锁的数据对象。

可以证明:系统发生死锁,当且仅当事务等待图中存在环(回路)。回路中的事务都处于死锁状态。

并发控制子系统周期性地(比如每隔 10min)构造并考察事务等待图,如果发现图中存在回路,则表示系统中出现了死锁。

事务等待图如图 9.11 所示。在图 9.11(a)中,事务 T_2 和 T_3 正在等待事务

T_1, 事务 T_4 正在等待事务 T_3。该图没有回路, 表明系统当前没有发生死锁。如果 T_1 请求对某个数据对象加锁, 而该数据对象已经被 T_4 封锁, 则事务等待图如图 9.11(b)所示。这时, 等待图中存在回路 $T_1 \rightarrow T_4 \rightarrow T_3 \rightarrow T_1$, 表明系统发生了死锁, 并且 T_1、T_4 和 T_3 都处于死锁状态。

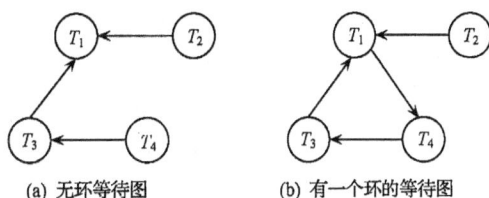

(a) 无环等待图　　　　(b) 有一个环的等待图

图 9.11　事务等待图

2. 解除死锁

如果系统检测到死锁, 就要设法解除它。解除死锁的基本方法是: 选择一个或多个处于死锁状态的事务, 将其撤销并释放这些事务持有的所有的锁, 从而打破循环等待条件, 解除死锁, 使得其他事务能够继续运行。当然, 被撤销的事务对数据库的更新必须恢复(回滚), 并且要在稍后需要重新运行。

注意: 当一个事务因被撤销时, 可能导致另一个事务也被撤销, 从而导致**级联回滚**。例如, 假设为了解除死锁, 事务 T_1 被撤销。如果事务 T_2 读入了 T_1 更新过的数据 D 的值, 则 T_2 也必须回滚, 因为 D 的值是"脏"数据。

解除死锁的代价包括被撤销的事务已做的工作、恢复事务已做的更新的开销。如果发生级联回滚, 还需要考虑级联回滚导致的开销。为了降低处理死锁的代价, 解除死锁的最小代价恢复算法使得事务回滚的代价最小。在简单情况下, 可以选择撤销那些已做工作最少的事务。

9.5　两阶段锁协议

两阶段锁协议(two-phase locking protocol)是最常用的一种封锁协议, 可保证并发调度的可串行性。

两阶段锁协议要求所有事务:

(1) 在对任何数据进行读、写操作之前, 首先要申请并获得对该数据对象的相应封锁。

(2) 在释放一个锁之后, 事务不能再申请任何其他锁。

这样, 每个事务都可以分成两个阶段:

扩展阶段: 事务可以申请锁, 但不能释放锁。

收缩阶段: 事务可以释放锁, 但不能再申请新的锁。

遵守两阶段协议的事务, 开始都处于扩展阶段。此时, 事务可以根据需要申请锁。一旦该事务释放了锁, 它就进入了收缩阶段, 不能再发出锁请求。

例如,图 9.12 中的事务 T_1 和 T_2 遵守两阶段锁协议,而 T_3 和 T_4 不遵守两阶段锁协议,尽管它们本质上与 T_1 和 T_2 完成相同的任务:

T_1:	lock-X(A);	T_2:	lock-X(A);	T_3:	lock-X(A);	T_4:	lock-X(A);
	read(A);		read(A);		read(A);		read(A);
	$A:=A-50$;		$temp:=0.1*$		$A:=A-50$;		$temp:=0.1*$
	write(A);		A;		write(A);		A;
	lock-X(B);		$A:=A-temp$;		unlock(A);		$A:=A-temp$;
	unlock(A);		write(A);		lock-X(B);		write(A);
	read(B);		lock-X(B);		read(B);		unlock(A);
	$B:=B+50$;		unlock(A);		$B:=B+50$;		lock-X(B);
	write(B);		read(B);		write(B);		read(B);
	unlock(B).		$B:=B+temp$;		unlock(B).		$B:=B+temp$;
			write(B);				write(B);
			unlock(B).				unlock(B).

图 9.12　遵守和不遵守两段锁协议的事务

如果所有事务都遵守两阶段锁协议,则这些事务的任何并发调度都是可串行化的。一个事务获得它的最后一个锁的位置称为**封锁点**(lock point)。可以证明:对于一组遵守两阶段锁协议的事务的任意调度 S,如果将这组事务按它们的封锁点排序,则这个顺序就是调度 S 的可串行化顺序。

事务遵守两阶段锁协议是可串行化调度的充分条件,但不是必要条件。也就是说,若并发事务都遵守两阶段封锁协议,则对这些事务的任何并发调度都是可串行化的。但是,不遵守两阶段锁协议的事务的某些并发调度也可能是可串行化的,但不能保证可串行化。

不同于防止死锁的一次封锁法,两阶段封锁协议并不要求事务一次将所有要使用的数据对象全部加锁。遵守两阶段锁协议的事务仍然可能发生死锁。例如,图 9.13 中的两个事务 T_1 和 T_2 都不违反两阶段锁协议,但是仍然出现了死锁。

两阶段封锁的另一个问题是可能会发生级联回滚。例如,考虑图 9.14 所示的部分调度。在 T_3 的 read(A)后,T_1 发生故障将导致 T_2 和 T_3 级联回滚。

为了避免级联回滚,产生了两种改进的两阶段封锁协议:

严格两阶段封锁协议(strict two-phase locking protocol):除满足两阶段锁协议的要求外,该协议进一步要求事务持有的排它锁必须在该事务提交或者中止后才能释放。

强两阶段封锁协议(rigorous two-phase locking protocol):除满足两阶段锁协议的要求外,该协议进一步要求事务所持有的所有的锁必须保持到事务提交或中止。

例如,图 9.12 中的事务 T_1 和 T_2 都遵守两阶段锁协议,但不是严格两阶段的。在例 9.5 中,我们要求所有事务都在结束时才释放锁,并且所有事务都是两阶

T_1	T_2
…	lock-S(B)
lock-S(A)	read(B)
read(A)	…
…	lock-X(A)
lock-X(B)	等待
等待	等待
等待	等待

图 9.13　遵守两阶段锁协议的
事务发生死锁的情形

T_1	T_2	T_3
lock-X(A)		
read(A)		
lock-S(B)		
read(B)		
write(A)		
unlock(A)		
	lock-X(A)	
	read(A)	
	write(A)	
	unlock(A)	
		lock-S(A)
		read(A)

图 9.14　两阶封锁下的部分调度

段的,因此图 9.8 中的事务都是强两阶段的。

为了避免级联回滚,大部分数据库管理系统要么采用严格两阶段封锁,要么采用强两阶段封锁。

9.6　多粒度封锁

前面讲述的并发控制机制主要是将数据项作为同步单元。但是在有些情况下,系统需要将多个数据项聚为一组作为一个同步单元,甚至于将整个数据库作为一个封锁对象。封锁对象的大小称为**粒度**。以关系数据库为例,封锁对象可以是这样的一些逻辑单元:属性值、属性值的集合、元组、关系、索引项、整个索引甚至整个数据库;也可以是这样的一些物理单元:页(数据页或索引页)、物理记录等。

系统能够同时支持多种封锁粒度供不同的事务选择的封锁方法称为**多粒度封锁**。选择封锁粒度时应该同时考虑封锁开销和并发度两个因素。封锁的粒度越大,数据库所能封锁的数据单元就越少,并发度就越低,系统开销也就越小;反之,封锁的粒度越小,并发度就越高,系统开销也就越大。因此,适当选择封锁粒度可以求得最优的效果。例如,需要处理大量元组的事务可以以关系为封锁粒度;需要处理多个关系的大量元组的事务可以以数据库为封锁粒度;对于一个处理个别元组的事务,以元组为封锁粒度。

9.6.1　粒度的层次结构

基于封锁对象大小,可以将数据对象组织成如图 9.15 所示的多粒度树。它由四层结点组成,最高表示整个数据库,其下是数据区域类型的结点(A_1 和 A_2),数据库恰好由这些数据区域组成。每个区域又以文件类型结点作为子结点(F_a, F_b 和 F_c)。文件结点的子结点表示属于该文件的记录(r_{a1}等)。

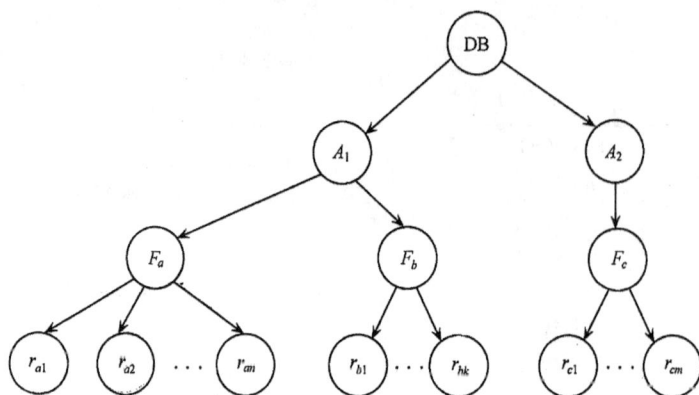

图 9.15　粒度的层次结构

　　多粒度封锁协议允许多粒度树中的每个结点独立加基本锁(S 或 X 锁)。对一个结点加锁,意味着这个结点的每个后裔结点也被加同样类型的锁。因此,在多粒度封锁中,一个数据对象可能以显式和隐式两种形式被封锁。**显式封锁**是直接加到数据对象上的封锁;**隐式封锁**是由于其上级结点加锁而使该数据对象加上了锁,而该数据对象本身并没有独立加锁。显式封锁和隐式封锁的效果是一样的。

　　例如,事务 T_i 要封锁文件 F_b,由于 T_i 显式地给 F_b 加锁,其意味着 r_{b1} 也被加锁。但是,当 T_j 发出对 r_{b1} 加锁请求时,r_{b1} 没有被显式加锁! 系统如何判定 r_{b1} 是否可以封锁呢? 必须从根到 r_{b1} 搜索,如果发现此路径上某个结点的锁与要加的锁类型不相容,T_j 就必须等待。

　　在多粒度封锁时,事务在对数据对象进行加锁时,既要检查数据对象上有无显式锁,又要检查其所有上级结点,看本事务的显式封锁是否与该数据对象上的隐式锁(上级结点已加的封锁)冲突;还要检查其下级结点,检查相应的显式锁是否与本事务的隐式锁(将加到下级结点的封锁)有冲突。由此可见,该检查方法的效率是很低的。为此,我们需要引入意向锁。

9.6.2　意向锁

　　基于粒度树进行某个结点的加意向锁,意味着要在树的较低层进行显式加基本锁。在一个结点显式加基本锁之前,该结点的全部祖先结点均加上了意向锁。因此,在判定是否能够成功地给一个结点加锁时,就不用搜索整棵树。但是,给结点加基本锁的事务要遍历结点到根的路径,目的是对其上级结点加意向锁。

　　下面是几种常用的意向锁:

　　(1) IS 锁:**意向共享锁**(intention-shared lock)。如果对一个数据对象加 IS

锁,表示它的后裔结点拟加 S 锁。

(2) IX 锁:**意向排它锁**(intention-exclusive lock)。如果对一个数据对象加 IX 锁,表示它的后裔结点拟加 X 锁。

(3) SIX 锁:**共享意向排它锁**(shared and intention-exclusive lock)。如果对一个数据对象加 SIX 锁,表示对它加 S 锁,再加 IX 锁,即 SIX = S + IX。

引进 SIX 锁的直接动机之一是,许多事务都需要读一个关系的全部或大部分元组,并且修改其中少量元组。这种事务需要对整个关系加 S 锁,并且可能要对关系的某些元组加 X。使用 SIX 锁可以方便地满足这一需要。图 9.16 是包括意向锁的锁相容矩阵。

	IS	IX	S	SIX	X
IS	true	true	true	true	false
IX	true	true	false	false	false
S	true	false	true	false	false
SIX	true	false	false	false	false
X	false	false	false	false	false

图 9.16　包括意向锁的锁相容矩阵

多粒度封锁协议可以保证可串行化。该协议要求每个事务 T_i 必须按以下规则对数据对象 Q 加锁和解锁:

(1) 必须遵守图 9.16 所示的锁相容条件。

(2) 根结点必须首先加锁。

(3) 仅当 T_i 当前持有 Q 的父结点上的 IX 或 IS 锁时, T_i 可以对结点 Q 加 S 或 IS 锁。

(4) 仅当 T_i 当前持有 Q 的父结点上的 IX 或 SIX 锁时, T_i 可以对结点 Q 加 X、SIX 或 IX 锁。

(5) 仅当 T_i 未曾对任何结点解锁时, T_i 可以对结点加锁(即 T_i 是两阶段的)。

(6) 仅当 T_i 当前不持有 Q 的子结点的锁时, T_i 可以对结点 Q 解锁。

例如,对于图 9.15 所示的粒度层次结构,如果事务 T_1 要修改文件 F_a 的记录 r_{a1},则 T_1 必须先对 DB、A_1、F_a 依次加 IX 锁,然后对记录 r_{a1} 加 X 锁。如果事务 T_2 要读取文件 F_b 并且对某记录 r_{b1} 进行修改,则 T_2 要对 DB、A_2 依次加 IX 锁,对 F_b 加 SIX 锁,然后对记录 r_{b1} 加 X 锁。

图 9.17 给出了这 5 种锁强度的偏序关系。所谓**锁强度**,是指其对其他锁的排斥程度。X 锁最强,SIX 锁次之。S 锁与 IX 锁的强度是不可比的,但是它们都比 SIX 锁弱,

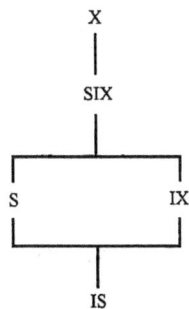

图 9.17　锁强度的偏序关系

而比 IS 锁(最弱)强。一个事务在申请封锁时,以强锁代替弱锁是安全的,反之则不然。具有意向锁的多粒度协议要求加锁按自顶向下的顺序(从根到叶),而锁的释放则按自底向上的顺序(从叶到根)。由于该方法提高了系统的并发度,减少了加锁和解锁的开销,在实际的系统中得到广泛的应用。

9.7 小   结

(1) 事务是用户定义的数据库操作的序列,这些操作要么全做要么全不做,是一个不可分割的工作单元。

(2) 事务具有 ACID 特性:原子性、一致性、隔离性和持久性,五种基本状态:活跃状态、部分提交状态、提交状态、失败状态和中止状态。

(3) 事务的并发执行是数据库系统提高系统效率的有效方法,但事务的并发执行可能导致数据的不一致性,包括丢失修改、读"脏"数据和不可连续读。数据库管理系统必须提供并发控制机制来协调并发事务,以保证并发事务的隔离性和一致性。

(4) 并发调度正确性准则是可串行化。冲突可串行化和视图可串行化是两种可串行化形式。容易验证一个调度是否是冲突可串行化的,但判定冲突是否是视图可串行化问题是 NP-完全的。

(5) 数据库的并发控制通常采用封锁技术。共享锁和排它锁是两种基本锁类型。对申请和释放锁的不同约定导致不同的封锁协议。

(6) 封锁可能产生的问题是活锁和死锁现象。活锁是不公平调度所引起的,容易处理。死锁有三种处理方法:预防、检测和解除。

(7) 两段封锁协议是可串行化调度的充分条件,其能够保证并发事务执行的正确性,保持数据库的一致性。但是,遵守两段锁协议的并发事务仍有可能发生死锁。

(8) 基于封锁开销和并发度两个因素,系统可引入多粒度封锁协议。由于在加锁时要监测不同级别数据对象的显式封锁、隐式封锁,加大了系统的开销,由此而引入了几种意向锁:IS 锁、IX 锁和 SIX 锁。

习   题

9.1 在数据库中为什么要有并发机制?并发控制技术能够保证事务的哪些特征?

9.2 并发操作可能会产生哪几类数据不一致?用什么方法能避免各种不一致的情况?

9.3　什么是封锁? 基本的封锁类型有几种? 试述它们的含义?

9.4　如何用封锁机制保证数据的一致性?

9.5　什么是活锁? 试述活锁产生的原因和解决方法。

9.6　什么是死锁? 请给出预防死锁的若干方法。

9.7　请给出检验死锁发生的一种方法,当发生死锁后如何解除死锁?

9.8　什么样的并发调度是正确的调度?

9.9　设 T_1、T_2、T_3 是如下的 3 个事务,设 A 的初值为 0:

　　T_1:　$A := A + 2$

　　T_2:　$A := A * 2$

　　T_3:　$A := A ** 2$;$(A \leftarrow A^2)$

(1) 若这 3 个事务允许并发执行,则有多少种可能的正确结果,请一一列出;

(2) 请给出一个可串行化的调度,并给出执行结果;

(3) 请给出一个非串行化调度,并给出执行结果;

(4) 若这 3 个事务都遵守两段锁协议,请给出一个不产生死锁的可串行化调度;

(5) 若这 3 个事务都遵守两段锁协议,请给出一个产生死锁的调度。

9.10　为什么要求并发事务调度的可串行化? 什么是冲突可串行化和视图可串行化?

9.11　设 $r_i(Q)$ 表示事务 T_i 执行 read(Q),$w_i(Q)$ 表示事务 T_i 执行 write(Q)。现有 3 个事务的一个调度 $< r_3(B) r_1(A) w_3(B) r_2(B) r_2(A) w_2(B) r_1(B) w_1(A) >$,请问该调度是冲突可串行化的调度吗? 为什么?

9.12　什么是两段封锁协议,试举例说明,对并发事务的一个调度是可串行化的,而这些并发事务不一定遵守两段封锁协议。

9.13　为什么要引进意向锁? 意向锁的含义是什么?

9.14　试述常用的意向锁:IS 锁、IX 锁、SIX 锁,给出它们的相容矩阵。

9.15　在加意向锁和释放意向锁时要注意什么问题,如何处理? 结合具体的实例进行说明。

第10章 数据库的恢复技术

计算机系统是会发生故障的。造成故障的原因多种多样,如磁盘损坏、电源崩溃、计算机病毒、软件错误,甚至是人为破坏。一旦发生故障,就可能会丢失信息。因此,数据库系统必须预先采取措施,以保证系统在发生故障时可以从故障中恢复。DBMS的恢复机制也是保证事务的ACID性质,特别是事务的原子性和持久性的重要机制。

10.1节概述故障的种类和故障恢复的基本思想。10.2节简述存储器的结构和数据如何在各类存储器之间传输。接下来的4节讨论各类故障恢复的主要技术。事务故障和系统故障都可以使用日志加以恢复,10.3节介绍了这些技术,而10.4节讨论如何利用检查点技术提高系统故障恢复的效率,10.5节讨论缓冲技术。介质故障导致数据库被破坏,需要用转储的副本恢复,将在10.6节讨论。最后一节简要介绍其他故障恢复技术。

10.1 数据库恢复概述

故障是不可避免的。故障轻则造成运行事务非正常中断,影响数据库中数据的一致性,重则破坏数据库,使得数据库中数据部分或全部丢失。由于数据库中常常存放重要信息,DBMS的恢复子系统必须确保故障发生后能够把数据库恢复到某种一致状态,最大限度地降低损失,并将崩溃后的数据库不能使用的时间减少到最小。DBMS所采用的恢复技术是否行之有效是衡量系统性能优劣的重要指标。

1. 故障分类

数据库系统可能发生的故障有多种。从故障处理角度,我们可以把故障分成三类:事务故障、系统故障和介质故障。

(1) **事务故障**,是指某个事务在运行过程中由于种种原因未能运行到正常终止而夭折。由于并发控制能够保证事务的隔离性,一个事务发生故障不会影响其他事务。有两种错误可能导致事务执行失败:

① 程序的逻辑错误。事务由于某些内部原因无法继续运行。例如,事务内部的非法输入、溢出、超出权限等。

② 系统错误。系统进入一种不良状态(如死锁),使得事务无法继续正常执行。因系统错误而中止事务可以在以后的某个时刻重新执行。

事务故障意味着事务没有达到预期的终点。发生事务故障时,夭折的事务可能已经把对数据库的部分修改写入数据库,导致数据库可能处于不正确状态。恢复子系统要在不影响其他事务运行的情况下,强行回滚该事务,清除该事务对数据库的所有更新,使得这个事务就像根本没有启动过一样。

(2) **系统故障**,是指由于某种原因造成整个系统的正常运行突然停止,致使所有正在运行的事务以非正常方式终止。发生系统故障时,内存中数据库缓冲区的信息全部丢失,但不破坏存储在外部存储设备上的数据。造成系统故障的原因很多,如操作系统或 DBMS 代码错误、操作员操作失误、特定类型的硬件错误(如 CPU 故障)、突然停电等。

系统发生故障时,一些尚未完成的事务的部分更新可能已经写入物理数据库,而一些完成的事务的某些更新可能还在内存缓冲区,尚未写入数据库,从而造成数据库可能处于不一致状态。系统故障发生后,必须重新启动系统。系统重启后,恢复子系统必须撤销故障发生时所有未完成事务对数据库的更新,并利用日志将完成的事务的更新写入数据库。

(3) **介质故障**,是指存储数据库的存储设备故障。介质故障可能导致存储在外存中数据库的数据部分丢失或全部丢失。目前,数据库主要存储在磁盘上,因此介质故障又称磁盘故障。磁盘损坏、磁头碰撞、操作系统的某种潜在错误和瞬时强磁场干扰都可能导致介质故障。

介质故障发生的几率比前两类故障小得多,但破坏性最大。介质故障可能导致部分,甚至整个数据库被破坏。介质故障发生后,需要修复或更换存储介质,然后重启系统。系统重启后,首先装入数据库发生介质故障前的最新数据库副本;然后,利用日志将建立副本以来所有已完成的事务的更新写入数据库。

还有一些其他因素导致破坏数据库。例如,计算机病毒和恶意攻击也可能导致数据库中的全部或部分数据破坏。当出现这些情况时,首先要清除病毒和阻止恶意攻击。至于数据库恢复,可以采用与介质故障恢复相同的方法。

2. 恢复的基本思想

不同的故障需要不同的恢复技术,但是它们的基本思想是一样的:在系统正常运行时建立冗余数据,保证有足够的信息可用于故障恢复;故障发生后采取措施,将数据库内容恢复到某个一致性状态,保证事务原子性和持久性。

这样,DBMS 恢复机制涉及的关键问题是:如何建立冗余数据和如何利用这些冗余数据进行故障恢复。

数据库系统主要通过登记日志和数据转储来建立冗余数据。日志记录了数据库的所有更新的详细信息,所有故障的恢复都需要使用它。数据转储制作数据库的后备副本,这些副本与日志配合使用,用来实现介质故障恢复。数据库镜像在不同的存储介质上维护数据库的同步副本,也是建立冗余数据的一种方法。使用数据库镜像可以简化介质故障的恢复,但需要附加的存储设备。

利用冗余数据进行故障恢复需要考虑如下因素:

(1) 存储器的性质:有些存储器是易失的,有些是非易失的。非易失的存储器也不能幸免于介质故障。建立永不丢失信息的稳定存储器是令人期望的。

(2) 事务的更新何时写入数据库:即时更新可以将事务的更新立即输出到数据库中,而延迟更新将事务的更新推迟到事务提交之后才输出到数据库中。更新输出到数据库的时机影响恢复的实现。

(3) 缓冲:内外存信息交换以块为单位。为了提高 I/O 效率,系统广泛使用缓冲区技术。缓冲区是内存区域,一般由操作系统或 DBMS 统一管理。事务对数据库的更新实际上被写入内存缓冲区,何时物理地输出到磁盘取决于缓冲区管理和调度。这样,当故障发生时,已经完成的事务的某些更新可能并未输出到数据库,而是在内存缓冲区中。由于内存的易失性,这些更新可能丢失。

以下各节,我们将考虑这些因素,并详细讨论各种故障的恢复技术。

10.2　存储器结构

数据库中的各种数据对象可以在多种不同的存储介质上存储并访问。为了便于理解各种故障的恢复技术,便于理解如何保证事务的原子性和持久性,本节将介绍各种存储器以及数据在存储器之间的传送。

10.2.1　存储器类型

数据库的存储设备按其存取速度、容量和故障可恢复性可分为易失性存储器、非易失性存储器、稳定存储器三种。

(1) 易失存储器(volatile storage)包括主存储器(内存)、高速缓冲存储器等,其存取速度很快,并且可以直接存取所存储的任何数据对象。发生系统故障时,存储在易失性存储器上的数据将丢失。

由于缓冲区是内存区域,故障可能导致缓冲区中的信息的丢失。

(2) 非易失性存储器(nonvolatile storage)包括磁盘、磁带等。磁盘一般作为联机存储器,而磁带通常作为后援存储器。在目前的技术条件下,非易失性存储器比易失性存储器的速度慢几个数量级,原因是磁盘和磁带是电子机械装置,而易失性存储器是电子器件。就易失性而言,磁盘比主存的可靠性强但比磁带的可靠性差。除非出现介质故障和恶意攻击,否则非易失存储器中的信息不会丢失。

在数据库系统中,通常使用磁盘存放数据库和联机日志,而其他非易失性存储器一般用来存储数据库和日志的后备副本。

(3) 稳定存储器(stable storage)是一种理想的存储器,其中的信息永不丢失。"永不"是相对的,从理论来说是无法保证的。尽管理论上不能得到稳定存储器,但可以使用技术手段使得非易失性存储器中的信息极不可能丢失,来逼近稳定存储器。

数据库的恢复原理是基于数据的冗余。也就是说,数据库中任何一部分被破坏的或不一致的数据可以用存储在别处的冗余数据来重建。本章所讨论的数据库恢复技术,将以上述的三种存储器为基础。

10.2.2　稳定存储器的实现

要实现稳定存储器,就要在多个非易失性存储介质上以独立的故障模式复制所需要信息,并且以某种受控的方式更新数据,以保证数据传送过程中发生的故障不会破坏所需信息。

采用冗余独立磁盘阵列(redundant array of independent disk, RAID)可以保证单个磁盘的故障(即使发生在数据传送的过程中)不会导致数据丢失。最简单并且最快的冗余独立磁盘阵列形式是磁盘镜像,即在不同的磁盘上为每个磁盘块保存两个副本。但是系统不能防止由于灾难(如大火或洪水)而导致的数据丢失。许多系统通过将归档备份存储在磁带上并转移到其他地方来防止这种灾难。但是,由于磁带不能被连续不断地移至其他地方,最后一次磁带被转移数据以后所做的更新可能会在这样的灾难中丢失。更安全的系统在远程站点为稳定存储器的每一个块保存一个副本,除在本地磁盘系统进行存储外,还通过网络存储到远程站点。由于在往本地存储输出块的同时也要输出到远程系统,一旦输出操作完成,即使发生大火或洪水这样的灾难,输出结果也不会丢失。

10.2.3　数据访问

数据库通常驻留在磁盘上,并且划分成固定长度的块。块是磁盘传送的基本单位,可能包含多个记录(元组)。**缓冲块**是那些暂时驻留在主存中的块,而称位于磁盘上的块为**物理块**。块在主存和磁盘之间的移动通过以下两种操作引发:

input(B): 将物理块 B 传送到主存缓冲块。

output(B): 将缓冲块 B 传送到磁盘,并替换相应的物理块。

这两个操作都是系统操作,并不显式出现在事务的操作序列中。事务使用 read 和 write 操作读写数据库中的数据。

每个事务 T_i 都有一个私有工作区,存放它所访问和更新的所有数据对象的私有副本(称为局部变量)。假设数据对象 X 的 T_i 私有副本为 x_i。数据在工作区、缓冲区和磁盘之间的传送如图 10.1 所示。

事务 T_i 的 read(X)实际上是将数据对象 X 的值赋给局部变量 x_i。如果数据

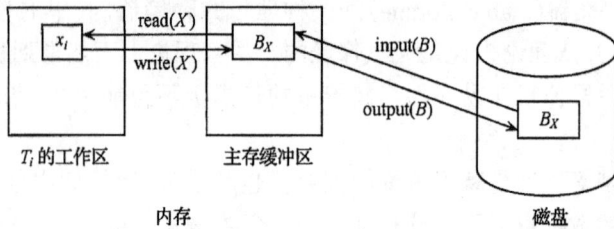

图 10.1　数据在工作区、缓冲区和磁盘传输

对象 X 在物理块 B_X 中,则 read(X)导致执行 input(B_X)将磁盘中的物理块 B_X 传送到主存缓冲区的主存块 B_X,并将主存块 B_X 中的数据对象 X 的值传送到 T_i 工作区,赋予 T_i 的私有副本 x_i。之后,事务 T_i 对数据对象 X 的运算实际上是在 T_i 的私有副本 x_i 上进行。

　　类似地,事务 T_i 的 write(X)将它的私有副本 x_i 的值传送到主存块 B_X 赋予 X。如果 X 所在的块 B_X 不在主存缓冲区,则先执行 input(B_X)操作,将磁盘中的物理块 B_X 传送到主存缓冲区,之后再将 x_i 的值赋予主存块 B_X 中的 X。数据对象 X 的新值输出到磁盘数据库由 output(B_X)完成。

　　注意:主存块 B_X 最终将被输出到磁盘上,但是 output(B_X)不必紧随 write(X),系统会在合适的时候执行 output(B_X)操作。这样,如果在操作 write(X) 执行之后,操作 output(B_X)执行之前系统发生故障,数据对象 X 的新值并未输出到磁盘上的数据库中。这可能导致更新值的丢失,恢复机制必须考虑这一问题。必要时,系统可以发出 output(B_X),将缓冲块 B_X **强制输出**到磁盘。

　　在下面的讨论中,我们假设事务对数据库的更新都是由 write 操作导致的。这种假设是合理的。插入新元组需要先将一个不满的磁盘块或新的磁盘块输入到主存缓冲区,再用 write 操作将新元组写入主存缓冲块。删除元组需要先将被删除元组所在的磁盘块输入到主存缓冲区,清空主存缓冲块中的该元组(相当于write 的内容为空)。修改需要先将被修改元组所在的磁盘块输入到主存缓冲区,然后用 write 操作将修改后的属性值写入主存缓冲块。

10.3　基于日志的恢复技术

　　事务故障和系统故障都不破坏存储在磁盘上的数据库,可以使用日志加以恢复。此外,介质故障的恢复也需要使用日志。本节,我们介绍如何登记日志,并考察延迟更新和即时更新下的事务故障和系统故障的恢复。

10.3.1　日志

　　日志(log)是日志记录的序列,记录了数据库中所有的更新活动。日志登记了每个事务的开始标记、结束标记和所有更新操作。事务结束可能是正常提交(commit)，也可能是异常中止(abort)。事务的更新可能是插入、删除和修改。

1. 日志记录的格式

一条更新日志记录记录了一个事务对数据库的一次 write 操作，它包括如下信息：

(1) 事务标识符：执行更新操作的事务的唯一标识符。

(2) 操作类型：指明更新是插入、删除，还是修改。

(3) 操作对象：被更新的数据对象的唯一标识，通常是数据对象在磁盘上的位置。

(4) 旧值：数据对象更新前的值。对插入操作而言，此项为空。

(5) 新值：数据对象更新后的值。对删除操作而言，此项为空。

为了便于讨论，本书假设各种类型的日志记录具有如下形式：

$<T_i, \text{start}>$：事务 T_i 开始。

$<T_i, X_j, V_1, V_2>$：事务 T_i 对 X_j 的一次更新，其中 V_1 是旧值，V_2 是新值。对于插入，V_1 为空；对于删除，V_2 为空。这样，操作类型实际上被 V_1 和 V_2 是否为空所蕴涵。

$<T_i, \text{commit}>$：事务 T_i 正常提交。

$<T_i, \text{abort}>$：事务 T_i 异常中止。

2. 登记日志的原则

为了保证系统能够在故障恢复时使用日志记录，日志必须放在稳定存储器上(通常是不同于存放数据库的磁盘)，并且日志登记必须要遵守以下两条原则：

(1) 日志记录必须严格按并发事务执行的时间次序登记。

(2) 必须先记日志，后写数据库；也就是说，在每次事务执行 write 操作之前，必须在数据库被更新前建立该 write 操作的日志记录。

第(1)条原则容易理解。第(2)条通常称为**先记日志**原则。之所以先记日志，是因为一旦日志记录已经存在，如果需要，就可以输出对数据库的修改。此时，系统既能用日志记录中的旧值来撤销已经对数据库的更新，也可以用日志记录中的新值更新数据对象值。然而，如果不先记日志，而是先写数据库，写完数据库后可能发生的故障，导致日志记录没有登记。这时，系统就无法撤销事务对数据库的修改。

3. redo 和 undo

redo(T_i)就是根据日志记录，按登记日志的次序，将事务 T_i 每次更新的数据对象的新值用 write 操作重新写到数据库中(不是重新执行事务 T_i)。redo 是幂等的：redo(T_i)执行多次等价于执行一次。

与 redo 相反，undo(T_i)是根据日志记录，按登记日志的相反次序，将事务 T_i 每次更新的数据对象的旧值用 write 操作写回数据库。与 redo 一样，undo 也是幂等的：undo(T_i)执行多次等价于执行一次。

10.3.2　延迟更新技术

延迟更新将事务对数据库的更新推迟到事务提交之后。为了保证事务的原子性，在每个事务执行期间，用日志记录该事务对数据库的所有更新操作，把所有数据库更新操作推迟到该事务提交后执行。延迟更新必须遵循如下规则：

(1) 每个事务在到达提交点之前不能更新数据库。

(2) 在一个事务的所有更新操作的日志记录写入稳定存储器之前，该事务不能到达提交点。

显然，延迟更新技术只需要在日志中登记被更新的数据对象的新值，因此可以将日志记录 $< T_i, X_j, V_1, V_2 >$ 简化为 $< T_i, X_j, V_2 >$，其中 X_j 的旧值 V_1 可以省略。

例 10.1　在银行数据库系统中，设 T_0 是一个从账号 A 向账号 B 转储 50 元的事务，T_1 是一个从账号 C 支出 100 元的事务。T_0 和 T_1 定义如下：

```
T₀: read(A);        T₁: read(C);
    A: = A - 50;        C: = C - 100;
    write(A);          write(C).
    read(B);
    B: = B + 50;
    write(B).
```

假设 A、B 和 C 的初始值分别为 1000 元、2000 元和 700 元，并且 T_0 和 T_1 按串行调度 $< T_0, T_1 >$ 执行。日志中包含的有关 T_0 和 T_1 的信息如下所示：

```
< T₀, start >
< T₀, A, 950 >
< T₀, B, 2050 >
< T₀, commit >
< T₁, start >
< T₁, C, 600 >
< T₁, commit >
```

按照延迟更新协议，数据库中 A、B 的值只有在记录 $< T_0, \text{commit} >$ 写入日志后才能发生变化，C 的值只有在记录 $< T_1, \text{commit} >$ 写入日志后才能发生变化。　　　　　　　　　　　　　□

1. 事务故障恢复

对于延迟更新, 当事务 T_i 发生故障时, T_i 未到达提交点, 因此 T_i 的更新操作都登记在日志中, 而并未输出到数据库。这样, 当事务 T_i 发生故障时, 只需要清除日志中事务 T_i 的日志记录, 而无须对数据库本身做进一步处理。如果故障不是 T_i 自身的逻辑错误, 则事务 T_i 可以在稍后重新启动。

2. 系统故障恢复

系统故障导致所有未到达提交点的事务失败。这些事务的更新都未输出到数据库, 因此恢复时无须考虑这些事务。然而, 提交的事务对数据库的某些更新可能并未输出数据库中, 故障发生时这些信息丢失。因此当系统重新启动后, 恢复子系统将自动对每个完成的事务 T_i 执行 redo(T_i)。基于延迟更新技术的系统故障恢复过程如下:

(1) 正向扫描日志文件, 建立两个事务列表。一个是已提交事务列表, 包含所有具有日志记录 $<T_i, \text{commit}>$ 的事务 T_i; 另一个表是未提交事务列表, 包括所有具有日志记录 $<T_j, \text{sfart}>$, 但不具有日志记录 $<T_j, \text{commit}>$ 的事务 T_j。

(2) 对已提交事务列表中的每个事务 T_i 执行 redo(T_i): 正向扫描日志文件, 对于每个形如 $<T_i, X_j, V_1, V_2>$ 的日志记录, 如果 T_i 在已提交事务列表中, 则将 $X_j = V_2$ 写到数据库中。

在数据库恢复过程执行 redo(T_i) 时, T_i 的某些更新可能已经输出到数据库中。再次将 $X_j = V_2$ 写入数据库不会导致错误, 但是可能浪费时间。

例 10.2　考虑例 10.1 中的两个事务 T_0 和 T_1。假设系统故障在三个不同时刻发生, 故障发生时的日志文件如图 10.2(a)～(c)所示。

$<T_0, \text{start}>$	$<T_0, \text{start}>$	$<T_0, \text{start}>$
$<T_0, A, 950>$	$<T_0, A, 950>$	$<T_0, A, 950>$
$<T_0, B, 2050>$	$<T_0, B, 2050>$	$<T_0, B, 2050>$
	$<T_0, \text{commit}>$	$<T_0, \text{commit}>$
	$<T_1, \text{start}>$	$<T_1, \text{start}>$
	$<T_1, C, 600>$	$<T_1, C, 600>$
		$<T_1, \text{commit}>$
(a)	(b)	(c)

图 10.2　不同时刻日志的内容

图(a): 数据库恢复机制不必采取任何恢复行动, 因为日志中没有提交记录。A、B 的值仍然保持为 1000 元、2000 元。

图(b): 恢复机制执行 redo(T_0) 操作, 因为记录 $<T_0, \text{commit}>$ 在日志中。当 redo(T_0) 操作后, 账号 A、B、C 的值分别为 950 元、2050 元、700 元。

图(c)：由于日志文件中包含了 $<T_0, \text{commit}>$ 和 $<T_1, \text{commit}>$，数据库恢复机制必须执行 redo(T_0) 和 redo(T_1) 操作。这些操作执行完后，账号 A、B、C 的值分别为 950 元、2050 元、600 元。 □

10.3.3 即时更新技术

即时更新技术允许事务在活跃状态时就将更新输出到数据库中。处于活动状态的事务直接在数据库上实施的更新称为**非提交更新**。即时更新必须遵循如下规则：

(1) 在日志记录 $<T_i, X_j, V_1, V_2>$ 安全地输出到稳定存储器之前，事务 T_i 不能用 $X_j = V_2$ 更新数据库。

(2) 在所有 $<T_i, X_j, V_1, V_2>$ 类型日志记录安全地输出到稳定存储器之前，不允许事务 T_i 提交。

这些规则保证在系统故障发生时，每个运行事务的更新操作的描述信息都安全地记录在日志中。这样，一旦故障导致事务 T_i 失败，恢复子系统就可以根据日志记录 $<T_i, X_j, V_1, V_2>$ 把数据对象 X_j 的值恢复为它的原始值 V_1；而当故障导致事务 T_i 的更新未输出到数据库中时，恢复子系统可以重新将 $X_j = V_2$ 写到数据库中。

日志	数据库变化
(1) $<T_0, \text{start}>$	
(2) $<T_0, A, 1000, 950>$	
(3)	$A = 950$
(4) $<T_0, B, 2000, 2050>$	
(5)	$B = 2050$
(6) $<T_0, \text{commit}>$	
(7) $<T_1, \text{start}>$	
(8) $<T_1, C, 700, 600>$	
(9)	$C = 600$
(10) $<T_1, \text{commit}>$	

图 10.3 T_0 和 T_1 的运行日志以及数据库的变化

例如，假设例 10.1 中的事务 T_0 和 T_1 按串行调度 $<T_0, T_1>$ 执行。如果采用即时更新技术，事务可以在到达提交点之前将更新输出到数据库中。图 10.3 给出了使用即时更新技术日志和数据库变化的一种可能情况。

1. 事务故障恢复

不同于延迟更新，事务 T_i 发生故障时，它可能已经将某些更新输出到数据库，因此必须执行 undo(T_i)，即恢复子系统自动进行如下处理：

反向扫描日志文件直至遇到 $<T_i, \text{start}>$，对于每个形如 $<T_i, X_j, V_1, V_2>$ 的日志记录，将 $X_j = V_1$ 写到数据库中。

2. 系统故障恢复

与延迟更新不同，系统重新启动后恢复子系统不仅需要对每个完成的事务 T_i 执行 redo(T_i)，而且还需要对每个未完成的事务 T_i 执行 undo(T_i)。基于即时更新技术的系统故障恢复过程如下：

（1）正向扫描日志文件，建立两个事务列表。一个是已提交事务列表，包含所有具有日志记录 $<T_i, \text{commit}>$ 的事务 T_i；另一个是未提交事务列表，包括所有具有日志记录 $<T_j, \text{start}>$，但不具有日志记录 $<T_j, \text{commit}>$ 的事务 T_j。

（2）对未提交事务列表中的每个事务 T_i 执行 $\text{undo}(T_i)$。反向扫描日志文件直到遇到未提交事务列表中每个事务 T_k 的 $<T_k, \text{start}>$，对于每个形如 $<T_i, X_j, V_1, V_2>$ 的日志记录，如果 T_i 在未提交事务列表中，则将 $X_j = V_1$ 写到数据库中。

（3）对已提交事务列表中的每个事务 T_i 执行 $\text{redo}(T_i)$。正向扫描日志文件，对于每个形如 $<T_i, X_j, V_1, V_2>$ 的日志记录，如果 T_i 在已提交事务列表中，则将 $X_j = V_2$ 写到数据库中。

类似于 $\text{redo}(T_i)$，在数据库恢复过程执行 $\text{undo}(T_i)$ 时，T_i 的某些更新可能并未输出到数据库中。将 $X_j = V_1$ 写到数据库中不会导致错误，但是可能浪费时间。

例 10.3　考虑图 10.3。假设系统故障发生在时刻 5 之后时刻 6 之前。此时，事务 T_0 未提交，但是已经把对 A 和 B 的修改输出到数据库中。恢复机制需要执行 $\text{undo}(T_0)$，把 A 和 B 的值分别恢复为 1000 元和 2000 元。

如果系统故障发生在时刻 9 之后时刻 10 之前，则恢复机制需要执行 $\text{undo}(T_1)$ 和 $\text{redo}(T_0)$。恢复过程结束后，A、B、C 的值分别为 950 元、2050 元、700 元。然而，如果系统故障发生在时刻 10 之后，则恢复机制需要执行 $\text{redo}(T_0)$ 和 $\text{redo}(T_1)$。恢复过程结束后，A、B、C 的值分别为 950 元、2050 元、600 元。　　□

10.4　基于检查点的恢复技术

使用日志进行系统故障恢复时，恢复机制必须搜索日志，确定哪些事务需要 redo，哪些事务需要 undo。原则上，这需要扫描所有的日志记录。这种做法存在两个问题：① 由于日志文件很大，搜索整个日志文件非常耗时；② 大多数需要 redo 处理的事务已经将它们的更新结果输出到数据库中，redo 不会导致错误，但是降低了恢复的效率。

1. 检查点

提高系统故障恢复效率的基本方法是使用检查点技术。数据库恢复机制定期地建立检测点，执行如下操作：

（1）将当前驻留在主存中的所有日志记录强制输出到稳定存储器上；

（2）将所有修改了的缓冲块强制输出到磁盘上；

（3）将一个日志记录 $<\text{checkpoint}, L>$ 强制输出到稳定存储器上，其中 L 是建立检查点时刻所有正在执行的事务清单。

此外,系统需要记录检查点记录在日志文件中的位置。在建立检查点时,不允许事务执行任何更新动作,如写缓冲块或写日志记录。

建立检查点之后,所有在检查点前发生的更新都已经输出到数据库中,尚未完成的事务都登记在检查点记录中。这样,发生系统故障时,只需要从最近的检查点记录开始扫描日志。

假设系统在时刻 t_c 设立最后一个检查点,在时刻 t_f 发生系统故障。如图 10.4 所示,可以把事务分成 5 类:

(1) 在检查点 t_c 之前已经提交的事务,如图 10.4 中的事务 T_1。这类已提交的事务不需要 redo,因为它们对数据库的更新已经在建立检查点时输出到数据库中。

(2) 在检查点 t_c 之前开始执行,在检查点之后故障点 t_f 之前提交的事务,如图 10.4 中的事务 T_2。这类已提交的事务登记在检查点记录中,需要 redo,但是只需要考虑检查点 t_c 后的更新,因为之前的更新已经在建立检查点时输出到数据库中。

(3) 在检查点 t_c 之前开始执行,在故障点 t_f 时尚未完成的事务,如图 10.4 中的事务 T_3。这类未完成的事务登记在检查点记录中,需要 undo。

(4) 在检查点 t_c 之后开始执行,在故障点 t_f 之前提交的事务,如图 10.4 中的事务 T_4。这类已提交的事务的日志记录都在检查点之后,需要 redo。

(5) 在检查点 t_c 之后开始执行,在故障点 t_f 还未完成的事务,如图 10.4 中的事务 T_5。这类未完成的事务的日志记录都在检查点之后,需要 undo。

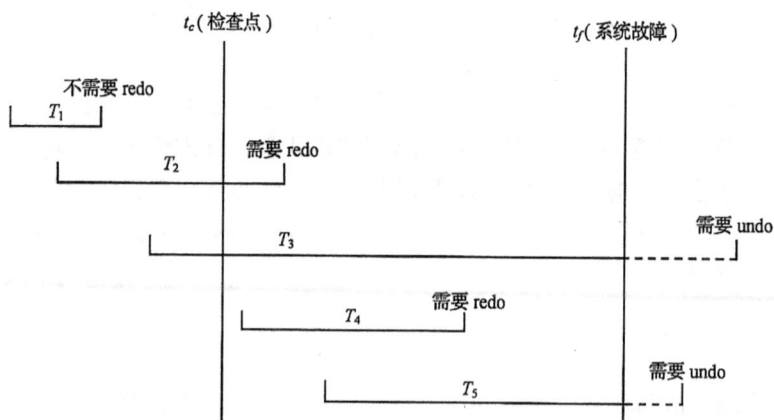

图 10.4 5 类事务采用不同的处理策略

2. 基于检查点的系统故障恢复

对于事务故障,使用检查点技术和不使用检查点技术的恢复过程是相同的。

但是对于系统故障,使用检查点技术可以缩小日志的扫描范围,减少不必要的 re-do,提高故障恢复效率。下面的讨论基于即时更新,但容易改写它们,处理延迟更新。

当系统故障发生时,首先要重新启动系统。系统重启后,恢复子系统自动按以下步骤进行系统故障恢复:

(1) 得到最后一个检查点记录:找到最后一个检查点记录在日志文件中的地址,取出最后一个检查点记录 $<$ checkpoint, $L>$。

(2) 初始化两个事务列表 UNDO-LIST(需要执行 undo 操作的事务集合)和 REDO-LIST(需要执行 redo 操作的事务集合):将 L 中的所有事务都放入 UNDO-LIST,而 REDO-LIST 为空。

(3) 建立两个事务列表 UNDO-LIST 和 REDO-LIST:从最近的检查点开始,正向扫描日志文件,直到日志文件结束,遇到 $<T_i,$ start$>$ 就把 T_i 加入 UNDO-LIST;遇到 $<T_i,$ commit$>$ 就把 T_i 从 UNDO-LIST 移出,加入到 REDO-LIST。

(4) 对 UNDO-LIST 中的每个事务 T_i 执行 undo(T_i)操作:反向扫描日志文件,直到遇到 UNDO-LIST 中每个事务 T_k 的 $<T_k,$ start$>$,对于每个形如 $<T_i,$ $X_j, V_1, V_2>$ 的日志记录,如果 T_i 在 UNDO-LIST 中,则将 $X_j = V_1$ 写到数据库中。

(5) 对 REDO-LIST 中的每个事务 T_i 执行 redo(T_i)操作:从最近的检查点开始,正向扫描日志文件,对于每个形如 $<T_i, X_j, V_1, V_2>$ 的日志记录,如果 T_i 在 REDO-LIST 中,则将 $X_j = V_2$ 写到数据库中。

*10.5　缓冲技术

缓冲是提高系统 I/O 性能的重要手段。前面,我们介绍了数据在磁盘和缓冲区之间的传送;本节将详细讨论缓冲对日志记录和数据库更新的影响和相应的处理措施。

10.5.1　日志缓冲

前面,我们一直假设日志记录立即输出到稳定存储器中。事实上,一个日志记录通常远小于稳定存储器的块。为了提高 I/O 效率,日志记录在主存中被缓冲,而不是直接输出到稳定存储器。当缓冲区被日志记录装满,或者执行日志强制输出时,日志记录才被输出到稳定存储器。

日志缓冲减少了将日志输出到稳定存储器的开销,但是也带来了风险:一旦系统发生故障,缓冲区中的日志记录将丢失。为了保证事务的原子性,必须增加如下规则:

（1）事务 T_i 在日志记录 $<T_i, \text{commit}>$ 输出到稳定存储器后才进入提交状态。

（2）在日志记录 $<T_i, \text{commit}>$ 输出到稳定存储器前，所有与事务 T_i 有关的日志记录必须已被输出到稳定存储器。

（3）在主存中的数据块输出到数据库之前，所有与该数据块中数据有关的日志记录必须已经输出到稳定存储器。

最后一条是先写日志规则的更准确陈述。这三条规则表明在某些情况下，某些日志记录必须已经输出到稳定存储器。提前输出日志记录不会造成任何问题。当系统需要将日志记录输出到稳定存储器上时，如果主存中有足够的日志记录可以填满整个日志记录块，就将其整个输出。如果没有足够的日志记录填入该块，那么就将主存中所有日志记录填入不满的块，再将相应的块输出到稳定存储器上。

10.5.2　数据库缓冲

数据库存储在非易失性存储器中，在需要时再将相应的数据块调入主存。由于主存远小于数据库，有可能在将数据块 B_2 调入内存的时候，需要覆盖原来已经驻留在内存的数据块 B_1。如果 B_1 已经修改过，则它在被覆盖前必须输出到非易失性存储器。前面所述的日志记录写规则限制了数据库数据的读写自由度，如果 B_2 的输入引起 B_1 的输出，则所有与 B_1 中数据有关的日志记录都要首先输出到稳定存储器。因此，针对这种情况，系统将进行如下处理：

（1）输出日志记录至稳定存储器，直至所有与块 B_1 有关的日志记录都已经输出。

（2）将块 B_1 输出到磁盘上。

（3）将块 B_2 由磁盘输入到主存中。

注意：当一个块输出到磁盘时，不能存在关于该块的任何更新。下列步骤可确保此条件：在写一个数据项之前，事务获得包含此数据项的块的排它锁。一旦写操作完成，锁即被释放。这样的短期的锁称为**闩锁**（latch）。在一个块输出到磁盘之前，系统获得该块上的闩锁，确保这个块上没有更新在处理。闩锁的申请与释放不必遵守其他锁协议（如两阶段锁协议）。

为了说明写日志优先的必要性，仍以例 10.1 中银行系统数据库的事务 T_0 和 T_1 为例。假设日志的状态是

$<T_0, \text{start}>$

$<T_0, A, 1000, 950>$

事务 T_0 发出一个 read(B)，假设 B 所在的块不在主存中，并且主存已满。假设选择了 A 所在的块输出到磁盘上。如果将块 A 输出到磁盘上后系统崩溃，数据库中的账户 A、B 和 C 的值分别就是 950 元、2000 元和 700 元，这是不一致的数据库

状态。但若要求日志记录 $< T_0, A, 1000, 950 >$ 必须在输出 A 所在块之前输出到稳定存储器上,系统就可以使用日志记录,将数据库恢复到一致状态。

10.6　介质故障恢复技术

虽然导致非易失性存储器的介质故障很少发生,但其危害性极大,因此 DBMS 的恢复机制必须提供对介质故障恢复的支持。处理介质故障的基本方法是周期性地将整个或部分数据库的内容转储到稳定存储器上(例如,转储到一个或多个磁带上)。当介质故障导致数据库被破坏时,首先利用最后一次转储将数据库恢复到转储时的状态,然后再利用日志将数据库系统恢复到最近的一致状态。本节,我们讨论介质故障的恢复技术。

10.6.1　转储

转储是指将整个或部分数据库复制到磁带或另一个磁盘上,产生数据库后备副本的过程。后备副本可以脱机保存,供介质故障恢复时使用(因此,转储又称归档)。一旦数据库遭到破坏,就可以将后备副本重新装入,将数据库恢复到转储时的状态。

1. 静态转储与动态转储

从转储时是否允许事务运行角度考虑,转储可以分为静态转储和动态转储。

静态转储是在系统中无运行事务时进行的转储。静态转储时,首先将所有日志记录输出到稳定存储器上,将数据缓冲块输出到磁盘上,然后制作数据库的副本。

静态转储容易实现,并且由于转储期间不存在对数据库的任何更新活动,静态转储得到的一定是一个一致的副本。当数据库被破坏时,装入数据库的转储副本就能把数据库恢复到转储时刻的正确状态。但是,静态转储必须等待用户事务结束才能进行,并且新的事务必须等待转储结束才能执行,因此降低了数据库的可用性。

动态转储允许转储操作与用户事务并发进行,转储期间允许事务对数据库进行存取和更新。动态转储直接制作数据库副本,但是需要同时用日志记录运行事务对数据库的更新。转储结束后,可以先将日志记录都输出到稳定存储器上,然后制作日志副本。

动态转储不必等待正在运行的用户事务结束,也不会影响新事务的运行。但是,动态转储不能保证副本中数据的一致性,因此,恢复时需要同时使用数据库的后备副本和转储的日志才能把数据库恢复到正确状态。

2. 海量转储与增量转储

从转储时是转储整个数据库还是转储部分数据库角度考虑,转储可以分为海量转储和增量转储。

海量转储将制作数据库的完整副本。而**增量转储**只复制上次转储后更新过的数据,形成数据库的**增量副本**。增量副本不能单独使用。恢复时,必须使用最后一个完整副本和之后的所有增量副本才能将数据库恢复到一致状态。

从恢复角度看,使用海量转储得到的后备副本进行恢复更方便。但如果数据库很大,事务处理又十分频繁,则增量转储方式更实用、更有效。

大部分 DBMS 都提供了一些实用程序,使得 DBA 可以方便地进行数据库转储。转储十分耗费时间和资源,不能频繁进行。DBA 应该根据数据库使用情况确定适当的转储周期和转储方法。例如,可以每天晚上进行一次动态增量转储,每周进行一次动态海量转储,每月进行一次静态海量转储。

10.6.2　介质故障恢复

当数据库被破坏时,需要用转储的后备副本和日志进行恢复。我们只考虑海量转储。介质故障的恢复方法如下:

(1) 装入最新的数据库后备副本,将数据库恢复到最近一次转储时的状态。对于静态转储,装入后备副本后数据库即处于一致状态。对于动态转储,装入数据库副本之后还须装入转储时刻的日志文件副本,使用与系统故障恢复相同的方法,将数据库恢复到一致状态。

(2) 装入转储之后的日志,redo 已完成的事务。即:首先正向扫描日志文件,找出故障发生时已提交的事务,将其加入重做队列;然后,再次正向扫描日志文件,对重做队列中的每个事务 T_i 执行 redo(T_i)。

大部分 DBMS 都提供了一些实用程序,帮助 DBA 进行介质故障恢复。

*10.7　其他恢复技术

基于日志和后备副本的恢复技术是 DBMS 广泛使用故障恢复技术。还有一些其他技术,可以用于故障恢复。本节,我们介绍其中两种技术:影子分页和数据库镜像。

10.7.1　影子分页技术

影子分页技术不同于基于日志的恢复技术,它比基于日志的恢复技术所需要的磁盘操作少。下面,我们简要介绍影子分页技术的基本思想。

数据库划分为许多定长的数据块,称之为**页**(该术语源于操作系统)。设数据库被划分为 n 页,从 1 到 n 编号。不要求这些页以任何特定的顺序存储在磁盘上,但要有一种机制,对任意给定的 i,能够找到数据库的第 i 页。可以用页表来实现该机制。**页表**有 n 项,每项包含一个指向磁盘对应页的指针。数据库页的逻辑顺序不必与实际物理存储顺序一致。

当一个事务开始运行时,生成一个页表副本,称为**当前页表**。数据库页表称为**影子页表**。事务运行期间,影子页表被存储在磁盘上,并保持不变,留待进行数据库恢复时使用。当前页表是事务执行读写操作的数据库页面映像机制。如果当前页表较小,可以驻留主存。

在事务运行期间,当执行 write(X) 操作时,系统为 X 所在的磁盘页面 P 建立一个新副本,并在这个副本上执行 write(X),原来的页面 P 保持不变,把当前页面表指向 P 的索引项改为指向 P 的副本。

当系统发生故障时,恢复机制只需要释放所有数据库页面副本所占用的磁盘块,放弃当前页表,把数据库页面映像恢复为影子页表。于是,数据库被恢复到发生故障时正在执行的事务开始前的状态。与基于日志的恢复技术不同,影子分页技术不需要 redo 和 undo 操作。影子分页技术要求在系统发生故障时,能够在磁盘上找到影子页表。一个简单的方法是在稳定存储器上选择一个固定的位置,用来存放影子页表在磁盘上的位置。

使用影子页表技术,在一个事务进入提交状态时,系统需要完成如下工作:

(1) 保证主存缓冲区中被更新的数据库页面输出到磁盘。

(2) 把当前页表输出到磁盘,但不可重写影子页表,因为进行提交处理时仍然可能发生系统故障。

(3) 用当前页表的磁盘地址代替稳定存储器中影子页表的磁盘地址。

在进行上述处理时可能发生系统故障,如果在第(3)步之前发生故障,可以使用影子页表把数据库恢复到正在提交的事务执行前的状态。如果在第(3)步之后发生故障,事务执行的结果已经写入数据库,不用再执行恢复操作。

影子分页技术节省了基本日志记录的读写操作开销,并且不需要 undo 和 redo 操作,加快了数据库恢复的速度。但是,影子分页技术有如下不足:

(1) 将影子分页技术推广到多个事务并发执行的情况很困难。

(2) 由于在数据库页面更新时改变了磁盘位置,数据库页面将离散地分布在磁盘上,需要复杂的物理存储管理机制。

(3) 当页表很大时,建立和存取页表的开销将会很大。

10.7.2　数据库镜像

介质故障是对系统影响最为严重的一种故障。为预防介质故障,DBA 必须周期性地转储数据库。介质故障恢复比较费时,严重影响数据库的可用性。降低介质故障的影响,提高数据库可用性的另一种解决方案是使用数据库镜像。

数据库镜像是指 DBMS 自动把整个数据库复制到另一个磁盘上,保持数据库的一个一致副本。当数据库更新时,DBMS 自动同时更新镜像,保持镜像与数据库的一致性。

系统正常运行时,镜像可以支持只读事务的访问。这有利于提高并发度,减少只读事务的等待时间,特别适合需要频繁读取数据库的数据分析任务。需要更新数据库的事务仍然访问数据库,它们对数据库中数据对象的封锁不会影响只读事务的运行。更新事务提交后,它对数据库的更新输出到数据库,并且同时输出到数据库镜像。只有在向镜像输出更新时,才需要使用类似于闩锁的锁,短时间锁住镜像数据库的被更新块。

当系统发生故障,数据库被破坏时,DBMS 可以自动地将所有事务对数据库的访问都切换到镜像。这样,就不必关闭系统,从而提高了系统的可用性。待存储数据库的磁盘修复或更换后,可以直接使用镜像恢复数据库。

镜像需要附加的存储设备,而且保持镜像与数据库一致也需要附加的 I/O 操作。

10.8 小 结

(1) 导致于数据库系统发生故障的原因很多,但是从故障处理角度,故障可以分为三类: 事务故障、系统故障和介质故障。

(2) 确保系统在发生故障时可以从故障中恢复,保证事务的 ACID 性质,特别是事务的原子性和持久是 DBMS 恢复机制的责任。

(3) 为了处理故障,DBMS 的恢复机制必须在系统正常运行时建立冗余数据,保证有足够的信息可用于故障恢复;故障发生后采取措施,将数据库内容恢复到某个一致性状态,保证事务原子性和持久性。

(4) 数据库的存储设备按其存取速度、容量和故障可恢复性可分为: 易失性存储器、非易失性存储器、稳定存储器;在多个非易失性存储介质上存储相同信息的多个副本来可以模拟稳定存储器。

(5) 日志是日志记录的序列,记录每个事务的开始、结束和对数据库的所有的更新。日志必须放在稳定存储器上,并且日志登记必须要遵守两条原则:第一,严格按并发事务执行的时间次序登记;第二,必须先写日志,后写数据库。

(6) redo(T_i)就是根据日志记录,按登记日志的次序,将事务 T_i 每次更新的数据对象的新值重新写到数据库中;而 undo(T_i)是根据日志记录,按登记日志的相反次序,将事务 T_i 每次更新的数据对象的旧值写回数据库。redo 和 undo 都是幂等的。

(7) 延迟更新将事务对数据库的更新推迟到事务提交之后,而即时更新允许活跃事务更新数据库。

(8) DBMS 的恢复机制可以利用日志自动地对事务故障和系统故障进行恢复。处理事务故障只需要对发生故障的事务 T_i 执行 undo(T_i);而处理系统故障需要对发生故障时未完成的事务 T_i 执行 undo(T_i),对已完成的事务 T_i 执行 redo(T_i)。

(9) 检查点技术是为了提高系统故障恢复效率提出的。数据库恢复机制定期地建立检测点,产生检查点记录,并将内存缓冲区中的日志记录和数据块都输出到磁盘。使用检查点技术可以缩小日志的扫描范围,减少不必要的 redo,提高故障恢复效率。

(10) 导致非易失性存储器的故障很少,但往往是灾难性的。这种故障恢复的基本方法是周期性地将整个数据库的内容转储到稳定存储器上。

(11) 影子分页技术是不同于日志恢复技术,其使用了当前页表和影子页表两个结构去实现数据库的恢复,比日志恢复技术所需要的磁盘操作少。

(12) 数据库镜像是指 DBMS 自动把整个数据库复制到另一个磁盘上,保持数据库的一个一致副本。在系统正常运行时,镜像可以用于只读事务;发生介质故障时,可以使用镜像恢复数据库。

习　题

10.1　从 I/O 开销的角度解释易失性存储器、非易失性存储器和稳定存储器的区别。

10.2　为什么说稳定存储器是不可能实现的? 数据库系统如何处理该问题?

10.3　说明数据库系统日志的内容和用途。

10.4　从实现的难易程度和开销代价的角度比较延迟修改和立即修改的基于日志的恢复机制。

10.5　为什么要引入检测点?

10.6　当系统从崩溃中恢复时,将构造一个 UNDO-LIST 和 REDO-LIST。解释为什么 UNDO-LIST 中的事务日志记录必须由后至前处理,而 REDO-LIST 中的事务日志要由前往后进行处理。

10.7　解释如何在块输出到磁盘前,与该块有关的某些日志还未输出到稳定存储器上,缓冲区管理器如何造成数据库状态不一致。

10.8　简述非易失性存储器数据丢失的数据库恢复方法。

10.9　从实现的难易程度和开销代价的角度比较影子分页恢复机制和基于日志的恢复机制。

第 11 章　XML

XML 是 Extensible Markup Language 的缩写,意指扩展标记语言。它由万维网协会(W3C)作为文档标记语言,而不是数据库语言提出的,用来克服 HTML(超文本标记语言)的局限性。然而,XML 说明新的标签和创建嵌套标签结构的能力使得 XML 具有交换数据的能力,而不仅仅是文档。目前,XML 已经成为事实上的信息交换语言标准。

本章是 XML 的简要介绍。11.1 节简单介绍 XML 发展的背景,11.2 节介绍 XML 的数据结构,11.3 节介绍 XML 文档模式,11.4 节讲述查询与转换,应用程序的接口在 11.5 节中介绍,有关 XML 数据的存储和 XML 的应用分别在 11.6 节和 11.7 节中介绍。

11.1　概　　述

XML 源于 SGML(standard generalized markup language,标准通用标记语言),但使用比 SGML 更简单。XML 的目标是取代 HTML,作为 Web 上的一种文档发布语言。然而,有趣的是,XML 并未取代 HTML,而是在数据交换方面得到广泛应用。在今天的网络时代,数据交换是至关重要的。XML 提供了一种途径,来表示具有嵌套结构的数据,并且在数据结构化方面具有很大的灵活性。这些使得 XML 成为新一代信息交换格式的基础,并且产生了大量工具,用于 XML 文档/数据分析、浏览和查询。

XML 是一种文档标记语言。在电子文档中,标记语言就是对文档的哪部分是内容、哪部分是标记,以及这些标记的含义的形式化描述。例如,在一篇文章中,为了更好地理解文章,作者可能要做一些必要的注解。采用标记的方法,就能将注解和实际内容分开。

标记语言是从说明如何打印文档的各部分所采用的指令中演化发展而来的,主要是为了指定某块内容的功能。比如,章节标题文本(本节为"概述")就被标记为一个章节的标题,而不是标记为大尺寸黑体字打印的文本。这种功能标记允许在不同的情况下文档有不同的格式。功能标记有助于将一个大文档的不同部分或是一个大网站的不同页面以统一的方式格式化,有助于自动抽取文档的关键部分。

在标记语言(包括 HTML、SGML 和 XML)中,标记采取的形式是尖括号(< >)中的标签(tag)。标签都是成对使用的,以 <tag> 和 </tag> 来界定该标签所指的文档中某部分的开始和结束。如下表示一个文档标题的标记：

　　　　<title> XML </title>

　　与 HTML 不同，XML 不指定允许的标签集，允许的标签集可以根据需要进行设置。这一特点使得 XML 在数据表示和数据交换领域中占有重要地位，而 HTML 主要应用于文档格式化。

　　图 11.1 是描述图书借阅信息的 XML 文档。与传统的数据库存储相比，XML 的表达效率并不高，主要由于在整个文档中反复使用了标签名称。但在数据交换时，采用 XML 的表达方式却有很大的优势，主要表现在下面几个方面：

　　(1) **可扩展性**：XML 允许使用者创建和使用自己定义的标记，而在 IITML 中只能使用词汇表中指定的标记词汇。

　　(2) **灵活性**：XML 提供了一种结构化的数据表示方式，使得用户界面与结构化数据分离，同时数据格式可以随时间的推移而不停演化，而不需要舍弃现存的应用程序。

　　(3) **自描述性**：XML 表示数据的方式真正做到了独立于应用系统，并且数据能够重用。也就是说，不需要某个模式来理解文本的含义。

　　就像 SQL 作为关系数据查询的主导语言一样，XML 正在成为数据交换的主导格式。

```
<library>
  <book>
    <book-number> 73.87221/429-3 </book-number>
    <book-name> 数据结构 </book-name>
    <author> 严蔚敏 </author>
    <publisher> 清华大学出版社 </publisher>
  </book>
  <book>
    <book-number> TP311.13/S007.03 </book-number>
    <book-name> 数据库系统概论 </book-name>
    <author> 萨师煊 王珊 </author>
    <publisher> 高等教育出版社 </publisher>
  </book>
  <book>
    <book-number> 73.87/＝C669 </book-number>
    <book-name> The Relational Model for Database Management </book-name>
    <author> E. F. Codd </author>
    <publisher> Addisson-Wesley </publisher>
  </book>
  <reader>
    <reader-number> R05001 </reader-number>
```

图 11.1　图书借阅信息的 XML 表示

```
            <reader-name> 张华 </reader-name>
            <reader-address> 计算机系 </reader-address>
        </reader>
        <reader>
            <reader-number> R05002 </reader-number>
            <reader-name> 欧阳山 </reader-name>
            <reader-address> 计算机系 </reader-address>
        </reader>
        <borrow>
            <reader-number> R05001</reader-number>
            <book-number> TP311.13/S007.03 </book-number>
        </borrow>
        <borrow>
            <reader-number> R05001</reader-number>
            <book-number> 73.87/=C669 </book-number>
        </borrow>
        <borrow>
            <reader-number> R05002</reader-number>
            <book-number> 73.87221/429-3 </book-number>
        </borrow>
    </library>
```

图 11.1 （续）

11.2　XML 数据结构

元素是 XML 文档中最基本的组成部分。一个元素（element）由一对互相匹配的开始和结束标签，以及出现在它们之间所有的文本组成。每个 XML 文档必须有一个根（root）元素来包含文档中的所有其他元素。在图 11.1 中，<library>元素是根元素。需要说明的是：元素是区分大小写的，它必须以字母或下划线开始，后面可以跟任意长度的字母、数字、句点、连接符、下画线或冒号。

XML 文档中的元素必须正确地嵌套，例如，

<account>…<balance>…</balance>…</account>
是正确的嵌套，而

<account>…<balance>…</account>…</balance>
是不正确的嵌套。

在某元素的开始标签和结束标签中出现的文本就称为该**元素的上下文**。利用这个概念可以形式化地定义正确的嵌套，即如果每个开始标签在同一个父元素的上下文中都有唯一的结束标签来匹配，那么这些标签是正确嵌套的。

文本也可以和元素的子元素混合在一起,如下所示:

```
<book>
    This book is seldom to be read any more
    <book-number> 73.87221/221 </book-number>
    <book-name> 汇编语言程序设计：IBM370 系统 </book-name>
    <author> 胡久清等 </author>
    <publisher> 高等教育出版社 </publisher>
</book>
```

其中"This book is seldom to be read any more"是文本,其余是子元素。

元素可以嵌套。图 11.2 描述了图书借阅信息的例子。在这个例子中,book 元素嵌套在 reader 元素中。如果一种图书有多本并且有多个借阅者,这种表示方法会存储冗余的 book 元素,但是这种表示方式更容易找出一个读者所借阅的所有图书。

```
<library-1>
  <reader>
      <reader-number> R05001 </reader-number>
      <reader-name> 张华 </reader-name>
      <reader-address> 计算机系 </reader-address>
      <book>
        <book-number> TP311.13/S007.03 </book-number>
        <book-name> 数据库系统概论 </book-name>
        <author> 萨师煊 王珊 </author>
        <publisher> 高等教育出版社 </publisher>
      </book>
      <book>
        <book-number> 73.87/＝C669 </book-number>
        <book-name> The Relational Model for Database Management </book-name>
        <author> E. F. Codd </author>
        <publisher> Addisson-Wesley </publisher>
      </book>
  </reader>
  <reader>
      <reader-number> R05002 </reader-number>
      <reader-name> 欧阳山 </reader-name>
      <reader-address> 计算机系 </reader-address>
      <book>
        <book-number> 73.87221/429-3 </book-number>
        <book-name> 数据结构 </book-name>
        <author> 严蔚敏 </author>
        <publisher> 清华大学出版社 </publisher>
      </book>
  </reader>
</library-1>
```

图 11.2 图书借阅信息的嵌套 XML 表示

XML 中另外一个概念是属性。元素可以具有**属性**(attribute),用来描述元素的有关信息。属性在元素的开始标签中用 *attribute-name = attribute-value* 说明。如下所示,账户的类型(acct-type)表示为一个属性。

```
＜account acct-type =＂checking＂＞
    ＜account-number＞ 4501-0310-0002 ＜/account-number＞
    ＜branch-name＞ 二七路支行 ＜/branch-name＞
    ＜balance＞ 1400 ＜/balance＞
＜/account＞
```

一个元素可以有任意多个属性,每个属性取不同的属性名。例如

```
＜account acct-type = ＂checking＂ monthly-fee =＂5＂＞ ⋯. ＜/account＞
```

从语法形式讲,属性不同于子元素。在文档中,属性是标签的一部分,而子元素内容是基本文档内容的一部分。从数据表示角度讲,它们之间的差别不很清楚,并可能导致混淆。同样的信息可能用两种方法表示。例如,

```
＜account account-number =＂4501-0301-0001＂＞ ⋯. ＜/account＞
```

也可以表示为

```
＜account＞
    ＜account-number＞ 4501-0301-0001 ＜/account-number＞
    ……
＜/account＞
```

建议：对元素的标识符使用属性,而对内容使用子元素。

没有子元素或文本内容的元素可以用以"/＞"结束的开始标记缩记,并删除结束标记。例如,

```
＜account number =＂4501-0301-0001＂ branch =＂建设路支行＂ balance =＂5000＂＞＜/
account＞
```

可以缩记为

```
＜account number =＂4501-0301-0001＂ branch =＂建设路支行＂ balance =＂5000＂/＞
```

同样的标签名在不同组织可能具有不同的含义,在文档交换时可能导致混淆。为了避免冲突,XML 提供了一种**名字空间**的方法解决这一问题。可以在每个标签名前面使用一个唯一的串(后随冒号)作为前缀。由于 Web URL 的唯一性,通常可以使用 Web URL。例如,中国工商银行的 Web URL 为 http://www.icbc.com.cn,可以在中国工商行的 XML 文档标签中用它作为唯一的串。由于使用很长的名字不方便,名字空间提供了一种定义标示符的缩写方法,如下所示：

```
＜bank xmlns:FB =＂http://www.icbc.com.cn＂＞
    ……
    ＜FB:branch＞
        ＜FB:branch-name＞ 建设路支行 ＜/FB:branch-name＞
```

<FB:branch-city> 郑州市 </FB:branch-city>

</FB:branch>

……

</bank>

其中根元素有一个属性 xmlns:FB, 它声明 FB 是中国工商银行的 Web URL 的缩写。

一个文档可以有一个以上的名字空间, 声明为根元素的一部分。不同元素可以与不同的名字空间相关联。可以通过在根元素中使用 xmlns 代替 xmlns:FB 来定义默认名字空间(default namespace)。没有显示的名字空间前缀的元素就属于默认名字空间。

有时需要存放包含标签的串数据, 而这些标签不解释成子元素。这时, 可以使用 CDATA, 如下所示:

<! [CDATA[<account>…</account>]]>

因为文本<account>包含在 CDATA 中, 它就能作为正常的文本数据进行处理, 而不是作为标签。CDATA 代表字符数据。

处理指令是为使用一段特殊代码而设计的标记, 它通常用来为处理 XML 文档的应用程序提供信息。这些信息包括如何处理文档、如何显示文档等。处理指令由处理指令名称和数据组成, 其格式为 <? target data? >。例如, <? display table-view? >。处理指令可以在元素说明中给出, 也可作为 XML 文档的顶层结构放在根元素的前面或后面。

在 XML 中**注释**是以"<! - "开始, 以"->"结束, 这两个字符序列之间是注释的文本内容。注释可以在 XML 文档的任何地方出现。

XML 文档中, 可以将重复使用的文档内容定义为**实体**。实体的格式为: <! ENTITY 实体名 "实体内容">, 引用实体时使用 & 实体名。例如<! ENTITY DB "data base">, 当 XML 处理器遇到字符串 &DB 时, 就用 data base 代替实体 DB。

11.3 XML 文档模式

模式用来限制存储在数据库中信息的内容和类型。默认情况下, 创建的 XML 文档没有任何相关的模式, 此时一个元素可以包含任意的子元素和属性。然而, 模式对于数据交换十分重要。没有它, 一个站点就不能理解从另一站点收到的数据。

本节主要介绍文档类型定义和 XML 模式。

11.3.1 文档类型定义

文档类型定义(document type definition, DTD)是 XML 文档的可选部分。

DTD 的主要目的是限制和归类文档中的信息。但是 DTD 并不限制基础类型(如整数和字符串),它只限制一个文档中包含哪些元素,各个元素必须包含的(或可选的)属性,各个元素必须包含的(或可选的)子元素和这些子元素出现的次数。

使用 DTD,你可以描述你的 XML 文件的格式;使用约定的 DTD,你可以与其他人交换数据,验证接收到的数据的正确性。DTD 可以在 XML 文件内说明,具有如下形式:

<！DOCTYPE root-element [element-declarations]>

其中 root-element 是根标签名,element-declarations 说明元素和属性列表。

1. 元素说明

元素说明具有如下形式:

<！ELEMENT element-name (subelement-declaration … subelement-declaration)>

其中,每个 subelement-declaration 可以是子元素名、#PCDATA(被解析的字符数据,即字符串)、EMPTY(没有任何内容)或者 ANY(子元素可为任何值)。一个元素缺少声明就等同于将这个元素声明为 ANY 类型。

DTD 说明使用正则表达式形式。"|"意指"或",而"+"意指"一次或多次出现","*"意指"零次或多次出现",而"?"用来指定一个可选的元素(即"零次或一次出现")。

```
<！DOCTYPE library [
    <！ELEMENT library ((book | reader | borrow) + )>
    <！ELEMENT book (book-number book-name author publisher)>
    <！ELEMENT reader (reader-number reader-name reader-address)>
    <！ELEMENT borrow (reader-number book-number)>
    <！ELEMENT book-number (#PCDATA)>
    <！ELEMENT book-name (#PCDATA)>
    <！ELEMENT author (#PCDATA)>
    <！ELEMENT publisher (#PCDATA)>
    <！ELEMENT reader-number (#PCDATA)>
    <！ELEMENT reader-name (#PCDATA)>
]>
```

图 11.3　一个 DTD 的例子

图 11.3 给出了一个 DTD 的例子。根标签为 library。在元素 library 中,子元素 book、reader 和 borrow 都至少出现一次。子元素 book 包含 4 个子元素,依次为 book-number、book-name、author 和 publisher。类似地,子元素 reader 的 3 个子元素依次为 reader-number, reader-name 和 reader-address;borrow 的 2 个子元素依次为 reader-number 和 book-number。子元素 book-number、book-name、author、publisher、 reader-number 和 reader-name 都被声明为 #PCDATA 类型。

容易验证,图 11.1 的 XML 文档是符合图 11.3 的 DTD 的 XML 数据。

2. 属性列表说明

属性列表说明具有如下形式:

<! ATTLIST element-name attribute-declaration ···attribute-declaration>

其中每个 attribute-declaration 要定义属性名、属性的类型和属性的默认说明。

属性的类型可以是 CDATA、ID、IDREF 或 IDREFS。今后还会出现更多其他的类型。类型 CDATA 只是说这个属性包含字符数据。类型为 ID 的属性提供这个元素唯一的标识符,它不能在同一文档的任何其他元素中出现。一个元素最多只有一个 ID 类型的属性,一个 XML 文档中各个元素的 ID 属性值必须互异。类型为 EDREF 的属性是一个元素的引用,该属性必须包含一个特定值,这个值必须是文档中某元素的 ID 属性。IDREFS 类型元素集合的引用,该属性包含一个 ID 值的集合(零个或多个 ID 值),每个 ID 值必须是包含在同一文档中某个元素的 ID 值。

属性的默认说明可以给出默认值、#REQUIRED(每个元素中必须为属性指定的一个值)或者 #IMPLIED(没有提供默认值)。如果一个属性有默认值,对每个没有指定属性值的元素,在读取 XML 文档时自动填写为该默认值。

例如,<! ATTLIST account acct-type CDATA "checking">说明 account 的属性 acct-type 是字符型数据,其缺省值为 checking。

图 11.4 是一个 DTD 的例子。在这个例子中,图书–读者联系用 ID 属性和

```
<! DOCTYPE library-2 [
    <! ELEMENT book (book-name author publisher)>
    <! ATTLIST book
      book-number ID #REQUIRED
      readers IDREFS #REQUIRED>
    <! ELEMENT reader (read-name reader-address)>
    <! ATTLIST reader
      reader-number ID #REQUIRED
      books IDREFS #REQUIRED>
    <! ELEMENT book-name (#PCDATA)>
    <! ELEMENT author (#PCDATA)>
    <! ELEMENT publisher (#PCDATA)>
    <! ELEMENT reader-name (#PCDATA)>
    <! ELEMENT reader-address (#PCDATA)>
]>
```

图 11.4　具有 ID 和 IDREF 属性类型的 DTD

IDREFS 属性,而不是用 borrow 来表示。book 元素使用 book-number 作为它的标识符属性,而不是子元素。每个 book 元素有一个类型为 IDREFS 的属性 readers, 它是该书所有读者的列表。类似地,reader 元素使用 customer-id 作为它的标识符属性,并且每个 reader 元素包含一个类型为 IDREFS 的属性 books,它是读者借阅的图书的标识符列表。图 11.5 给出了一个基于图 11.4 的 DTD XML 文档的例子,它包含了与图 11.1 相同的信息。

```
<library-2>
    <book book-number = "73.87221/429-3" readers = "R05002">
      <book-name> 数据结构 </book-name>
      <author> 严蔚敏 </author>
      <publisher> 清华大学出版社 </publisher>
    </book>
    <book book-number = "TP311.13/S007.03" readers = "R05001">
      <book-name> 数据库系统概论 </book-name>
      <author> 萨师煊 王珊 </author>
      <publisher> 高等教育出版社 </publisher>
    </book>
    <book book-number = "73.87/ = C669" readers = "R05001">
      <book-name> The Relational Model for Database Management </book-name>
      <author> E. F. Codd </author>
      <publisher> Addisson-Wesley </publisher>
      </book>
    <reader reader-number = "R05001" books = "TP311.13/S007.03 73.87/ = C669">
      <reader-name> 张华 </reader-name>
      <reader-address> 计算机系 </reader-address>
    </reader>
    <reader reader-number = "R05002" books = "73.87221/429-3">
      <reader-name> 欧阳山 </reader-name>
      <reader-address> 计算机系 </reader-address>
    </reader>
</library-2>
```

图 11.5 具有 ID 和 IDREF 属性的 XML 数据

3. DTD 的局限性

尽管 DTD 可以定义 XML 文档结构,但在许多数据处理中,将 DTD 作为 XML 类型结构在很多方面是不合适的。其局限性主要表现在:

(1) 个别元素和属性不能进一步归类。例如,元素 balance 不能限制为一个正数。缺乏这样的限制在数据的处理和交换应用中是有问题的,这些应用必须包含一些代码来验证这些元素和属性的类型。

(2) 很难用 DTD 机制来指定子元素的无序集合。顺序在数据交换中很少有重要用处。虽然图 11.3 中的"|"和"+"的组合允许指定无序标签集合,可是很难指定每个标签只出现一次。

(3) 缺乏 ID 和 IDREF 的类型。这样就没有办法来指定 IDREF 或 IDREFS 属性应该引用的元素类型。

11.3.2　XML 模式

由于 DTD 定义 XML 文档结构具有很大的局限性,为了更好地利用文档结构,采用与 XML 文档相同的形式来定义文档的结构,增加对数据类型的支持,W3C 提出了定义 XML 模式的标准 XML Schema 和 Document Content Descriptors (DCDs),它们是对 DTD 的扩展。

XML 模式提供了定义 XML 使用的数据类型一个框架。没有数据类型,就没有标准的方法来描述合法数据上的约束。

XML 模式比 DTD 要复杂得多。XML 模式的优势在于:

· 允许创建用户定义类型。

· 允许把元素中出现的文本限制为特定类型,如特定格式的数字类型。

· 允许为创建特定类型而对类型进行限制,如指定最小值和最大值。

· 允许使用继承来扩展复杂类型。

· 它是 DTD 的超集。

· 它允许唯一性和外码约束。

· 它与名字空间结合,允许文档的不同部分遵从不同的模式。

· 它自身由 XML 语法指定。

例如,对于如下银行 XML 数据的 DTD[①]:

```
<! DOCTYPE bank[
    <! ELEMENT bank ((account | customer | depositor) + )>
    <! ELEMENT account (account-number branch-name balance)>
    <! ELEMENT customer (customer-name customer-street customer-city)>
    <! ELEMENT depositor (customer-name account-number)>
    <! ELEMENT account-number ( # PCDATA)>
    <! ELEMENT branch-name ( # PCDATA)>
    <! ELEMENT balance ( # PCDATA)>
    <! ELEMENT customer-name ( # PCDATA)>
```

---

① 该例取自《数据库系统概念》。Silberschatz, Henry F. Korth, S. Sudarshan 著,杨冬青,唐世渭等译。本章的许多例子也参照该书的例子构造。

```
        <! ELEMNET customer-street (#PCDATA)>
        <! ELEMENT customer-city (#PCDATA)>
    ]>
```

其 XML 模式如下：

```
    <xsd:schema xmlns:xsd = "http://www.w3.org/2001/XMLSchema">
    <xsd:element name = "bank" type = "BankType"/>
    <xsd:element name = "account">
      <xsd:complexType>
        <xsd:sequence>
         <xsd:element name = "account-number" type = "xsd:string"/>
         <xsd:element name = "branch-name" type = "xsd:string"/>
         <xsd:element name = "balance" type = "xsd:decimal"/>
        </xsd:sequence>
      </xsd:complexType>
    </xsd:element>
    <xsd:element name = "customer">
        <xsd:element name = "customer-number" type = "xsd:string"/>
        <xsd:element name = "customer-street" type = "xsd:string"/>
        <xsd:element name = "customer-city" type = "xsd:string"/>
    </xsd:element>
    <xsd:element name = "depositor">
        <xsd:complexType>
          <xsd:sequence>
            <xsd:element name = "customer-name" type = "xsd:string"/>
            <xsd:element name = "account-number" type = "xsd:string"/>
          </xsd:sequence>
        </xsd:complexType>
    </xsd:element>
    <xsd:complexType name = "BankType">
        <xsd:sequence>
          <xsd:element ref = "account" minOccurs = "0" maxOccurs = "unbounded"/>
          <xsd:element ref = "customer" minOccurs = "0" manOccurs = "unbounded"/>
          <xsd:element ref = "depositor" minOccurs = "0" maxOccurs = "unbounder"/>
        </xsd:sequence>
    </xsd:complexType>
    </xsd:schema>
```

11.4　查询和转换

信息从一个 XML 模式到另一个 XML 模式的转换与 XML 上的数据查询是密

切相关的,而且使用同样的工具处理。

随着 XML 的普及,各大数据库厂商纷纷实现了对 XML 的支持,并使用 XML 作为交换和存储数据的手段。下面几种语言都提供了数据查询和转换的能力:

(1) XPath 是由路径表达式组成的简单语言,是其余两种查询语言的基础。

(2) XSLT 是一种转换语言,是 XSL 最重要的部分。XSLT 可以把 XML 文档转换成另一个 XML 文档或 HTML 文档。

(3) XQuery 是一个具有丰富功能的 XML 查询语言,用来从 XML 文档查找和提取元素和属性。

这些语言都是基于 XML 数据的树模型。一个 XML 文档被建模为一棵树,其结点对应元素和属性。每个元素可以有子结点,子结点可以是属性或者子元素。除了根结点以外,每个结点都有一个父元素。一个元素的文本内容可以建模为该元素的文本子结点。一个结点的子结点按它们在 XML 文档中的顺序排列。如果由于子元素的插入而导致文本元素间断,这时可以建立多个文本子结点。例如,对于元素"this is a ＜bold＞ wonderful ＜/bold＞ book",有一个子元素儿子对应元素 bold 以及两个文本子结点对应"this is a"和"book"。

11.4.1　XPath

XPath 通过路径表达式定位 XML 文档的各部分内容。XPath 中的路径表达式(path expression)是一串以"/"分隔的定位操作序列。初始的"/"指示文档的根结点。

路径表达式的结果是与路径相匹配的值的集合。例如,对于图 11.5 中的 XML 数据,路径表达式

　　　　/library-2/reader/reader-name

将返回:

　　　　＜reader-name＞ 张华 ＜/reader-name＞

　　　　＜reader-name＞ 欧阳山 ＜/reader-name＞

而路径表达式/library-2/reader/reader-name /text()将返回相同的名字,但没有包围的标签。

1. 使用选择谓词

选择谓词用来查找满足特定条件的结点。选择谓词被嵌在方括号中,可以跟在路径中的任一步的后面。例如,路径表达式

　　　　/library/book[publisher = 高等教育出版社]

将返回 publisher 为高等教育出版社的 book 元素。

谓词中还可以使用逻辑运算符 and 和 or,函数 not()。

2. 访问属性

属性使用"@"来进行访问。例如,对于图 11.5 的 XML 数据,

/library/reader[reader-name = 张华]/@reader-number

返回读者张华的读者号。

3. 功能函数

在 XPath 里,有很多功能函数可以帮助我们精确寻找需要的结点。

(1) count( ): 统计计数,返回符合条件的结点的个数。

(2) number( ): 将属性的值中的文本转换为数值。

(3) substring( ): 截取字符串。

(4) sum( ): 求和。

(5) id( ): 返回具有类型 ID 的属性值的属性结点。

例如,对于图 11.5 的 XML 数据,路径表达式

/library/book/id(@readers)

返回 book 元素的 readers 属性参照的所有读者。

4. 其他操作符

使用"|"操作符可以选取若干个路径,但是"|"不能嵌套在其他操作符中。例如,

/bank/account/id(@owner) | /bank/loan/id(@borrower)

提供拥有账户或贷款的客户。

操作符"//"可以用来跳过多个结点层。例如,/library//reader-name 将找到 library 元素子孙中所有的 reader-name 元素,而不管它包含在哪个元素中。

11.4.2　XSLT

样式表(style sheet)通常与文档分开存放,用来保存文档的格式化选项。XML 样式表语言 (XML style sheet language, XSL)设计之初是用来完成从 XML 文档到 HTML 文档的转换的。XSL 转换(XSL transformation, XSLT)是 XSL 包含的一种通用的转换机制,可完成 XML 文档间的转换,也可将 XML 文档转换成 HTML 文档。

1. XSLT 模板

XSLT 是一个可以转换文档的模板集合。每个模板都有一个称为文档元素的模型和一个用在新文档中创建片段的主体所组成。样式表使用 XML 的尖括号标

记语法来表示文档的结构,当数据的表示需要根据用户需求来变化时,可以利用 Web 浏览器的特性使用不同的样式表或使用样式表生成另一种标记语言。

XSLT 样式表包括一组模板规则,规则的形式是:如果在输入中遇到此条件,则生成下列输出。规则的顺序是无关紧要的,当有几条规则匹配同一个输入时,将调用冲突解决算法决定应用哪一个模板。然而,XSLT 与串行文本处理语言的不同之处是 XSLT 对输入并非逐行进行处理。实际上,XSLT 将输入的 XML 文档视为树状结构,每条模板规则适用于树中的一个结点。模板规则本身可以决定下一步处理哪些结点,因此不必按输入文档的原始顺序来扫描输入。

一个简单的 XSLT 模板包含一个 match 部分和一个 select 部分。例如,

```
<xsl:template match = "/library-2/reader">
    <xsl:value-of select = "reader-name"/>
</xsl:template>
<xsl:template match = "."/>
```

xsl:template match 语句包含一个 XPath 表达式,用来选择一个或多个结点。第一个模板用来匹配 library-2 儿子中的 reader 元素,嵌入在该 match 语句中的 xsl:value-of 语句输出 XPath 表达式结果中的结点值(这里是 reader-name)。第一个模板输出 reader-name 子元素的值(不包含元素标签)。第二个模板 < xsl:template match = "."/>匹配所有不与任何其他模板匹配的元素。

2. 创建 XML 输出

XSL 样式表中的任何文字或标签,如果不在 XSL 的名字空间中就按原样输出。例如,对于图 11.5 的 XML 数据,下面的模板:

```
<xsl:template match = "library-2/reader">
    <reader>
    <xsl:value-of select = "customer-name"/>
    </reader>
</xsl:template>
<xsl:template match = "."/>
```

将输出:

```
<reader> 张华 </reader>
<reader> 欧阳山 </reader>
```

注意:不能直接在另一个标签里插入 xsl:value-of 标签。例如,在上例中不能直接在<reader>中插入 xsl:value-of 为其创建属性。为了解决该问题,XSLT 提供了 xsl:attribute 结构。xsl:attribute 在前面元素中增加属性。例如,

```
<reader>
    <xsl:attribute name = "reader-id">
```

```
    <xsl:value-of select = "reader-id"/>
    </xsl:attribute>
    ……
  </reader>
```
将产生如下形式的输出：
```
  <reader reader-id = "…"> … </reader>
```

3. 结构递归

结构递归(structural recursion)是 XSLT 的一个关键部分。当一个模板匹配树结构中的一个元素时，XSLT 可以使用结构递归将模板规则递归的应用到子树中，这样可以输出 XML 结构文档。递归通过在其他模板内部使用 xsl:apply-templates 指令实现，如下所示：
```
    <xsl:template match = "/library-2">
      <readers>
      <xsl:apply-templates/>
      </readers>
    </xsl:template>
    <xsl:template match = "/reader">
      <reader>
      <xsl:value-of select = "reader-name"/>
      </reader>
    </xsl:template>
    <xsl:template match = "."/>
```
　　新的规则匹配外部的"library-2"标签，并将所有其他模板应用到/library-2 元素内的子树上，以此来构造一个结果文档，并将该结果放到<readers></readers>元素中。对于图 11.5 的 XML 数据产生如下输出：
```
    <readers>
      <reader> 张华 </reader>
      <reader> 欧阳山 </reader>
    </readers>
```

4. XSLT 中的连接

　　XSLT 提供一种特性称为**键**(key)，它允许使用子元素或属性的值来寻找元素；它的目的与 XPath 中的 id( )函数很类似，但是还允许使用 ID 属性以外的属性。键由 xsl:key 指令定义，它包含三个部分，如下例子所示：
```
    <xsl:key name = "bookno" match = "book" use = "book-number"/>
```
其中 name 属性用于区别不同的键，match 属性指定键用于那些结点，use 属性指定

键值的表达式。这里,说明了一个名为 bookno 的键,指定 book 的 book-number 子元素作为这个 book 的键来使用。

XSLT 键可以用来实现连接。下面的代码用于图 11.1 的 XML 数据,key 函数通过匹配 book 和 reader 元素连接 borrow 元素。在＜book-reader＞和＜/book-reader＞之间产生 book 和 reader 的连接对。

```
＜xsl:key name="bookno" match="book" use="book-number"/＞
＜xsl:key name="readerno" match="reader" use="reader-number"/＞
＜xsl:template match="borrow"＞
    ＜book-reader＞
    ＜xsl:value-of select=key("bookno","book-number")/＞
    ＜xsl:value-of select=key("readerno","reader-number")/＞
    ＜/book-reader＞
＜/xsl:template＞
＜xsl:template match=" * "/＞
```

5. 排序

在 XSLT 中,可以对 XML 源文档的元素进行重新排序。在模板中使用 xsl:sort 将使所有与该模板匹配的元素排序。例如,下面的代码就是将文档元素按book-name 排序:

```
＜xsl:template match="/library"＞
    ＜xsl:apply-templates select="book"＞
    ＜xsl:sort select="book-name"/＞
    ＜/xsl:apply-templates＞
＜/xsl:template＞
＜xsl:template match="book"＞
    ＜book＞
      ＜xsl:value-of select="book-number"/＞
      ＜xsl:value-of select="book-name"/＞
      ＜xsl:value-of select="author"/＞
      ＜xsl:value-of select="publisher"/＞
    ＜/book＞
＜xsl:template＞
＜xsl:template match=" * "/＞
```

11.4.3　XQuery

XQuery 是一种 XML 数据的通用查询语言。万维网联盟 (W3C) 制定了当前 XQuery 的标准。XQuery 是从 Quilt 查询语言演化而来,而 Quilt 语言本身是借鉴了 SQL、XQL 和 XML-QL 而形成的。

1. XQuery 的 FLWR 语法

不同于 XSLT,XQuery 更像 SQL 查询,其结构为 FLWR(发音同 flower)表达式。FLWR 是 For, Let, Where 和 Return 的首字母缩写。

(1) for 语句给出了在 XPath 表达式结果范围上的一系列变量,对应于 SQL 的 FROM。

(2) let 子句允许复杂表达式赋值给不同的变量名称以简化表达,在 SQL 中没有对应成分。

(3) where 与 SQL 的 WHERE 子句一样,对来自 for 部分连接元组执行附加的测试。

(4) return 部分允许构造 XML 形式的结果。

下面的简单 FLWR 表达式,基于图 11.1 中的 XML 文档,查找高等教育出版社出版的图书名,返回的每个结果都处于＜book-name＞ ⋯ ＜/book-name＞标签中:

```
for $ x in /library/book
let $ bname: = $ x/@book-name
where $ x/punblisher = 高等教育出版社
return ＜book-name＞ $ bname ＜/book-name＞
```

这里,let 子句并不必要,因为选择可以在 XPath 中完成。上述查询可写成如下形式:

```
for $ x in /library/book [punblisher = 高等教育出版社]
return ＜book-name＞ $ x/@book-name＜/book-name＞
```

路径表达式除了用来绑定 for 子句中的变量还有其他用处。例如,路径表达式可用于 let 子句,将变量绑定为路径表达式的结果。

2. 连接

在 XQuery 中指定连接与 SQL 很相似。图 11.1 中 book、reader 和 borrow 元素的连接可以用 XQuery 来写:

```
for $ bk in /library/book,
    $ r in /library/reader,
    $ bw in /library/borrow
where $ bk/book-number = $ bw/book-number and
    $ r/reader-number = $ bw/reader-number
return ＜book-reader＞ $ bk $ r ＜/book-reader＞
```

也可以用 XPath 的选择操作表达同样的查询:

```
for $ bk in /library/book,
    $ r in /library/reader,
    $ bw in /library/borrow [book-number = $ bw/book-number and
      reader-number = $ r/reader-number]
return <book-reader> $ bk $ r </book-reader>
```

3. 输出嵌套结构

可以在 return 子句中嵌套 XQuery 的 FLWR 表达式, 可以生成在源文档中没有出现的元素嵌套。在图 11.2 中, reader 元素内部嵌套了 book 元素。可以使用如下查询由图 11.1 的非嵌套结构生成:

```
<library-1>
    for $ r in /library/reader
  return
    <reader>
      $ r/ *
      for $ bw in /library/borrow/[reader-number = $ r/reader-number],
          $ bk in /library/book[book-number = $ bw/book-number]
      return $ bk
    </reader>
</library-1>
```

这个查询引入了 $ r/ * , 它指定了结点的所有儿子, 并绑定到变量 $ r 上。

4. XQuery 中的排序

对 XQuery 中的结果进行排序的方法是在表达式的末尾添加 sortby 子句。例如, 下面的查询结果按 reader-name 子元素的升序排列所有 reader 元素。

```
for $ c in /library/reader
return <reader> $ c/ * </reader> sortby(reader-name)
```

如果是降序排列, 则使用 sortby(reader-name descending)。

排序可在嵌套的多个级别进行。为了按读者姓名排序, 并且每个借阅的图书按书名排序, 可以使用如下查询:

```
<library-1>
    for $ r in /library/reader
  return
    <reader>
      $ r/ *
      for $ bw in /library/borrow[reader-number = $ r/reader-number],
          $ bk in /library/book[book-number = $ bw/book-number]
```

```
        return <book> $ bk/ * </book> sortby(book-name)
    </reader> sortby(reader-name)
</library-1>
```

5. XQuery 函数和其他功能

XQuery 含有超过 100 个内置函数。这些函数可用于字符串值、数值、日期以及时间比较、结点和 QName 操作、序列操作、逻辑值等。例如，

函数 document(name)返回一个给定名字的文档的根；

函数 number(x)将字符串转换为数字；

函数 distinct 可用来去除路径表达式结果中的重复元素；

聚集函数 sum、count 等可以用于路径表达式的结果。

XQuery 还允许用户定义自己的函数。函数的返回值不必是单个值。例如：

```
function balances(xsd:string $ c) returns list(xsd:numeric) {
    for $ d in /bank/depositor[customer-name = $ c],
        $ a in /bank/account[account-number = $ d/account-number]
    return $ a/balance
}
```

定义了一个函数 balances,它有一个参数 $c(顾客姓名),返回数值列表值。作用于满足 11.3.2 节银行 XML 数据 DTD 的 XML 文档,该函数返回给定顾客的所有账户的存款余额列表。

XQuery 还允许在 where 子句中使用存在量词和全称量词:

存在量词: some $ e in *path* satisfies *P*

全程量词: every $ e in *path* satisfies *P*

其中 *path* 是路径表达式,*P* 是可以使用 $ e 的谓词。

XQuery 还支持 if-then-else 子句,可以用在 return 子句中,也可以用在存在量词和全程量词中。

11.5 应用程序接口

XML 作为数据表示和数据交换格式,日益受到人们的重视。XML 作为应用程序的接口主要使用两种模型,一种是文档对象模型,另一种是事件模型。

文档对象模型(document object model, DOM)是由 W3C 制定的一套标准接口规范。在应用程序中,基于 DOM 的 XML 分析器将一个 XML 文档转换成一个对象模型的集合(这个集合通常被称为 DOM 树)。应用程序通过对该 DOM 树操作,实现对 XML 文档中数据的操作。通过 DOM 接口,应用程序可以在任何时候访问 XML 文档中的任何一部分数据。因此,这种利用 DOM 接口的机制也被称作随机

访问机制。

XML 的一个显著特征就是结构化。在结构化文档中,信息是按层次化的树形结构组织的,所以结构化文档模型的组织也必然是树形的。一个 DOM 接口的 XML 分析器,在对 XML 文档进行分析之后,不管这个文档有多简单还是有多复杂,文档中的信息都转化成一棵对象结点树。在这棵结点树中,有一个根结点(Document 结点),所有其他的结点都是根结点的后代结点。DOM 结点树生成之后,就可以通过 DOM 接口访问、修改、添加、删除树中的结点和内容。

DOM 库提供了很多函数,用来遍历 DOM 树。例如,Java DOM API 提供了一个称为 Node 的接口,以及从 Node 继承下来的接口 Element 和 Attribute 接口。Node 接口提供了 getParentNode( )、getFirstChild( )、getNextSibling( )、getAttribute( )、getData( )(用于文本结点)、getElementsByTagName( )等方法。这些方法可以用于在 DOM 树中导航。此外,DOM 还提供了更新 DOM 树的函数,用于增加、删除一个结点的属性和子元素,设置结点值。

第二种应用程序接口是简单 XML API(simple API for XML, SAX)。SAX 是一种事件模型,它用于提供一个语法分析器和应用程序之间的通用接口。SAX 提供了一种对 XML 文档进行顺序访问的模式,是一种快速读写 XML 数据的方式。当使用 SAX 分析器对 XML 文档进行分析时,会触发一系列事件,并激活相应的事件处理函数,从而完成对 XML 文档的访问,所以 SAX 接口也被称作事件驱动接口。它的基本原理是:由接口的使用者提供符合定义的处理器,XML 分析时遇到特定的事件,就去调用处理器中特定事件的处理函数。一般 SAX 接口都是用 JAVA 实现的。SAX 不适合数据库应用。

11.6　XML 数据的存储

XML 数据可以存储在关系数据库中,也可以存储在非关系数据库中,本节主要介绍在关系数据库中存储 XML 数据的方法。

11.6.1　关系数据库

由于关系数据库管理系统的广泛应用,如果将 XML 数据存储到关系数据库中,这些数据就可以被现有的应用程序访问,这就需要在 XML 和关系数据库之间进行数据转换。下面介绍几种数据的存储方法:

1. 按字符串存储

将 XML 数据存储到关系数据库中的一种简单的方法是:把顶层元素的每个子元素作为数据库中一个独立元组中的一个字符串来存储。如图 11.1 中的 XML

数据就可以作为一个关系 elements(data)中的一个元组集存储,每个元组的属性 data 以字符串形式存储一个 XML 元素(book、reader 或者 borrow)。

尽管这种方法很容易实现,但数据库系统并不知道存储元素的模式,导致不能直接查询数据。为此,我们可以把不同类型的元素存储在不同的关系中,并将一些关键元素的值存储为关系的属性(目的是便于索引)。例如,在图 11.1 中,生成的关系是 book-elements、reader-elements 和 borrow-elements。每个关系都有一个属性 data,并且每个关系可以有额外的属性来存储子元素的值(如 book-number、reader-name 等)。采用这种方式,可以有效地执行一个查询,得到具有指定书号的 book 元素。但是这种方式依赖于 XML 数据的有关类型信息,如该数据的 DTD。

不同于一般基于属性值的索引,函数索引(例如,Oracle 9 就支持函数索引)可以基于用户定义的函数来构建。例如,一个用户定义函数以返回元组中 XML 字符串 book-number 子元素的值,函数索引可以基于该函数来构建。然后该索引可以按照与 book-number 属性上的索引同样的方式使用。

2. 树表示法

任意 XML 数据都可以建模为树,并用下面形式的关系来保存:

> nodes (id, type, label, value)
>
> child (child-id, parent-id)

XML 数据中的每个元素和属性都被给予一个不同的标识 id。对每一个元素和属性,都有一个元组插到 nodes 关系中。type 指示该元组是元素还是属性,label 指示元素/属性的标签名,而 value 是元素/属性的文本值。关系 child 用于记录每个元素或属性在树中结点的父子关系。如果必须保存元素和属性的顺序信息,可以给 child 关系增加一个额外的 position 属性,用来标识子结点在其父结点的所有子结点中的相对位置。

这种表示法的优点是:即便没有 DTD 也可以存储任意 XML 数据,所有 XML 信息都可以直接地在关系中表示,而且许多 XML 查询也可以转换为关系查询。但是,数据被分成许多碎片,增加了空间开销。此外,即使是简单的查询也需要大量连接操作。

3. 映射为关系

如果文档的 DTD 是已知的,就可将 XML 数据映射为关系。具体说明如下:

(1) 底层元素和属性都映射成关系的属性。

(2) 对于非底层元素,为每一个元素类型创建一个关系。如果元素没有 ID 类型属性,就创建一个 id 属性存储每一个元素的不同 id 值。元素的所有属性都映射为关系的属性。只出现一次的子元素映射为关系的属性;对于文本值的子元素,以文本值作为属性值;而对于复杂的子元素,存储该子元素的 id 值。如果子元素还有更多的嵌套子元素,则对该子元素应用同样的过程。

(3) 出现多次的子元素用一个单独的关系来表示。其处理方法与 E-R 图转换为关系时对多值属性的处理相似。

映射为关系的优点是高效的存储,能够将 XML 查询转换成 SQL 查询,高效地执行查询。但是这种方法需要知道 DTD,并且仍然存在转换开销。

11.6.2　非关系的数据存储

将 XML 数据存储到非关系的数据库存储系统,主要有下面两种方法:

1. 存储在平面文件中

平面文件是最简单存储机制。这种方法在一个文件中存储整个 XML 文档。可以使用多种文本编辑器和 XML 工具访问这些数据。但是,它不支持索引查询,也不易于修改文档,并且缺少数据隔离、完整性检查、原子性、并发访问以及安全性。

2. 存储在 XML 数据库中

XML 数据库是指使用 XML 为基础数据模型的对象数据库。对象模型可以根据 XML 数据模型的结构来定义。即一个文档是一个元素,一个元素由属性以及有序的字符数据和元素组成,一个属性具有一个名字和一个值,字符数据由文档中不是元素的字符串组成。

11.7　XML 应用

XML 的中心设计目标是: 通过描述数据的语义使得在 Web 上和在应用程序间的通讯更简单。因此,XML 在数据库和通讯方面都得到了广泛的应用,主要表现在下面几个方面。

1. 数据交换

XML 可以用来在 Web 上应用程序之间或应用与用户之间交换数据。XML 在交换数据领域里有着重要的地位,因为 XML 使用元素和属性来描述数据,可以用位置或元素名存取 XML 数据,在数据传送过程中,XML 始终保留了诸如父/子关系这样的数据结构,几个应用程序可以共享和解析同一个 XML 文件,不必使用传统的字符串解析或拆解过程。

2. Web 服务

Web 服务器使用 XML 在系统之间交换数据,让使用不同系统和不同编程语言的人们能够相互交流和分享数据。交换数据通常用 XML 标记,能使协议取得规范一致,比如在简单对象处理协议(Simple object access protocol, SOAP)平台上,SOAP 可以在使用不同编程语言构造的对象之间传递消息,也就是说一个 C♯ 对象能够与一个 Java 对象进行通讯,这种通信甚至可以发生在运行于不同操作系统上的对象之间。

3. 内容管理

XML 只用元素和属性来描述数据,而不提供数据的显示方法,因此 XML 的数据表示方法独立于平台和语言的内容。使用像 XSLT 这样的语言能够轻易地将 XML 文件转换成各种格式文件,比如 HTML、WML、PDF、平面文件、EDI 等。XML 能够运行于不同的系统平台之间,将数据转换成不同格式目标文件,这种能力使得它成为内容管理应用系统中的佼佼者。

4. Web 集成

支持 XML 的设备越来越多,使得 Web 开发商可以在个人电子助理和浏览器之间用 XML 来传递数据。将 XML 文本直接送进这样的设备的目的是给用户提供更多数据显示方式。常规的客户/服务(C/S)方式为了获得数据排序或更换显示格式,必须向服务器发出申请,而 XML 则可以直接处理数据,不必向服务器提出申请,设备也不需要配置数据库。

5. 配置

许多应用都将配置数据存储在各种文件里,比如 .INI 文件。XML 使用 .NET 中的类,如 XmlDocument 和 XmlTextReader,将配置数据标记为 XML 格式,使其更具可读性,并能方便地集成到应用系统中去。使用 XML 配置文件的应用程序能够方便地处理所需数据,不用像其他应用那样要经过重新编译才能修改和维护应用系统。

11.8 小　　结

(1) XML 源于通用标记语言(SGML),旨在为 Web 文档提供功能标记,但是它已经成为事实上的数据交换标准格式。

(2) XML 元素由一对互相匹配的开始和结束标签,以及出现在它们之间所有的文本组成。元素可以包含多层嵌套的子元素,还可以具有属性。

(3) 元素可以有一个 ID 类型属性,用于存储该元素的唯一标识。使用 IDREF 和 IDREFS 类型的属性,元素可以存储指向其他元素的引用。

(4) DTD 可以定义 XML 文档格式,这对数据交换是重要的。一个 DTD 指明在 XML 文档中可以出现哪些元素,这些元素如何嵌套,以及每个元素可以包含哪些属性。

(5) XML 模式式用于指定 XML 文档模式的新标准,比 DTD 的能力更强,但更复杂。目前没有 DTD 使用广泛。

(6) XML 数据可以用树结构表示。结点表示元素和属性,而元素嵌套由树结点的父子结构反映。

(7) XPath 是用于遍历 XML 树结构的路径表达式标准语言,允许用文件路径类似的方式指定元素。XPath 还是其他 XML 查询语言的基础。

(8) XSLT 最早是作为式样表转换语言设计的。由于它提供了相当强大的查询、转换功能,因此经常用于查询 XML 数据。

(9) XQuery 是正在标准化的一种 XML 数据查询语言。它的 FLWR 表达式与 SQL 很相似。它支持处理 XML 树的查询,并允许将 XML 文档转换到许多具有明显不同结构的其他文档。

(10) XML 数据可以存放在关系数据库中。存在多种可供选择的方法,如按字符串存储、表示成树,或者用 E-R 图转换成关系模式类似的方法,直接映射为关系。XML 数据也可以存放到非关系数据库中。

习 题

11.1 说明 XML 中下面概念的含义:属性、实体、元素的上下文、命名空间、处理指令、注释。

11.2 XML 中的数据查询使用哪些语言?

11.3 XML 的数据存储有哪几种方式?

11.4 XML 的应用程序接口使用哪两种模型?

11.5 下面是用 XML 表示的嵌套关系模式,试给出该表示的 DTD。

    Emp = (ename, ChildrenSet setof(Children), Skill setof(Skills))

    Children = (name, Birthday)

    Birthday = (day, month, year)

    Skills = (type, ExamsSet setof(Exams))

    Exams = (year, city)

11.6 基于习题 11.5 给出的 DTD,用 XSLT 和 XPath 语言查询列出 Emp 中

的所有 skills 类型。

　11.7　给出如下 XML 数据的 DTD。

```
<bank>
    <account>
        <account-number> A-101 </account-number>
        <branch-name> Downtown </branch-name>
        <balance> 500 </balance>
    </account>
    <account>
        <account-number> A-102 </account-number>
        <branch-name> Perryridge </branch-name>
        <balance> 400 </balance>
    </account>
    <account>
        <account-number> A-201 </account-number>
        <branch-name> Brighton </branch-name>
        <balance> 900 </balance>
    </account>
    <custormer>
        <customer-name> Johnson </customer-name>
        <customer-street> Alma </customer-name>
        <customer-city> Palo Alto </customer-city>
    </customer>
    <customer>
        <customer-name> Hayes </customer-name>
        <customer-street> Main </customer-street>
        <customer-city> Harrison </customer-city>
    </customer>
    <depositor>
        <account-number> A-101 </account-number>
        <customer-name> Johnson </customer-name>
    </depositor>
    <depositor>
        <account-number> A-201 </account-number>
        <customer-name> Johnson </customer-name>
    </depositor>
        <account-number> A-102 </account-number>
        <customer-name> Hayes </customer-name>
```

```
    </depositor>
    </bank>
```

11.8　对于习题 11.7 的 XML 数据,用 XQuery 写出一条查询,找出每一个支行所有账户的余额总和。(提示:使用嵌套查询来得到 SQL 中 group by 子句的效果。)

11.9　对于习题 11.7 的 XML 数据,用 XQuery 写出一条查询,计算 customer 元素和 account 元素的左外连接。(提示:使用全称量词。)

11.10　考虑下面递归的 DTD:

```
    <! DOCTYPE parts [
        <! ELEMENT part(name, subpartinfo * )>
        <! ELEMENT subpartinfo(part, quantity)>
        <! ELEMENT name( # PCDATA)>
        <! ELEMENT quantity( # PCDATA)>
    ] >
```

(1) 给出与上面所述 DTD 对应的一个小数据示例。

(2) 假设 part 名称是唯一的(即 part 出现在哪里,它的子部分结构都是一样的),试将这个 DTD 映射成关系模式。

第 12 章　ODBC 编程

关系型数据库产生后,很快就成为数据库系统的主流产品。由于每个 RDBMS 厂商都有自己的一套标准,不同厂商在数据格式、数据操作、具体实现甚至语法方面都具有不同程度的差异,所以彼此不能兼容。ODBC 是微软公司为其视窗操作系统推出的一套访问各种数据库的统一接口技术。ODBC 类似于一种软件驱动程序,提供了应用软件与数据库之间的访问标准。

本章不是 ODBC 的完整讨论,但包含 ODBC 基本内容和用法。12.1 节介绍 ODBC 的产生、发展和基本思想。12.2 节介绍 ODBC 的工作原理,着重介绍数据源的配置。12.3 节是 ODBC API 的基础,概述 ODBC API 的函数,并重点介绍句柄。12.4 节详细讨论 ODBC 的工作流程,并介绍一些 ODBC API 函数。最后,在 12.5 节,我们用一个简单的例子说明如何使用 ODBC API 在应用程序中实现对数据库的操作。

12.1　ODBC 简介

ODBC 是 Open Database Connectivity 的缩写,意指开放式数据库连接。ODBC 是微软的 Windows 开放服务体系的一部分,它建立了一组规范,并提供了一组访问数据库的标准应用程序接口(API)。

12.1.1　ODBC 的产生和发展

目前,不同的数据库厂商推出了各种各样的数据库系统,尽管它们中间大多数是 RDBMS,也遵循 SQL 标准,但不同的数据库系统在性能、价格和应用范围上各有千秋。一个综合信息系统的各部门由于需求差异等原因,往往会采用不同的数据库系统,它们之间的互联访问成为一个棘手的问题。在一个 RDBMS 下编写的应用程序不能在另一个 RDBMS 下运行,可移植性差,并且要求数据库开发人员熟悉各种数据库系统。微软提出的 ODBC 成为目前一个强有力的解决方案,并逐步成为 Windows 和 Macintosh 平台上的标准接口,推动了这方面的开放性和标准化。

由于 ODBC 思想上的先进性,并且没有同类的标准或产品与之竞争,它一枝独秀,推出后仅仅两三年就受到众多厂家与用户的青睐,成为一种广泛接受的标准。目前,已经有 130 多家独立厂商宣布了对 ODBC 的支持,常见的 DBMS 都提供了 ODBC 的驱动接口,这些厂商包括 Oracle、Sybase、Informix、Ingres、IBM(DB/

2)、DEC(RDB)、HP(ALLBASE/SQL)、Gupta、Borland(Paradox)等。目前, ODBC 已经成为客户机/服务器系统的一种重要支持技术。

　　一个基于 ODBC 的应用程序对数据库的操作不依赖任何 DBMS, 不直接与 DBMS 打交道, 所有的数据库操作由对应的 DBMS 的 ODBC 驱动程序完成。也就是说, 不论是 FoxPro、SQL Server 还是 ORACLE 数据库, 均可用 ODBC API 进行访问。由此可见, ODBC 的最大优点是能以统一的方式处理所有的数据库。

12.1.2　ODBC 的基本思想

　　ODBC 的基本思想是为用户提供简单、标准、透明的数据库连接的公共编程接口。开发厂商根据 ODBC 的标准去实现底层的数据库驱动程序, 这个驱动程序对用户是透明的, 并允许根据不同的 DBMS 采用不同的技术加以优化实现, 这有利于不断吸收新的技术而日趋完善。数据库驱动程序类似于 Windows 中打印机驱动程序。在 Windows 中, 用户安装不同的打印驱动程序, 使用同样一条打印语句或操作, 就可很容易地实现在不同打印机上打印输出, 而不需要了解内部的具体原理。ODBC 出现以后, 用户安装不同的 DBMS 驱动程序就可用同样的 SQL 语句实现在不同 DBMS 上进行同样的操作, 而且无需预编译。

　　在传统方式中, 开发人员要熟悉多个 DBMS 及其 API, 一旦 DBMS 端出现变动, 则往往导致用户端系统重新编译或者源代码的修改。这给开发和维护工作带来了很大困难。ODBC 带来了数据库连接方式的变革。在 ODBC 方式中, 不管底层网络环境如何, 也无论采用何种 DBMS, 用户在程序中都使用同一套标准代码, 无需逐个了解各 DBMS 及其 API 的特点, 源程序不因底层的变化而重新编译或修改, 从而减轻了开发维护的工作量, 缩短了开发周期。

12.2　ODBC 的工作原理

　　一个完整的 ODBC 由 6 个部件组成：

　　(1) 应用程序(Application)。

　　(2) ODBC 管理器(Administrator)。该程序位于 Windows 操作系统的控制面板(Control Panel)内, 其主要任务是管理安装的 ODBC 驱动程序和管理数据源。

　　(3) 驱动程序管理器(Driver Manager)。它包含在 ODBC32.DLL 中, 对用户是透明的。其任务是管理 ODBC 驱动程序, 是 ODBC 中最重要的部件。

　　(4) ODBC API, ODBC3.0 标准提供了 76 个 API 函数, 正是通过这些 API 函数, 才可以在应用程序中访问不同的数据库系统中的数据。

　　(5) ODBC 驱动程序。它是一个动态连接库(DDL), 提供了 ODBC 和数据库之间的接口, 每一个 ODBC 支持的数据库系统都有一个对应的 ODBC 驱动程序。

（6）数据源。它包含了数据库位置和数据库类型等信息，实际上是一种数据连接的抽象。

12.2.1　ODBC 的体系结构

一种更通用的方法是将 ODBC 分为 4 层（见图 12.1）：应用程序、驱动程序管理器、驱动程序和数据源。下面我们详细介绍各层的功能和数据源配置。

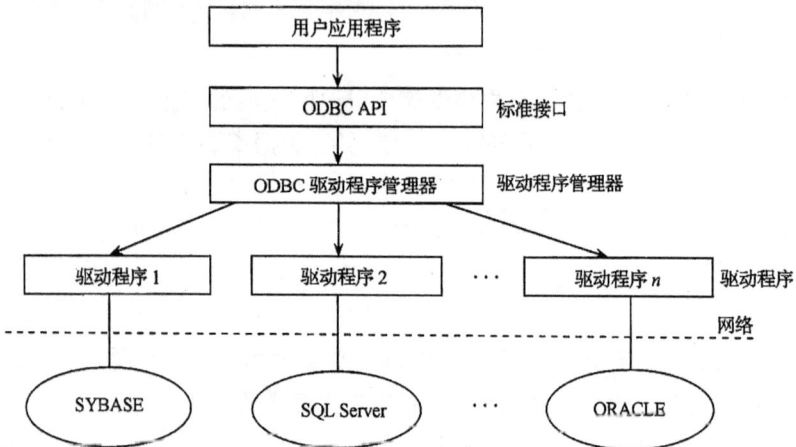

图 12.1　ODBC 系统体系结构

1. 应用程序层

使用 ODBC 来开发应用系统的程序简称为 ODBC 应用程序，主要任务是提供交互接口、控制程序流程以及回显数据库结果，具体表现在以下方面：

（1）使用数据源请求和数据库连接；

（2）向数据源发送 SQL 请求；

（3）为 SQL 语句执行的结果定义存储区和数据格式；

（4）请求获取数据库结果；

（5）处理错误；

（6）把结果返回给用户；

（7）对事务进行控制，提交或回滚；

（8）断开与数据源的连接。

2. 驱动程序管理器

驱动程序管理器的任务是管理 ODBC 驱动程序，进行应用程序和驱动程序之间的通信；是 ODBC 中最重要的部件，包含在 ODBC32. DLL 中，对用户来说是透明的。它的任务是：

(1) 加载和卸载驱动程序；

(2) 使用 ODBC INI 文件将数据源映射到一个特定的数据库驱动程序；

(3) 处理 ODBC 函数调用,检查 ODBC 调用参数的合法性并将其传递给驱动程序。

3. 数据库驱动程序

数据库驱动程序也是以动态链接库文件存在的。应用程序是不能直接和数据库打交道的,应用程序对数据库的操作请求通过驱动程序管理器传给特定的 DBMS 的 ODBC 驱动程序,由驱动程序完成对数据库的操作,结果再由驱动程序管理器返给用户。因此数据库驱动程序是用来实现 ODBC 函数和数据源的交互的。当应用程序调用连接函数时,驱动程序管理器就会加载相应的驱动程序与应用程序呼应,它对来自应用程序的 ODBC 函数调用进行应答,按照其要求执行以下任务：

(1) 与数据源建立连接；

(2) 向数据源提交请求；

(3) 在应用程序需求时,转换数据格式；

(4) 向应用程序返回结果；

(5) 将运行错误格式化为标准代码返回。

以上这些功能都是对应用程序层功能的具体实现。驱动程序的配置方式可以划分为以下两种：

(1) 单层(single-tier)：在这种方式下,驱动程序要处理 ODBC 调用和 SQL 语句,并直接操纵数据库,因此具有数据存取功能。这种配置常用于同一台微机之上异种数据库通过 ODBC 存取。

(2) 多层(multiple-tier)：这种配置中驱动程序仅仅处理 ODBC 调用,而将 SQL 语句交给服务器执行,然后返回结果。这种情况往往是将应用程序、驱动程序管理器和驱动程序驻留在客户机端,而数据源和数据存取功能放在服务器端。

4. 数据源

数据源由用户想要存取的数据和它相关的操作系统、DBMS 及网络环境组成。ODBC 给每个被访问的数据源指定一个唯一的数据源名。在连接中,使用数据源名来代表用户名、服务器名和所连接的数据库名等。

12.2.2　ODBC 的数据源配置

数据源的配置有两种方法：

（1）在 Windows 的控制面板中使用 ODBC 管理程序来配置。

（2）使用驱动程序管理器提供的 ConfigDsn 函数来增加、修改和删除数据。

下面，以第一种方法为例，演示数据源的配置。

假设某个单位有人事部和财务部两个部门，分别使用 Access 和 SQL server 存放数据。该单位的信息管理系统需要从这两个数据库中存取数据。为了方便与这两个数据库的连接，为财务部创建一个数据源，命名为 EmployeeAccount。同时，也为人事部门创建一个数据源 EmployeeInfo。此后，当要访问每一个数据库时，只要与 EmployeeAccount 和 EmployeeInfo 连接就可以，不需要了解具体的数据库类型。下面就以建 EmployeeAccount 数据源为例讲解数据源的配置。

第一步：打开控制面板，找到管理工具中的数据源 ODBC，启动 ODBC 数据源管理器。启动数据源管理器以后，将显示一个对话框，如图 12.2 所示。

图 12.2　ODBC 数据源管理器

第二步：ODBC 数据源管理器中有多个选项卡，包括用户 DSN、系统 DSN 和文件 DSN。ODBC 中提供三种 DSN，它们的区别很简单：用户 DSN 只能用于本用户；系统 DSN 和文件 DSN 的区别只在于连接信息的存放位置不同，系统 DSN 存放在 ODBC 储存区里，而文件 DSN 则放在一个文本文件中。在此，我们选择用户 DSN，如图 12.2 所示。

第三步：单击"添加"按钮，打开如图 12.3 所示对话框。该对话框列出了 ODBC 支持的已安装的数据库驱动程序。

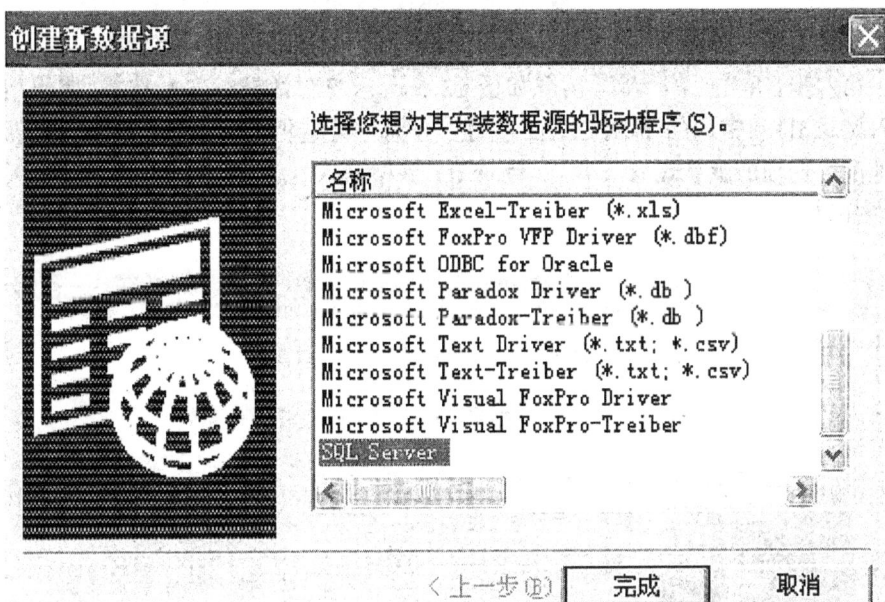

图 12.3　添加并选择数据库驱动程序

　　第四步: 选择 SQL Server, 单击"完成"按钮关闭创建数据源对话框。这时, 驱动程序管理器将打开"创建到 SQL Server 新的数据源"对话框, 如图 12.4 所示。

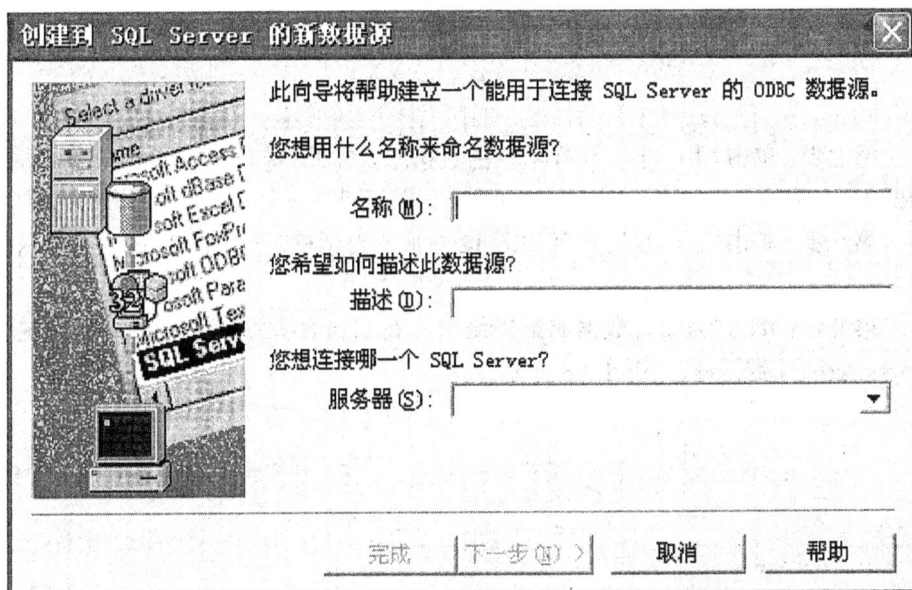

图 12.4　创建到 SQL Server 新的数据源

第五步：在"名称"一栏中输入"EmployeeAccount"，在"服务器"一栏中，输入所要连接的服务器名称，在本机中使用的是"70A6663869B1483 \ TEST"。

第六步：单击"下一步"，出现如图 12.5 所示的对话框。在此选择"使用用户输入登录 ID 和密码的 SQL Server 验证"，并选中复选框"连接 SQL Server 以获得其他配置选项的默认设置"，并在"登录 ID"项中输入"sa"，在"密码"一栏中输入密码，密码为"sa"。

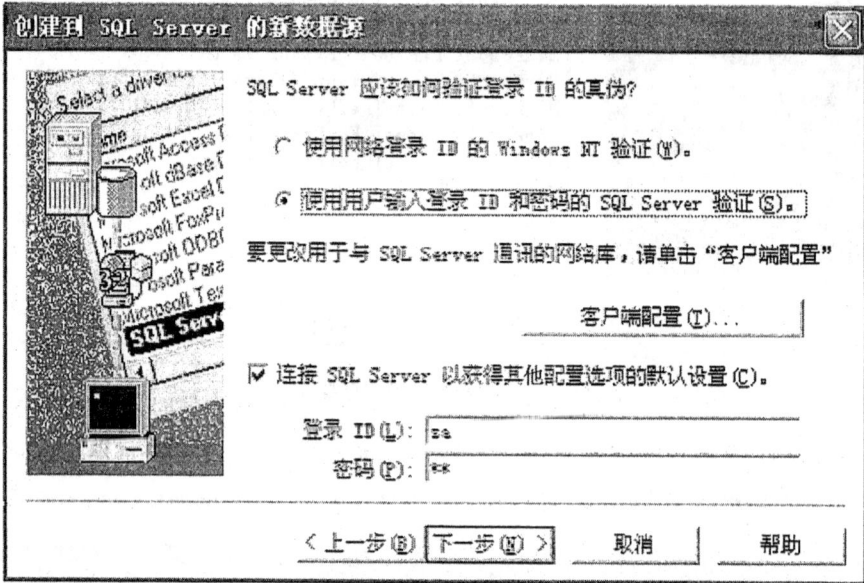

图 12.5　输入 ID 和密码

第七步：单击"下一步"，选择默认的数据库。在此，选择"Northwind"数据库，如图 12.6 所示。

第八步：单击"下一步"，出现如图 12.7 所示对话框，一般情况下，使用默认值即可。

第九步：单击"完成"，数据源配置结束。在 ODBC 数据源管理器中出现 EmployeeAccount 数据源，如图 12.8 所示。

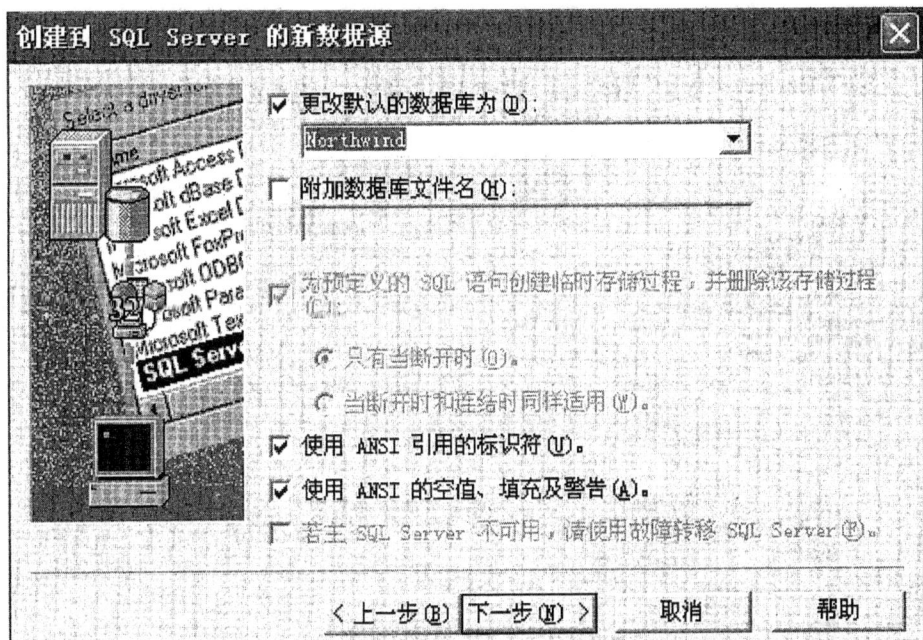

图 12.6 选择默认数据库

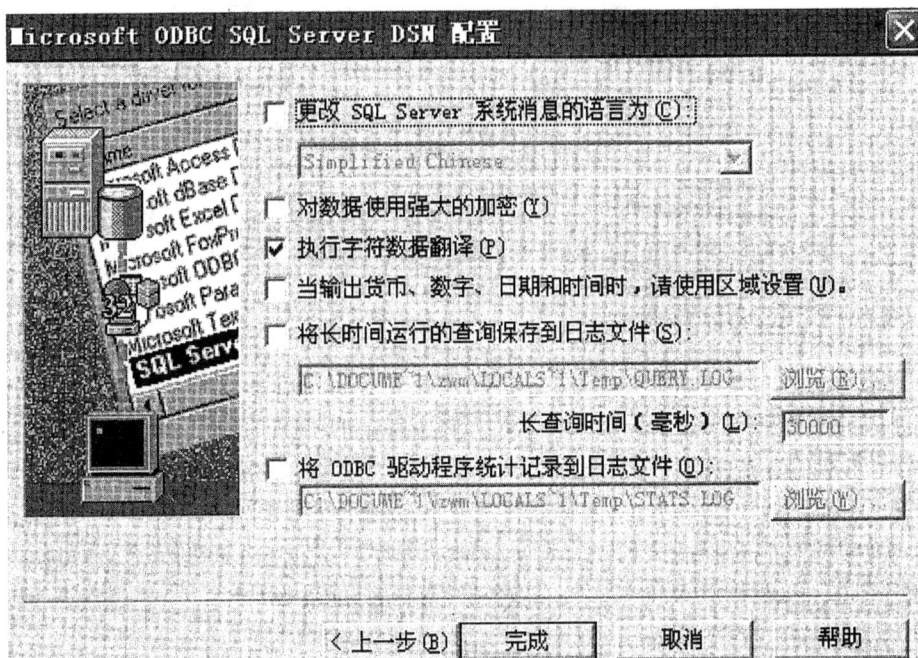

图 12.7 配置 QDBC SQL ServerDSN

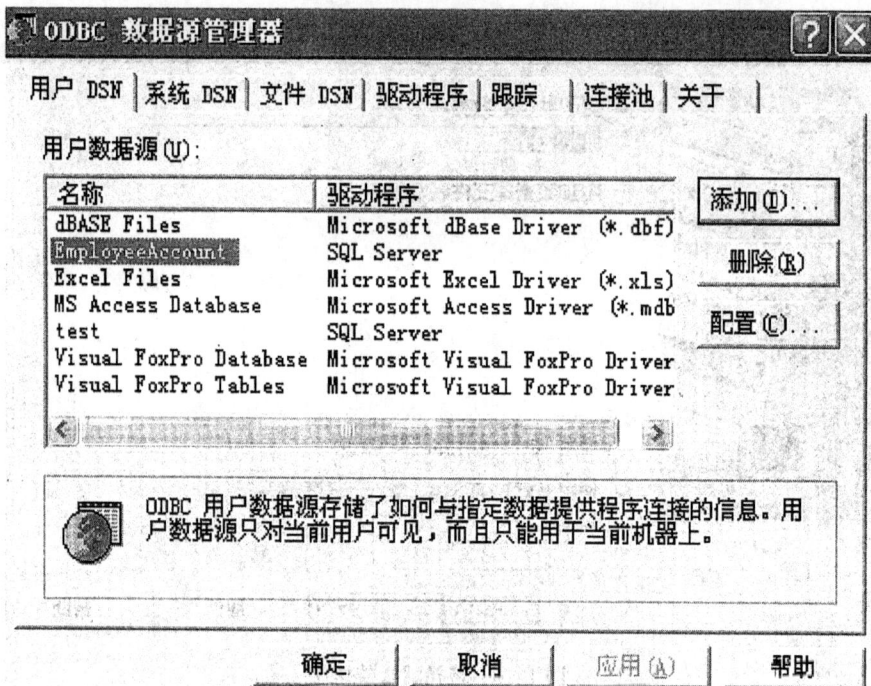

图 12.8　配置完成，EmployeeAccount 出现在用户数据源中

12.3　ODBC API 基础

ODBC API 提供了一些接口函数。使用这些函数，应用程序可以建立数据连接，进行事务管理，执行 SQL 语句，并获取数据字典中的有关信息。

12.3.1　ODBC 函数概述

从应用程序观点来看，最理想的情况是每个数据源和驱动程序都支持同一套 ODBC 函数调用和 SQL 语句。但是由于形形色色的 DBMS 在实现上有很大的差异，它们所依赖的系统和环境也各不相同，在对 ODBC 支持的程度上就不一致。一致性级别(conformance level)建立了对众多功能的标准划分，为应用程序和驱动程序提供帮助和选择的依据。它划定了驱动程序所支持的 ODBC 函数和 SQL 语句的范围，可以用 SQLGetInfo、SQLGetFunctions、SQLTypeInfo 三个函数获知驱动程序所支持的功能集。

ODBC 从 API 和 SQL 语法两方面划分级别。

1. API 的一致性级别

ODBC 将函数调用划分为三级：核心 API、一级 API 和二级 API。

（1）核心 API：包含了与 SAG 的 CLI 相匹配的基本功能，包括分配与释放环境、连接及语句句柄；连接到数据源；准备并执行 SQL 语句或立即执行 SQL 语句；为 SQL 语句和结果列中的参数分配存储器；从结果中检索数据，检索结果的信息；提交和撤销事务处理；检索错误信息。

（2）一级 API：它包括了核心 API 的全部功能，例如用特定驱动程序的对话框连接到数据源；设置和查询语句值和连接选项；送部分或全部参数值；检索部分和全部结果；检索目录信息；检索关于驱动程序和数据源的信息。

（3）二级 API：其功能包括核心和一级 API 的全部功能；浏览获得的连接和获得的数据源列表；发送参数值数组，检索结果数组；检索参数个数及参数描述；应用可卷动的光标；检索 SQL 语句和本机表格；检索各种目录信息；调用转换 DLL。

2. SQL 语法的一致性级别

从 SQL 方面可划分为最小的 SQL 语法、核心 SQL 语法和扩展 SQL 语法三个等级。

3. ODBC API 函数

ODBC 3.0 提供了 76 个函数，大致分为以下几类：
（1）分配和释放句柄函数，如 SQLAllocHandle、SQLFreeHandle；
（2）连接函数，如 SQLConnect、SQLDriverConnect 等；
（3）与信息相关的函数，如 SQLGetinfo、SQLGetFunction 等；
（4）事务处理函数，如 SQLEndTran 等；
（5）执行 SQL 语句的函数，如 SQLExecute 等；
（6）编目函数用于获取数据字典中的信息，如 SQLTable、SQLColumn 等。
部分函数将在下面各节解释。但是，本书不准备详细介绍这些函数，有兴趣的读者可以参考 ODBC 手册。

12.3.2　句柄

所谓句柄，实际上就是一个标识资源的应用程序变量（相当于一个资源缓冲区的指针）。Windows 应用程序中有许多句柄类型。ODBC 中句柄可以分为环境句柄、连接句柄、语句句柄和描述器句柄。

应用程序首先说明句柄变量，然后通过调用 SQLAllocHandle 函数分配句柄：

```
SQLAllocHandle (HandleType, InputHandle, OutputHandlePtr)
```

其中,输入参数 HandleType 指明句柄类型,它可以是 SQL_HANDLE_ENV(环境句柄)、SQL_HANDLE_DBC(连接句柄)或 SQL_HANDLE_STMT(语句句柄)。输入参数 InputHandle 指明由哪个句柄分配新句柄;当新句柄为环境句柄时,InputHandle 为 SQL_NULL_HANDLE。输出参数 OutputHandlePtr 指向新分配的句柄的缓冲区。SQLAllocHandle 函数返回一个值指明分配句柄是否成功。

应用程序通过调用 SQLFreeHandle 函数释放句柄:

```
SQLFreeHandle (HandleType, Handle);
```

其中参数 HandleType 同上,而参数 Handle 给出待释放的句柄。

申请句柄应按照申请环境句柄、申请连接句柄和申请语句句柄的次序进行,而释放句柄的次序与申请次序相反。

1. 环境句柄

环境句柄是 ODBC 中整个上下文的句柄。使用 ODBC 的每个程序从创建环境句柄开始,以释放环境句柄结束。所有其他的句柄(这一应用程序所有的连接句柄和语句句柄)都由环境句柄中的上下文来管理。环境句柄在每个应用程序中只能创建一个,用来存取数据的全局性背景,如环境状态、当前的环境转台诊断、当前环境下分配的连接句柄等。

为分配环境句柄,首先在程序中声明一个 SQLHENV(环境句柄)类型的变量,然后调用函数 SQLAllocHandle,传递 SQLHENV 类型的变量地址和 SQL_HANDLE_ENV 选项。分配一个环境句柄 henv 的代码如下:

```
SQLHENV henv;            // 说明一个 SQLHENV 变量 henv
SQLRETURN rc;            // rc 用于存放 SQLAllocHandle 的返回码
rc = SQLAllocHandle (SQL_HANDLE_ENV, SQL_NULL_HANDLE, &henv)
```

如果 rc = SQL_ERROR,则分配环境句柄出错;如果 rc = SQL_SUCCESS,则分配环境句柄成功,henv 指向新分配的环境句柄。

2. 连接句柄

一个环境句柄可以建立多个连接句柄,每一个连接句柄实现与一个数据源之间的连接。分配连接句柄并不会建立连接,必须首先分配连接句柄,然后才能在建立连接时使用它。

为分配连接句柄,首先在程序中定义一个 SQLHDBC(连接句柄)类型的变量,然后调用 SQLAllocHandle 函数分配连接句柄。由环境句柄 henv 分配连接句柄 hdbc 的代码如下:

```
SQLHDBC hdbc;            // 说明一个 SQLHDBC 变量 hdbc
rc = SQLAllocHandle (SQL_HANDLE_DBC, henv, &hdbc)
```

如果 rc = SQL_ERROR,则分配连接句柄出错;如果 rc = SQL_SUCCESS_WITH_INFO,则分配连接句柄成功,hdbc 指向新分配的连接句柄。

3. 语句句柄

一个连接中可以有多个语句句柄,语句句柄提供对 SQL 语句以及与之相关联的任何信息(如结果集和参数)的访问。

为分配语句句柄,首先在程序中定义一个 SQLHSTMT(语句句柄)类型的变量,然后调用 SQLAllocHandle 函数分配语句句柄。由连接句柄 hdbc 分配连接句柄 hdbc 的代码如下:

```
SQLHSTMT hstmt;            // 说明一个 SQLHDBC 变量 hstmt
rc = SQLAllocHandle (SQL_HANDLE_STMT,hdbc,&hstmt)
```

如果 rc = SQL_ERROR,则分配语句句柄出错;如果 rc = SQL_SUCCESS_WITH_INFO,则分配语句句柄成功,hstmt 指向新分配的语句句柄。

4. 描述器句柄

描述器句柄是元数据的集合,这些元数据描述了 SQL 语句的参数、记录集的列等信息。当有语句被分配内存之后,描述器自动生成,称为自动分配描述器。在程序中,应用程序也可调用 SQLAllocHandle 分配描述器。当应用程序调用 API 函数 SQLAllocHandle 时,驱动管理器或者 ODBC 驱动程序将为所声明的句柄类型分配内部结构,返回句柄值。

12.4　ODBC 的工作流程

使用 ODBC 的应用系统大致的工作流程,从开始配置数据源到回收各种句柄,如图 12.9 所示。

1. 配置数据源

对于数据源的配置,前面已经详细讨论,在此不再重复。

不同的驱动器厂商提供了不同的配置数据源界面,其基本的选项为数据源名、描述、服务器地址、验证、数据库名字、用户名等。

2. 初始化环境

使用 SQLAllocHandle 和 SQLSetEnvAttr 函数初始化环境。函数 SQLAllocHandle 用来申请环境句柄,已经在前面介绍。函数 SQLSetEnvAttr 用来设置相应的环境属性。例如,设置 ODBC 的版本号。

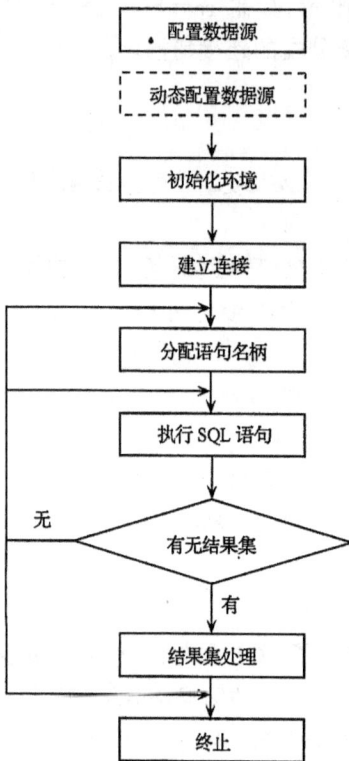

图 12.9　ODBC 的工程流程

SQLSetEnvAttr 函数的语法如下：

　　SQLSetEnvAttr(EnvironmentHandle, Attribute, ValuePtr, StringLength)

其中，输入参数 EnvironmentHandle 为环境句柄。输入参数 Attribute、ValuePtr 和 String-Length 分别指出所设置的环境的属性、相应值及其长度。Attribute 的取值可以是 SQL_ATTR_CONNECTION_POOLING、SQL_ATTR_CP_MATCH、SQL_ATTR_ODBC_VERSION 和 SQL_ATTR_OUTPUT_NTS 中的一个。通常取 SQL_ATTR_ODBC_VERSION，即设置 ODBC 版本，在该属性上的取值有 SQL_OV_ODBC3 和 SQL_OV_ODBC2，说明应用程序遵循 ODBC3.x 规范，还是 ODBC2.x 规范。SQLSetEnvAttr 函数忽略 StringLength 参数。

例如，设环境句柄为 henv，下面的语句将设置应用程序遵循 ODBC3.x 规范：

　　rc = SQLSetEnvAttr(henv, SQL_ATTR_ODBC_VERSION, (SQLPOINTER)SQL_OV_ODBC3, 0)

如果 rc = SQL_ERROR，则设置属性错误；如果 rc = SQL_SUCCESS_WITH_INFO，则属性设置成功，可以进行连接句柄的申请。

在本步骤中，由于还没有和具体的驱动程序相关联，因此不是由具体的数据库管理系统驱动程序来进行管理，而是由驱动程序管理器来进行控制，并配置环境属性。直到应用程序通过调用连接函数和某个数据源进行连接后，驱动程序管理器才调用所连的驱动程序中的 SQLAllocHandle，真正分配环境句柄的数据结构。

3. 建立连接

应用程序调用 SQLAllocHandle 分配连接句柄，通过 SQLConnect、SQLDriver-Connect 或 SQLBrowseConnect 与数据源建立连接。其中 SQLConnect 是最简单的一种连接函数，使用用户标识和口令作为参数建立与数据源的连接。SQLConnect 函数的语法如下：

　　rc = SQLConnect(ConnectionHandle, pDSN, DSNLength, pUserName, NameLength, pPassword, PasswordLength)

其中输入参数 ConnectionHandle 为连接句柄。参数 pDSN、pUserName 和 pPassword 为三个指针,分别指向数据源名称、用户标识和用户口令字符串缓冲区。输入参数 DSNLength、NameLength 和 PasswordLength 分别说明 pDSN、pUserName 和 pPassword 三个参数的数据长度。

例如,设 hdbc1 为连接句柄,字符串变量 DSN 存放数据源名称,字符串 USER 存放用户名,PASSWOR 存放口令,则下面语句建立与数据源的连接:

```
rc = SQLConnect (hdbc1,(SQLCHAR * )DSN, strlen(DSN),(SQLCHAR * )USER, strlen (US-
ER),(SQLCHAR * ) PASSWORD, strlen (PASSWORD))
```

如果 rc = SQL_ERROR,则连接失败;如果 rc = SQL_SUCCESS_WITH_IN-FO,则连接成功。

SQLDriverConnect 使用连接字符串连接数据源,在连接字符串中可以提供不同驱动程序和数据源所需的特殊连接信息。SQLDriverConnect 可以不需要数据源名字或者不需要提前进行数据源配置,而是在驱动程序的提示下使用驱动程序特定的连接信息。与 SQLDriverConnect 类似,SQLBrowseConnect 也使用连接字符串,但它可在运行时构造一个完整的连接字符串。SQLBrowseConnect 函数用迭代的方法建立连接字符串,能够在事先不知道数据源所需连接参数的情况下,通过逐步迭代调用,读取数据源所需的连接参数。读者可以参考相关的帮助信息,查看这两个函数的语法格式。

4. 分配语句句柄

在处理任何 SQL 语句之前,应用程序还需要首先分配一个语句名柄。语句句柄含有具体的 SQL 语句以及输出的结果集等信息。在后面的执行函数中,语句句柄都是必要的输入参数。应用程序还可以通过 SQLSetStmtAttr 设置语句属性(通常使用默认值)。SQLSetStmtAttr 函数的语法如下:

```
SQLSetStmtAttr(StatementHandle, Attribute, ValuePtr, StringLength)
```

其中输入参数 StatementHandle 指出语句句柄。参数 Attribute、ValuePtr 和 StringLength 分别指出所设置的语句属性、取值及其长度。Attribute 的取值很多,在此不一一列举,读者可以参考相关的帮助信息。

5. 执行 SQL 语句

应用程序执行 SQL 语句的方式有两种: 预处理(SQLPrepare、SQLExecute 适用于语句的多次执行),或直接执行(SQLExecdirect)。

SQLPrepare 函数用来准备 SQL 语句的执行。对于使用参数的语句,这可大大提高程序执行速度。其语法如下:

```
SQLPrepare(StatementHandle, StatementText, TextLength)
```

其中输入参数 StatementHandle 为语句句柄。参数 StatementText 和 TextLength

为 SQL 语句内容和语句长度。

　　如果 SQL 语句含有参数,应用程序为每个参数调用 SQLBindParameter,并把它们绑定到应用程序变量。这样,应用程序可以直接通过改变应用程序缓冲区的内容,从而在程序中动态地改变 SQL 语句的具体执行。接下来的操作则会根据语句的类型来进行相应处理。有结果集的语句(SELECT 或是编目函数)则进行结果集处理;没有结果集的函数可以直接利用本语句句柄继续执行新的语句或是获取行计数(本次执行所影响的行数)之后继续执行。

　　SQLBindParameter 函数的语法如下:

```
SQLBindParameter(StatementHandle, ParameterNumber, InputOutputType, ValueType, Param-
                 eterType, ColumnSize, DecimalDigits, ParameterValuePtr, Buffer-
                 Length, * StrLen_or_IndPtr)
```

其中输入参数 StatementHandle 为语句句柄。ParameterNumber 给出绑定的参数在 SQL 语句中的序号,在 SQL 中,所有参数从左到右顺序编号,从 1 开始。SQL 语句执行之前,应该为每个参数调用函数 SQLBindParameter 绑定到某个程序变量。InputOutputType 说明参数类型,可以是 SQL_PARA_INPUT(输入参数)、SQL_PARAM_INPUT_OUTPUT(输入-输出参数)或 SQL_PARAM_OUTPUT(输出参数);ParameterType 说明参数数据类型;ColumnSize 说明参数大小;DecimalDigits 说明参数精度;ParameterValutePtr 为指向程序中存放参数值的缓冲区的指针;BufferLength 为程序中存放参数值的缓冲区的字节数;StrLen_or_IndPtr 指向存放参数 ParameterValuePtr 的缓冲区指针。

　　SQLExecute 函数用于执行一个准备好的语句。当语句中有参数时,用当前绑定的参数变量的值。其语法如下:

```
SQLExecute(StatementHandle)
```

其中输入参数 StatementHandle 为语句句柄。

　　SQLExecdirect 函数直接执行 SQL 语句,其语法如下:

```
SQLExecDirect(StatementHandle, StatementText, TextLength)
```

其中输入参数 StatementHandle 为语句句柄。参数 StatementText 和 TextLength 分别为 SQL 语句内容和语句长度。

6. 结果集处理

　　应用程序可以通过 SQLNumResultCols 获取结果集中的列数,通过 SQLDescribeCol 或 SQLColAttrbute 函数获取结果集每一列的名称、数据类型、精度和范围。以上两步对于信息明确的函数是可以省略的。

　　ODBC 中使用游标来处理结果集数据。游标可以分向前(forward-only)游标和可滚动(scroll)游标。向前游标只能在结果集中向前滚动,它是 ODBC 的默认游标类型。可滚动游标又可以分为静态(static)、动态(dynamic)、码集驱动(keyset-driven)和混合型(mixed)4 种。

ODBC 游标的打开方式不同于嵌入 SQL,不是显式声明而是系统自动产生一个游标。当结果集刚刚生成时,游标指向第一行数据之前。应用程序通过 SQL-BindCol 把查询结果绑定到应用程序缓冲区中,通过 SQLFetch 或 SQLFetchScroll 移动游标获取结果集中的每一行数据。对于图像这类特别的数据类型,当一个缓冲区不足以容纳所有数据时,可以通过 SQLGetdata 分多次获取。最后通过 SQL-Closecursor 关闭游标。

SQLBindCol 函数的语法如下:

```
SQLBindCol (StatementHandle, ColumnNumber, TargetType, TargetValuePtr, BufferLength,
        StrLen_or_IndPtr)
```

其中 StatementHandle 为语句句柄;ColumnNumber 标识要绑定的列号,数据列号从 0 开始升序排列,其中第 0 列用作书签,如果没有使用书签,则列号从 1 开始;TargetType 为数据类型;TargetValuePtr 为绑定到数据字段的缓冲区的地址;BufferLength 为缓冲区长度;StrLen_or_IndPtr 指向绑定数据列使用的长度的指针。

函数 SQLFetch 用于将记录集中的下一行变为当前行,并把所有捆绑过的数据字段的数据拷贝到相应的缓冲区。其语法如下:

```
SQLFetch(SQLHSTMT StatementHandle)
```

其中输入参数 StatementHandle 为语句句柄。

7. 终止

处理结束后,应用程序首先使用 SQLFreeHandle 函数释放语句句柄;然后使用 SQLDisconnect 函数释放数据库连接,并与数据库服务器断开;最后,释放 ODBC 环境。

SQLFreeHandle 前面已经介绍,SQLDisconnect 函数的语法如下:

```
SQLDisconnect(ConnectionHandle)
```

其中 ConnectionHandle 为要释放的连接句柄。

12.5　ODBC 应用实例

下面给出一个具体的例子,使用 ODBC API 在应用程序中实现对数据库的操作。

下面的程序建立数据源 TestLinker,在 SQL Server2000 的 NorthWind 数据库中创建一个新表,并向其中添加一些记录,

```
# include < stdio. h>
# include < iostream. h>
# include < string. h>
# include < windows. h>
# include < sql. h>
# include < sqlext. h>
# include < odbcss. h>

# define MaxLen 10

int main ()
{
    /* 说明句柄变量 */
    SQLHENV henv;
    SQLHDBC hdbc1;
    SQLHSTMT hstmt1;

    SQLCHAR Name[MaxLen + 1];
    SQLCHAR Position[MaxLen + 1];
    SQLINTEGER ColLen = 0;

    SQLRETURN retcode;                    // 错误返回码

    /* 分配环境句柄 */
    retcode = SQLAllocHandle (SQL_HANDLE_ENV, NULL, &henv);
    if (retcode = = SQL_ERROR )
    {
        printf ("环境句柄分配出错!");
        return -1;
    }

    /* 环境初始化 */
    retcode = SQLSetEnvAttr (henv, SQL_ATTR_ODBC_VERSION,
            (SQLPOINTER) SQL_OV_ODBC3, SQL_IS_INTEGER);

    /* 分配连接句柄 */
    retcode = SQLAllocHandle (SQL_HANDLE_DBC, henv, &hdbc1);
    if (retcode = = SQL_ERROR )
```

```
    |
    printf("连接句柄分配出错!");
    return -1;
    |


/* 建立数据库连接 */
char * DSN = "TestLinker";
char * USER = "sa";                    //log name
char * PASSWORD = "sa";                //passward

retcode = SQLConnect (hdbc1,(SQLCHAR *)DSN,strlen(DSN),(SQLCHAR *)USER,
    strlen (USER),(SQLCHAR *) PASSWORD, strlen (PASSWORD));
if (retcode = = SQL_ERROR )
    |
    printf ("数据源连接出错!");
    return -1;
    |


/* 分配语句句柄 */
retcode = SQLAllocHandle (SQL_HANDLE_STMT, hdbc1, &hstmt1);
if(retcode = = SQL_ERROR )
    |
    printf("语句句柄分配出错!");
    return -1;
    |


/* 执行 SQL 语句,定义表 Account */
retcode = SQLExecDirect ( hstmt1 ,(SQLCHAR *) "CREATE TABLE
    Account (Ano char(10) PRIMARY KEY , Name CHAR(10), Sex CHAR (2),
    Age INT, Position CHAR (10))", SQL_NTS);
if (retcode = = SQL_ERROR)
    |
    printf ("创建表出错!");
    return -1;
    |


/* 执行 SQL 语句,向 Account 中插入一个元组 */
retcode = SQLExecDirect (hstmt1,(SQLCHAR *) "INSERT INTO Account
```

```
                          VALUES ('2007001','张强','男','50','教授')", SQL_NTS);
if (retcode = = SQL_ERROR)
{
   printf ("第一条记录插入出错!");
   return -1;
}


/* 执行 SQL 语句,再向 Account 中插入一个元组 */
retcode = SQLExecDirect (hstmt1,(SQLCHAR * ) "INSERT INTO Account
             VALUES ('2007002','李丽','女','45','副高')", SQL_NTS);
if (retcode = = SQL_ERROR)
{
   printf ("第二条记录插入出错!");
   return -1;
}


/* 执行 SQL 语句,再向 Account 中插入一个元组 */
retcode = SQLExecDirect (hstmt1,(SQLCHAR * ) "INSERT INTO Account
             VALUES ('2007003','王慧','女','30','讲师')", SQL_NTS);
if (retcode = = SQL_ERROR)
{
   printf ("第三条记录插入出错!");
   return -1;
}


/* 执行 SQL 语句,查询 Account */
retcode = SQLExecDirect (hstmt1,(SQLCHAR * ) "SELECT Name,Position
             FROM Account", SQL_NTS);
if (retcode = = SQL_ERROR)
{
   printf ("查询出错!");
   return -1;
}


/* 绑定 */
retcode = SQLBindCol (hstmt1,1,SQL_C_CHAR,Name,MaxLen,&ColLen);
retcode = SQLBindCol (hstmt1,2,SQL_C_CHAR,Position,MaxLen,&ColLen);
```

```
/* 处理查询结果集,并将结果输出到显示器上 */
while ( (retcode = SQLFetch(hstmt1) )！ = SQL_NO_DATA)
  printf ("name = %s  position = %s \n", Name, Position);

/* 释放句柄,断开数据库连接 */
SQLFreeHandle (SQL_HANDLE_STMT, hstmt1);
SQLDisconnect (hdbc1);
SQLFreeHandle (SQL_HANDLE_DBC, hdbc1);
SQLFreeHandle (SQL_HANDLE_ENV, hcnv);

return(0);
}
```

12.6　小　　结

(1) ODBC 是微软的 Windows 开放服务体系的一部分,它建立了一组规范,并提供了一组访问数据库的标准应用程序接口(API),为用户提供了简单、标准、透明的数据库连接的公共编程接口。

(2) 一个完整的 ODBC 由 6 个部件组成:应用程序、ODBC 管理器、驱动程序管理器、ODBC API、ODBC 驱动程序和数据源。

(3) ODBC 数据源可以使用 Windows 控制面板中的 ODBC 管理器来配置。

(4) 句柄是一个标识资源的应用程序变量。ODBC 中的句柄可以分为环境句柄、连接句柄、语句句柄和描述器句柄。

(5) ODBC 3.0 提供了 76 个函数,用于分配和释放句柄、连接数据源、获取相关信息、进行事务处理、执行 SQL 语句和处理结果集。

(6) ODBC 的工作流程包括配置数据源、初始化环境、建立数据库连接、分配语句句柄、执行 SQL 语句和处理结果集,最后释放句柄、断开数据源连接。

参 考 文 献

第 1 章

李昭原.2007. 数据库技术新进展. 北京:清华大学出版社

李昭原.2007. 数据库技术新进展. 第二版. 北京:清华大学出版社

李建中, 王珊. 2004.数据库系统原理. 第二版. 北京:电子工业出版社

王能斌. 数据库系统. 1995.北京:电子工业出版社

王珊, 萨师煊.2006.数据库系统概论. 第四版. 北京:高等教育出版社

Abiteboul S, Hull R, Vianu V. 1995. Foundations of Databases. Boston: Addison Wesley

Bachman C W. 1974. The Data-Structure-Set Model. SIGMOD Workshop on Data Description, Access and Control. New York: ACM Press. 1-10

Bancilhon F, Buneman 1990. P. Advances in Database Programming Languages. New York: ACM Press

Date C J. 2000. 数据库系统导论. 孟小峰, 王珊等译. 北京:机械工业出版社

Fry J, Sibley E. 1976. Evolution of Data-Base Management Systems. ACM Computing Survey, 8(1):7-42

Kim W. 1995. Modern Database Systems. New York: ACM Press/Addison Wesley

Stonebraker M, Hellerstien J.1998. Reading in Database Systems. 3rd edition, San Francisco: Morgan Kaufmann

Silberschatz A et al. 1990. Database Systems: Achievements and Opportunities. ACM SIGMOD Record, 19(4):6-22

Silberschatz A, Korth H F, Sudarshan S. 2003. 数据库系统概念. 杨冬青, 唐世渭等译. 北京:机械工业出版社

Ullman J D. 1988. Principles of Database and Knowledge-base System, Volume I. Rockville: Computer Science Press

Ullman J D. 1989. Principles of Database and Knowledge-base System, Volume II. Rockville: Computer Science Press

第 2 章

Chen P P. 1976. The Entity-Relationship Model: Toward a Unified View of Data. ACM Transactions on Database Systems, 1(1):9-36

Hammer M, McLeod D. 1981. Database Description with SDM: A Semantic Data Model. ACM Transactions on Database Systems, 6(3):351-386

Lyngbaek P, Vianu V. 1987. Mapping a Semantic Database Model to the Relational Model. Proc. of the ACM SIGMOD Conf. on Management of Data. New York: ACM Press, 132-142

Smith M, Smith D C P. 1977. Database Abstractions: Aggregation and Generalization. ACM

Transactions on Database Systems, 2 (2):105-133

Thalheim B. 2000. Entity-Relationship Modeling: Foundations of Database Technology. Berlin: Springer

Teorey T J, Yang D, Fry J P. 1986. A Logical Design Methodology for Relational Database Using the Extended Entity-Relationship Model. ACM Computer Survey, 18(2): 197-222

第 3 章

Codd E F. 1970. A Relational Model for Large Shared Data Banks. Communications of the ACM, 13 (6): 377-387

Codd E F. 1971. A Database Sublanguage Founded on the Relational Calculus. SIGFIDET Workshop on Data Description, Access and Control. New York: ACM Press, 35-68

Codd E F. 1979. Extending the Database Relational Model to Capture More Meaning. ACM Transactions on Database Systems, 4(4):397-434

Codd E F. 1990. The Relational Model for Database Management. 2nd Edition. Boston: Addison-Wesley

Date C J. 1986. Relational Databases: Selected Writings. Boston: Addison Wesley

Date C J. 1989. A Note on Relational Calculus. ACM SIGMOD Record, 18(4):12-16

Date C J. 1990. Relational Databases Writings, 1985-1989. Boston: Addison Wesley

Date C J, Darwen H. 2007. Databases, Types, and the Relational Model: The Third Manifesto. 3th Edition. Boston: Addison-Wesley

Klug A. 1982. Equivalence of Relational Algebra and Relational Calculus Query Language Having Aggregate Functions. Journal of the ACM, 29(3):699-717

第 4 章

Astrahan M M, Blasgen M W, Chamberlin D D C, Eswaran K P, et al. 1976. System R, A Relational Approach to Data Base Management. ACM Transaction on Database Systems, 1(2): 97-137

Cannan S, Otten G. 1993. SQL-The Standard Handbook. McGraw Hill

Chamberlin D D, Astrahan M M, Blasgen M W Gray J N et al. 1976. SEQUEL 2: A Unified Approach to Data Definition, Manipulation, and Control. IBM Journal of Research and Development, 20(6):560-575

Date C J, Darwen H. 1997. A Guide to the SQL Standard. 4th Edition. Boston: Addison-Wesley

Eisenberg A, Melton J. 1999. SQL:1999, Formerly Known As SQL3. ACM SIGMOD Record, 28 (1):131-138

ISO. Database Language SQL. ISO/IEC Document 9075:1992, 1992

ISO. Database Language SQL. ISO/IEC Document 9075:1999, 1999

Melton J, Smith A R. 1993. Understanding the New SQL: A Complete Guide. San Francisco: Morgan Kaufmann

第 5 章

Denning D E, Denning P J. 1979. Data Security. ACM Computing Survey, 11(3):227-250

Eswaran K P, Chamberlin D D. 1975. Functional Specification of a Subsystem for Database Integrity. Proc. of the International Conf. on Very Large Database. New York: ACM Press, 48-68

Hammer M, McLeod D. 1975. Semantic Integrity in a Relational Data Base System. Proc. of the International Conf. on Very Large Database. New York: ACM Press, 25-47

McCarthy D, Dayal U. 1989. The Architecture of an Active Database Management System. Proc. of the ACM SIGMOD Conf. on Management of Data. New York: ACM Press, 215-224

Schmid H A, Swenson J R. 1975. On the Semantics of the Relational Model. Proc. of the ACM SIGMOD Conf. on Management of Data. New York: ACM Press, 211-223

Stonebraker M. 1975. Implementation of Integrity Containments and Views by Query Modification. Proc. of the ACM SIGMOD Conf. on Management of Data. New York: ACM Press, 65-78

Stonebraker M, Wong E. 1974. Access Control in a Relational Database Management System by Query Modification. Proc. of the ACM National Conference(1974). New York: ACM Press, 189-222

US National Computer Security Center. 1985. Department of Defense Trusted Computer System Evaluation Criteria

第 6 章

Aho A V, Beeri C, Ullman J D. 1979. The Theory of Join in Relational Databases. ACM Transaction on Database Systems, 8(2): 297-314

Armstrong W W. 1974. Dependency Structures of Data Base Relationship. Proc. of the 1974 IFIP Congress. Stockholm, Sweden: North-Holland: 580-583

Beeri C, Fagin R, Howard J H. 1977. A Complete Axiomatization for Functional and Multivalued Dependencies. ACM SIGMOD International Conf. on Management of Data. New York: ACM Press, 47-61

Beeri C, Honeyman P. 1981. Preserving Functional Dependencies. SIAM Journal of Computing, 10 (3): 647-656

Bernstein P A. 1976. Synthesizing Third Normal Form Relations from Functional Dependencies. ACM Transaction on Database Systems, 1(4): 277-298

Biskup U, Dayal U, Bernstein P A. 1979. Synthesizing Independent Database Schemas, Proc. of the ACM SIGMOD Conf. on Management of Data. New York: ACM Press, 143-152

Codd E F. 1972. Further Normalization of the Data Base Relational Model. Data Base Systems (R. Rustin ed.). Englewood Cliffs: Prentice-Hall, 33-64

Delobel C. 1978. Normalization and Hierarchical Dependencies in the Relational Data Model. ACM Transactions on Database Systems, 3(3): 201-222

Fagin R. 1977. Multivalued Dependencies and a New Normal Form for Relational Databases. ACM Transaction on Database Systems, 2(3): 262-278

Graham M H, Mendelzon A O, Vardi M Y. 1986. Notions of Dependency Satisfaction. Journal of the ACM, 33(1): 105-129

Liu L, Demers A. 1980. An Algorithm for Testing Lossless Joins in Relational Databases. Information Processing Letters, 11(1): 73-76

Maier D. 1983. The Theory of Relational Databases. Rockville: Computer Science Press

Tsou D M, Fischer P. 1982. Decomposition of a Relational Scheme into Boyce-Codd Normal Form. ACM SIGACT News, 14(3): 23-29

Zaniolo C. 1976. Analysis and Design of Relational Schemata for Database Systems. PhD thesis, Department of Computer Science. University of California, Los Angeles

第 7 章

王珊, 冯念真. 1989. 计算机应用系统的设计和开发. 北京: 高等教育出版社

姚卿达. 1987. 数据库设计. 北京: 高等教育出版社

Hermandez M J. 2005. 数据库设计凡人入门——关系数据库设计指南. 第二版. 范明, 邱保志, 职为梅等译. 北京: 电子工业出版社

Kroenke D M. 2003. 数据库处理: 基础、设计与实现. 施伯乐, 顾宁, 孙未未等译. 北京: 电子工业出版社

Stephens R K, Plew R R. 2001. 数据库设计. 何玉清, 吴欣, 邓一凡译. 北京: 机械工业出版社

Wiederhold G. 1983. Database Design, 2nd Edition. McGraw-Hill

Yao S B. 1985. Principle of Database Design: Logical Organization. Volume I. Englewood Cliffs: Prentice-Hall

第 8 章

Aho A V, Sagiv Y, Ullman J D. 1979. Efficient Optimization of a Class of Relational Expressions. ACM Transactions on Database Systems, 4(4): 435-454

Graefe G. 1993. Query Evaluation Techniques for Large Databases. ACM Computing Survey, 25(2): 73-171

Graefe G, McKenna W. 1993. The Volcano Optimizer Generator. Proc. of the International Conf. on Data Engineering. Vienna, Austria: IEEE Computer Society: 209-218

Haas L M, Freytag J C, Lohman G M, Pirahesh H. 1989. Extensible Query Processing in Starburst. Proc. of the ACM SIGMOD Conf. on Management of Data, New York: ACM Press, 377-388

Kim W, Reiner D S, Batory D S. 1984. Query Processing in Database Systems. Berlin: Springer

Jarke M, Koch J. 1984. Query Optimization in Database Systems. ACM Computing Survey, 16(2): 111-152

Selinger P G, Astrahan M M, Chamberlin D D, Lorie R A et al. 1979. Access Path Selection in a Relational Database System. Proc. of the ACM SIGMOD Conf. on Management of Data, New York: ACM Press, 23-34

Shapiro L D. 1986. Join Processing in Database Systems with Large Main Memories. ACM Transactions on Database Systems, 11(3): 239-264

Smith J M, P Y T Chang. 1975. Optimizing the Performance of a Relational Algebra Database Interface. Communication of the ACM, 18(10): 568-579

Yao S B. 1979. Optimization of Query Evaluation Algorithms. ACM Transactions on Database Systems, 4(4): 133-155

Zeller H, Gray J. 1990. An Adaptive Hash Join Algorithm for Multiuser Environments. Proc. of the International Conf. on Very Large Database. San Francisco: Morgan Kaufmann, 186-197

第 9 章

Bernstein P A, Hadzilacos V, Goodman N. 1987. Concurrency Control and Recovery in Database Systems. Boston: Addison Wesley

Bernstein P A, Newcomer E. 1997. Principles of Transaction Processing. San Francisco: Morgan Kaufmann

Eswaran K P, Gray J N, Lorie R A, Traiger I L. 1976. The Notions of Consistency and Predicate Locks in Database System. Communication of the ACM, 19(11): 624-633

Fussell D S, Kedem Z M, Silberschatz A. 1981. Deadlock Removal Using Partial Rollback in Database Systems. Proc. of the ACM SIGMOD Conf. on Management of Data. New York: ACM Press, 65-73

Gray J, Reuter A. 2004. 事务处理：概念与技术. 孟小峰, 于戈等译. 北京：机械工业出版社

Gray J, Lorie R A, Putzolu G R, Traiger I L. 1975. Granularity of Locks and Degrees of Consistency in a Shared Data Base. Proc. of the International Conf. on Very Large Database. New York: ACM Press, 428-451

Papadimitriou C H. 1986. The Theory of Database Concurrency Control. Rockville: Computer Science Press

Silberschatz A, Kedem Z. 1980. Consistency in Hierarchical Database Systems, Journal of the ACM, 27(1): 72-80

Yannakakis M. 1981. Issues of Correctness in Database Concurrency Control by Locking. Proceedings of the 13th Annual ACM Symposium on Theory of Computing. New York: ACM Press, 363-367

第 10 章

Bjork L A. 1973. Recovery Scenario for a DB/DC System. Proc. of the ACM National Conference (1973). New York: ACM Press, 142-146

Davies C. 1973. Recovery Semantics for a DB/DC System. Proc. of the ACM National Conference (1973). New York: ACM Press, 136-141

Chandy K M, Browne J C, Dissley C W, Uhrig W R. 1975. Analytic Models for Rollback and Recovery Strategies in Database Systems. IEEE Transactions on Software Engineering, 1(1): 100-110

Gray J, McJones P R, Blasgen M. 1981. The Recovery Manager of the System R Database Manager. ACM Computing Survey, 13(2): 223-242

Haerder T, Reuter A. 1983. Principles of Transaction-Oriented Database Recovery. ACM Computing Survey, 15(4): 287-318

King R P, Halim N, Garcia-Molina H, Polyzois C A. 1991. Management of a Remote Backup Copy for Disaster Recovery. ACM Transaction on Database Systems, 16(2): 338-368

第 11 章

Fernandez M F, Simeon J, Wadler P. 2000. An Algebra for XML Query. Proc. of the International Conf. on Foundations of Software Technology and Theoretical Computer Science. Berlin: Springer: 11-45

Chawathe S S. 1999. Describing and Manipulating XML Data. IEEE Data Engineering Bulletin, 22 (3):3-9

Deutsch A, Fernandez M, Florescu D, Levy A et al. 1999. Querying XML Data, IEEE Data Engineering Bulletin, 22(3):10-18

Shanmugasundaram J, Tufte K, Zhang C, He G et al. 1999. Relational Databases for Querying XML Documents: Limitations and Opportunities. Proc. of the International Conf. on Very Large Database. San Francisco: Morgan Kaufmann, 302-314

Florescu D, Kossmann D. 1999. Storing and Querying XML Data Using an RDBMS. IEEE Data Engineering Bulletin, 22(3):27-35

www. oasis-open. org/cover

www. w3c. org

第 12 章

Microsoft. Microsoft ODBC 3.0 Software Development Kid and Programmer's Reference. Microsoft Press, 1997

附录　实验与课程设计

本附录分两部分。第一部分提供一些实验,用以配合课堂教学。第二部分是课程设计,可以在讲完第 7 章之后安排,用多周完成,也可以课程结束后单独安排实施。

1　实　　验

1.1　实验目的和要求

实验是为了配合课堂教学,进一步强化对数据库原理的理解。同时,通过实验,更好地掌握 SQL 语言和一个具体的 DBMS。我们建议操作系统使用 Windows 或者其他操作系统(如 Unix 或 Linux);DBMS 使用 SQL Server 2000,但是任课教师和读者可以根据实际情况选用 Oracle、MySQL 等其他 DBMS 系统。

学生应在每个实验完成后书写实验报告。实验报告包括以下内容:实验题目、实验完成人姓名、专业、班级、完成时间、实验环境、实验内容与完成情况、出现的问题和解决方法。如果有的话,列出存在的问题。实验报告可以使用如下表格填写:

数据库原理实验报告					
实验题目					
实验完成人		专业班级		完成时间	
实验环境:					
实验内容与完成情况:					
出现的问题和处理方法:					
存在问题:					

1.2　实验项目

实验一：认识 DBMS 系统

一、实验目的

通过对某个商用数据库管理系统(如 SQL Server 2000)的使用,了解 DBMS 的工作原理和系统构架,熟悉 DBMS 的安装和使用,并搭建今后实验的平台。

二、实验平台

操作系统使用 Windows 或者 Linux,数据库管理系统可以使用 SQL Server 2000,也可以使用其他 DBMS,如 Oracle、MySQL。

三、实验内容与要求

(1) 根据安装文件的说明安装数据库管理系统。在安装过程中记录安装的选择,并思考为何要进行这样的配置,对今后运行数据库管理系统会有什么影响。

(2) 学会启动和停止数据库服务,思考可以用哪些方式来完成启动和停止。

(3) 初步了解 SQL Server 2000 的安全性,这里主要是用户的登录和服务器预定义角色。可以尝试建立一个新的用户,用户名 student,密码也是 student,设置该账户的服务器角色,使其具有创建数据库的权限。

实验二：交互式 SQL 语句

一、实验目的

通过实验熟悉交互式 SQL 的用法,进一步掌握第 4 章的内容。

二、实验平台

实验一中安装的 DBMS。

三、实验内容与要求

(1) 使用 SQL DDL 建立一个数据库,定义若干基本表,熟悉基本表的创建、修改和删除操作。(建议使用第 4 章例 4.1 或习题 4.4、4.5、4.9。)

(2) 使用 INSERT 向基本表插入一些新记录。注意观察,当插入的元组违反实体完整性会发生什么。

(3) 熟悉索引的创建和删除。

(4) 使用 SELECT 语句完成各种查询和更新操作。(可以使用第 4 章中的例子或习题。)

(5) 创建视图,并基于视图进行查询更新,并与基本表上的查询、更新比较。

在进行本实验时,可以将学生分成小组,分工合作,尽可能多地向基本表插入元组,以便有足够多的数据进行查询和更新操作。

实验三：嵌入式 SQL 语句

一、实验目的

通过实验掌握如何在 C 语言程序中使用嵌入式 SQL 语句编程访问数据库。

二、实验平台

实验二中建立的数据库。此外,本实验还需要安装 SQL Server 2000 的预处理程序 nsqlprep.exe,并且需要使用 C 或 C++。

三、实验内容与要求

本实验基于实验三中建立的数据库。以下假定数据库为教学管理数据库,至少包含 Students、Courses 和 SC 三个基本表。如果使用其他数据库,可将题目做相应调整。

(1) 不使用游标的查询:①使用主变量输入学号,查询给定学生纪录;②使用主变量输入课程号,查询给定课程纪录;③使用主变量输入学号和课程号,查询给定学生给定课程的成绩。

(2) 使用游标的查询:①使用主变量输入学号,查询给定学生各科成绩;②使用主变量输入课程号,查询每个学生的成绩。

(3) 不使用游标的更新:写一个程序(使用主变量),不断地向关系 Students、Courses 或 SC 插入元组。

(4) 使用游标的更新:写一个程序,对关系 Students、Courses 或 SC 的每个元组进行检查和修改。

提示:在 C 语言环境下写好嵌入 SQL 语句的 C 程序后,用".sqc"作为扩展名。使用 nsqlprep.exe 对该程序进行预编译,生成以".c"为扩展名的 C 源程序,编译并运行该程序。

最终提交可以运行的源程序,并保证结果是正确的。

实验四：完整性控制

一、实验目的

熟悉如何使用 SQL 语句进行完整性控制,了解 DBMS(如 SQL Server 2000)中各种完整性约束的违约处理。

二、实验平台

实验一中安装的 DBMS 和实验二建立的数据库。

三、实验内容与要求

(1) 使用 SQL 语句定义各种完整性约束(实体完整性、参照完整性、U-NIQUE、NOT NULL、CHECK 子句、CONSTRAIN 子句、触发器)。

(2) 使用一些违反上述定义的完整性约束的例子,观察 DBMS 的违约处理。

实验五：安全性控制

一、实验目的

熟悉如何使用 SQL 语句进行安全性控制，了解 DBMS(如 SQL Server 2000)中的安全性控制方法和安全级别。

二、实验平台

实验一中安装的 DBMS 和实验二中建立的数据库。

三、实验内容与要求

(1) 创建一些登录账号，并映射为某些数据库上的用户。对这些用户使用 GRANT 和 REVOKE 语句进行授权和回收授权。

(2) 以相应用户身份登录，观察已授权的用户是否真正具有授予的权限，回收授权后是否真正丧失了相应数据上操作的权利。

实验六：查询优化

一、实验目的

了解数据库查询优化方法和查询计划的概念。学会分析查询的代价，并通过建立索引或者修改 SQL 语句来降低查询代价。

二、实验平台

实验一中安装的 DBMS 和实验二中建立的数据库。

三、实验内容与要求

(1) 对于简单查询，观察使用和不使用索引对查询效率的影响。

(2) 对于涉及两个或多个表的连接查询连接，观察和分析 SQL Server 2000 查询分析器给出的查询计划，分析优化效果。

(3) 对于使用 IN 或 EXISTS 的嵌套查询(相关和不相关子查询)，给出优化前和优化后查询计划，分析优化效果。

注意：该实验需要大量数据才能观察到优化效果。

实验七：数据库的备份与恢复

一、实验目的

掌握使用 SQL Server 2000 工具备份数据库、恢复数据库，进一步理解备份和恢复的重要性。

二、实验平台

实验一中安装的 DBMS 和实验二中建立的数据库。

三、实验内容与要求

(1) 使用 Enterprise Manager 规划和执行备份操作，备份数据库。

(2) 使用系统存储过程执行备份操作。

（3）使用 Enterprise Manager 执行恢复操作。

（4）使用系统存储过程执行恢复操作。

（5）创建维护数据库的备份设备。

说明典型的备份方案通常考虑哪些因素。对不同的可靠性要求,如何进行备份方案的调整?

实验八:使用 ODBC 方式访问数据库

一、实验目的

学会配置 ODBC 数据源,掌握使用 ODBC 接口将多种不同类型的数据库表转换的方法。

二、实验平台

操作系统使用 Windows,数据库管理系统可以使用 SQL Server 2000。

三、实验内容与要求

（1）使用 ODBC 驱动器,配置 ODBC 数据源。

（2）编写程序实现在 SQL Server 中创建一个 Test 表,向表中插入一些元组,并将 Test 表拷贝到 Access 数据库中。

（3）给出可以运行的正确的程序。

2 课程设计

2.1 课程设计的目的和意义

本课程设计的目的在于配合《数据库原理》课程的教学,通过课程设计,将理论与实践相结合,使学生能巩固和加深对数据库基础理论和基本知识的理解;掌握使用数据库进行软件设计的基本思想和方法;提高学生运用数据库理论解决实际问题的能力;锻炼学生实际动手能力、创新能力和对基础算法的理解;培养学生调查研究、查阅技术文献、资料、手册以及编写技术文献的能力。

2.2 选题的原则

课程设计题目以选用学生相对比较熟悉的业务模型为宜,要求通过本实践性教学环节,能较好地巩固数据库的基本概念、基本原理、关系数据库的设计理论、设计方法等主要相关知识点,针对实际问题设计概念模型,并应用现有的工具完成小型数据库的设计与实现。

一、选题范围

（1）基础理论问题:数据库的基本概念、基本原理、关系数据库的设计理论、设计方法等。

(2) 基本算法：数据库管理系统的数据操作算法、查询优化算法、事务处理算法等。

(3) 基于数据库的小型应用系统的设计与实现：开发工具与数据库管理系统软件的应用。

(4) 网络数据库：数据库和 Web 结合。

(5) 数据库新技术应用：XML、数据仓库、数据挖掘。

(6) 其他问题：同学自己提出，由教师确认的题目。

二、选题要求

(1) 能覆盖多个知识点，使用现有工具能够解决的问题。

(2) 难易适中，有典型意义。

三、参考选题

(1) 学生信息管理系统。

(2) 仓库管理系统。

(3) 人事管理系统。

(4) 工资管理系统。

(5) 图书管理系统。

(6) 物业管理系统。

(7) 商场管理系统。

(8) 网上订单管理系统。

(9) 基于 ASP 技术的网络试题库。

(10) 基于 ASP 实现基于 WEB 的数据库资料系统。

(11) 使用 ASP.NET 实现学生信息管理系统。

(12) 多媒体远程教学系统。

(13) BBS 系统。

(14) 网上聊天系统。

(15) 查询优化算法的实现。

(16) 选择操作算法的实现。

(17) 笛卡儿积算法的实现。

(18) 连接操作算法的实现。

(19) 投影操作算法的实现。

(20) 集合的并、交、差算法的实现。

2.3　课程设计要求

本课程设计应满足以下要求：

(1) 可用性：设计的数据库应用系统应该能够正确运行。

(2) 原创性：应用程序中融入个人创意,如按钮的样式、窗口的风格、数据的显示格式等。

(3) 友好性：界面友好、输入有提示、整个系统人性化。

(4) 可读性：源程序代码清晰、有层次、主要程序段有注释。

(5) 健壮性：用户输入非法数据时,系统应及时给出警告信息、并且能够处理错误数据。

(6) 功能齐全：界面操作灵活方便,至少实现用户登录、数据查询、数据维护、统计等基本功能。

2.4　课程设计报告要求

课程设计报告应当包含如下内容：

(1) 问题描述：如果是小型应用,给出实际问题的描述、问题简化假设和相应的需求分析；如果是基础算法,给出理论描述。

(2) 开发设计：如果是小型应用系统,介绍使用的前台工具和后台 DBMS,给出系统分析报告,包括系统的功能分析、系统的功能模块设计、数据库的概念结构(E-R 图)、数据库中的表、视图(如果使用)、存储过程(如果使用)的结构和定义(可以用 SQL 脚本提供)、详细设计(包括模块之间的关系,模块的功能、主要功能实现的程序段)；系统的源程序,包括数据库脚本程序。如果是基础算法,描述算法的基本思想、运行环境、完整的算法代码。

(3) 结论：整个课程设计过程的心得体会、收获、课程设计中存在的问题(已解决的和尚未解决的)。

(4) 参考文献：课程设计过程中所查阅的相关资料。

课程设计报告提纲

应用系统设计报告应包括题目、作者、摘要和以下几部分内容：

一、设计意义及目的(包括问题描述)

二、需求分析

三、概念结构设计(E-R 图)

四、逻辑结构设计(关系模式)

五、数据库及基本表结构定义

六、主要功能实现

七、总结(包括开发的软件特点、遇到技术难点及解决方法、个人认识)

参考文献